[21世纪企业文化丛书]
21 Century Corporate Culture Series

工业文化

GONGYE WENHUA

主编◎刘光明

副主编◎高静 黄克凌 楼明星

经济管理出版社
ECONOMY & MANAGEMENT PUBLISHING HOUSE

序

    本书就工业文化的定义与内涵、工业文化的产生与发展、工业文化的理论体系、发展工业文化的价值和意义、工业文化的发展路径、工业文化遗产保护、工业文化教育、绿色工业文化、工业文化与质量管理、工业文化与社会责任、工业文化与价值观管理、工业文化与伦理管理、工业文化与国家竞争力、工业文化的未来等问题进行了系统阐述。国内外至今还没有一部"工业文化"的专著，它顺应了我国作为世界工厂企业转型升级、绿色管理的国际潮流，作为国内外"工业文化"的开山之作，希望借此推动工业文化事业。国家工信部工业文化发展中心大力推进工业文化的研究，该中心经中编办批准，在国家工信部设立常设机构，它以服务国家文化发展建设为宗旨，以发掘、培育和传播中国工业文化为使命，紧紧围绕国家新型工业化道路的战略部署，支撑政府、服务产业，促进产文结合，努力提升文化对工业转型升级和制造强国建设的支撑和推动作用，并承担工业文化领域的政策研究及相关项目评估等工作。中心于2015年1月9日召开工业文化理论研讨会，会上许多专家提出了关于建立企业文化理论体系的设想。时任浙江省委书记的习近平十分重视龙泉的剑瓷产业、剑瓷文化和工业文化遗产保护、生态保护，曾登位于龙泉的江浙第一高峰，提出了"绿水青山就是金山银山"的发展思路，用"秀山丽水、天生丽质"赞美丽水和龙泉，把它称为"浙江最美的地方"。国家工信部工业文化中心和中国社会科学院专家组把龙泉市作为工业文化的重点研究基地之一，这项工作得到了2015年新任龙泉市委书记王小荣、龙泉市市委办公室主任杨良泽的大力支持。

    中国社会科学院工业经济研究所、世界经济与政治研究所、中国科学院心理所等单位的专家们共同组织、由刘光明主编，高静、黄克凌、楼明星副主编及编委会委员郗润昌、刘志斌、张帆、李源、黄华、黄日敏等撰写的《工业文化》一书出版了，编委会的工业文化写作小组先后到浙江龙泉市青瓷宝剑工业园区、大沙工业园区、青田工业园区、青岛海尔、海尔大学、青岛港、北京珠江房地产开发有限公司、宁波雅戈尔、杉杉、方太、安徽合肥荣事达、杭州萧山万向集团、杭州解百、知味观、鸿雁电器、富可达公司、万事利集团、复地集团、河南安彩、温州职业技术学校、台州飞跃缝纫机集团公司、邵武市市委宣传部、中石油塔里木、中原油田、青海油田、莫高窟敦煌研究院、三星堆研究院、安阳殷都文化艺术研究院、云南石林研究院、山东联通、济南联通、潍坊联通、泰山联通、枣庄联通、济宁联通、滨州联通、滨州汽车轮毂制造有限公司、南京江苏电力、河南郑州金誉包装有限公司、河南洛钼集团、辽阳聚进数字管理软件公司、宁夏银川黄河文化产业园、吴忠市黄河人家文化园、江苏泰州黑松林公司、广东揭阳康氏公司、国投公司、建行、北京城建、澳门文化产业园、香港文化产业园、深圳文化产业园、新疆喀什工业园区、库尔勒工业园区、哈尔滨车辆厂、长春一汽、长春中国农业银行培训学院、大连高级经理培训学院、大连市委宣传部、青岛啤酒、广东揭阳玉都市场、潮州工艺美术研究所、汕头潮汕民间工艺美术研究院等单位进行调研，获取了我国工业文化的丰富资料。为了获取国外工业文化的相关资料，工业文化写作小组还考察了捷克布拉格欧洲企业伦理协会、斯柯达汽车公司、波兰华沙工业设计协会、瑞典斯德哥尔摩大学、瑞典皇家科学院、瑞典爱立信公司、德国柏林工业设计协会、巴黎工业设计协会、纽约工业设计协会、华盛顿工业设计协会、夏威夷工业设计协会、悉尼工业设计协会、巴厘岛工业设计协会、南非戴·比尔斯公司、约翰内斯堡工业设计协会、开普敦工业设计协会、伦敦工业设计协会、格拉斯哥工业设计协会、纽卡斯尔工业设计协会、牛津大学、剑桥大学、新加坡工业设计协会、日本东京工业设计协会、北海道薰衣草公司、意大利热那亚工业设计协会、西西里梅西纳工业设计协会、那不勒斯工业设计协会、突尼斯工业设计协会、巴塞罗那工业设计协会、马赛工业设计协会、阿布扎比工业设计协会、迪拜工业设计协会等单位进行调研。走工业文化的研究之路是一种天赋责任，这条路悠悠漫长。第 8 届世界未来能源峰会及 2015 年国际工业安全及健康峰会分别于 2015 年 1 月、3 月在阿联酋阿布扎和德国杜塞尔多夫比召开，它们向世人表明了国际上工业文化发展的方向——推动世界节能减排、可再生能源发展，能源效率利用，清洁技术创新是当务之急。为世界寻求可持续发展的未来能源解决方案提供平台，在这个平台上，业内的领导者、投资人、能源解决方案供应商、科学家、专家、决策者和学者们聚集一堂，共同探讨日益增长的能源需求与气候变化带来的挑战，寻求实际的和可持续应用的可再生能源解决方案，推动可再生能源和环保领域技术创新，创造更多贸易投资机会。这些举措本身就是实现我们倡导的核心价值观——富强、民主、文明、和谐，自由、平等、公正、法治，爱国、敬业、诚信、友善的工业文化的终极指向和最本质的精神内涵。近年来，笔者给中国科学院心理所博士班讲企业文化和价值观管理，其核心也是弘扬企业文化、工业文化当今世界的前沿热点理论——节能减排、可再生能源发展，能源效率利用，清洁技术创新等，使天更蓝、水更清、地更绿、人民更幸福。

编　者

2015 年 2 月 25 日

目 录

第1章 工业文化概论

● **章首案例：浙江龙泉工业文化的名片——青瓷、宝剑**

说起浙江龙泉工业文化的名片——青瓷、宝剑，就必须说到时任龙泉市委书记蔡晓春、市长季柏林和副市长王正飞等领导班子成员，他们高度重视龙泉的工业文化产业发展问题，专门成立了工业文化创意产业发展领导小组，大力度培育了以龙泉青瓷、龙泉宝剑、龙泉金观音茶为龙头的工业文化产业，推动了当地工业文化产业的突飞猛进，其规模不断壮大、社会贡献率大大提高。龙泉市委领导明确了"文创兴剑瓷、科技强剑瓷、品牌立剑瓷"的工业文化发展战略和"一苑两基地两园两景区"的剑瓷工业文化产业发展布局，在他们坚持不懈的努力下，青瓷宝剑文化产业园区被列入浙江省文化产业发展"122"工程，金宏瓷厂入选"第五批国家文化产业示范基地"。

蔡晓春书记、季柏林市长和王正飞副市长坚持把弘扬龙泉文化、培育工业文化产业作为推进特色竞争的重要内容，大力开展工业文化产业发展年活动，龙泉市的经济文化综合实力、特色竞争力和影响力不断提高。2012年11月成功举办第七届中国龙泉青瓷·龙泉宝剑文化旅游节暨"绿色中国行——走进龙泉"的工业文化展示活动；龙泉黑胎青瓷考古取得重大成果，成功论证哥窑遗址在龙泉；大窑龙泉窑遗址被联合国列入唯一的陶瓷中国世界文化遗产名录，遗址保护规划通过国家文物局批复；成立龙泉青瓷研究会；新增国家级非遗传承人2名、国家工艺美术大师2名、高级工艺美术师17名；相继在北京、武汉、杭州和义乌等地举办龙泉青瓷、龙泉宝剑精品展，成功举办"2012中·韩陶瓷艺术交流展"，并与杭州南宋官窑博物馆、浙江省博物馆开展了合作展示。

蔡晓春书记、季柏林市长和王正飞副市长特别重视与中国社科院、浙江大学专家的合作，在龙泉工业文化与龙泉市经济文化发展战略的研究方面取得了丰硕成果。在蔡晓春书记、季柏林市长、王正飞副市长的大力倡导下，龙泉的工业文化建设，特别是以龙泉青瓷、宝剑为代表的文化产业迅速壮大。"一苑两基地两园两景区"的产业发展平台布局加快成型，青瓷宝剑园区被列入省首批重点文化产业园，上垟镇获得"中国青瓷小镇"特色区域称号，文化产业培育成效凸显，新增年产值超亿元企业1家、

5000万元企业4家、规上企业7家，实现剑瓷文化产业产值20.1亿元、税收3200万元，分别增长33.3%、59.5%。金宏瓷厂获"第五批国家文化产业示范基地"称号。

蔡晓春书记、季柏林市长和王正飞副市长带领市委、市政府班子，在实施文化强市、龙泉青瓷、龙泉宝剑工业文化先行战略思想的引领下，大力推进绿色生态建设，坚持把生态文明建设放在突出地位，深入实施"811"生态文明建设推进行动，生态市建设深入人心。一是深入开展"绿色系列"创建活动。全面启动"五城联创"，巩固提升国家级森林城市创建成果，积极创建国家级环保模范城市、国家级园林城市。龙泉市荣获"绿色中国特别贡献奖"，竹垟乡成为国家级生态乡镇，宝溪乡荣获浙江省"我心目中最美生态乡镇"称号，成功创建丽水市级生态文明村35个、生态村48个，宝溪乡溪头村被评为丽水"十大美丽生态村"。二是持续深化生态环境整治。出台《进一步加强环境保护工作意见》。空气、土壤清洁行动积极推进；水环境综合整治继续深化，开展了采砂制砂专项整治活动，不断改善水环境；建成市区饮用水源地水质自动监测站，农村饮水安全切实加强，岩樟溪合格饮用水源创建通过验收。三是大力推进节能减排工作。强化源头管控，严格实施项目环境准入。推进工业园区生态化改造，强化重点企业、工业园区污染和能耗监管整治，主要污染物减排和工业增加值能耗控制良好。溪北污水处理厂建成试运行，开工建设高塘生活垃圾卫生填埋场，同步推进城市污水收集管网、垃圾收集（清运）网建设，城市污水、生活垃圾无害化处理率分别达到75%、100%。浙江龙泉市卓有成效的工业文化和绿色生态建设，与蔡晓春书记、季柏林市长和王正飞副市长带领市委、市政府班子齐心协力、齐抓共管、一抓到底、注重实效是分不开的，龙泉青瓷、宝剑工业文化产业已成为引领中国工业文化产业的一面旗帜，它们的成功经验值得推广。

1.1 工业文化的定义、结构与层次

工业（Industry）文化是采集原（材）料进行生产、制作，经历了手工业、机器大工业、现代工业各阶段的生产过程中形成的器物（物质）文化、制度文化、行为文化和精神文化现象的总和。

工业文化的结构可分为表层（器物层）、中间层（行为层）、核心层（精神层）三个同心圆（见图1-1）。

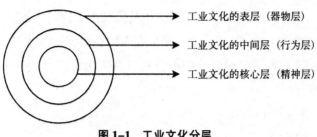

图 1-1　工业文化分层

1.1.1　表层

工业文化包括：工业产品（器物）文化，工业文化遗产，工业文化遗存；由工业文化遗留物所组成的，拥有技术、历史、社会、审美价值、科学价值的工业产品、工艺美术产品等，如建筑物、机器设备、车间、制造厂、工厂、矿山、处理精炼遗址、仓库、储藏室，能源生产、传送、使用、运输以及所有与工业相联系的社会活动场所。工业产品、器物文化、工业文化遗产的典型代表如都江堰、钱塘江大桥等。也称工业文化的表层文化，即器物层文化。

1.1.2　中间层

工业设计、工艺美术生产、工业非物质文化遗产，包括生产工艺、流程、手工技能、工业遗产的价值认定、记录和研究，并就立法保护、维修保护、教育培训、宣传展示所形成的原则、规范、方法等文化现象。也称工业文化的行为层文化，即中间层文化。

1.1.3　核心层

工业生产中产生的文化精神，包括组织文化、管理文化、品牌文化、安全文化、诚信文化、品质文化、企业精神、企业文化（与表层、中间层重合）。也称工业文化的核心层文化，即精神层文化。

1.2　国际工业遗产保护委员会对工业遗产的定义

2003 年 7 月，国际工业遗产保护委员会大会通过《下塔吉尔宪章》对工业遗产保护

作了规定。国际工业遗产保护协会（TICCIH）是代表工业遗产保护的国际组织，是国际古迹遗址理事会（ICOMOS）在工业遗产保护方面的专业咨询团体。《下塔吉尔宪章》由国际工业遗产保护协会起草，由联合国教育科学及文化组织（UNESCO）正式批准。该宪章由七部分组成：

（1）工业遗产的定义；

（2）工业遗产的价值；

（3）认定、登录与研究遗产的重要性；

（4）法律保护；

（5）维护与保护；

（6）教育与培训；

（7）表述与解说。

工业遗产是具有历史价值、技术价值、社会意义、建筑或科研价值的工业文化遗存。包括建筑物和机械、车间、磨坊、工厂、矿山以及相关的加工提炼场地，仓库和店铺，生产、传输和使用能源的场所，交通基础设施以及与工业生产相关的其他社会活动场所，如住房供给、宗教崇拜或者教育等。关于工业遗产的研究，关注的主要历史时期是 18 世纪后半叶工业革命至今，但不排除前工业时期和工业萌芽期的活动。

保护工业遗产的价值在于群体的普遍性、社会性、工程技术和科研价值、设计和建造美以及稀缺性。

工业遗产的维护与保护十分重要。工业遗产保护的要旨在于维护功能的完整性。在对工业遗址的历经用途以及工业流程进行透彻的认知和评价基础上，原样保护是首选措施；拆借和迁地保护仅当社会经济发展有绝对压倒性需求时才予考虑；赋予工业遗址新的用途以保证其生存下去也是一种可行的途径，但新用途必须尊重原有材料，并尽可能与初始或主要用途兼容。

工业建筑的再利用可以避免能源浪费，有利于可持续发展，并能在衰退地区的经济振兴中发挥重要作用。开发干预过程必须可逆并且尽量减小影响。不可避免的改变都应该被记录下来，被拆卸的重要元素也必须予以妥善保管。提倡保护记录文献、企业档案、建筑平面图以及工业产品的样品。

1.3 工业文化的研究对象和范围

工业文化涉及工业设计、企业文化、管理文化、企业学和文化社会学等诸多学科，与企业经济学、企业政治学、企业法学、企业社会学、企业经营学、企业管理学、企业哲学、企业伦理学等学科都有交叉。如纺织工业、服装工业中产生的工业文化与服饰文化相联系，食品加工业与饮食文化相联系，等等。

1.3.1　研究对象

工业企业是社会经济活动的基本单位，工业企业在经营管理活动中必然产生一系列文化现象。当然，不同的企业有不同的特点，其文化也有不同的风貌。

如果只对生产物质财富的企业进行分类，在市场经济条件下，这种工业企业可分为以生产为中心和以工业服务为中心两类。这两类企业都有各自的经营目标，在一定的风险环境中致力于生产或服务的产品，以满足人们不断增长的需要。如果市场上出现某种产品供不应求，就存在建立企业或继续生产该物品的动力。凡是能更好地满足社会需要的工业企业，社会对其产品的需求量就大。为持续满足社会需要，工业企业决策者就会采用先进技术以及各种文化力手段，生产具有特色并能多获利润的产品。

工业企业在生产产品的同时，必须盈利，并把利润作为企业追求的经济目标。为了保证产品的质量，应力争使产品的工艺水平始终居领先地位，这是企业所追求的技术目标。工业企业要达成所有的目标，必须关心和满足员工、员工家属和整个社会的需要，并将其列入企业所追求的社会目标。这个社会目标当然还包括保护自然环境、保证现在和未来的人类有良好的生存空间。企业这一经济单位，与经济、技术、社会、生态环境密切相关，许多人对如何定义企业做过很多尝试，但看法不一，分歧较大。由于不同的学科采用不同的角度来研究，所以便有不同的定义。目前，经济学家对企业这个概念的理解大致有以下几种观点。

1.3.1.1　社会性工业企业观

这种工业企业观的出发点是，在企业里，人们是作为共同协作的团体成员来完成有目的的活动。如果从企业中人与人的关系以及群体行为的角度来研究，人们便把企业理解为社会的单位，这与企业社会学的观点是一致的。那些具有行为科学组织观的企业经济学家也支持这一看法。

1.3.1.2　技术性工业企业观

这种企业观的出发点是，企业作为一个经济单位，在生产产品时不可避免地要达到一定的技术性要求。这种观点迎合了技术人员，在企业技术经济学中得到了广泛的应用，后来的一些企业经济学家也持有这种观点。

1.3.1.3 法律性工业企业观

从 1972 年联邦德国颁布的《企业法》来看，除了合作式家庭作坊以及公共管理方面的服务机构外，企业可被理解为人事手段、物质手段和非物质手段的一种有机结合，其目的在于不断追求超出自我需要的技术、经济目标。一个经营单位可包括多个企业，但那些远离主体企业或由于任务以及组织方面的原因而处于独立状态的卫星企业，为便于安排生产，应具有独立性。

1.3.1.4 经济性工业企业观

这种企业观最为普遍，把企业看成是集经济的、技术的、社会的目标于一体，以不断满足社会需要为己任，具有自主决策、自我承担风险特点，社会的基本经济单位。持这一观点的人们在研究一个现实企业时，虽然也注意到经济、技术、社会、生态环境、医学、宗教、伦理等方面的问题，但他们总想从特定的经济角度来剖析企业的主要特征。如果说除了经济角度以外，还要从社会角度、技术角度、生态环境角度来研究企业的特征，这时主要应研究其与经济性的关系。

如前所述，工业企业在经营管理各个方面产生的文化现象，均属工业文化的研究对象。如企业运作中工业文化的兴起和发展；工业文化的内在结构；如何营造工业文化；如何借鉴中外企业文化；企业营销文化的形成与发展；企业广告文化的形成与发展；企业管理文化的形成与发展；企业环境文化的形成与发展，如此等等，都是工业文化的研究课题。

1.3.2 工业文化的研究范围

工业文化是多种多样的，在不同的社会制度下、不同的市场经济模式中，有不同的工业文化模式，因此也有不同的研究范围。在不同的国度、不同的文化背景下，也必然有不同的工业文化模式。既有日本的"松下文化"，也有美国的"IBM 文化"。即使在同一国度，也会因地域、企业各自不同的历史（创业史），形成不同的工业文化，如我国的"大庆文化"、"鞍钢文化"、"宝钢文化"都有独特的内容。作为工业文化研究对象的工业文化现象，是存在于所有的企业、每个具体的企业之中的。因此，工业文化的研究者应先深入企业，掌握工业文化的第一手材料。按照从实践到理论、从具体到抽象分类，人们把科学技术划分为工程技术、技术科学（或应用科学）、基础科学、哲学。

按照研究对象的范围，人们把现代全部科学划分为九大门类，即自然科学、社会科学、人体科学、思维科学、行为科学、军事科学、艺术科学、数学科学和系统科学。工业文化从属于社会科学，但又与思维科学、行为科学等有不可分割的联系。

1.4 工业文化的研究方法

工业文化是一门应用性的、实践性的科学，它又是随着社会环境的变化、企业的发展、时代的变迁而不断变化发展的。因此，必须用辩证发展的观点，用实证的方法进行研究和分析。每个企业都有自己的个性，没有一种放之四海而皆准的工业文化模式，各种工业文化类型也是互补的，没有一种模式是绝对完美无缺的，要根据具体企业进行具体分析。总之，应当以不断变革的发展观、具体分析和实证的方法、辩证的方法、实验观察的方法等作为研究工作的方法论。

1.4.1 不断变革的发展观

在相当长的一个时期，不少人以为在几种工业文化模式中，有一种是最优秀的，他们忽视了这种工业文化模式也需要变革。最近，西方一些从事工业文化研究的学者以更为积极的态度对待这一改革。

艾伦·威尔金斯（Alan Wilkins）说过：所谓工业文化、管理文化、管理奥秘、创新管理都是随着企业环境、企业发展而不断变化的。尤其是在当今纷繁复杂的社会过程中，这种趋势更为明显。为了在企业内部形成加强工业文化改革的风气，企业领导应当唤醒全体员工的危机感。美国的一些公司领导人常常以宣扬存在危机或潜在危机的办法来激发员工的危机意识，如果缺乏令人信服的数据，他们会建立新的评估标准，获得这些数据。为了收集和宣传这些信息，他们还常常聘请顾问、组织专家小组，或有目的地鼓励其他成员这样做。形成这种氛围之后，就要开展工业文化改革的具体设计。通常，他们通过对公司现状的考察问答来进行这项工作，考察问答包括：

（1）公司目前对顾客需求的满足程度是否比竞争对手做得更好？如果答案是否定的，原因何在？

（2）公司生产的产品或服务是否最有效地发挥了公司的生产能力？

（3）消费者对本公司的产品或服务的看法。

（4）公司咨询顾问、供应商对本公司的产品或服务的看法等。

既然工业文化本身在不断地发展变化，作为学习者和研究者就必须把不断变革的发展观作为学习和研究工业文化的根本方法论。

1.4.2 具体分析和实证的方法

对于实践性科学，尤其需要用具体分析和实证的方法，因为实践性科学的共同特点是：研究实际发生或可能发生的客观事物及其规律性，并对相关的影响因素做出分析。

要了解某一个公司的工业文化，先要进行调查。刚到一个企业，怎样对愿意提供信息的企业成员进行访问，掌握一般性调查知识和重点调查的知识，对初次从事调查工作的人是有帮助的。访问和调查的问题可列举如下：

（1）请回顾本企业的历史，你能否告诉我它是何时创建的？请谈谈当时所发生的事件。①谁是创建人、企业领导（他们有可能是该工业文化的创造者，了解他们的价值观、爱好、假设和目标）？②企业创建初期所遇到的主要问题是什么（找出企业生存面临的主要问题和企业处理这些问题的方法）？③是否有具体明确的目标？经营管理方式如何？初期的价值观如何？

（2）企业创立以后又有什么关键事件（关键事件是指威胁企业生存或是导致企业重新审查或制定目标与经营方式的事件；加入某个团体或联合问题。为了找出关键事件，研究人员要访问对象回忆那些引发企业遇到的新问题，或者是对已有的规范及解决方法产生挑战的事件），了解了关键事件就可以了解该公司工业文化的精髓。

1.4.3 辩证的方法

科学论断和假设的形成，必须运用辩证思维。企业中有关人性的假设、人的行为的假设、人际关系的假设、企业道德的假设，都要遵循辩证的原则。

下面以企业道德为例，说明研究工业文化问题时，必须坚持辩证的方法。20世纪，企业道德最紧迫的问题是企业环境伦理，即涉及滥用以致耗尽自然资源和破坏环境的问题。尽管企业界人士不应对这些问题完全负责，但肯定必须承担大部分责任。事实上，既然这些问题如此严重，那么，企业如果拒不采取可行措施，不尽力缓和已经产生或将要产生的问题，就应当受到指责和处罚。在这个问题上有两种对立的观点：一种观点认为，企业第一。根据这种观点，环境问题不是企业的过错，企业只是始终致力于供给消费者所需要的东西。企业的道德责任与企业的交往关系共始终，因而不能认为企业应对自然问题和社会问题负责。这种观点还认为，热爱自然的社会改良者和政府的干预必将破坏企业和经济，最终将破坏社会本身。即使没有这些干预，科学和企业也会找到解决环境问题的方法。企业经营始终是诚心诚意的，雇员、公众和环境所遭受的那些恶果并非企业有意为之或可以预见的。此外，既然恶果已经产生，企业就不应当对这些健康和环境问题承担全部责任。自然团体和政府所提出的解决环境问题的办法代价高昂，企业不应该从利润中支付这笔费用。而且，即使改革确属完全必需，也应让企业有足够的时间来进行这些改革。另一种观点认为，环境第一。根据这种观点，要反对那种贪婪掠夺或浪费自然资源和破坏环境的企业行为，以致唯一的解决办法是立即停止一切有害于健康和环境的企业经营活动。按照环境保护论者的意见，企业必须对环境资源的浪费和破坏承担主要责任，因此必须以利润来补偿自己造成的社会损害。此外，企业通过广告助长了消费至上的心理，这也是酿成环境问题的主要因素。因此，企业必须以一切可能的方式，努力对公众进行再教育，尽管要为此损失一些利润。

企业既然忽略了自己的责任，政府就应立即进行干预，运用罚款、监禁、吊销营业执照乃至关闭企业等手段，迫使企业补偿损害、治理污染。为了抢救环境，政府必须对企业人士和公众进行广泛的再教育。为了在境况恶化到不可逆转之前加以改变，即使企业受到破坏，经济遭到损失，也必须对企业强制实行上述措施。坚持这一观点的人士认为，生态和环境互为连锁式关系影响到全世界。那种由企业经营给自然环境带来的后果被轻描淡写或根本不被企业管理学所关心的局面再也不能继续下去了。企业管理学领域必须展开一场对生态环境负责的保护生态环境大讨论，并要把这场讨论深入下去。

1.4.4　实验观察的方法

学习、研究工业文化，运用实验的方法、观察的方法是十分必要的。人类学家为了了解他们感兴趣的文化现象，总是以理性的或科学的理由去获得具体的论据。他们忠实于他们观察到和体验过的论据，但是，他们提出促进研究的一系列概念和模式，被研究的企业、团体成员往往愿意参加，但对可能促进这种研究的智能问题并不感兴趣。

实验观察的方法是将企业成员作为研究对象，他们把包容"局外人"当作主要激励因素，这些局外人在这里往往被称为"咨询顾问"或"实验者"。在典型的人类学环境中，被研究者必须得到助手和顾问的合作。研究对象与助手之间、研究者与被研究者之间在心理状态上是完全不同的，从而导致他们之间产生了不同类型的关系，得到不同的资料，在充分了解的基础上制定各项标准，完成调查研究。

在企业中，实验、观察的方法包括与被调查人访谈、了解生产全过程中涉及工业文化的各种内容、激励被调查人揭示工业文化的有关问题等。

1.4.5　大数据方法

随着信息技术和网络技术的快速发展，人类所存储的数据越来越多，数据已经从量

变走向了质变，成为了"大数据"（Big Data）。大数据概念首见于1998年《科学》（Science）中《大数据的管理者》（A Handler for Big Data）一文。2008年《自然》（Nature）的"大数据"专刊之后，大数据便爆发了，成为了学术、产业和政府各界甚至大众的热门概念，美国等发达国家已经制定并实施大数据战略。

刘红、胡新和指出，大数据带来了第二次数据革命，使得万物皆数的理念得以实现，标志着数据发展史上第三个阶段的开始；数据在科学研究中的地位与作用发生了变化，引发了一系列哲学问题，应当将其纳入科学哲学的研究领域。S. 莱奥内利（S. Leonelli）以生物医学本体（Biomedical Ontologies）为案例，探讨了理论在数据密集型科学中的角色。W. 皮奇（W. Pietsch）探讨了大数据中的因果性，提出大数据的水平建模。在喧嚣的大数据浪潮中，大数据究竟意味着什么？这是一个非常值得深思的问题。

1.4.5.1 大数据的内涵及方法

关于大数据表现形式的概括，目前较为广泛认可的是4V说，即规模性（Vlume）、多样性（Variety）、高速性（Velocity）以及价值性（Value）。如果从大数据存在方式及其功能的角度来加以审视，即从其自身维度、支撑维度、工具维度和价值维度来考察，就形成了"四维说"（见图1–2）。

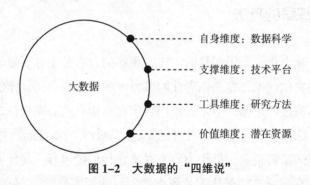

图1–2　大数据的"四维说"

从自身维度看，大数据是数据科学。数据科学以海量的数据为研究对象，通过数据挖掘等手段来寻找海量数据中潜在的规律。它研究各个科学领域所遇到的具有共性的数据问题，通过对数据的规律的研究来实现对科学问题的解答。比如，天文学的研究方法与癌症的研究方法是相通的。

从支撑维度看，大数据是技术平台。海量数据的收集、存储以及提取都不同于常规数据，需要全新的软硬件技术支持。无论是数据的查询还是分析，都必须基于特定的软件，这些技术以及用于存储和查询的系统的总和，便是支撑大数据分析的技术平台。

从工具维度看，大数据是研究方法。它已经进入生物信息学、生物医学、地震预报、天气预报等数据密集型的科学领域。图灵奖得主吉姆·格雷（Jim Gray）更明确指出，科学将进入继实验、理论、计算模拟之后的第四范式：数据密集型科研。

从价值维度看，大数据是潜在资源。麦肯锡报告指出，在医疗行业，大数据每年创造的价值预计超过 3000 亿美元；在零售业，大数据预计将提升利润 60% 以上。

作为研究方法的大数据，为科学提供了一种新的研究方法。大数据概念由费亚德（Fayyad）在 1995 年的知识发现会议上首次提出，主要研究方法是数据挖掘，其基本目标有两个：描述（Descriptive）与预测（Predictive）。通过描述以刻画海量数据中潜在的模式并根据数据中潜在的模式来进行预测，从而发现数据中有价值的模型和规律。

数据挖掘的主要技术有：分类（Classification）、关联分析（Association Analysis）、聚类分析（Cluster Analysis）以及异常检测（Anomaly Detection）。分类是指通过数据学习得到一个分类模型（Classification Model），该模型将自变量对应到因变量，从而实现对自变量的分类。关联分析是指发现海量数据中有意义的数据关系，包括频繁项集和关联规则（Association Rule）。聚类分析是指将海量数据划分成有意义的多个簇（Cluster），簇内的对象具有很高的相似性，不同簇中的对象很不相似。异常检测是指找出其行为很不同于预期对象的过程，这种对象被称为离群点（Outlier）。

目前，国际上对于大数据方法中的模式（Pattern）与模型（Model）并没有作区分。在谭（Pang-Ning Tan）等编写的教材《数据挖掘导论》中，对于数据挖掘的定义使用的是模式一词，在分类这一具体技术中，使用的则是模型一词。W. 皮奇则指出，大数据的目标就是发现海量数据中潜在的模型。在此意义上，大数据方法是一种模型方法（张晓强、杨君游、曾国屏，2014）。

1.4.5.2 方法论流派

20 世纪 80 年代初出现了两种方法论流派：一派是以美国麻省理工学院的沙因教授为代表的定性化研究流派，他们对工业文化的概念和深层结构进行了系统探讨，也曾提出进行现场观察、现场访谈以及对工业文化评估的步骤等，但这种方法难以客观量化，在考察工业文化和经营业绩时难以进行比较研究，因而受到批评。另一派是以密歇根大学工商管理学院奎恩教授为代表的定量化研究流派，他们认为工业文化可以通过一定的特征和不同的维度进行研究，并提出了组织文化模型测量、评估和诊断的学说，后被学术界称为"现象学"流派。

20 世纪 90 年代初产生了实证流派。本杰明·斯耐得在他的《组织气氛与文化》中创立了"工业文化与管理过程、员工工作态度、工作行为和企业效益关系的模型"。霍夫斯帝德通过定性和定量结合的方法增加了几个附加维度，构成了"工业文化研究量化表"。1997 年沙因在《组织文化与领导》（第二版）中增加了在组织发展中各个阶段如何培育、塑造工业文化，如何运用文化规则领导企业达成组织目标，完成组织使命等内

容，并用案例法说明企业在发展的不同阶段，其组织文化的发展变化过程。1999 年特瑞斯·迪尔和爱兰·肯尼迪在《组织文化生存指南》一书中用案例法说明工业文化在增强企业竞争力和满足员工需求之间的平衡途径。

● **本章案例：龙泉工业企业的核心竞争力——青瓷文化和宝剑文化**

烟雨瓯江第一城——龙泉，一个充满诗情画意的地方，犹如一颗璀璨的明珠镶嵌在浙西南大地，既是一块风光秀美、人文荟萃的旅游胜地，更是一块资源丰富、环境优良的投资宝地。龙泉以其悠久的历史、深厚的文化底蕴、优越的自然条件、丰富的物产资源，赢得了世人的赞誉，被誉为"处州十县好龙泉"。龙泉以青瓷之都和宝剑之都享誉海内外。

一、龙泉青瓷

龙泉青瓷始于南朝，兴于北宋，盛于南宋，古代龙泉名窑是宋代"官、哥、汝、定、钧"五大名窑之一，历史悠久，驰名中外。青瓷以瓷质细腻、线条明快流畅、造型端庄浑朴、色泽纯洁而斑斓著称于世。"青如玉，明如镜，声如磬"的"瓷器之花"不愧为瓷中之宝，珍奇名贵。

龙泉牌青瓷获中国国家部优产品奖，先后有 200 多件精品，均获得国家级新产品"金龙奖"。珍品"哥窑"61 厘米迎宾盘、52 厘米挂盘被誉为当代国宝。七寸精嵌"哥窑"艺术挂盘被国务院定为国家级礼品，"哥窑"紫光盘、紫光瓶等 51 件珍品被中南海紫光阁收藏陈列，送展 30 多个国际博览会，为国家领导人出国访问提供礼品，被国际各大博物馆收藏。

龙泉青瓷产品有两种：一种是白胎和朱砂胎青瓷，著称"弟窑"或"龙泉窑"；另一种是釉面开片的黑胎青瓷，称"哥窑"。"弟窑"青瓷釉层丰润，釉色青碧，光泽柔和，晶莹滋润，胜似翡翠。有梅子青、粉青、月白、豆青、淡蓝、灰黄等不同釉色。"哥窑"青瓷以瑰丽、古朴的纹片为装饰手段，如冰裂纹、蟹爪纹、牛毛纹、流水纹、鱼子纹、膳血纹、百圾碎等加之其釉层饱满、莹洁，素有"紫口铁足"之称，与釉面纹片相映，更显古朴、典雅，堪称瓷中珍品。

现代的龙泉青瓷继承了中国传统的艺术风格，在继承和仿古的基础上，更有新的突破，成功研究出紫铜色釉、高温黑色釉、虎斑色釉、赫色釉、茶叶末色釉、乌金釉和天青釉等。工艺美术设计装饰上，有"青瓷薄胎"、"青瓷玲珑"、"青瓷釉下彩"、"象形开片"、"文武开片"、"青白结合"、"哥弟窑结合"等。

龙泉青瓷蜚声海内外，不愧为中华民族艺术百花园中的一朵奇葩，是中国瓷器史上一颗灿烂的"瓷国明珠"。

二、龙泉宝剑

相传在四五千年前，黄河流域东南部有个强大的九黎部落，酋长叫尤。他为了与炎帝争夺黄河流域上一块肥沃的平原，大造刀戟弓和弩等各式兵器，并从葛卢山采来铜铸剑。手持铜剑，指挥部落战败了炎帝族。故《管子》与《吕氏春秋》记载："尤始造剑，采葛卢山之铜铸之。"

剑是短兵器，从出土原始铜剑看，它是匕首和矛的伸长和收窄。在远古时代的人类，不可能利用天然形成的石质原料敲打琢磨出来这种剑，至今考古学家和历史学家还没有发现过像剑一样的石器。有剑乡之誉的龙泉，1958 年在牛门岗出土的石器有新石器时代的石斧、石坠、石簇、石纺轮等，却没有发现像剑的石器。

清朝初期，道教兴起。自古以来道士均以"七星剑"为作法仪典的法器，甚至以"七星剑"作镇门之宝。其时佛道并雄，又均崇尚武艺，因而佛道两教大大地促进了中华武术的蓬勃发展。一时间，佛徒、道士和武侠对铸剑的需求增多，龙泉宝剑自然就得到了发展。清光绪二十年（1894），丽水碧湖的铁匠高手沈庭璋迁到龙泉，在县城西街开设"沈广隆壬字号剑铺"，向五子焕文、焕武、焕周、焕清和焕全悉心传授铸剑技艺，时称"铸剑之家沈氏文武周清全"。现在中国香港"万字剑山庄"还收藏有沈氏的三把名剑。其一，剑身一边刻有五爪金龙图，另一边刻"龙泉宝剑"四字，并刻敕符，剑身两边中央有血槽，并嵌七星。剑格作虎头状，近柄处有一"壬"字，铜鞘。其二，民国剑，铭"沈广隆制"及"古民生自置于龙泉民国卅七年"，刃嵌七星，一边有脊，一边磨平，木柄，绿色鲨皮鞘。鞘为清代品。其三，民初龙泉宝剑，铭"沈广隆制"及"龙泉古剑"，嵌七星，剑格、剑首及鞘上铜箍皆精工镂刻，浮雕开花草图案，红木鞘及柄，刃质极佳。

龙泉宝剑历史悠久，驰名中外。它的历史最早可追溯到周代，距今已有 2600 多年。龙泉宝剑又称"七星剑"，按其不同性能分为三种基本类型：硬剑（以锋利著称）、软剑（以柔韧著称）和传统武术剑。此外，还有云花剑、手杖剑、鱼肠剑、鸳鸯剑等 29 个品种，近百种款式。

龙泉宝剑全靠手工磨光，龙泉县境内特产一种磨剑亮石。一把上好的宝剑往往要在这亮石上磨数天，才能闪烁出道道寒光。一把龙泉宝剑从原料到成品，要经过锻、铲、锉、刻、淬、磨等 28 道主要工序，从而使它具有坚韧锋利、刚柔并济、寒光逼人和纹饰考究四大特色。再配上世界稀有的当地特产梨花木作剑鞘和剑柄，不必加漆而显古色古香，越用越亮，更令龙泉宝剑锦上添花、享誉中外，既是人们练武健身的器具，又是别致的装饰艺术品。

● 点评

一、龙泉的工业文化产业倡导大力发展生态经济，坚持走绿色生态发展道路

近年来，龙泉市以农业增效、农民增收为重点，立足山区优势，打响绿色农产品品牌，积极推进农业结构调整。特色农业、精品农业、生态农业亮点纷呈，八都蔬菜、瀑云西瓜、宝溪灵芝、龙南高山蔬菜、安仁黑木耳菌种等"一乡一品"的区域特色高效农业产业逐步形成。一批农产品通过有机认证，绿色食品基地不断得到完善。

龙泉拥有得天独厚的生态旅游资源，瓯江贯穿境内，一批国家级和省级风景名胜受到海内外游客青睐。凤阳山登山、瓯江漂流、下樟溪探幽、天平山生态游、大窑寻找青瓷足迹等项目，已成为吸引上海等大中城市游客和外宾的"热点"。同时，该市发展了配套的旅游产品、餐饮服务及文化娱乐等行业。"绿山绿水生态游"成为龙泉绿色经济的一个支柱产业。

龙泉市生态公益林和生态经济林建设进度也不断加快，已完成封山育林116万亩，省道沿线的"百里绿色长廊"、沿瓯江水系的"瓯江源涵养林系统"、沿钱江水系的"钱江源涵养林系统"已逐渐形成。林业"123"工程全面实施，竹产业迅猛发展。为有效开展生物多样性保护，该市创建了18个自然保护小区，其中13个已被批准为省级自然保护小区。

二、龙泉工业文化产业之花正绚烂绽放

"文化强则龙泉强、文化兴则龙泉兴"，龙泉市将文化产业摆在了市域经济社会发展极其重要的位置上，努力把文化"软实力"转变为竞争"硬实力"。

近年来，龙泉市紧紧抓住国家、省、市大力扶持文化产业发展的新机遇，主动打好文化牌，明确新坐标，谋求新发展，围绕把龙泉打造成为"特色文化设计创意中心、体验中心、会展中心、交流中心和制造生产基地""四中心一基地"的目标，以"文化产业发展年活动"为抓手，以科技创新、品牌打造、招商引资、市场营销为手段，出台扶持政策，设立发展专项资金，加快推动文化产业成为重要支柱性产业。

龙泉市编制出台了十大文化产业发展规划，着力推动产业转型文化化、文化创意园区化和文化园区景区化，将"文化元素"融入农业、工业、旅游和服务业当中，重点培育龙泉青瓷宝剑文化产业、龙泉金观音特色茶文化产业、文化休闲旅游等产业，积极打造以文化为主题的高等级景区，培育"以剑瓷文化为特色，以赏瓷、论剑、品茶、登山、养生为重点"的文化生态旅游。

建立了由龙泉市市长任组长，宣传部长任常务副组长，人大、政府、政协分管领导任副组长的文化产业发展年活动领导小组，加强对文化产业发展的组织领导。在此基础上，先后建立龙泉市文化创意产业办公室，成立龙泉市青瓷宝剑产业局，组建浙江省青瓷行业协会、龙泉青瓷研究会、龙泉青瓷协会、龙泉宝剑协会，统筹协调文化产业发展过程中各项事宜。并将文化产业发展工作列入年度综合考核内容，加强督促检查，严格奖惩问责，使文化发展的氛围进一步浓厚，形成了"党委领导、政府负责、人大政协监督、宣传部牵头、各单位密切配合、全民参与"的工作格局。

此外，龙泉还出台了"做大做强龙泉青瓷龙泉宝剑文化产业"等政策意见，设立文化产业、剑瓷文化产业发展专项资金，每年各拨付 1000 万元，既积极推动龙泉宝剑、龙泉青瓷、龙泉金观音特色茶、食用菌、竹文化、水文化、森林文化等传统文化产业高端化发展，又加快培育设计创意、文化会展、数字服务等文化产业新业态，构建结构合理、门类齐全、科技含量高、富有创意、竞争力强的现代文化产业体系。

三、工艺美术大师的作品及无名英雄的无私贡献

龙泉工业文化的一个重要方面是工艺美术大师创作的作品以及为这些大师传承发展龙泉青瓷宝剑非物质文化遗产做出贡献的无名英雄，如王运龙、卢伟孙、潘建波、苏伟、雷慧仙、龙泉市政府办公室主任杨良泽、青瓷宝剑局前局长江圣明、毛传青等。

（1）2010 年 10 月 24 日王运龙哥窑作品在何浩天博物馆展示，来自近 10 个国家的专家到这里参观，其中有一名来自美国的陶艺奠基、陶瓷界泰斗、著名的抽象派油画家杰姆·雷德。他跋山涉水来到中国龙泉，而且观展当天还是他的八十大寿，他对陶瓷的喜爱，无人能挡，还有来自江西景德镇的艺术大师李见深、世界著名的陶艺大师等，参观完哥窑的作品后，赞不绝口，有的大师更是爱不释手。他们都对作品做出了很好的点评，"做工十分精致，可与古瓷相媲美"，哥窑作品中《胆瓶》被美国泰斗杰姆·雷德选中作为自己的收藏。《中华大典》、《艺术典》、《陶瓷艺术分典》为常务副主编、清华大学艺术史博士周思中，北京国博文物鉴定中心周新发董事长所收藏。作品《牡丹洗》被中国苍南官窑邀请专柜展，受到景德镇陶瓷界泰斗王锡良的好评，台北首任"故宫博物馆"馆长何浩天及他的儿子何平南老师给予好评并收藏了作品；台北"国立历史博物馆"馆长周功鑫收藏了旋纹花瓶，"国家故宫博物院"的专家们多次来龙泉视察指教并带回作品与"故宫博物院"内的成员研讨，最后得出结论说本作品是一个奇迹，已回归古代哥窑的传统烧制技艺。

（2）卢伟孙，1962 年生于龙泉。高级工艺美术师，浙江省工艺美术大师。1983 年毕业于龙泉陶瓷技术学校。工作于龙泉青瓷研究所。1992~1993 年研修于中国美术学院陶艺系。1993 年开创哥弟纹胎瓷的新工艺。1994 年"哥弟"窑纹胎作品《冬的思绪》获"第五届全国陶瓷艺术设计创新评比"一等奖。同年《冬的思绪》、《龙泉窑青釉小口瓶》编入《中国现代美术全集》陶瓷卷。1997 年创建"龙泉子芦窑"。1998 年在浙江展览馆展览的《冬的思绪》名作，现被珍藏在世界收藏家协会。2001 年应邀在日本东京举办青瓷作品展。2002 年作品《天与地》获"第七届全国陶瓷艺术设计创新评比"二等奖。《梅子青釉金丝纹片瓶》、《清》系列获"第七届全国陶瓷艺术设计创新评比"三等奖。2002 年

作品《天与地》被中南海紫光阁珍藏。2004年青瓷作品参加"第四届青年陶艺家作品双年展"。2005年青瓷作品参加"陶都宜兴国际陶艺展"。2006年作品《春·秋》获"第八届全国陶瓷艺术设计创新评比"金奖。《天池》、《鱼草纹大洗》获奖，《漩》获铜奖。青瓷作品参加"中国美术馆陶瓷艺术邀请展"。参加"第五届青年陶艺家作品双年展"。2007年青瓷作品《盘》被中国美术馆收藏。作品《鱼草纹大洗》被浙江美术馆收藏。

（3）潘建波，工艺美术师，丽水市工艺美术大师。1991年7月毕业于龙泉市中职校首届青瓷班，同年到龙瓷二厂设计室从事造型设计工作，1994年创办了自己的青瓷作坊——溢青轩（原潘氏仿古瓷厂）。经过多年的学习、摸索，他熟练掌握了从原料配制到烧成的一整套技术，并逐步形成了自己独特的艺术风格。作品造型古朴典雅、雕刻精致、釉色温润如玉。近年来，其作品曾多次获奖并被收藏。

潘建波安静、不太爱说话，他身上有陶艺家特有的纯净和简单。他的青瓷坊上书写有青绿色的"溢青轩"三字，饱满丰富，写出他对青瓷无尽的热爱。他的追梦之旅，自小有之，自老不变，守候青瓷，大概是他最简单也是最执着的梦。

他生于青瓷世家，从小在瓷土堆里玩着泥土长大，耳濡目染，与青瓷结下不解之缘。他是幸运的，瓷土的温润柔软丰富了他的童年，使得他的性情也安静得如一件沉默诉说的青瓷作品。一个制陶者应具备的艺术气质，在他身上，没有经过任何修炼便卓然天成。1989年9月，龙泉市中职校开办首届青瓷班，16岁的他欣喜若狂，入校求艺。学校专业课程的完整设置和系统学习为他后来的创业打下了良好的基础。老师细心的辅导、专心的指点，使他对青瓷的喜欢从简单至深切，他着迷于青瓷作品的造型，对于制作过程中每一道工序的重要性也了然于心。这一点让他终身受益。在后来二十多年的制陶生涯中，潘建波几乎都是亲力亲为。从瓷土的粉碎、陈炼到釉料配制，从制坯、上釉到装窑、烧窑，甚至质检、包装。这些在很多艺术家看来可能是一种对生命毫无意义的消耗，但他却做得其乐融融。就是这种年复一年的真实劳作，造就了他淳厚沉静的艺术风格。

1991年7月，潘建波从龙泉市中职校青瓷班毕业，进入国营瓷器二厂设计室工作。初出茅庐，潘建波思维开阔，大胆创新，他设计的作品造型各异、品种繁多，深受客户喜欢，为瓷厂提高了经济效益。也为自己后来的创业积累了宝贵的经验。后来，单纯的设计工作已不能满足他对青瓷深切的热爱。1994年，他走出厂房创办了自己的青瓷作坊——溢青轩。多年来与瓷土相亲相近的劳作，使得他在表达上显得非常得心应手。审美格调上的崇高、隽永，技艺上的精湛、完美一直是他的艺术追求。钟情于古代青瓷的自然之美与艺术之美，潘建波选择从事仿古青瓷的设计与创作。他说，这个时期的创业，使他对釉料配方的使用以及手工刻花、划花等简单技法的应用收放自如。他走遍龙泉瓷古窑址，在溢青轩青瓷坊，大窑、溪口的碎片被他珍爱地陈列在一个方形玻璃茶几上，他喝茶待客，所有话语都在青瓷的碎片里荡漾。二十年里，他从一个热爱青瓷的年轻人成为一个青瓷产业的负责人，他相信倾情付出必有回报。他不提那些创业初期的艰难，只简单地说了一句："那时候没有资金，很困难。"

2000 年，潘建波的溢青轩入驻龙泉青瓷宝剑园区。他说，他一直很幸运，因为这份热爱，成就他一生的梦想和追求。他较早进入园区青瓷作坊。陈列厅和厂房相结合的布局，让他安静的心更执着于艺术上的创作。但是他没有刻意宣传与炒作自己，默默耕耘是他的性格，而这使得他的作品也表现出一种雍容大度的气质，深受客户喜爱。

从 1994 年创业之初，潘建波一直从事仿古瓷的研究与生产。近几年龙泉青瓷作为高雅艺术品越来越受人们欢迎。他开始思考自己纯手工的技艺是否可以尝试在现代青瓷工艺品上创造独特的魅力。2008 年潘建波开始青瓷现代工艺品的创作，他又一次成功了，短短一年他的作品屡获大奖：2008 年 12 月作品《年年有余》被浙江博物馆收藏；2009 年 3 月作品《荷韵》获 2009 年"金凤凰"创意产品设计银奖；2009 年 5 月作品《荷塘清趣》获中国工艺美术"百花奖"银奖；2009 年 7 月作品《硕果》获浙江省工艺美术精品博览会银奖……2009 年 8 月在上海艺术博览会和龙泉青瓷"申遗"中潘建波被评为"当代龙泉青瓷十大新锐艺术家"，潘建波的艺术才华在各类展示和参赛中得到肯定。同时，龙泉青瓷正步向更辉煌的时代。2009 年 9 月，龙泉青瓷传统技艺被正式列入人类非物质文化遗产代表作名录，成为全球唯一入选的陶瓷类项目。2010 年 6 月上海世博会，龙泉青瓷以"一瓷一剑一茶一水一人家"这个意境深远的主题入选具有浓郁浙江特色、集中浙江优秀的民间传统"物华天工"浙江民间工艺精品展。2010 年 9 月法国，《中国意境——人类非遗龙泉青瓷巴黎展》在巴黎杰拉勒艺术中心举行，39 件龙泉陶瓷艺术家最具代表性的精美作品沿着古代海上"陶瓷之路"的足迹，再次以庄重典雅的器型、温润如玉的色泽，让身在浪漫之都的巴黎人连连惊叹。潘建波作品入选其中。他的代表作品《蕉叶洗》在第二届中华民族艺术珍品文化节中被评为"中华民族艺术珍品"并先后被中华民族艺术珍品馆、中国工艺美术馆收藏。该作品创作的主题来自于他一贯取花鸟入瓷的手法，以龙泉当地瓷土为原料，运用龙泉"哥窑"胎和"弟窑"青釉，精心配制而成，翠绿而透明的青釉和简洁的造型完美结合，以传统蕉叶纹作装饰，运用浅浮雕技术刻画，古朴、典雅。他的其他作品以牡丹入瓷显富贵之气，梅、兰、竹、菊入瓷显高雅之气，鸳鸯戏水入瓷显欢喜之气，深受人们喜爱。

潘建波的成功在于他二十几年的制瓷生涯中没有浮躁之气、奢华之风。这使得他的作品瓷如其人，沉静、淡定。说到成功，他笑说，很骄傲的一件事是其作品烧窑的成功率一直在 70% 左右，我想这是他潜心做瓷的回报。一直以来，他的产品销往昆明、西安、北京、上海，而多年来的信任只要给对方发一张新作品的图片，对方就下订单。这份成功信任建立在潘建波热爱青瓷的这一份专注上。

追梦青瓷，他只是说"从来没有想过要做别的事"。我们有理由相信，他的守候是他一生最幸福的事。潘建波正如一位沉静的麦田守望者，在他的陶瓷艺术世界耕耘收获，为我们拉近自然与传统的距离。

（4）苏伟，生于1975年9月。工艺美术大师，现任龙泉市天艺青瓷厂厂长。从事青瓷艺术研究短短7年就已经取得了非凡的成就，艺术风格在继承传统基础上不断创新，作品造型简洁、典雅大气、釉层丰厚、温润如玉、纯粹无瑕，成为龙泉新一代青瓷艺人的代表。

苏伟在大学里学的是医学，毕业之后，他先后从事过医学、外贸等多种工作，最后出于对青瓷的热爱，他毅然选择青瓷，把青瓷当作一生的事业。2001年，苏伟不顾家人的反对，毅然接手了一个即将倒闭的青瓷工厂。凭着他的坚韧和努力，他不仅使工厂存活了下来，而且在龙泉乃至世界打出了名气，创造了百万的年产值。

他本人也在青瓷的领域取得了越来越多的成就，2004年被评为工艺美术师，在2008年西湖文化博览会上，他的跳刀灰青釉龙盘被评为优秀奖。

（5）雷慧仙，工艺美术师，毕业于杭州师范美术学院。在工艺制作方面，吸取掌握龙泉青瓷传统工艺精髓，充分发挥自身深厚的美术功底。作品细腻大方，釉色润泽，独具风格，大胆创新，融古代名瓷之韵味与现代青瓷之风，作品多次参加陶瓷艺术作品展，并多次获奖。

（6）龙泉市政府办公室主任杨良泽、龙泉文化局前局长江圣明、青瓷宝剑局前局长毛传青，为龙泉青瓷宝剑非物质文化遗产做出重要贡献，中国社科院国情调研课题组到龙泉调研，他热情接待前来调研的专家学者，详细介绍龙泉青瓷宝剑的历史和文化，仅2011~2012年，龙泉青瓷、宝剑的非物质文化遗产保护活动就抓了18件大事：

1）2011年1月6日，丽水市第四批非物质文化遗产名录确定，龙泉市龙泉方言谚语、龙泉青瓷传统龙窑建造技艺、龙泉宝剑祭祖仪式、过油火4个项目入选。

2）2月，国家商务部公布第二批保护与促进的"中华老字号"名录，龙泉南宋哥窑瓷业有限公司的"南宋哥"、浙江省龙泉市沈广隆剑铺的"沈广隆"和浙江省龙泉市宝剑厂有限公司的"龙泉宝剑"3家企业的注册商标入选。

3）4月13日，中共中央政治局原委员、第十届全国人大常委会副委员长、中国工艺美术协会名誉理事长李铁映第五次到龙泉考察剑瓷特色文化。

4）4月20~23日，第三届中国（浙江）非物质文化遗产博览会在义乌举行。龙泉市沈新培的"玄武剑"获博览会参展作品金奖，梅红玲的青瓷作品"孔子"获博览会——浙江省"民间巧女"手工技艺大赛金奖。

5）4月22~23日，国家文化部非遗司司长马文辉带领国家非遗保护委员会、中国工艺美术学会、中国艺术研究院的相关专家，到龙泉市考察非物质文化遗产传承保护工作。浙江省文化厅副厅长陈瑶陪同考察。

6) 研究龙泉考察龙泉青瓷文化传承与保护工作。

7) 建设完善龙泉青瓷博物馆。

8) 5月27日，龙泉青瓷行业协会的"龙泉青瓷"证明商标被国家工商总局商标局认定为驰名商标。

9) 6月27日，李铁映龙泉青瓷、龙泉宝剑作品捐赠仪式在龙泉青瓷博物馆举行。

10) 6月29日，"何浩天瓷器藏品专题展"在龙泉市青瓷博物馆开始展出。

11) 8月13日，中国轻工业联合会、中国陶瓷工业协会授予龙泉市"中国陶瓷文化历史名城"称号，授予陈石玄根、徐定昌、陈爱明、卢伟孙、陈显林"中国陶瓷艺术大师"称号。

12) 11月16~19日，由中国古陶瓷学会、浙江省文化厅、浙江省经济和信息化委员会、浙江省旅游局主办，龙泉市委、市政府承办的"第六届中国龙泉青瓷—龙泉宝剑节暨中国古陶瓷学会2011年年会"在龙泉市举行。

13) 2012年3月5日，龙泉市浙江天丰陶瓷有限公司和浙江三田滤清器有限公司两家企业申报的"天丰"、"三田"字号获得由浙江省知名商号评审委员会公布的2011年度浙江省知名商号，标志着龙泉市"省知名商号"实现了零的突破。

14) 8月29日，"中国青瓷小镇"考评专家组到龙泉，通过听取申报汇报、实地考察和认真讨论，考评专家组一致同意通过考评，推荐上垟镇向中国工艺美术协会申报特色区域荣誉称号。

15) 8月29~30日，"绿色中国行"组委会秘书长、《绿色中国》杂志社社长、总编辑缪宏，著名影视演员、周恩来总理扮演者、绿色中国年度焦点公众人物获得者刘劲等"绿色中国行"考察组一行，到龙泉市考察生态、剑瓷文化。

16) 11月9日，"2012龙泉黑胎青瓷与哥窑论证会"媒体见面会宣布：龙泉黑胎青瓷考古取得重大成果，文献记载的宋代"官、哥、汝、定、钧"五大名窑之"哥窑"就在龙泉。

17) 11月15日，龙泉市委书记蔡晓春，市委副书记、市长季柏林亲切会见了应邀到龙泉参加节庆活动的韩国康津郡政府代表团一行，双方签署了共同举办中韩陶瓷文化艺术节协议。

18) 11月16~18日，由全国绿化委员会、国家林业局、中国绿化基金会、中国工艺美术协会、中国陶瓷工业协会、浙江省文化厅、浙江省经济和信息化委员会、浙江省林业厅、浙江省旅游局、丽水市人民政府主办，国家林业局宣传办、国家林业局经济发展研究中心、人民网、《绿色中国》杂志社、中共龙泉市委、龙泉市人民政府承办的"第七届中国龙泉青瓷、龙泉宝剑文化旅游节暨绿色中国行——走进龙泉"活动举行。并开展

"绿色中国行——走进龙泉"大型电视访谈"8+1"对话、青瓷文创产业发展论坛暨纪念周恩来总理指示恢复龙泉青瓷生产55周年座谈会、海峡两岸剑祖欧冶子公祭典礼、浙江省第三届青瓷传承与创新设计评比大赛、第三届龙泉刀剑锻制技艺比武大赛、2012中韩陶瓷艺术交流活动、龙泉市特色商品展销会、招商引资及市校合作项目签约仪式等活动。

● 思考题

1. 结合龙泉市工业文化产业的发展，谈谈龙泉市是如何发展工业文化的？

2. 龙泉青瓷和宝剑产业结合青瓷和宝剑的文化历史，形成特有的工业文化产业，其工业文化的特色是什么？对龙泉市有什么意义？

3. 我国工业发展变化大，经历漫长岁月，工业文化对后人有哪些影响？

● 参考文献

[1] 刘光明. 企业文化 [M]. 北京：经济管理出版社，2006.

[2] 贾强. 文化制胜——如何建设企业文化 [M]. 沈阳：沈阳出版社，2002.

[3] [美] 特雷斯·E.迪尔，阿伦·A.肯迪尼. 企业文化 [M]. 上海：上海科学技术文献出版社，1989.

[4] 孙静静. 浅谈企业文化建设中文化自觉的作用 [J]. 管理学报，2004，11 (3)：354-358.

[5] 丁远峙. 管理的终极智慧企业文化 [M]. 北京：海天出版社，2010.

[6] 华锐. 世纪中国企业文化 [M]. 北京：企业管理出版社，2000.

[7] 周秀红. 中国国有企业文化创新探究 [M]. 北京：北京师范大学出版社，2011.

[8] 刘光明. 企业文化是企业核心竞争力 [N]. 经济日报，2011-11-28.

[9] 许冬梅. 基于科学发展观的国企企业文化创新研究 [D]. 大庆石油学院硕士学位论文，2010.

[10] 于洪强. 在完善公司法人治理结构进程中深化国有企业改革 [J]. 中外企业家，2008.

● 推荐读物

[1] 刘光明. 企业文化史 [M]. 北京：经济管理出版社，2010.

[2] 刘光明. 企业文化世界名著导读 [M]. 北京：经济管理出版社，2009.

第2章 工业文化的内涵与外延

● **章首案例**：浙江杭州拱墅区变工业文化遗存为文化创意产业

浙江杭州拱墅区是杭州工业成长的摇篮。烟囱和厂房见证了工业文明的进程，也记录了产业工人的人生，它是繁荣幸福的文化名区，博物馆和综合体重现旧时的京杭大运河两岸百货辐辏、篝火明烛的盛景，更让历史街区焕发新的光彩。

新城没有忘记旧厂。拱墅人说，工业遗存是他们的精神家园，联系着这片土地的过去与未来。杭州拱墅区是浙江省文化创意产业的发端地，经过近年不断培育、整合发展，已经形成了以"运河天地"为核心的13个园区、5个特色楼宇的产业新格局。2012年，全区实现文创产业主营业务收入125亿元，同比增长22%。2013年上半年，全区实现主营业务收入73.19亿元，同比增长19.15%。

扎运河文化品牌之根，开工业遗存特色之花，结转型升级产业之果，拱墅已经找到了一把发展文创产业与经济社会发展和谐共存的钥匙。

先：扬先发之势发挥产业品牌影响力

由旧工厂或旧仓库改造而成的，少有内墙隔断的高挑开敞空间的LOFT 49文创园，是杭州市乃至浙江省第一个文创产业基地，也是"全国最具品牌价值"的创意产业基地。自2002年LOFT49建立起，拱墅区文创产业迅速吸引了全国关注。

LOFT文创产业被誉为"夕阳厂房的朝阳产业"，近年来，境内外考察团来拱墅区考察达200余次。随着运河天地"品牌化"建设的不断提升，几年来，运河天地文化创意产业园先后被评为"杭州市文化创意园"、"杭州市高新技术产业园"、"浙江省文化产业示范基地"、浙江文化产业"122"工程首批重点文化产业园区。运河天地·乐富智汇园被评为国家级科技孵化器、国家文化产业示范基地。尤其值得一提的是，LOFT49文创园盘活工业遗存打造文创园区的新模式，成为了各地借鉴的经典范本，也被当作杭州市发展文创产业的一张"金名片"。

明显的先发优势，较大的品牌效应，使拱墅区的创意资本、技术、人才、客户等要素相对集中，涌现了大量以工业遗存保护与利用为特色的文创基地，如LOFT49、A8艺术公社、乐富·智汇园、唐尚433、丝联166、浙窑陶艺公园、元谷创意园、富

义仓等。文化味十足的老厂房雨后春笋般汇聚拱墅运河畔。

化：扎运河之根，彰显产业内核文化力

"杭州文化看拱墅"，是一位省里的老领导对拱墅文化的赞誉。拱墅是全国文化先进单位，古老而美丽的京杭大运河纵贯南北，长达 12 公里。经过多年发展，运河文化已经成为拱墅区集历史、地理、人文、经济等资源于一体的得天独厚的综合品牌。

在全区大力实施文化引领战略、建设运河文化名区进程中，当地连续十多年实施了运河综合整治保护工程，保护改善运河环境，恢复小河、拱宸桥桥西和大兜路三大历史街区及桑庐、香积寺庙等众多文化遗存和历史建筑。拱墅境内有五大国家级博物馆，素有"博物馆之区"的美誉。

拱墅更是运河申遗主战场，杭州市被选入京杭运河申遗 6 个遗产点中，拱墅占 3 个。紧紧抓住 2014 年运河申遗契机，拱墅正全面集中打造展示运河文化、非物质文化、市街文化、产业文化的运河文化带。博大精深的运河文化底蕴为文创产业增添了独特的文化资源和文化内蕴，拱墅文创产业发展正是在这样一块文化沃土上生根、开花、结果。

新：活遗存之魂，凸显产业模式创新力

与其他地方发展文化创意产业不同，拱墅的区域范围曾是近现代工业及仓储的主要分布区，是杭州市现存具有一定规模的历史街区。当时 LOFT49 在改造过程中，在不改变基本格局和主体设施的前提下，借鉴欧美建设 LOFT 创意产业的经验，将旧厂房的外观和内部空间进行重新设计包装，使办公空间和园区成为了充满超现实主义风格的艺术空间和精神领地，为众多艺术家和设计师所追捧。

拱墅区吸收 LOFT49 老厂房打造文创园，发展文创产业新模式的成功经验，充分依托运河沿岸的人文环境和地理环境稀缺性的区域优势，加大了对辖区内工业遗存的保护开发，沿着这条凤凰涅槃的转型之路，目前运河天地 13 个文创园基本都是由工业遗存改造而成。

同时，在对涉及文创产业的工业遗存改造中，当地坚持修旧如旧，充分保留原有建筑形态，并大量运用工业元素，对破损建筑进行保护性修缮，不仅打造出开放式的创意办公空间，而且在延续建筑记忆、传承人文精神的同时注入新的内涵，对艺术家和文化创意产业创业者有极大的吸引力。

聚：实平台之基，形成产业要素集聚力

拱墅区大力实施以名园集聚、以名企支撑、以名人带动、以名牌提升为抓手的"四名工程"，在政策支撑、资金支撑、人才支撑、服务支撑上下功夫，不断推进园区建设的特色化和规范化。

如今，拱墅区文创产业规模不断壮大，运河天地文创园累计投入使用面积 37 万平方米，国家级运河广告产业园的正式成立，为产业发展提供了巨大发展空间。园内主导产业特色日益鲜明，形成了以设计服务业、现代传媒业、信息服务业、动漫游戏业四大特色产业为主导的产业布局。园区、楼宇内涌现出汉嘉设计、影天印业、盘石、博采传媒等一大批设计服务业、信息服务业、现代传媒业、动漫游戏业等行业的特色龙头企业，通过龙头带动不断增强园内产业的特色化、集聚化发展。

近年来，拱墅区影视产业迎来了收获季，《冬日惊雷》《情缘廊桥》《昆塔·盒子总动员》等多部电视剧和电影在央视或全国主要院线上映，"拱墅制造"标签的影视产业异军突起。

和：汇谋者之和，提升产业引导管理力

大力发展文创产业已经在拱墅上下凝聚强烈共识。拱墅区委、区政府将文创经济列入"6+2"产业之首，实施了全区文化创意产业倍增工程，出台一系列奖励扶持政策，项目化推进了文创产业的发展。

领军人物龙头带动，竞争力不断增强。在影视动漫、创意设计、文化科技、园区运营等各个业态，拱墅均涌现出一批领军人物，如浙江乐富创意产业投资有限公司董事长杨宝庆被评为全市创意产业十大风云人物、"华东六省一市文化产业领军人物"。行业协会率先成立，协作力不断发挥。当地率先成立了文创产业联盟和知识产权保护联盟，为企业、政府搭建了信息交流、产业协作、产权保护的交流协作平台。利用前沿的管理模式，创新力不断提升。拱墅率先与质监部门开展文创园区服务平台标准化研究，服务标准化体系已得到了初步论证；"创意力量大讲堂"、"动感运河·创意拱墅"文创市集活动成为拱墅独特的产业交流学习和产品展示平台，影响力与日俱增。

文化创意，"和"力迸发。眼下，凭借深厚的文化底蕴、优美的环境资源、科学的规划布局、完善的配套服务、高效的管理机制，拱墅文创产业已经成为推动经济发展转型升级的新引擎，正以蓬勃之势创意精彩未来。

拱墅区影视产业迎来收获季——运河之畔，光影如梦：

（1）弘扬主旋律。影视作品是弘扬社会主义先进文化的重要承载体，杭州拱墅区通过积极鼓励、引导影视企业，创作了一批弘扬时代主旋律的优秀作品。

（2）培育好环境。通过提升产业规划、搭建服务平台、招引龙头企业、引进专业人才，不断强化影视产业发展的要素支撑，拱墅区积极为影视产业发展创造了良好环境。

（3）抢占新高地。影视文化产业是城市经济转型升级的新引擎，正成为 GDP 新的经济增长点。拱墅区努力发挥龙头企业的带动作用，形成了集聚效应。

2.1 工业生产中产生的器物文化

工业文化的外在表现形式、载体、物化形式是建筑物或其遗存，如都江堰、钱塘江大桥；工业文化的内在价值是一种工业精神，如德国制造体现了一种深层次的民族气质——青岛啤酒厂100年前购买的德国制造的酿酒设备、电机、变速箱、标贴机和选麦机，至今还能使用，它表现的是一种内在的精神气质。

综上所述，工业文化涵盖内容丰富，它包括工业产品（器物）文化、工业文化遗产、工业文化遗存，由工业文化遗留物所组成的，拥有技术、历史、社会、审美价值、科学价值的工业产品、工艺美术产品等。

仅传统工艺美术就有11大类：

2.1.1 雕塑类

（1）玉器：玛瑙、夜光杯、青金石、木变石、水晶、珊瑚等；

（2）木雕：东阳木雕、黄杨木雕、龙眼木雕、楷木雕刻、红木雕刻、金漆木雕、少数民族（藏族、白族等）木雕等；

（3）石雕：青田石雕、寿山石雕、巴林石雕、昌化石雕、惠安石雕、曲阳石雕、菊花石雕、少数民族（如藏族等）石雕等；

（4）木偶头雕刻；

（5）微刻；

（6）其他雕塑：牛角雕、骨雕（牛骨、骆驼骨）、煤精雕刻、果核（桃核、橄榄核）雕刻、椰壳雕刻、刻葫芦、刻砚、砖雕、竹刻、彩塑、面塑、油泥塑（或称瓯塑）、少数民族雕刻（鄂伦春族桦树皮雕刻等）、牙雕等。

2.1.2 刺绣和染织类

（1）刺绣：丝线刺绣（含绣衣、剧装）、绒线刺绣、珠绣、发（头发）绣、挑花、补花、堆绣（或称堆绫）、少数民族（如苗族、壮族、彝族、瑶族、水族、羌族、乌孜别克族等）刺绣和挑花等；

（2）印染：蓝印花布、彩印花布、蜡染、扎染等；

（3）织造：云锦、蜀锦、宋锦、漳绒、天鹅绒、少数民族（壮族、侗族、瑶族、土家族、傣族、黎族等）织绵和织花带等。

2.1.3 织毯类

地毯、挂毯、仿古地毯、天然植物染料地毯、丝毯（盘金丝毯、盘金丝挂毯）、毡毯（哈萨克族）等。

2.1.4 抽纱花边和编结类

抽纱花边：梭子花边、棒槌花边、花边大套、手拿花边、即墨镶边、满工扣锁花边、雕绣花边、万缕丝花边、网扣等；

编结：棒针编结、钩针编结、手工编结、中华结、盘扣等。

2.1.5 艺术陶瓷类

瓷器：瓷塑、陶塑、"唐三彩"、青花瓷器、青瓷、彩绘瓷器、织金彩瓷器、颜色釉瓷器、薄胎瓷器等；

仿古瓷器：磁州窑、南宋官窑、建瓯窑、吉州窑、汝窑、耀州窑、禹县钧窑、龙泉窑、定窑、辽瓷等；

陶器：紫砂陶器、各种刻花和剔花装饰陶器等，黑陶、少数民族陶器，如藏族彩釉陶器和红陶等，其他艺术陶瓷瓷版画、刻瓷等。

2.1.6 工艺玻璃类

料器、琉璃、水晶玻璃等。

2.1.7 编织工艺类

草编：黄草、芒草、金丝草、蒲草、马兰草、席草、龙须草等编织；

其他编织工艺：竹编、藤编、棕编、玉米皮编、麦秸编、麻编、葵编、柳枝编及少数民族编织等。

2.1.8　漆器类

金漆镶嵌、雕漆、云雕漆器、推光漆器、描金漆器、螺钿镶嵌、点螺镶嵌漆器、多宝嵌漆器、脱胎漆器、雕填漆器、漆画、漆线装饰、少数民族如彝族漆器等。

2.1.9　工艺家具类

硬木家具、骨木镶嵌家具、金漆镶嵌家具、大理石镶嵌家具、彩石镶嵌家具、髹漆家具、少数民族如藏族彩绘家具等。

2.1.10　金属工艺和首饰类

金属工艺：景泰蓝、烧瓷、银蓝、烧蓝、花丝和花丝镶嵌、金银细工摆件、铁画、铜器（如斑铜、仿古铜、鎏金铜佛像）、锡器、龙泉宝剑、铸币设计和制模、少数民族腰刀、日用器皿、酒壶、酒杯、碗、盘、宗教法器（如藏传密教法号、手铃、神灯、香炉）等；

镶嵌首饰及少数民族首饰，如藏族、苗族等银首饰等。

2.1.11　其他工艺美术类

人造花：绢花、纸花、绒花、通草花等；

工艺画：羽毛画、麦秸画、竹帘画、软木画、牛角画、贝雕画、纸织画、烙画、彩蛋画、唐卡藏传佛教彩绘卷轴画等；

手工玩具：木制玩具、布绒玩具、竹玩具、泥塑玩具、玩偶等；

其他工艺美术品：灯彩、宫灯、纱灯、折扇、葵扇、绢宫扇、竹丝编织扇、鹅羽扇、孔雀羽扇、檀香扇、鼻烟壶和内画壶、风筝、木版年画、剪刻纸、皮影、傩戏面具、装裱、纸扎、秋色、绢人、绒鸟兽、戏剧脸谱、烟花爆竹等。

2.2　工业生产中产生的行为文化

工业生产中产生的行为文化包括企业的对内活动识别系统和对外活动识别系统，即员工培训和对外宣称展示。

工业文化的行为层又称行为文化。如果说工业文化的物质层是工业文化的最外层，那么企业行为文化可称为工业文化的幔层或称第二层，即浅层的行为文化。第一层是表层的物质文化；第二层是幔层的（或称浅层的）行为文化；第三层是核心层的精神文化。工业行为文化是指工业企业员工在生产经营、学习娱乐中产生的活动文化。它包括企业经营、教育宣传、人际关系活动、文娱体育活动中产生的文化现象。它是企业经营作风、精神面貌、人际关系的动态体现，也是企业精神、企业价值观的折射。

从人员结构上划分，工业行为包括企业家的行为、企业模范人物的行为、企业员工的行为等。

2.2.1　企业家行为

企业的经营决策方式和决策行为主要来自企业家，企业家是企业经营的主角。企业家是工业革命后资本主义商品经济高度发展的产物。随着生产力的进步和科学技术的发展，特别是机器化生产和大股份公司的迅速成长，企业家队伍日益壮大。在我国，由于经济、文化的落后，解放前没有严格意义上的企业家。"企业家"一词最早见于 16 世纪的法文（Enterpreneur），后来英语也沿用这个词。它原来的含义带有冒险家的意思。当时，领导军事远征的人需要承担风险，企业的经营决策也如同领导军事远征一样，具有较大的风险，直至今天，企业家这个词仍与承担风险联系在一起。

成功的企业家在经营决策时总会当机立断地选择自己企业的经营战略目标，并一如既往地贯彻这个目标直至成功。实现这一目标并非易事，它要求企业家在制定决策时必须体现宏观性、预见性、创新性、联想性和韧性的统一。

美国一位著名的企业家在介绍他的成功之道时说："我把 75% 的精力放在考虑未来的事业上，只留下 25% 的精力处理昨天和今天的事情。"高明的企业领导总是在处于高峰时准备应付低潮，企业的开拓方向、经营战略要随形势而变化，在变化中求生存、求发展。因此，企业家就应当与新闻界、科技界、信息情报界、文化界的人士多交朋友，在社交中获取信息。

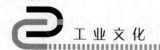
在企业决策行为中，创新性是十分重要的。企业家独立自主地经营企业，不仅拥有独立的生产决策权——企业生产什么、怎样生产、为谁生产的基本决策权，而且要对生产要素进行新的组合，要开发新产品、采用新工艺、开辟新市场、获得新原料、建立新组织，所有这些都需要有创新的勇气。即要创新，就要"多谋"和"善断"。

联想是创造的前提。人类文化发展史告诉我们，没有联想，就没有创造。就拿文学创作来说，没有联想就没有比喻，就没有诗歌和文学。联想的作用和范围远远超过了诗歌和文学。联想当然需要有广博的知识和深厚的生活阅历，要广泛地接触社会上的各种事物。眼光远大、思维活跃的企业家，总是善于从世界的各种事物中找到普遍的联系，善于从间接联系中联想到直接联系，从看似"无关"的联系中找到有关的联系。

在创办企业和企业经营中必定会遇到各种意想不到的困难和挫折，因此，企业家要有不怕失败、不怕挫折和百折不挠的勇气，要有献身事业、不惧风险、敢冒风险的精神。干任何事业，要达到预期的目标，都需要用坚韧不拔、一往无前的精神去支配自己的行为，而企业家更需要这种精神。因为，经营企业中最大的风险是向没有把握的新项目或新的开发领域进行投资。投资就有风险，在日趋激烈的市场竞争中，风险将来自各个方面。如竞争对手推出新的产品或新的竞争策略，本企业无所觉察也毫无对策；或本企业研制的新产品及为此而进行的技术引进或技术改造，由于对销路摸得不准或对同行业技术进步、生产能力发展预测不准而销路不畅等，均可能使企业陷入困境。竞争、风险给企业带来希望，也潜伏着危机。

2.2.2　企业模范人物的行为

企业模范人物是企业的中坚力量，他们的行为在整个工业行为中占有重要的地位。在具有优秀工业文化的企业中，最受人敬重的是那些集中体现了企业价值观的企业模范人物。这些模范人物使企业的价值观"人格化"，他们是企业员工学习的榜样，他们的行为常常成为企业员工仿效的行为规范。

这些模范人物大都是从实践中涌现出来的、被职工推选出来的普通人，他们在各自的岗位上做出了突出的成绩和贡献，因此成为企业的模范。

企业模范个体的行为标准是，卓越地体现企业价值观或企业精神的某个方面，且与企业的理想追求相一致。在其卓越地体现企业精神等方面取得了比一般职工更多的成绩，具有先进性。他们的所作所为离常人并不遥远，普通人也能完成。企业模范的行为总是在某一方面特别突出，而不是在所有方面都无可挑剔。所以，对企业模范不能求全责备，不能指望企业员工从某一个企业模范身上学到所有的东西。

一个企业所有的模范人物集合体构成企业模范群体，卓越的模范群体必须是完整的企业精神的化身，是企业价值观的综合体现。企业模范群体的行为是企业模范个体典型模范行为的提升，具有全面性。因此，在各方面它都应当成为企业所有员工的行为规范。企业模范可按不同的类型划分。美国学者曾把企业模范人物划分为共生英雄（幻想英雄）和情势英雄两大类。而情势英雄又被划分为出格式英雄、引导式英雄、固执式英雄和圣牛式英雄四类。他们所说的共生英雄，是指优秀的企业创建者，如通用公司的托马斯·爱迪生，宝洁公司的普罗克特和甘布尔，IBM 公司的托马斯·沃森，松下电器公司的松下幸之助，索尼公司的井深大和盛田昭夫等。他们不仅是企业的创建者，也是企业的所有者，一辈子为他们自己的企业呕心沥血。

共生英雄是企业模范中的最高层次，因为他们不仅建立了企业组织，而且还缔造了一个能使他们生存并将个人的价值观付诸实践——改变公司经营方式的企业理念，且这种企业理念的影响力不断扩大。

2.2.3　企业员工群体行为

企业员工是企业的主体，企业员工的群体行为决定企业整体的精神风貌和企业文明的程度，因此，企业员工群体行为的塑造是工业文化建设的重要组成部分。

有人把企业员工群体行为塑造简单理解为组织员工政治思想学习、企业规章制度学习、科学技术培训，开展文化、体育、读书以及各种文艺活动。诚然，这些活动都是必要的，但员工群体行为的塑造不仅限于此，至少还应包括以下三方面的内容：

第一，激励全体员工的智力、向心力和勇往直前的精神，为企业创新做出实际的贡献。美国最优秀的 100 家企业之一的信捷公司，对自己企业员工提出了这样的行为规范：在工作中不断激发个人的潜能，积极主动地为自己创造一种不断学习的机会，尽管工作是日常性的，但工作的全部内容应当提升到与成就个人事业相联系的位置上，以便为个人的成长提供动力。

第二，把员工个人的工作同自己的人生目标联系起来。这是每个人工作主动性、创造性的源泉，它能够使企业的个体产生组合——即超越个人的局限，发挥集体的协同作用，进而产生"1＋1＞2"的效果。它能唤起企业员工的广泛热情和团队精神，以达到企业的既定目标。当全体员工认同企业的宗旨、每个员工在共同的目标中体验到自己的一份时，他就会感到自己所从事的工作不是临时的、权宜的、单一的，而是与自己人生目标相联系的。

第三，每个员工必须认识到：工业文化是自己最宝贵的资产，它是个人和企业成长必不可少的精神财富，以积极处世的人生态度去从事企业工作，以勤劳、敬业、守时、惜时的行为规范指导自己的行为。

从事企业工作就像从事其他一切经济活动一样，必须有一种精神力量和内在动力去推动。德国思想家马克斯·韦伯把它称之为"经济伦理"、"工具理性"。在他看来，完成世俗一生的义务是一个人道德行为所能达到的既实际又崇高的目标，要达到这个目标，就应当"强迫自己去工作，喜爱节俭，使一个人的生活成为达到别人权力之目的的工具，苦行禁欲以及一种强制的责任感——成为资本主义社会的生产性力量，没有这些属性，现代经济与社会发展是不可能的"。这种"工具理性"在中国文化传统中早已有之，归纳起来就是"可为"、"非命"、"勤勉"、"惜时"。

2.3 工业生产中产生的精神文化

2.3.1 工业精神文化内涵

工业生产中产生的精神文化包括组织文化、管理文化、品牌文化、安全文化、诚信文化、质量文化、企业文化等。

工业文化的精神层又叫工业精神文化，相对于工业物质文化和工业行为文化来说，工业精神文化是一种更深层次的文化现象，在整个工业文化系统中，它处于核心的地位。工业精神文化，是指在工业生产经营过程中，受一定的社会文化背景、意识形态影响而长期形成的一种精神成果和文化观念。它包括工业精神、工业经营哲学、企业道德、企业价值观念、企业风貌等内容，是企业意识形态的总和。它是工业物质文化、工业行为文化的升华。

企业精神是现代意识与企业个性相结合的一种群体意识。每个企业都有各具特色的企业精神，它往往以简洁而富有哲理的语言形式加以概括，通常通过厂歌、厂训、厂规、厂徽等形式形象地表现出来。

一般地说，企业精神是企业全体或多数员工彼此共鸣的内心态度、意志状况和思想境界。它可以激发企业员工的积极性，增强企业的活力。企业精神作为企业内部员工群体心理定势的主导意识，是企业经营宗旨、价值准则、管理信条的集中体现，它构成工业文化的基石。

企业精神源于企业生产经营的实践。随着这种实践的发展，企业逐渐提炼出带有经典意义的指导企业运作的哲学思想，成为企业家倡导并以决策和组织实施等手段所强化的主导意识。企业精神集中反映了企业家的事业追求、主攻方向以及调动员工积极性的基本指导思想。企业家常常以各种形式在企业组织过程中得到全方位、强有力的贯彻。于是，企业精神又常常成为调节系统功能的精神动力。

企业的发展需要全体员工具有强烈的向心力，将企业各方面的力量集中到企业的经营目标。企业精神恰好能发挥这方面的作用。人是生产力中最活跃的因素，也是企业经营管理中最难把握的因素。现代管理学特别强调人的因素和人本管理，其最终目标就是试图寻找一种先进的、具有代表性的共同理想，将全体员工团结在企业精神的旗帜下，最大限度地发挥人的主观能动性。企业精神渗透于企业生产经营活动的各个方面和各个环节，给人以理想、信念、鼓励、荣誉，也给人以约束。

2.3.2　工业精神文化特征

企业精神一旦形成群体心理定势，既可通过明确的意识支配行为，也可通过潜意识产生行为。其信念化的结果会大大提高员工主动承担责任和修正个人行为的自觉性，从而主动关注企业的前途，维护企业的声誉，为企业贡献自己的全部力量。

从工业运行过程中可以发现，工业精神文化具有以下基本特征：

（1）它是工业现实状况的客观反映。工业生产力状况是企业精神产生和存在的依据，工业生产力水平及由此带来员工、企业家素质对企业精神的内容有着根本的影响。工业精神文化是工业现实状况、现存生产经营方式、员工生活方式的反映，这是它最根本的特征。离开了这一点，工业精神文化就不具有生命力，也发挥不了它的应有作用。

（2）它是人们共同拥有、普遍掌握的理念。只有当一种工业精神文化成为人们一种群体意识时，才可认为是工业精神文化。工业企业的绩效不仅取决于它自身的一种独特的、具有生命力的工业精神文化，而且还取决于这种工业精神文化在工业企业内部的普及程度，取决于是否具有群体性。

（3）它是稳定性与动态性的统一。工业精神文化一旦确立，就相对稳定，但这种稳定并不意味着它就一成不变了，它还要随着工业企业的发展而不断发展。工业精神文化是对员工中存在的现代生产意识、竞争意识、文明意识、道德意识以及企业理想、目标、思想面貌的提炼和概括，从它所反映的内容和表达的形式看，都具有稳定性。

（4）它具有独创性和创新性。工业精神文化应有自己的特色和创造精神，这样才可使工业企业的经营管理和生产活动更具有针对性，让企业精神充分发挥它的统率作用。任何企业的成功，都是其创新精神的结果，因而从企业发展的未来看，独创和创新精神应当成为每个企业的企业精神的重要内容。

（5）要求务实和求精精神。工业精神文化的确立，旨在为工业企业员工指出方向和目标。所谓务实，就是应当从实际出发，遵循客观规律，注重实际意义，切忌凭空设想

和照搬照抄。求精精神就是要求企业经营上高标准、严要求，不断致力于企业产品质量、服务质量的提高。

（6）具有时代性。工业精神文化是时代精神的体现，是企业个性和时代精神相结合的具体化。优秀的企业精神应当能够让人从中把握时代的脉搏，感受到时代赋予企业的勃勃生机。在发展市场经济的今天，企业精神应当渗透着现代企业经营管理理念、确立消费者第一的观念、灵活经营的观念、市场竞争的观念、经济效益的观念等。充分体现时代精神应成为每个企业培育自身企业精神的重要内容。

2.4　工业文化的外延

工业文化与文化创意产业的协同发展，产生出工业文化的外延领域，如动漫产业、文化创意产业、文化创意产业园建设、会展产业等。

2.4.1　工业文化与动漫产业

文创产业一直是杭州的优势所在，2010 年，国务院发布的《长三角地区区域规划》，将"建设全国文化创意中心"作为杭州的重要城市功能定位之一。杭州高新技术开发区动画产业园位于杭州国家高新技术产业开发区，2004 年成为首批"国家级动画产业基地"之一。基地主要发展包括动画、漫画、游戏在内的大动画产业。目前，基地正凭借科技创新、人才支撑以及动漫产业的先发优势，形成产学研相结合的产业链，打造杭州"动漫之都"的核心产业区、全球动漫游戏内容制作和输出中心之一。2012 年中国国际动漫节移师白马湖，在白马湖还建了占地 25000 平方米左右的中国动漫博物馆，馆内不定期邀请国内外动漫名家开设讲座，为动漫专业类师生提供教学研究的场地和设备，在发挥其博物馆属性的同时，还将自身打造成产学研一体的专业基地。作为 2012 年开年大戏的杭州首届动漫春晚，动漫春晚与中央电视台合作，对晚会进行整体策划包装，汇集杭产优秀动漫形象，在吉祥欢乐的气氛中为广大市民奉献了一场"好听、好看、好玩"的动漫娱乐盛会。

杭州动漫游戏产业在产量上、质量上、经营上都处于全国领先水平。2010 年杭州市共有 47 部原创动漫作品远销 90 多个国家和地区，实现境外销售额 1192 万美元，7 家动漫企业进入"国家文化出口重点企业目录"；数量居全国各城市之首。2010 年 5 月，原广电总局公布的 2010 年度国产动画发展专项资金项目评比中，杭州市共有 5 部作品入选优秀国产动画片，占该类别的 17.8%，连续两年居全国第一。

工业文化与资本的结合，是做强做大文创产业的关键。下一步，杭州将切实抓好杭州文化产权交易所、市文投公司、文创产业投资基金及无形资产担保贷款风险补偿基金的运营工作，促进文化与资本的对接；以股权投资及企业上市为主题，举办全市文创企业投融资洽谈会，认定新一批上市培育对象，加快推进文创企业上市步伐。以全国文化创意中心与区域金融中心建设相结合，把杭州建设成为国内一流的文化金融中心。

2.4.2　工业文化与文化创意产业

工业文化产业的外延包括工业文化与文化创意产业的交叉与互动。众所周知，文化产业是指从事文化产品生产和提供文化服务的经营性行业。文化产业是与文化事业相对应的概念，两者都是文化建设的重要组成部分。文化产业是社会生产力发展的必然产物，是随着我国社会主义市场经济的逐步完善和现代生产方式的不断进步而发展起来的新兴产业。2004 年，国家统计局对"文化及相关产业"的界定是：为社会公众提供文化娱乐产品和服务的活动以及与这些活动有关联的活动的集合。所以，我国对文化产业的界定是文化娱乐的集合，区别于国家具有意识形态性的文化事业。

文化创意产业是指依靠创意人的智慧、技能和天赋，借助于高科技对文化资源进行创造与提升，通过知识产权的开发和运用，生产出高附加值产品，具有创造财富和就业潜力的产业。联合国教科文组织认为，文化创意产业包含文化产品、文化服务与智能产权三项内容。

两者的区别就在于"创意"二字。首先，文化创意产业具有高知识性特征。其次，文化创意产业具有高附加值特征。最后，文化创意产业具有强融合性特征。文化创意产业在带动相关产业发展、推动区域经济发展的同时，还可以辐射到社会的各个方面，全面提升人民群众的文化素质。根据我国的行业划分标准，可以将我国文化创意产业分为四大类，即文化艺术，包括表演艺术、视觉艺术、音乐创作等；创意设计，包括服装设计、广告设计、建筑设计等；传媒产业，包括出版、电影及录像带、电视与广播等；软件及计算机服务。

工业文化的外延还包括文化创意产业园建设，关于文化创意产业园的概念，国内外至今尚无统一界定。在目前对文化创意产业园概念诠释的基础上，结合我国具体实情，其概念可界定为：文化创意产业园是一系列与文化关联的、产业规模集聚的特定地理区域，是一个具有鲜明文化形象并对外界产生一定吸引力的集生产、交易、休闲、居住于一体的多功能园区。园区内形成了一个包括生产—发行—消费产供销一体的文化产业链。

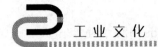

2.4.3 工业文化与文化创意产业园

随着文化创意产业园在西方城市的发展，相关的研究也越来越多。对文化创意产业园概念进行的探讨有德瑞克·韦恩提出的文化园区概念，Hilary Anne Frost-Kumpf 提出的文化区概念。在德瑞克·韦恩看来，文化园区指的是特定的地理区位，其特色是将一个城市的文化与娱乐设施以最集中的方式集中在该地理区位内，文化园区是文化生产与消费的结合，是多项使用功能（工作、休闲、居住）的结合。Hilary Anne Frost-Kumpf 认为，文化园区指的是一个在都市中具备完善组织、明确标示、供综合使用的地区，它提供夜间活动且延长地区的使用时间，让地区更具有吸引力；提供艺术活动与艺术组织所需的条件，给居民与游客相关的艺术活动；为当地艺术家提供更多就业或居住的机会，让艺术与社区发展更紧密结合。有的将文化创意产业园定义为一个空间有限和具有明显地理区域，文化产业和设施高度集中的地方。这些集群由文化企业和一些自己经营或自由创作的创意个体组成。园区内的特殊活动可包括儿童玩乐的场所、图书馆、开放和非正式的娱乐场地。在这些园区中鼓励文化运用和一定程度的生产和消费的集中。

在我国，与文化创意产业园相关的概念有艺术园区、创意产业园区、文化产业园区等。由于我国文化创意产业园出现较晚，对文化创意产业园的研究也显滞后，主要有一些对文化产业集群的界定：祁述裕认为，文化产业集群是指在地理位置上相对集中，由具有相关性的文化企业、金融机构等组成的群体；向勇、康小明认为，文化产业集群就是在文化产业领域中（通常以传媒产业为核心），大量联系密切的文化产业企业以及相关支撑机构（包括研究机构）在空间上集聚，并将文化产业集群划分为核心文化产业集群、外围文化产业集群和相关支撑机构等；欧阳友权认为，文化产业集群是指相互关联的多个文化企业或机构共处一个文化区域，形成产业组合、互补与合作，以产生孵化效应和整体辐射力的文化企业群落。在这方面，John Montgomery 进行了有意义的探讨。他通过归纳文献，并以 Temple 酒吧、Sheffield 文化园区、Hindley Stree、Manchester 北部园区等为例，分析、总结出成功文化园区的特征主要体现在活动、建筑形式、意义三方面。

2.4.3.1 *活动*

文化创意产业园区的基本前提是文化生产与消费活动的呈现，文化产业的核心内容是创意，而创意灵感的获得往往来自于与其他同行相互接触的刺激，众多活动特别是多样化文化聚会地点的出现，通常能充分提供人们之间的相互交流以获取灵感。因此，集聚地点的设置通常被考虑到文化创意产业园的发展策略中。

2.4.3.2　建筑形式

最适合一个文化创意产业园区活动空间的城市环境应倾向于有一个半径为 400 米，建筑平均为 5~8 层，10 米范围街道（包括人行道）非常少。文化创意产业园区应该有功能非常多的公共领地。它为人们提供聚会交流的空间，也为园区内的交易提供场所，这样一个区域将具有渗透性。成功的文化创意产业园区倾向于有几个具有活跃、渗透性强、临街地带的街道，或至少有一些活动的节点，便于人们走动。

2.4.3.3　意义

文化创意产业园要像物质一样能存在于人们的头脑之中，也就是说，人们参观之后能形成和保留园区的印象，而这些印象的形成取决于文化园区的活动、风格、形象。成功的文化创意产业园区应是革新和创意的地方，在设计和欣赏方面经常是超时代的，并且这些超时代理念被带入园区的建筑设计、内部装饰，甚至重要街道和空间的照明等方面。文化创意产业园区应刺激新的理念，成为新产品和新机会能得以开拓、努力尝试的地方。因此，文化创意产业园区意义方面的特征体现在具有历史和发展意义、园区身份和形象及知识性、环境意识等方面。

工业文化与文化创意产业的发展的启示——深厚的历史文化资源，是文化创意产业发展的前提。从不同的角度，文化创意产业园有不同的划分方法。Hans Mommaas 在分析荷兰 5 个文化创意产业园时提出，文化创意产业园类型的区分有 7 个核心尺度可以参考：园区内活动的横向组合及其协作和一体化水平；园区内文化功能的垂直组合——设计、生产、交换和消费活动具体的混合，以及与此相关的园区内融合水平；涉及园区管理的不同参与者的园区组织框架；金融制度和相关的公私部门的参与种类；空间和文化节目开放或封闭的程度；园区具体的发展途径；园区的位置。

由于文化创意产业园在我国的发展还处于胚胎期，因而我国对文化创意产业园类型的分类很少。

（1）按区位依附划分为 4 种类型：以旧厂房和仓库为区位依附，以大学为区位依托，以开发区为区位依附，以传统特色文化社区、艺术家村为区位依附。

（2）按文化创意产业园区性质划分为 5 种类型：产业型、混合型、艺术型、休闲娱乐型、地方特色型。

（3）按功能将文化创意产业园分为四种类型：产业型、机构型、博物馆型、都市型。

2.5 工业文化与企业文化的联系与区别

2.5.1 工业文化与企业文化联系

工业（Industry）文化是集原（材）料进行生产、制作，经历了手工业、机器大工业、现代工业各阶段的生产过程中形成的器物（物质）文化、制度文化、行为文化和精神文化现象的总和。企业文化是从事经济活动、社会活动的组织中形成的组织文化，它是企业价值观、物质文化、行为文化、制度文化、精神文化的总和。

两者的联系是：它们都是经济活动、社会活动中产生的文化现象，它们同属规范性文化的范畴。它们的区别在于：前者局限在工业经济领域，后者局限在企业领域。它们有交叉的领域，如图 2-1 所示。

工业文化

传统工业：煤炭、钢铁、机械、化工、纺织、采矿业、制造业、加工工业、手工业、机器大工业；现代工业：电子工业、微电子技术、生物工程、光导纤维、新能源、航天、新材料和机器人等新兴技术工业产生工业文化

企业文化

农、林、牧、渔业，交通运输企业，仓储和邮政业企业，商业企业，批发和零售业企业，信息传输、计算机服务和软件业企业，金融企业，租赁和商务服务业企业，住宿和餐饮业企业，水利、环境和公共设施管理业企业，房地产业企业，科学研究、技术服务和地质勘查业企业，文化、体育和娱乐业等企业产生企业文化

图 2-1 工业文化＋企业文化＝工业企业文化

工业文化是社会分工发展的产物，经过手工业、机器大工业、现代工业几个发展阶段。在古代社会，手工业只是农业的副业，经过漫长的历史过程，工业是指采集原料，并把它们在工厂中生产成产品的工作和过程中生产的文化现象。18 世纪英国出现工业革命，使原来以手工技术为基础的工场手工业逐步转变为机器大工业，工业才最终从农业中分离出来，成为一个独立的物质生产部门。随着科学技术的进步，19 世纪末到 20 世纪初，进入了现代工业的发展阶段。从 20 世纪 40 年代后期开始，以生产过程自动化为

主要特征，采用电子控制的自动化机器和生产线进行生产，改变了机器体系。从 70 年代后期开始，进入 80 年代后，以微电子技术为中心，包括生物工程、光导纤维、新能源、新材料和机器人等新兴技术和新兴工业蓬勃兴起。这些新技术革命正在改变着工业生产的基本面貌。

在过去的产业经济学领域中，往往根据产品单位体积的相对重量将工业划分为轻重工业。产品单位体积大的工业部门就是重工业，重量轻的就是轻工业。属于重工业的工业部门有钢铁工业、有色冶金工业、金属材料工业和机械工业等。在近代工业的发展中，由于化学工业居于十分突出的地位，因此，在工业结构的产业分类中，往往把化学工业独立出来，现代工业同轻、重工业并列。这样，工业结构就由轻工业、重工业和化学工业三大部分构成。常常有人把重工业和化学工业放在一起，合称重化工业，同轻工业相对。另外一种划分轻、重工业的标准是把提供生产资料的部门称为重工业，生产消费资料的部门称为轻工业。以上这两种划分原则是有区别的。

2.5.2 工业文化：轻、重工业划分

国家统计局对轻、重工业的划分标准接近于后一种，《中国统计年鉴》中对重工业的定义是：为国民经济各部门提供物质技术基础的主要生产资料的工业。轻工业为：主要提供生活消费品和制作手工工具的工业。在研究中，如前文所述，常将重工业和化学工业合称为重化工业。

按重工业的生产性质和产品用途，可以将其分为下列三类：

（1）采掘（伐）工业，是指对自然资源的开采，包括石油开采、煤炭开采、金属矿开采、非金属矿开采和木材采伐等工业。

（2）原材料工业，指向国民经济各部门提供基本材料、动力和燃料的工业。包括金属冶炼及加工、炼焦及焦炭、化学、化工原料、水泥、人造板以及电力、石油和煤炭加工等工业。

（3）加工工业，是指对工业原材料进行再加工制造的工业。包括装备国民经济各部门的机械设备制造工业、金属结构、水泥制品等工业，以及为农业提供的生产资料如化肥、农药等工业。

按轻工业所使用的原料不同，可将其分为两大类：

（1）以农产品为原料的轻工业，是指直接或间接以农产品为基本原料的轻工业。主要包括食品制造、饮料制造、烟草加工、纺织、缝纫、皮革和毛皮制作、造纸以及印刷等工业。

（2）以非农产品为原料的轻工业，是指以工业品为原料的轻工业。主要包括文教体

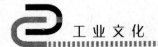

育用品、化学药品制造、合成纤维制造、日用化学制品、日用玻璃制品、日用金属制品、手工工具制造、医疗器械制造、文化和办公用机械制造等工业。修理业已经被归为第三产业中的服务行业，其特点是产品是一种以非物质类型的虚拟产品，比如技术服务等。

传统工业包括煤炭、钢铁、机械、化工、纺织等；工业现代化包括用电子计算机等最新的技术装备来武装工业的各个部门，用现代化的管理工具和管理方法来管理工业，使工业生产实现高度的自动化。

2.5.3 工业文化与企业文化的区别

为了清晰地阐述工业文化与企业文化的区别，有必要对"工业"和"企业"从定义、内涵、外延上进行分析。

按性质分类，企业主要有合资、独资、国有、私营、全民所有制、集体所有制、股份制、有限责任等。

按行业分类，有农、林、牧、渔业企业，采矿业企业，制造业企业，交通运输企业，仓储和邮政业企业，商业企业，批发和零售业企业，信息传输、计算机服务和软件业企业，金融企业，租赁和商务服务业企业，住宿和餐饮业企业，水利、环境和公共设施管理业企业，房地产业企业，科学研究、技术服务和地质勘查业企业，文化、体育和娱乐业企业等。

上述所有性质、所有行业的企业产生的企业价值观、物质文化、行为文化、制度文化、精神文化都称企业文化。至少采矿业、制造业、加工工业产生工业文化，农、林、牧、渔企业，交通运输企业，仓储和邮政业企业，商业企业，批发和零售业企业，信息传输、计算机服务和软件业企业，金融企业，租赁和商务服务业企业，住宿和餐饮业企业，水利、环境和公共设施管理业企业，房地产业企业，科学研究、技术服务和地质勘查业企业，文化、体育和娱乐业企业不产生工业文化，但是这些行业的企业都产生企业文化。

从经济性质的层面来说，企业文化一般是指以盈利为目的，运用各种生产要素（土地、劳动力、资本和技术等），向市场提供商品或服务，实行自主经营、自负盈亏、独立核算的具有法人资格的社会经济组织在经济活动、社会活动中产生的文化现象。

现代经济学理论认为，企业本质上是"一种资源配置的机制"，其能够实现整个社会经济资源的优化配置，降低整个社会的"交易成本"。在商品经济范畴，作为组织单元的多种模式之一，按照一定的组织规律有机构成的经济实体，一般以盈利为目的，以实现投资人、客户、员工、社会大众的利益最大化为使命，通过提供产品或服务换取收人。它是社会发展的产物，因社会分工的发展而成长壮大。企业是市场经济活动的主要参与者；在社会主义经济体制下，各种企业并存共同构成社会主义市场经济的微观基础。企业存在三类基本组织形式：独资企业、合伙企业和公司，公司制企业是现代企业中最主要的也是最典型的组织形式。在计划经济时期，"企业"是与"事业单位"平行使用的常用词语。《辞海》1979 年版中，"企业"的解释为："从事生产、流通或服务活动的独立核算经济单位"；"事业单位"的解释为："受国家机关领导，不实行经济核算的单位"。

工业文化与企业文化交叉产生的领域包括工业企业文化（当然不仅仅是工业企业文化，还包括工业文化、企业文化所包含的所有各自的内容）。

● **本章案例：中国（宁夏）国际文化艺术旅游博览会首届黄河文化论坛**

中国（宁夏）国际文化艺术旅游博览会首届黄河文化论坛由文化部、国家民族事务委员会、国家广播电影电视总局、国家旅游局、中国人民对外友好协会、宁夏回族自治区人民政府共同举办的第二届中国（宁夏）国际文化艺术旅游博览会于 2010 年 7 月 17~24 日在宁夏银川举办。举办中国（宁夏）首届黄河文化论坛是文艺旅博会中的一项重要艺术活动，全国著名经济学家、黄河文化研究著名专家、企业家代表荟萃银川，共同研讨弘扬黄河文化，打造黄河金岸，共商沿黄城市带建设，推进宁夏跨越式发展大计。

2010 年 7 月 18 日晚上八点，文艺旅博会开幕式在宁夏首府银川市举行，邀请了国家有关部委领导和部分国家驻华使领馆官员，各省、市、区嘉宾和国内外新闻界的朋友们出席。开幕式之后，将由在国内外享有盛誉的《欢乐中国行》剧组组成强大的演员阵容，向与会嘉宾献上一台隆重热烈、精彩纷呈的大型晚会，正式拉开本届文艺旅博会的帷幕。文艺旅博会第二项大型活动是，国内外艺术团体及区内创作剧（节）目展演。邀请 6 个国外艺术团、15 个国内艺术团和全国"群星奖"获奖作品在宁夏演出。此外，安排宁夏回族自治区创排的大型舞剧《花儿》、《月上贺兰》等 20 多部具有浓郁地方特色的文化艺术旅游精品剧目，分别在银川、石嘴山、吴忠、固原、中卫 5 个地级市开展为期两个月的文艺展演，同时举办第二届中国少数民族戏剧汇演及评奖活动，让广大群众享受高品位的文化大餐。

第八届中国西部民歌（花儿）歌会。中国西部民歌吐纳时代气息，歌唱民族心声，是西部丰富多彩的民族民间艺术瑰宝，也是各族人民共同的精神财富。作为弘扬西部民歌艺术的品牌活动——中国西部民歌（花儿）歌会，已成功举办了 7 届，其中有 6 届在宁夏回族自治区举办。第八届中国西部民歌（花儿）歌会将在文艺旅博会期间在宁夏回族自治区举办，届时将邀请西部 12 省、市、区和新疆生产建设兵团的民

歌歌唱家齐聚宁夏，一展西部民歌艺术魅力，推动民歌艺术传承发展，促进区域文化交流合作和民族团结进步。

开展了影视、赏石、岩画等艺术节庆活动。举办以第二届宁夏文化艺术节为品牌的综合性文化节庆、以塞上江南影视节为特色的行业性文化节庆、以乡村社区居民为不同类型的群体性文化节庆，以赏石和岩画为重点的专项性文化节庆等活动，全方位、多角度、深层次展示文化发展成果，满足群众日益增长的文化需求。

举办了国际民间艺术展示周活动。邀请了来自美国、德国、瑞典、埃及、马来西亚等10多个国家的民间艺人，在银川市各大广场现场表演具有浓郁异域风情的民族民间艺术，让广大群众近距离了解和享受色彩斑斓的国际民间文化艺术，扩大宁夏与国际民间艺术的交流与合作。

举办了国内外摄影、岩画展览活动。文艺旅博会期间，举办了宁夏—文莱摄影交流展、"99＋1"城市摄影展、"大河上下"摄影艺术展、贺兰山国际岩画展等活动。同时，组织区内外著名摄影家、摄影爱好者、岩画爱好者开展摄影、岩画等艺术高峰论坛、学术讲座和采风等系列活动，对宁夏回族自治区的风土人情、发展成就和民族区域文化艺术进行集中宣传和展示，以期共同促进摄影、岩画、艺术事业发展。

● 点评

工业文化与会展产业的互动，促进了地域经济的发展，以宁夏国家文化艺术旅游博览会为例，它以鲜明的主题、浓郁的特色、丰富的内容、新颖的形式，充分展示了文化艺术旅游事业发展的成果，有力地促进了宁夏与国内外文化旅游的交流与合作，对推动文化艺术旅游事业大发展产生了积极而深远的影响。在文化部、国家民族事务委员会、国家广播电影电视总局、国家旅游局、中国人民对外友好协会的精心指导下，在兄弟省、市、区的大力支持下，宁夏国际文化艺术旅游博览会成为规模宏大、特色鲜明、成果丰硕的文化艺术旅游盛会。

此外，宁夏国家文化艺术旅游博览会还举行了中国（宁夏）自驾车旅游节。近年来，宁夏境内先后成功举办了10多次以机车文化和机车竞技运动为主题的大型活动，为推动中国机车文化和机车运动发展做出了积极贡献。为确立宁夏在中国机车文化和机车运动方面的标杆地位，倾力打造宁夏特色旅游品牌，在"黄河金岸"沿线举办自驾车旅游节，竭力为广大车迷提供一场机车文化和机车运动的激情盛宴，以期有更多的人了解宁夏的历史文化、风土人情和自然景观，吸引更多的国内外朋友来宁夏观光游览。宁夏国家文化艺术旅游博览会还举行了文艺旅博会闭幕式及大型颁奖晚会，该活动在宁夏人民会堂隆重举行。闭幕式上安排了以综艺节目、情景表演为主要内容的大型晚会，邀请了著名歌唱家、国外艺术团体、民间艺人和民歌歌会获奖歌手登台演出，向国内外嘉宾献上了一台精彩纷呈的晚会。举办了文化旅游影视产品展。邀请了全国各省、市、区参展，邀请国内外文化（影视）、旅游产品供货商、采购商参加，举办了全国旅游产品博览会巡展、文化旅游产品展、广播电视节目及音像制品交易订货会，搭建文化旅游影视产业交流合作和产品推介交易平台。

宁夏国家文化艺术旅游博览会还举办了系列文化研讨会活动。围绕自治区沿黄城市群发展和"黄河金岸"建设，举办中国（宁夏）首届黄河文化论坛。邀请国内外知名专家学者，开展六盘山花儿国际研讨会、宁夏—文莱达鲁萨兰国经济文化研讨会、贺兰山岩画国际学术研讨会、文化艺术论文研讨会等活动，在交流研讨中共商文化发展大计。通过工业文化与会展产业的互动，大大促进了地域经济的发展。

● 思考题

1. 宁夏将工业产业与文化结合，带来了哪些好处？这种结合是否没有弊端？

2. 宁夏这个案例体现了工业哪些层面的文化？

3. 这种工业与文化结合，与企业同文化发展的异同是什么？

● 参考文献

[1] 刘光明. 企业文化 [M]. 北京：经济管理出版社，2006.

[2] 贾强. 文化制胜——如何建设企业文化 [M]. 沈阳：沈阳出版社，2002.

[3] [美] 特雷斯·E.迪尔，阿伦·A.肯迪尼. 企业文化 [M]. 上海：上海科学技术文献出版社，1989.

[4] 梁显忠，张建楠，赵宏杰. 和谐企业文化评价模型的建立 [J]. 价值工程，2011 (2).

[5] 苏勇. 现代管理伦理学——理论与企业的实践 [M]. 北京：石油工业出版社，2003.

[6] 向美霞. 中西"文化工业"之发展路径研究 [J]. 新闻传播，2011 (3).

[7] 周秀红. 中国国有企业文化创新探究 [M]. 北京：北京师范大学出版社，2011.

[8] 刘光明. 企业文化是企业核心竞争力 [N]. 经济日报，2011-11-28.

[9] 柴静. 本雅明文化工业思想研究 [D]. 山东师范大学硕士学位论文，2013.

[10] 孙士聪. 从文化工业到全球文化工业——文化工业理论再反思 [J]. 文学理论与批评，2013：86-92.

[11] 弗洛姆. 逃避自由 [M]. 北京：工人出版社，1995.

● 推荐读物

[1] 刘光明. 企业文化塑造 [M]. 北京：经济管理出版社，2006.

[2] 刘光明. 企业文化案例 [M]. 北京：经济管理出版社，2007.

第3章 工业文化的产生与发展

● **章首案例：柯达公司破产**

柯达公司由发明家乔治伊士曼始创于 1880 年，总部位于美国纽约州罗切斯特市。柯达利用先进的技术、广阔的市场覆盖面和一系列的行业合作伙伴关系来为客户提供不断创新的产品和服务，以满足他们对影像中所蕴含的丰富信息的需求。2012 年 1 月，130 多年历史的柯达公司宣布破产保护。

柯达百年沉浮，从 2000 年开始大退缩，柯达传统影像部门的销售利润从 2000 年的 143 亿美元，锐减至 2003 年的 41.8 亿美元，跌幅达到 46%。拍照从"胶卷时代"进入"数字时代"之后，昔日影像王国的辉煌也似乎随着胶卷的失宠，而不复存在。

失败原因

首先，柯达长期依赖相对落后的传统胶片部门，而对于数字科技对传统影像部门的冲击反应迟钝。其次，管理层作风偏于保守，满足于传统胶片产品的市场份额和垄断地位，缺乏对市场的前瞻性分析，没有及时调整公司经营战略重心和部门结构，决策犹豫不决，错失良机。

（一）投资方向单一，船大难掉头

由于对于现有技术带来的现实利润和新技术带来的未来利润之间的过渡和切换时机把握不当，造成柯达大量资金用于传统胶片工厂生产线和冲印店设备的低水平简单重复投资，挤占了对数字技术和市场的投资，增大了退出/更新成本，使公司陷于"知错难改"、"船大难掉头"的窘境。据统计，截至 2002 年年底，柯达彩印店在中国的数量达到 8000 多家，是肯德基的 10 倍，麦当劳的 18 倍！这些店铺在不能提供足够利润的情况下，成为柯达战略转型的包袱。

（二）决策层迷恋既有优势

过去柯达的管理层都是传统行业出身，比如，运营系统副总裁 Charles Barrentine 是学化学的，数字影像系统美国区总经理 Cohen 是学土木工程的等。时任的 49 名高层管理人员中有 7 名出身化学，只有 3 位出自电子专业。特别是在市场应用和保持领先地位方面，传统产业领导忽视了替代技术的持续开发，从而失掉了新产品市场应有

的领导份额。

从传统胶片与数字影像产品市场占有率的比较可以看出，柯达对传统胶片技术和产品的眷恋以及对数字技术和数字影响产品的冲击反应迟钝，这在很大程度上决定了柯达陷入成长危机的必然。

(三) 短视的战略联盟

从市场竞争角度看，柯达经营战略中技术竞争与合作的关系，被短期市场行为所左右，竞争者与合作者的战略定位和战略角色模糊。

柯达过去当老大靠的就是胶片，与别人合作也是靠这个金刚钻儿。而现在是数字时代，没有核心技术，企业的经营随时会处于危险的状态，过去的一切都会在瞬间贬值。合作永远不是一厢情愿的事。

尽管历经挣扎，柯达还是走到了这一步——2012年1月19日在纽约依据美国《破产法》第十一章提出破产保护申请。这家创立于1880年、世界最大的影像产品及相关服务生产和供应商，在数码时代的大潮中由于跟不上步伐，而不得不面对残酷的结局。

此前柯达的平均收盘价已连续30个交易日位于1美元以下，不符合纽交所的上市要求。总部位于纽约州罗切斯特的伊士曼—柯达公司1月初宣布，该公司已收到纽约证券交易所警告，如果未来6个月内股价无法上涨，则有可能退市。

2011年，柯达数度传出破产传闻，当年股价跌幅超过80%，最新报0.66美元。这是正在变卖资产求生的柯达遭遇的最新打击。柯达表示，由于公司面临着流动性挑战，并不能保证在未来6个月的期限内能够达到纽交所的上市标准。其提交的申请文件显示，柯达的现有资产为51亿美元，但是债务已经达到了68亿美元，严重资不抵债。

(四) 企业改革转型失误——成也胶卷，败也胶卷

柯达的衰败可以说是时代变迁的一个缩影，也可以说是一家企业战略失败的经典案例。当摄影拍照技术从"胶卷时代"大踏步进入"数字时代"之际，柯达没有放弃传统胶片领域的帝王地位，面对新技术的出现和应用，反应迟钝，传统行业的巨头总是希望能够延续以往的风光，因此在转型时就会瞻前顾后，甚至抗拒转型。柯达的失败是众多转型不成功的传统行业巨头的一个代表。其实，并不是柯达不具备数字影像方面的技术和能力，相反柯达早在1976年就开发出了数字相机技术，并将数字影像技术用于航天领域，其在1991年就有了130万像素的数字相机。但是，倚重传统影像业务的柯达高层不仅没有重视数字技术，反而把关注的重点不恰当地放在了防止胶卷销量受到不利影响上，导致该公司未能大力发展数字业务。结果就是舍不得"自

杀"，只能"他杀"。2002 年柯达的产品数字化率只有 25%左右，而竞争对手富士胶片已达到了 60%。随着胶卷的失宠以及后来智能手机的出现，柯达走向了末路。世界开放和发展的步伐都在提速，这其中也不乏一些企业高速成长，快速消亡。即使是一个企业帝国，管理者一个错误的决策或者一个迟钝的跟进，都可能令企业瞬间贬值，唯有正确改革战略才能不断发展、不断壮大。

3.1　英国工业革命与工业文化

3.1.1　英国工业革命背景

工业化之前，英国与其他国家一样，处于传统的农业社会。18 世纪下半叶，工业革命在英国先发生。一说起工业化，人们所想到的往往是生产的增长以及物质财富的增加，但如果我们考察 18 世纪英国产业革命演进的历史，会发现所谓"工业革命"至少具有三方面的含义：技术的变革及其在生产中的应用；工厂制的出现以及经济结构的变化；经济的发展所引发的社会整体的变革。而以上三个方面具有层层递进的关系。那么，工业革命为什么会先在英国发生呢？

一是英国形成了有利于资本主义生长的制度框架。"光荣革命"建立了一个稳定的君主立宪制度，在这种制度下，有产者牢牢掌握政权，财产成为"自由"的基本条件；但同时国家又不受一个人的摆布，经济的增长不会因可能威胁到国王的个人权力而受到压制。

二是英国与欧洲大陆各国相比有着较为独特的社会结构。自 16 世纪始，随着旧式贵族的衰落与中等阶级的兴起，英国逐渐形成了一种三层式的社会结构，以三个社会阶级——土地贵族、中等阶级与工资劳动者为主体。英国这种独特的社会结构，为其向现代工业社会的转型提供了必要的基础。

在上述两个有利条件下，最终形成了英国人独有的工业民族精神，即马克斯·韦伯提出的"合理谋利"精神。所谓"合理谋利"，是与在前工业社会中以非经济的强制手段吞占社会财富为特征的谋利手段相对而言的，这与英国的清教传统有关系。孟德斯鸠曾认为，英国人"在三件大事上走在了世界其他民族的前面：虔诚、商业和自由"。

3.1.2 英国工业革命的过程

从 18 世纪 60 年代开始，英国用了 80 多年的时间进行工业革命，便使其经济从使用手工工具的工场手工业阶段，过渡到使用机器的大工业阶段；从一个落后的农业国，发展成为工业化强国。18 世纪 60 年代，在英国最先发生工业革命，这是由于当时英国的社会发展，使英国具备了工业革命的两个基本条件：拥有为发展工业所需要的大批廉价劳动力；在少数人手里积累了巨额资金。

3.1.2.1 家庭工厂化

英国最初主要是毛纺织业。这种家庭的毛纺织手工业，后来随着农民的贫富分化而发生了改变。随着圈地运动使丧失土地的农民日益增多，由大商人所创办的集中的手工工场便逐渐发展起来，达到了雇佣 1000 名以上工人的规模。到 17 世纪时，雇佣几百名工人的手工工场已经非常普遍了。

3.1.2.2 纺织业崛起

珍妮纺纱机的发明是棉纺织技术上的一个巨大飞跃，使棉纱的产量迅速提高，引起了纺织业的一系列变化，并且带来了巨大的社会影响。因为棉纱生产成本降低，也就使布匹的价格随之降低，从而使布匹的需求量增大，这样就需要更多的织布工人。

3.1.2.3 机械化工厂

1769 年，钟表匠理查·阿克莱特发明了水力纺纱机。

1771 年，理查·阿克莱特建立了第一个棉纺厂，成为最早使用机器生产的工厂主。

1779 年，工人赛米尔·克隆普顿发明了骡机。

1785 年，牧师埃德门特·卡特莱特发明了用水力推动的织布机。

1803 年，拉德克利夫还发明了一种整布机，霍洛克斯又发明了铁制的织布机器。

3.1.2.4 蒸汽机时代

1769 年，瓦特制成第一台蒸汽机。

1781 年，瓦特研制出一套齿轮联动装置，可以将活塞的往返直线运动，转变为轮轴的旋转运动，他因此获得了第二个专利。

1782 年，瓦特试制出一种带有双向装置的新汽缸，把原来的单向汽缸组装成双向汽缸，并首次把引入汽缸的蒸汽，由低压蒸汽改为高压蒸汽，他也因此获得了第三个专利。

1784 年，经过再次改进的蒸汽机，不仅适用于各种机械运动，而且还增加了一种自动调节蒸汽机速率的装置。

1785 年，一个使用瓦特蒸汽机的纺纱厂建成。蒸汽机的发明是人类社会进入机械化时代的标志，从而大大加速了工业革命的进程。以此为标志，历史跨入一个新的时代，人类社会由此进入了蒸汽时代。

3.1.2.5 煤矿业崛起

煤炭可以说是近代工业的粮食，如果没有煤，就没有大机器工业的发展，也就没有工业革命。正因为英国的煤炭储藏量非常丰富，所以才支撑着英国工业革命的蓬勃发展。

1840 年前后，英国大机器生产已基本取代工场手工业，用机器制造机器的机器制造业也建立起来，工业革命基本完成，英国成为世界上第一个工业国家。

3.1.3 英国工业革命后果及意义

英国工业革命是一场经济变革。社会经济的迅速发展表现为生产力的飞跃发展、经济体制的转变、农业的彻底变革以及英国国际经济地位的根本改变。工业革命使英国社会各部门从棉纺织业开始，相继以机器生产代替手工生产，以工厂制取代作坊制和手工工场制，促成了劳动生产率和国民生产总值的持续增长。

英国工业革命不仅是一场经济变革，同时也是一场社会变革。其人口增长模式、社会结构都发生了改变。工业革命不仅使英国人口迅速增长，而且改变了人口增长模式。工业革命过程中，英国的社会结构也发生了明显的变化。19 世纪 30 年代，英国社会已经明确地演变为三股主要社会力量：土地贵族、资产阶级和下层工资劳动者。另外，工业革命的开展进一步促进了英国科学文化事业的发展和繁荣。工业革命的发展为科学试验和研究提供了有利条件和新的课题、试验手段等，从而促进人们进行更广泛的科学文化活动。在英国工业革命影响下，欧美及世界其他一些地区的国家相继走上工业化道路。工业革命也造成了一些阴暗消极的结果，如大量失业、贫富两极分化、金钱成为价值判断标准等。

3.2 法国工业文化的发展

3.2.1 法国工业发展进程

进入 19 世纪 20 年代以后,法国的产业革命形势逐渐好转,法国才有可能开始产业革命。主要分为两个阶段。

3.2.1.1 第一阶段

19 世纪 20 年代到 40 年代末,是法国产业革命的第一阶段。这一时期各个生产部门主要是纺织工业部门开始大量使用机器,蒸汽机时代到来,轻工业特别是棉纺织业的发展最为迅速。同时,煤铁生产由于更换设备和推广新技术,产量也成倍增加。交通运输业的发展也很迅速,铁路建设蓬勃兴起,从而进一步推动了工业的高涨。

3.2.1.2 第二阶段

19 世纪 50 年代到 60 年代是法国产业革命的第二阶段。这 20 年是法国国民经济空前大发展的时期,特别是重工业的增长尤为迅速,煤和铁的产量在此期间都提高了两倍。在政府的鼓励和扶助下,铁路的修建更是达到了高潮。这一时期轻工业的发展仍然保持着较高的速度。纺织工业进一步采用了新的技术装备,机器生产普遍代替了手工劳动,棉花的消费量增加了 1 倍,棉纺织品也开始大量运销到国外市场。到 60 年代末,产业革命基本完成,资本主义制度最终确立起来。

3.2.2 法国工业文化特点

法国产业革命的基本道路和过程与西欧其他国家大体上相同。但是,也有一些特点:经过产业革命,重工业虽然有了相当大的发展,但是轻工业仍然占据重要地位;而在轻工业中,高级奢侈品的生产又占了很大比重。

法国产业革命具有不同于英国的鲜明特点:从资本原始积累方式看,法国对农民土地的剥夺是通过租税盘剥进行的,而不是通过大规模圈地的暴力方式。从工业革命的进程看,小企业的长期和大量存在以及大企业的发展迟缓是法国工业革命的主要特点。高利贷资本活跃是法国工业革命的另一个特点。

法国产业革命的特点，表明这一时期法国经济发展的相对落后性。这些特点之所以形成，是因为在法国产业革命进程中存在着一些困难和不利的条件，其中最主要的是：资金作为借贷资本输出到国外，造成了对国内投资的不足；国外贸易竞争不过英国，国内市场又相对狭窄；劳动力的供应很不充分，满足不了工业发展的需要；产业革命所必需的重要原料和资源严重缺乏，如煤、铁、棉花等都需要从国外进口。此外，小农经济长期广泛存在，使农业陷于停滞和落后状态。这些都阻碍了法国工业生产的顺利发展。所以到 19 世纪 60 年代末，随着产业革命的基本完成，法国在世界工业生产中的地位却相对下降了。

3.2.3　法国工业与英国工业

在英国开始工业革命以前，英、法两国的社会经济发展水平相差不多，就两国国力而论，法国还要比英国强大一些。18 世纪 60 年代，英国开始工业革命，80 年代经济起飞，并持续增长，很快就把法国远远地抛在后面，法国工业化的速度不仅落后于英国，也落后于后起的德国，法国在一个世纪里完成的变化在许多方面还不如德国 1871 年后 40 年间所经历的变化彻底。

法国落后于英国的主要原因如下：

一是法国小企业长期大量存在以及大企业发展迟缓影响工业革命的进展。这种状况与法国历史上形成的特殊工业结构有密切关系，直到 19 世纪末仍在法国工业体系中占有相当大的比重。这类工业多以手工劳动为主，适合采用分散型的小企业形式，不宜集中，因而抑制了大型企业的发展。

二是法国农业中，小农经济长期占据优势地位，影响了工业革命的进展。法国大多数农民在 18 世纪末的大革命中，都获得了一小块土地，以致在全国范围内形成一个汪洋大海般的小农阶级。按理说，由于小农经济的不稳定性，它不可避免地要发生两极分化，导致地产日益集中。

三是法国高利贷资本特别活跃影响了工业革命的进展。在新的社会经济条件下，高利贷资本又获得了进一步发展，几乎渗透到国民经济的所有领域。19 世纪中叶成立的几家大银行，主要从事利息优厚的国债和证券交易，以及对外贷款等信贷投机活动，很少直接投资于工业企业。发达的高利贷资本吸引了大量社会流动资金，从而减少了工业企业的投资，影响了法国工业品在国际市场上的竞争力。

由于上述种种不利因素，法国工业革命进展缓慢，其规模和取得的成就远不及英国。同时，在发展速度上也比不上同期的美国和德国。

3.3 德国工业文化的发展

3.3.1 德国工业革命的过程

德国工业革命晚于英、法、美，主要是因为德国政治上的长期分裂局面，造成国内经济发展一直处于落后状态，影响了工业革命前提条件的形成。直到 19 世纪 30 年代，德国才真正踏上工业革命的道路。

德国产业革命经历了三个阶段：19 世纪 30 年代到 40 年代，属于初期阶段；1848 年革命后的 50 年代到 60 年代，是迅速发展和工业高涨的阶段，近代大工业和资本主义制度基本上确立起来；1871 年德国统一后，转入完成阶段。

3.3.1.1 初期阶段

19 世纪初期，德国封建制度逐步解体，农奴制改革为创立近代工业企业提供了货币资本和自由劳动力；行会制度的削弱使资本主义企业得到比较自由的发展；此外，还从英国进口机器和招聘技工。这一切为资本主义工业的发展创造了较为有利的条件。到了 20 年代，工场手工业有了广泛发展，纺织业开始采用机器。但直到 1834 年德意志关税同盟建立，德国才进入产业革命时期。

3.3.1.2 迅速发展阶段

1848 年革命以后，德国城乡封建残余进一步被削弱，关税同盟的影响日益增强。50 年代到 60 年代，轻工业和重工业都迅速增长。工业棉花消费量和机器织布机各增加几倍，工厂制度在棉纺织业中和缫丝方面已占统治地位，蒸汽机得到普遍应用。1861 年，机器制造厂的工人总数近 10 万，有些机器工厂的规模已不小于英国的同类工厂。1870 年，德国境内发达地区已基本上完成了产业革命，德国在世界工业总产量中的比重上升到 13.2%，超过了法国，从而进入先进资本主义国家的行列。

3.3.1.3 完成阶段

直到普法战争，德国尚未实现国家的统一，各个地区的经济发展极不平衡，还存在不少落后地区。1871 年德国实现统一后，资本主义工厂工业在德国全境得到普遍发展并取得了统治地位。

3.3.2 德国工业革命的特点

轻工业重视发展生产资料生产，改组工业结构，结果重工业跟着轻工业迅速发展起来。受普鲁士的传统影响较多，产业革命是在城市封建残余势力存在的条件下进行的。作为后起工业化国，有别于英法两国，形成了自己的特点。

第一，以铁路建筑为中心的交通运输业革命处于领先地位，带动了其他工业部门的变革，使德国较早实现了工业重心的转移，建立了雄厚的工业基础，推动了工业革命的全面发展。大规模铁路修建推动采矿、冶金、煤炭和机器制造业的快速发展。促使德国工业发展的重心较早地从轻工业转向重工业。最终在产业结构上超越了英法两国，成了第二次工业革命的中心，德国工业革命的这一特点与当时的政治形势和普鲁士的军国主义传统有着密切的关系。

第二，国家政权的积极干预是德国工业革命的另一显著特点。国家政权干预经济包括贸易保护主义，兴办国营企业，资助私营企业，国家引进外国科技和人才，鼓励科技发明和大力发展教育等。在国家干预方面，普鲁士堪称表率。国家干预对于工业革命影响最为深远的是政府重视发挥智力作用，积极推行教育改革，大力促进新技术的开发研究。

第三，资金来源主要是国内。德国人在原始资本积累方面有些先天不足，不如英、法等国，德国工业革命的资金主要来源于对国内的掠夺，其主要方式是在解放农奴时向农民索要赎金。德意志工业革命最主要的集资形式是股份公司。

第四，德国工业革命面临的市场矛盾特别尖锐，德意志国家长期分裂割据，到德国工业革命时，依然处在国家分裂割据状态，货币和度量衡制度的五花八门，重重关卡的限制，使德国商业和贸易的发展受到了极大阻碍。

3.3.3 德国工业革命迅速发展

德国工业革命为何能够在起步晚、历时短的情况下取得如此成就呢？

19 世纪初，是德国工业革命的展开创造条件的时期。首先，进入 19 世纪以后，稳定的统治使得德国的社会和政治环境较之以往更有利于资本主义的发展，也更有利于工业革命的展开。其次，以农业资本主义发展的"普鲁士式道路"为特点的农奴制改革为德国资本主义工业的发展提供了有利条件。在农奴制改革的过程中，容克地主们通过收敛农民为获得人身自由和份地而交付的赎金，积累了一定的资本，许多农民则在获得人

身自由的同时，成了不得不靠出卖劳动力为生的无产者。这不仅为即将到来的德国工业革命提供了雄厚的资金，而且准备了充足而廉价的劳动力。

（1）19世纪30年代中期，工业革命刚刚起步，铁路建设给德国其他工业行业以直接而巨大的推动作用，大大地刺激了德国钢铁、煤炭以及机器制造工业的发展。

（2）德国工业革命的重心较早地由轻工业转向重工业。从以纺织业为重心的轻工业迅速转向以铁路建设为重心的重工业。交通运输业的发展带动了其他工业部门的变革，促使德国工业发展的重心较早地从轻工业转向重工业。

（3）为了尽快摆脱落后局面，德国各邦政府都积极发挥了国家政权干预经济的作用。国家干预对于工业革命影响最为深远的还是积极推行教育改革，大力促进新技术的开发研究。

（4）从1807年开始，以普鲁士为首的多数邦国实行了农奴制改革，废除农民对地主的人身依附关系，地主贵族取得了大量土地和赎金。

（5）德国工业革命面临的市场矛盾特别尖锐，德意志长期的国家分裂割据，使得到德国工业革命时，依然处在国家分裂割据状态。货币和度量衡制度的五花八门，重重关卡的限制，都给德国商业和贸易的发展造成了极大阻碍。

3.4 美国工业文化的发展

3.4.1 美国工业革命背景

美国在1812~1814年第二次美英战争中的胜利，巩固了美国的政治独立，最后解除了英国企图重新统治美国的威胁。但是，这时的美国经济落后，仍然是英国工业品的销售市场和原料供应地。这次胜利使美国进行产业革命的条件趋于成熟，表现在：具备了独立自主地发展近代工业的政治前提；农业繁荣，市场广阔；可以从外来移民以及其他途径中获得英国的先进技术；这时期商业、海运业资本向工业的大转移，加利福尼亚金矿的发现和开采，以及吸收外国投资，基本上解决了产业革命所必需的资金问题；经济资源极其丰富；自1816年开始，逐步地实行了保护工业发展的关税政策。

1790~1815年，美国已经建立了一些工厂，而且有一些重要的技术发明，如E.惠特尼（1765~1825年）发明轧棉机，R.富尔顿（1765~1815年）发明商用轮船，F.C.洛厄尔（1775~1817年）设计和建成一个把纺纱机和织布机连接安装成为一个工艺流程的棉纺织厂等，这也为产业革命做了一定的准备。

美国产业革命直接的社会经济影响主要是人口大量涌入城市。1790 年，美国人口超过 8000 人的城市只有 6 个；1860 年，激增到 141 个。1810 年，新英格兰人口超过 10000 人的城市只有 3 个，共 5.6 万人；1860 年，已猛增到 26 个城市，68.2 万人。产业革命一方面扩大了美国南部和北部的经济差异，加深了南北经济矛盾，在这个基础上终于导致了南北战争的爆发。另外，也大大加强了东部和西部的经济联系，使美国成为统一国家，在内战中成功地避免了分裂。造成了美国工人阶级生活的贫困。工人劳动时间长，每天达 12~15 小时。女工、童工多，童工约占全国工人总数的一半。大城市中出现了贫民窟。1851 年，一个五口之家每周最低生活费用为 10.37 美元，而工资较高的建筑工人每周平均只有 10 美元。在产业革命时期，美国已经组织了地方性的、部门性的和全国性的工会，开展了罢工斗争。

3.4.2　美国一大工业——铁路

美国的工业化是从铁路开始的。由于在全国范围内大规模铺设铁路，把全国联结成一个统一的大市场。铁路又带动了美国钢铁业的发展，之后电力工业、石油工业先后成为美国人生活的重要方面。由于工业化的人口远远不足，美国以其得天独厚的条件从欧洲进行规模惊人的移民，解决了工业化所需的劳动力问题。工业化将文化背景不同的工人聚集在一起进行生产，解决了原本尖锐的民族矛盾，并将工业化的成果迅速渗透到人们的生活当中。如果要谈 19 世纪末的美国文化，我们先要提它的工业化文化。因为这场历时 30 多年的工业革命，深刻地改变了美国人的生活方式。不论是南北战争结束前的老美国人还是之后 30 多年的新移民；不管其居住在乡村还是城镇，他们的生活都被深深打上了工业化的烙印。工业化还使美国大地上布满了城市，美国迅速城市化。打字机、计算器、电话、电报、留声机、电灯、电影、汽车、电力机车等新鲜事物充斥在人们的生活中。先从城市开始，进而向乡村推进。

工业化使社会日益分化为两个对立的阶级——无产阶级和资产阶级，就连农村都无法避免。因为四通八达的铁路、公路和先进的交通工具已将全国各地甚至世界连接成一个统一的大市场。工业化在欧美带来了迅速的城市化。城市以惊人的数量发展起来，人口迅速增加，规模日益庞大。这些都是工业化的共同之处。而美国的工业化却独树一帜。

美国在南北战争结束后，确立了北方工商业资产阶级的统治地位。接着就开始了一场轰轰烈烈的工业革命。这里，英国早已完成了工业革命，欧洲其他国家的工业化也在进行中，这使得美国可以直接采用欧洲工业化的成果。不同于欧洲各国，美国的工业化是以铁路为先声的 "铁路是美国大企业的大规模现代化力量的先锋"。美国工业化发端于大规模的铁路铺设。美国的第一条铁路从巴尔的摩到俄亥俄，开通于1830年，这时，美国仅有31256英里的铁路。内战后的美国是铁路大发展的年代，铁路的重要性得到人们的共识。到1890年，美国已有了166703英里的铁路，仅一个铁路公司就有3.6万左右的雇员。到19世纪末，美国的铁路已接近20万英里，超过了欧洲铁路的总里程。铁路是工业化的先声，同时贯穿了工业化的始终。美国的铁路主要是由私人企业创办和经营的，并向私人集资。1897年，私人铁路公司的股票和债券总计达106.35亿美元，而国债总额却不到12.27亿美元。公众建造铁路的热情达到高潮，形成了美国工业化文化中独具特色的铁路文化。

总之，在工业化的几十年中，铁路已经同美国人的生活息息相关，从人们的物质生活开始影响人们的精神世界，成为这个时期美国文化的一个特色——铁路文化，成为美国人衣食住行中不可或缺的东西。

3.4.3 美国工业化特点

工业革命的过程总是需要不断发明新技术，美国的工业化也不例外。在19世纪70年代，美国发明专利每年超过13000项。在80年代和90年代，每年超过21000项。发明家大多是下层的工人和工程师。重要的发明有1867年索尔斯发明的打字机，1875年投放市场。1876年贝尔发明电话创建贝尔电话公司，1900年美国已有电话机135.5万台。爱迪生先后发明和改进了数百项发明，包括白炽电灯、电影放映机、发电机、电力机车、蓄电池等。1886年，乔治·威斯汀豪斯建成一座发电厂和研制出一台变压器，使远距离输送交流电成为可能。1888年，尼古拉·特斯拉发明交流电发动机，电源被进一步输送到农村。1888年计算器被发明出来并被广泛使用。1893年，福特设计出价格低廉的汽车，很快就被普遍运用。1895年，美国共有汽车300多辆，1905年则增至244.6万辆。

工业化对美国人的影响是怎样的呢？它先引起了美国社会新的阶段划分，居于美国社会上层的是工业化的大资产阶段，中产阶段的数量是社会稳定的一个重要标志，社会呈两极分化，特别是底层人数大大超过一小撮富有者时，将使社会矛盾尖锐。美国阶层的这种比例是其社会相对稳定的一个重要原因，这些中产阶段和百万富翁们是从工业化中得到好处最多的，剩下7/8的美国人处于社会的底层。

工业化的发展必然使工业产品更多更快地进入人们的生活，随之人们的思想观念、价值观等都发生了改变。工业化的城市吸引了大多数美国人尤其是年轻人。城市是工业化文化最集中的地方，它向外散发出炫目的光彩，工业化中出现的许多新事物使城市增加了魅力。1900年，美国工业产品的价值已超过了农业产品价值的两倍多。工业战胜了农业、城市征服了乡村。人们逐渐接受了城市观念。观念转变最快的还是大批移民们，他们大多来自欧洲各国的乡村，由于参加工业化生产的原因，他们都抛弃了宗主国封建落后、乡村生活的价值观，强调自由竞争、重视物质生活，尊重白手起家等价值观由于工业化、城市化得到巩固。传统清教徒的"勤劳"、"节俭"等思想被个人奋斗、抓住机遇、发财致富、充分享受物质生活等观念代替。工业化改变了整个美国的社会面貌，不管是资产阶级还是无产阶级，不管是穷人还是富人，不管是移民还是土生白人，不论在农村还是在城市，亦不管情愿与否，都被卷入到这种文化当中。不仅是他们的物质生活，他们的思想和价值观念也随之改变。从而使工业化及其文化成为 19 世纪末美国文化的一个显著特征。

3.5　日本工业文化的发展

日本是在特殊的历史条件下进入资本主义阶段和开始产业革命的。当它 1868 年建立明治政权跨入资本主义门槛时，欧美先进国家已经完成了产业革命，并开始从自由资本主义向垄断资本主义过渡。为了避免沦为欧美国家的殖民地、半殖民地，日本在明治维新中，提出了"富国强兵"、"殖产兴业"、"文明开化"的目标（见日本明治维新），在改革落后的封建制度的同时，从增强军事力量和培植资本主义经济出发，1868~1885 年，在接收幕府和各藩经营的军工厂和矿山的基础上，引进英国等西方先进国家的技术设备，聘用外国专家和技术人员，建设了一批兵工厂、采矿场以及以生产纺织品、水泥、玻璃、火柴为主的民用"模范工厂"。这批官营工厂企业的建立，标志着日本产业革命的开始。

3.5.1　日本工业背景

进入 19 世纪 80 年代以后，明治维新各项重要改革陆续完成，政局日趋稳定，并在 1880~1885 年整顿了货币，稳定了通货，为集中力量发展经济，大规模输入外国技术设备，促进私人向工矿业投资创造了有利条件。以 1880 年后明治政府廉价地向私人转让官营模范工厂为契机，出现了私人创办和经营近代企业的高潮，产业革命进入了迅速展开的新阶段。

但是，日本资本主义工业的发展一开始就没有稳固的基础。1894 年 7 月 25 日未经宣战发动了侵华战争——甲午战争，迫使中国清政府与之订立了《马关条约》。这次战争

是日本由被压迫国家变为压迫别国的转折点，也是日本产业革命进入完成阶段的转折点。战争中比战前高出两倍的军事开支，使资本家得到大批军事订货，积累了巨额资本。

战后日本靠从中国索取的巨额赔款作基金，在1897年10月实行了金本位制，提高了日本的金融地位，并利用战争赔款大规模加强陆海军建设，扩建铁路网，极大地推动了私人资本的发展；同时，战争也使日本独霸了朝鲜市场，夺占了部分中国市场，扩大了日本商品的销路。因此，以甲午战争为起点，日本再次出现了投资热，工业、交通运输业以及金融贸易都获得了大发展。

20世纪初煤产量自给有余，1905年已有260万吨出口。以钢铁工业和采煤工业的发展为基础，造船、铁路和航运发展很快。跨入20世纪时，日本近代工业的主要部门都已经建立起来，大机器生产明显地占了优势，基本上实现了产业革命。

在亚洲，日本第一个进入工业革命，从时间上看，日本在唐朝文化传入后，历经了长达1000多年的和平独立发展（期间有150年左右的短暂战国时期），没有受到蛮族入侵，知识积累得到传承，到清朝时经济发展水平已经追上亚洲文明中心的中国，更愿意接受外来技术和文明成果。在地理上，日本和英国一样，也是一个海岛国家，对外贸易交流频繁，西方知识和技术的传播相对比较容易；作为亚洲最东方的国家，离美国最近，容易受到美国的经济和技术传播影响（美国在美洲之外第一个欺负的国家就是日本）。制度上，本土民族政权、幕府统治相对没那么严密，由下而上的反抗比较容易获得成功。

3.5.2　日本工业特点

产业革命起步虽然较晚，但在国家的大力扶持下，学习和输入西方先进国家的技术设备，用武力夺占国外资金来源和市场，因而在工场手工业没有多大发展的基础上就比较快地建立了近代大工业，用30多年的时间走完了欧美国家半个世纪到一个世纪的路程。产业革命是在特殊的历史条件下进行的，在产业革命之前并没有一个资本原始积累进程，两者是同时进行的。

不像西欧国家那样，产业革命从轻工业开始，然后扩及重工业。日本的近代工业最先出现在国家兴办的军事工业中，进入19世纪80年代以后，以私人企业为主、纺织工业为中心的产业革命才加速发展起来。日本产业革命是在国家资本带动下和在对外侵略战争中进行的，国家资本主义和军事工业得到了特别大的发展。在私人资本中，也是与政府密切勾结的，受政府特殊保护的三井、三菱等少数特权资本占统治地位。在产业革命中，农业并没有走向机械化和大农业，而是在地主的统治下沿着半封建的零细经营的小农经济的方向发展。农业落后不仅造成了国内工业品市场狭小，也使主要来自农村的工人的工资低下，资本家利用手工劳动和落后设备也能赚取高额利润，致使资本主义大工业和落后的家庭手工业长期共存。

对于日本，每一个发展阶段都有不同的历史条件，经济体系、社会文化、思想意识和价值观或多或少地都在变化。日本工业发展的方向和增长率最终还是以这些因素为条件的。这些因素可以区分为两大范畴，即外部的和内部的。所谓外部因素，是指那些属于外部环境从而不是日本经济所能控制的给定变量。相反，所谓内部因素则是那些可由社会创造和治理的因素。应该指出，外部因素和内部因素并不是互相独立的。外因只能通过内因起作用。举例来说，国外的科学技术甚至资金，能否对本国的发展有用，取决于内部的能力和条件。这一点可以从比较中国和日本的发展史中清楚地看到。同样，内因也要通过外因来表现自己，因为今天的世界不允许任何国家在国际环境中孤立，内部因素必须适应于外部因素才能对发展起作用。

3.5.3 日本工业发展经验

3.5.3.1 侵略战争收获

在日本的工业发展史上，从战争中得到的收获是一个重要因素。1895 年中日战争中，日本胜利索取到高达 2 亿两白银的赔款，相当于当时日本国民收入的 1/3。这笔巨额资金的一部分被用来建立国际基金储备并由此采用了金本位制。

3.5.3.2 特殊军事采购

特殊的军事采购是战后日本工业发展的一种刺激。1950 年朝鲜战争爆发，美国军队需要采购大量军需物资和服务，日本趁机捞取了大量外汇。1950~1960 年，总额超过了 36 亿美元，向战场美军提供的"特需供货"达 12.8 亿美元，向驻日美军及辅助人员提供的"间接特需"达 23.8 亿美元。同一期间，日本的出口贸易扩大了 9 倍，其中特农采购占每年出口总额的比率从 4%上升到 64.7%。

3.5.3.3 军事开支缩减

战后，占领军对日本采取了非武装化的政策。这一政策得到了坚决的贯彻，军事人员解散了，军事生产停止了，国防开支维持在一个低水平上。

3.5.3.4 战后民主化

战后的民主化对日本的社会和经济产生过深远影响。土地改革、重建工会和财阀解

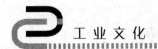

体是民主化的主要措施。土地改革把土地从地主那里重新分配到农民手中，从而废除了封建制度。日本工会对经济发展的贡献在于它不断对提高工资、改善经营管理和提高效率所做的要求。

3.5.3.5　有利的国际环境

战前，日本作为世界一强支配着东亚，几乎全部控制了这一地区的政治和经济局势。不用说，日本充分利用这种有利的地位去发展自身的工业。战后的国际环境对日本也是有利的。主要工业国家在放宽进口限制和扩大国际贸易方面一直在互相合作。日本趁机加入了国际货币基金组织、世界银行、关税及贸易总协定和经济合作与发展组织，从而发展和扩大了海外市场。

3.6　中国工业文化的发展

3.6.1　近代中国工业的发展

1840 年鸦片战争后，西方资本主义入侵中国，在中国设立工厂，是中国近代工业之始。这时期的外资工业主要是为外商对华贸易服务的。1843~1894 年，外国在华一共设立了 191 个工业企业，其中 116 个属于船舶修造业和丝茶等出口商品加工工业。甲午战争后，民族矛盾日趋激化，抵制外货、设厂自救的呼声遍及全国。1895~1913 年，中国近代民族工业进入初步发展时期，并且在 1896~1898 年和 1905~1908 年出现了两次投资工业的热潮。新投资本中 80% 以上属于商办企业，改变了甲午战争前以清政府投资为主的特点，民族资本成为本国工业资本的主体。同时在工业企业的地区配置上，开始越出沿海、沿江口岸，逐渐向内地城市伸展。

1914 年，发生了第一次世界大战。战争的主要参加者英、德、法等帝国主义国家转入战时经济，放松了对远东市场的追逐。中国民族工业遂获得一个发展时机，1914~1919 年，新开设资本在 1 万元以上的工业企业（包括矿场）共 379 家，资本额 8580 万元，平均每年开设 63 家，新投资 1430 万元。

第一次世界大战结束，西方列强卷土重来，中国民族工业普遍受到了外国势力争夺市场的压力。战时发展迅速的绵纺织业这时出现了引人注目的变化。由民族危机引发的 1925 年的"五卅"运动和 1928 年的"五三"抵货运动，也曾给这一时期的民族工业如纺织、面粉、卷烟等业的发展以有力的推动。据估计，1920~1928 年，新投入的工业资本在 3 亿元左右。

中国工业的发展在 20 世纪 30 年代遇到了市场危机的威胁。1933 年，棉纱价格跌落之巨前所未见，全国纱厂亏多盈少；同年，上海面粉价格狂落，存货堆积，使部分工厂停工。这种景况一直持续到 1935 年。1936 年，由于国民党政府的法币政策、通货贬值的刺激，物价转升，市场购销情况有所改善，工业生产开始上升。可是 1937 年 7 月，日本帝国主义发动了全面侵华战争，沿海、沿江战火波及地区，工业设施遭到严重破坏。仅上海一地，据当时上海社会局调查：受损害的工厂约 2000 余家，损失总额在 8 亿元左右。中国民族工业因战争的破坏而中落。

1937 年抗日战争全面展开后，战区工厂连同大后方新设工厂内迁，比较偏僻的西南地区逐渐成为民族资本工业的阵地，重庆成了后方工业中心。其他如四川的成都、万县、泸州、宜宾，云南的昆明，贵州的贵阳，广西的桂林、柳州，湖南的衡阳、祁阳、芷江、沅陵，陕西的西安、宝鸡，甘肃的兰州等城市都陆续发展成为后方的新工业区。

抗日战争时期，表现在中国经济上的一个突出现象，是官僚资本的形成和膨胀，严重地制约了国内生产力的发展。中国民族工业在帝国主义和官僚资本主义的压迫下，处于十分艰难的境地。

3.6.2 改革开放以来中国工业的发展

从 1966 年开始，我国陷入长达 10 年的"文化大革命"，社会动乱，极"左"思潮泛滥，经济建设遭到很大破坏。1978 年 12 月召开的十一届三中全会实事求是地总结了新中国成立以来社会主义建设的经验教训，确立了以经济建设为中心的基本路线，揭开了全面改革开放的序幕，给工业经济带来了前所未有的生机和活力。

我国工业改革经过了从放权让利到制度创新的历程。首先，通过放权让利、扩大企业自主权的改革，企业开始步入"自主经营、自负盈亏、自我积累、自我改造、自我约束、自我发展"的道路。其次，20 世纪 90 年代以来，工业企业改革进一步深化，触及传统企业制度本身的改革，进入建立以明晰产权关系为主要内容的现代企业制度阶段。最后，针对我国企业规模普遍偏小、经济效益差、亏损企业多、产业结构不合理的现状，通过破产、兼并，淘汰一批长期亏损、没有发展前途的企业，优化了资本结构，盘活了部分闲散资产。

通过改革开放，我国工业总体技术装备水平与世界发达国家的差距缩短到 10~15 年。现有生产设备具有 20 世纪 90 年代技术水平的已占 40%，20 世纪 70 年代及以前的技术装备已不到 10%，主要工业制造设备技术性能达到国际水平的占 30%。

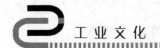

在经济总量成倍增长的同时，工业经济实力得到明显增强。一些主要经济产品，如能源、原材料和基本生活资料的产量保持稳步增长的态势。一批新兴工业产品，如石油化工产品、合成材料、家用电器、消费类和生产类电子产品、通信技术设备、汽车、船舶等交通运输设备及大型发电设备等已建立起一定的工业基础，生产能力迅速提高。一批标志一个国家整体工业实力的工业产品也迅速崛起，从通信卫星发射上天到计算机生产、大型航空客机关键部件的制造、高科技通信设备的普及、超大型万吨级油轮下水等，无不显示着中国工业综合实力的增强。在改革开放过程中，工业结构如企业所有制结构、工业部门结构等均出现显著变化，企业规模结构也有所改善。工业部门结构得到调整改善。20 世纪 80 年代上半期，政府强调解决轻重工业比例的失调问题，以提高人民生活水平。

1979 年以来，中国已形成多方位、多层次、多形式的对外开放格局，对工业发展起到重要推动作用。1996 年中国出口贸易额达到 1510 亿美元，1995 年工业制成品在全部出口贸易中的比重为 85.6%，1981~1995 年出口额年均增长率高达 26%。目前工业总值中已有 1/6 直接面向国外市场，这还不包括为出口产品生产服务的中间产品的工业产值。大量引进技术既为国家重点工程提供了一大批现代技术装备，又为大批原有企业的改造提供了先进技术。20 世纪 90 年代上半期又成功地缓解了基础工业、基础设施与加工工业之间的比例失衡现象。进入 20 世纪 90 年代以来，外商直接投资规模剧增，其中约有 60%以上投入工业领域，在加工工业与技术相对密集的支柱产业中已占重要位置。三资企业是改革开放以来中国工业发展中崛起的一支重要力量。

3.6.3　中国工业化进程的加速器——对外开放

中国的工业化是依靠市场化改革的不断深化和对外开放的不断扩大而获得加速发展的。1979 年中国设立深圳、珠海、汕头、厦门四个经济特区，是在整个经济体制难以短时间内转型的条件下，以经济特区的形式进行制度试点和局部突破的战略尝试。特区奇迹的示范效益，验证了对外开放战略的正确性，并由此打开了关闭 30 年的对外开放的大门。1984 年开放了沿海 14 个城市，1988 年对外开放的地域在沿海铺开，1992 年之后对外开放扩大到全国各地。2001 年中国加入了世界贸易组织，标志着对外开放进入了一个新的阶段。目前，已形成了全方位、多层次、宽领域的对外开放格局，开放型经济基本形成。

中国经济已置身于经济全球化的进程中。2002 年进出口总额达到 6208 亿美元，成为世界第五大贸易国。在出口商品中，工业制成品达到 90%。1980 年外贸依存度仅为12.6%，2002 年迅速提高到 50.2%。

截至 2002 年年底，中国累计实际利用外资 4480 亿美元，共批准外商投资企业 42.4 万个。这些企业的就业人员约 1800 万人，合资或独资企业出口商品交货值已占全国出口商品交货值的 40%。外商直接投资当中，约 70% 投在制造业领域。

对外开放加速了中国的工业化进程，这不仅仅表现在外商投资企业对中国经济总量的贡献上（1995~1999 年外商企业工业总产值增长对全部工业总产值增长的贡献率是 27.3%），更重要的是推动了产业结构升级和技术进步。例如，20 世纪 80 年代起步的家电工业，是在依赖进口元器件的基础上，以 CKD 为主要方式发展起来的，进口产品的涌入以及随后的外资企业的进入，使得家电的国内市场呈现出国际化竞争的特点，中国的家电企业在同这些跨国公司的竞争中学习、发展、壮大，其产品逐渐具备了很强的国际竞争力，并成为家电产品的世界制造大国。

● 本章案例：海尔集团是改革开放的产物

海尔集团是世界白色家电第一品牌、中国最具价值品牌。截至 2009 年，海尔在全球建立了 29 个制造基地、8 个综合研发中心、19 个海外贸易公司，全球员工总数超过 6 万人，已发展成为大规模的跨国企业集团。海尔品牌旗下冰箱、空调、洗衣机、电视机、热水器、电脑、手机、家居集成等 19 个产品被评为中国名牌，其中海尔冰箱、洗衣机还被国家质检总局评为首批中国世界名牌，并分别以 10.4%、8.4% 的全球市场占有率，在行业中均排名第一。2009 年，海尔全球营业额实现 1243 亿元，品牌价值 812 亿元，连续 8 年蝉联中国最有价值品牌榜首。世界著名消费市场研究机构欧洲透视发布最新数据显示，海尔在世界白色家电品牌中排名第一，全球市场占有率为 5.1%。

2010 年，已跻身世界级品牌行列的海尔实施全球化品牌战略进入第五年，其影响力正随着全球市场的扩张而快速上升。

第一阶段：名牌战略阶段（1984~1992 年）。

第一个阶段是名牌发展阶段，也是海尔发展初期，只做冰箱一种产品，探索并积累了企业管理的丰富经验，为今后的发展奠定了坚实的基础，总结出了一套可移植的管理模式。当时正值改革开放初期，国内拥有许多家电企业，许多企业都从国外引进先进技术，海尔也不例外。1984 年，海尔引进德国利勃哈尔电冰箱生产技术，并成立青岛电冰箱总厂。在社会主义计划经济开始向商品经济转化时，市场需求迅速上升，当时"用纸糊一个冰箱都能卖出去"，许多企业只注重产量而不注重质量，但海尔没有盲目上量，而是明确提出"先卖信誉，后卖产品"，制定了起步晚、起点高的原则，严抓质量，张瑞敏亲自做市场调查，积极采纳用户意见，并不断加强海尔的名牌效应。四年后，海尔冰箱获得了中国电冰箱史上的第一枚国优金牌。

第二阶段：多元化战略阶段（1992~1998 年）。

从海尔的发展历程中可以看出，海尔之所以能够连续四年荣登中国内地企业综合领导能力排行榜榜首，在很多情况下都归功于企业制定的多元化战略，就是企业采取在多个相关或不相关产业领域中谋求扩大规模，获取市场利润的长期经营方针和思路。从一个产品向多个产品发展（1984 年只有冰箱，1998 年时已有几十种产品），从白色家电进入黑色家电领域，以"吃休克鱼"的方式进行资本运营，以无形资产盘活有形资产，在最短的时间里以最低的成本把规模做大，把企业做强。

1992 年春天，邓小平同志南方谈话发表，要求改革开放"胆子要再大一点，步子要再快一点"。海尔立刻抓住了这个新的发展机遇，6 月，便投资 16 亿元在青岛圈下了 800 亩地准备建一个工业园——海尔工业园项目，从银行贷了 2.4 亿元。这时，资本市场开放了，1993 年 11 月海尔股票在上海上市，筹集到的资金使海尔工业园得以建成。后来，为加快海尔进入世界 500 强的步伐，海尔"三园一校"落成，三园是海尔开发区工业园、海尔信息园、美国海尔园，一校是海尔大学校部。

1991 年 12 月 20 日，以青岛电冰箱总厂为核心，合并青岛电冰柜总厂，空调器厂组建海尔集团公司，经营行业从电冰箱到电冰柜、空调器。到 1995 年 7 月前海尔集团主要生产上述制冷家电产品。1995 年 7 月，海尔集团收购了名列全国洗衣机厂前茅的青岛红星电器股份有限公司，大规模发展洗衣机行业。其后慢慢发展生产微波炉、热水器等产品。1997 年 8 月，海尔与莱阳家电总厂合资组建莱阳海尔电器有限公司，进入小家电行业，生产电熨斗等产品。到此，海尔集团用时 2 年将其经营领域扩展到全部白色家电行业。1997 年 9 月，海尔与杭州西湖电子集团合资组建杭州海尔电器，生产彩电、VCS 等产品，正式进入黑色家电领域。至此，海尔集团几乎涵盖了全部家电行业。与此同时，海尔还控股青岛第三制药厂，进入医药行业；向市场推出整体厨房，整体卫生间产品，进入家具设备行业。1998 年 1 月，海尔与中科院共同投资组建"海尔科化工程塑料研究有限公司"，从事塑料技术和新产品开发；4 月 25 日，海尔与广播电影电视总局科学研究院合资成立"海尔广科数字技术公司"，从事数字技术开发与应用；6 月 20 日，海尔与北京航空航天大学、美国 c-MOLD 公司合资建设"北航海尔公司"，从事 CBA/CAM/CAF 软件开发。这表明，海尔集团开始进入知识产业是海尔集团未来发展所需要的，两者开始形成一体化关系。

第三阶段：国际化战略阶段（1998~2005 年）。

在实现了创名牌和多元化发展后，海尔将眼光看向世界，开始实行国际化战略发展阶段，走出国门，出口创牌。20 世纪 90 年代末，中国加入 WTO，给许多企业提供了一个向世界发展的契机，很多企业响应中央口号走出去。海尔认为走出去不只是为了创汇，更重要的是创中国自己的品牌。海尔在走出去的道路上选择坚持解放思想、实事求是、与时俱进、勇于变革、勇于创新、永不僵化、永不停滞、不惧风险，将海尔的国际化道路越走越宽。

在国际化道路上，海尔公司提出了"走出去，走进去，走上去"的三步走战略和"先难后易"的思路，及先进入发达国家创品牌，再以高屋建瓴之势走入发展中国家，逐渐在海外建立起设计、制造、营销"三位一体"的本土化模式。海尔产品批量销往全球主要经济区域市场，建立自己的海外经销商网络与售后服务网络，海尔品牌已经有了一定知名度、信誉度与美誉度。

第四阶段：全球化品牌运营战略阶段（2005 年至今）。

现在海尔进行的是全球化品牌运营战略，即在全球范围内把海尔打造为世界名牌，并实现从制造到服务的转型，像沃尔玛公司那样，只从事营销等服务行业，不再拥有自己的工厂（而是 OEM 等方式）。

2006 年，海尔集团实现从国际化战略阶段过渡到全球化品牌战略阶段，这两个阶段虽十分相似，但存在本质上的不同：国际化战略阶段是以中国为基地向全世界扩散，但是全球化品牌战略主要是全球经济一体化的逼迫。在全球竞争中取胜的标志是品牌，因此必须运作全球范围的品牌，但是做成一个国际化的品牌又取决于全球化品牌的战略。

● 点评

从一个亏空 147 万元的集体小厂迅速成长为中国家电第一品牌；从只有一个产品，全厂职工不到 800 人到现在共有 42 大门类 860 余种规格的名牌产品群，职工 2 万多人；从引进冰箱技术到现在依靠成熟的技术和雄厚的实力在东南亚、欧洲等地设厂，并实现成套家电技术向欧洲发达国家出口的历史性突破。海尔实现了巨大的成功。

30 多年来，不仅是海尔，我国工业产业也取得了巨大成就，使我国成功实现了从高度集中的计划经济体制到充满活力的社会主义市场经济体制的伟大历史转折，不断形成和发展符合当代中国国情、充满生机活力的新的体制机制，为我国经济繁荣发展、社会和谐稳定提供了有力的制度保障。从建立经济特区到开放沿海、沿江、沿边、内陆地区再到加入 WTO；从大规模"引进来"到大踏步"走出去"，利用国际国内两个市场，两种资源水平显著提高，国际竞争力不断增强。

综观改革开放和海尔的发展，如同邓小平同志所说的"发展是硬道理"。30 多年来，改革开放进程不是一步到位的，每个时期给企业创造不同的条件，海尔根据改革开放提供的外部条件，与时俱进地去创造对企业有利的内部环境，这也是企业自身发展的一个非常重要的因素。同时，对于海尔来讲，没有改革开放就没有海尔，换句话说，海尔就

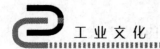

是改革开放的产物。海尔是抓住改革开放的机遇发展起来的。对企业而言，改革开放的进程就是企业逐步走向市场、转变观念，成为充满生机与活力的市场竞争主体的进程。

改革是中国社会主义制度的自我完善，社会主义社会发展的直接动力，而对外开放则是中国的一项基本国策。改革开放这一政策是决定当代中国命运的关键抉择，是一项新的伟大革命。改革开放理论提出时，国内正值"文化大革命"时期，党、国家和人民遭受了严重的损失，政治局面处于混乱状态，国民经济到了崩溃的边缘；国际方面，世界范围内蓬勃兴起的新科技革命推动世界经济以更快的速度向前发展。

每一次伟大的社会变革或工业革命都会给社会带来一个新的局面，这个局面虽然无法明确结果，却是人类为了推动社会发展进行的一次改革。从制度、政治、文化方式等各方面，朝着预期的方向前进，都是在历史的经验和思想理念基础上，不断翻新、不断突破的改变。第一次工业革命、第二次工业革命，中国虽然在真正意义上没能参加，但是赶上了第三次工业革命的脚步，现在，中国正面临着第四次工业革命的挑战，却缺乏足够的技能来加快第四次工业革命的进程；企业的 IT 部门有冗余的威胁；利益相关者普遍不愿意改变。"工业 4.0"已经进入中德合作新时代，中德双方签署的《中德合作行动纲要》中，有关"工业 4.0"合作的内容共有 4 条，第一条就明确提出工业生产的数字化就是"工业 4.0"，对于未来中德经济发展具有重大意义。

● 思考题

1. 海尔集团是我国改革开放的产物，如果没有这次改革，海尔集团是否像如今一样？

2. 海尔集团在改革开放时期获利颇多，无论是物质还是名气上，海尔能成功的主要因素是什么？它是如何抓住改革开放的有利因素，大力发展自身企业的？

3. 每一次改革都会给社会带来一定的影响，在即将面临的"工业 4.0"，我国工业产业应该如何迎接挑战？

● 参考文献

[1] 刘光明. 企业文化史 [M]. 北京：经济管理出版社，2010.

[2] 周洪宇，徐莉. 第三次工业革命与当代中国 [M]. 武汉：湖北教育出版社，2013.

[3] 李河军. 中国领先一把：第三次工业革命在中国 [M]. 北京：中信出版社，2014.

[4] 梁显忠，张建楠，赵宏杰. 和谐企业文化评价模型的建立 [J]. 价值工程，2011 (2).

[5] 芮明杰. 第三次工业革命与中国选择 [M]. 上海：上海辞书出版社，2013.

[6] 耿强等. 未来十年我国工业增长的驱动力研究 [J]. 调研世界，2011 (4).

[7] 陈佳贵等. 中国工业化进程报告 [M]. 北京：社会科学文献出版社，2007.

［8］刘光明. 企业文化是企业核心竞争力［N］. 经济日报，2001-11-28.

［9］杨建. 中国工业发展模式：以内源型路径突破资源环境约束［J］. 中国党政干部论坛，2007（9）.

［10］周利梅，李军军. 建国 60 年中国工业发展成就与经验探索［J］. 福建论坛（人文社会科学版），2009（9）.

● 推荐读物

［1］刘光明. 企业文化［M］. 北京：经济管理出版社，2006.

［2］刘光明. 企业文化世界名著导读［M］. 北京：经济管理出版社，2009.

第4章 工业文化的理论体系

● **章首案例：索尼爱立信跨文化整合与管理的教训**

爱立信公司（Telefonaktiebolaget L. M.Ericsson）1876 年成立于瑞典，迄今已有100 多年的历史，是世界 500 强之一的全球性跨国公司。从早期生产电话机、电话交换机发展到今天，爱立信已成为全球领先的提供端到端的全面通信解决方案的供应商。爱立信的业务遍布全球 140 多个国家，为电信运营商提供全套通信系统设备解决方案、专业通信服务以及向业内进行技术授权，爱立信是世界最大的移动通信网络设备供应商，占全球 40%的市场份额和约 24%的利润额。2001 年 10 月，爱立信与索尼公司成立了索尼爱立信移动通信公司，双方各拥有 50%的股份，向市场提供 2.5 代和3 代移动终端（手机）设备。但是，手机业务仅占爱立信全球业务很少的一部分。

在相当长的一段时间里，爱立信是国际手机业的霸主之一。20 世纪 90 年代初，由于抓住了从模拟信号手机到数字信号手机革命性变革的机会，爱立信与诺基亚超越了摩托罗拉，成为全球最受欢迎的手机厂商之一。但进入 21 世纪，受全球电信投资衰退的影响，爱立信逐渐陷入困境。与此同时，爱立信由于在手机产品投放方面落后于竞争对手，市场份额不断下降，手机业务出现了巨额亏损。据美国调查公司GartnerData Qwest 调查，1998 年爱立信的全球份额为 15.1%，到 2001 年已减半至7.4%。而此时的索尼由于进军手机领域较晚，核心技术方面落后于人，市场份额更小，不足 2%。靠自己的力量很难拓展全球业务。

因此，当 2001 年 10 月爱立信与索尼的手机业务宣布以 50∶50 的比例合并成立全新的索尼爱立信公司时，人们普遍看好这家公司，称其为最佳搭档。除了业务、技术方面的互补之外，在地理位置上，爱立信在欧美占有很高的市场份额，而索尼则称雄于日本市场。因此新公司成立后，随即提出了"首年度实现盈利"的目标。

然而事与愿违，新公司成立后坏消息不断：新公司成立之初的全球市场份额超过7%，到 2002 年时竟然下滑到 4.8%；2002 年全年结算销售额仅为 41 亿欧元，亏损却高达 2.41 亿欧元。在中国，索尼爱立信的市场也非常糟糕，在相当长的一段时间内，市面上已难以发现索尼爱立信的产品。全球市场上销售的索尼爱立信手机，要么脱胎于过去的爱立信手机，要么就是索尼的旧产品，明显具有个性化特征的索尼爱立信产品很长时间都没有出现。自此之后，索尼爱立信的市场份额便一路下滑，赤字越来越大。以至于原本就境况不佳的两家母公司索尼与爱立信在 2003 年分别出资 1.5 亿欧元，拯救陷于困境的索尼爱立信。

被寄予厚望的最佳搭档，为什么没有形成合力呢？

后来经过索尼与爱立信公司的一系列分析表明：关键是两家公司合并在一起后，原先各自公司已经形成的企业文化、管理模式很难统一起来，反而带来了许多冲突。

一位索尼爱立信的管理人员说："实际上一开始我们就已经估计到不会一帆风顺，因为我们发现就连两家公司的惯用语都不同，如何沟通是一个问题。"

一个活生生的例子是，手机的外观设计问题令公司的管理层难以决策。索尼爱立信在开发方面采取了如下方针，即面向日本的产品在日本开发、面向欧洲的产品在伦敦等地开发。欧洲的设计小组成员有 20 人，其中 7 人来自索尼。在商用终端方面具有优势、多使用直线型设计的原爱立信的设计队伍固守原来的思路。但是，不断减少的份额也证实了这种模式不受欢迎。因此，开发小组当中来自索尼的设计师希望开发出变直角为流线型的产品。在这一问题上的障碍是：索尼设计师不得不向来自爱立信的设计人员反复说明"为什么必须采用流线型"。在索尼文化下成长的成员之间不用依靠文字就能够达到默契。但是，在不同文化下成长的设计师及开发负责人员之间却很难这样做。一开始来自不同公司的设计师之间很难达成一致意见，感到非常不可思议。后来发现在设计中使用的用语定义因文化的差别本身就存在差异，因此着手重新定义用语。

将一东一西、一欧一亚两家管理理念、企业文化完全不同的公司组合到一起并不难，但想做到真正融合并形成战斗力却并不是一朝一夕能完成的。因此，2002~2003 年，企业文化整合、人员整合、渠道整合成为了索爱全部工作的主旋律，因而也错失了市场机会。索尼爱立信的这几个整合是同时进行的，公司认为索尼爱立信既不是一个瑞典公司加上一个日本公司，也不是爱立信加上索尼，而是两个全球的跨国公司在合作，索尼爱立信人必须理解跨国公司的多元文化会对一个企业的发展起到很好的促进作用。因此，公司进行了一系列的跨文化沟通培训，着重在技术规范和认识世界各地不同的价值取向等，同时重整企业的用语和一些相关的业务流程；人员方面，索尼爱立信公司全球高级副总裁以上的管理团队由 13 个人组成，这 13 个人里边有 7~8 个国籍，因为公司认为成功的跨国公司必须有跨国公司管理经验和理解跨国公司的文化。

经过了文化和人员的整合，在产品开发方面，多元文化的理念终于激发出了创新的火花，体现了以客户和市场为导向的服务文化，同时提高了管理决策的速度与质量。2003 年一改往日的颓势，从第二季度开始，索尼与爱立信推出了一系列满足市场需求的好产品如 P802、T618 等高端产品，迅速打开了索尼爱立信的价格空间，树立了良好的企业形象，T618 更是连续几个月成为手机销量冠军。据当时 Gartner 数据调查公司对 2003 年第二季度全球手机销量的统计，索爱的市场份额升至 5.5%，位居全球第五位。如今，索尼爱立信已经实现了从 2003 年第三季度开始的连续盈利，结束了由于无法在短期内实现合资公司企业文化的融合，而导致不论产品还是市场策略都难以让投资人感到满意的尴尬局面。2005 年第三季度公布的财务报告显示，索尼爱立信全球手机出货量达到 1380 万台，比 2004 年同期增长 29%，连续增长 17%，大大高于市场的连续增长比率；销售收入为 20.55 亿欧元，比 2004 年同期增长 22%；税前收入达到 1.51 亿欧元，净利润为 1.04 亿欧元，分别比 2004 年同期增长 1500 万欧元和 1400 万欧元。索尼爱立信获得了一个企业跨文化整合与管理从失败到成功的经验。

4.1　工业文化的内容

当文化从上层建筑领域下沉为经济基础领域时，文化反思的触角就有必要重新厘清自己的限度。在全球文化产业背景下，延伸文化工业批判逻辑并重建文化工业理论的有效性，是十分必要的。

4.1.1　工业经营哲学

传统文化是行业进行市场策划、打造企业品牌的源泉。现在行业的经营需要注意三方面的变化：从经济上说，我国已经完全结束了短缺经济的时代，市场可能还会产生新的需求，但是新的需求会掀起一场新的大战，将新形成的市场缝隙填满。从市场上看，我国已经完成从卖方市场向买方市场的转变，在这样的前提下，缺乏特色的企业越来越没有立足之地。从竞争上看，我国加入 WTO 后，国际的竞争就在国内，竞争对手已经发生了深刻的变化，是国外强大的竞争对手，是跨国公司。

经营哲学也称行业哲学，源于社会人文经济心理学的创新运用，是一个行业特有的从事生产经营和管理活动的方法论原则。它是指导行业行为的基础。一个行业在激烈的市场竞争环境中，面临着各种矛盾和多种选择，要求行业有一个科学的方法论来指导，有一套逻辑思维的程序来决定自己的行为，这就是经营哲学。比如，日本松下公司"讲

求经济效益，重视生存的意志，事事谋求生存和发展"，这就是它的战略决策哲学。

整合本身也是创新。行业经营者的思维变了，角色定位变了，变成资源整合者了。现代行业经营思路变了，从传统投入式拉动经营，变成全方位整合资源拉动做经营。先把资源整合好，在此基础上有点投资能做得更好。

行业的经营思想也称为行业经营哲学，是指行业在经营活动中对发生的各种关系的认识和态度的总和，是行业从事生产经营活动的基本指导思想，它是由一系列的观念所组成的。行业对某一关系的认识和态度，就是某一方面的经营观念。行业无论是否已经认识到、自觉或不自觉，客观上都存在着自己的经营思想。

一个行业的经营思想是在一定的社会经济条件下，在行业经营实践中不断演变而成的指导行业经营活动的一系列指导观念。它会受到当时的生产力、生产关系和上层建筑等因素的制约。也就是说，行业的经营思想必须顺应当时的社会经济发展水平、国家政策、法律、法规以及人与人、人与社会、人与企业、企业与社会之间的关系。这些制约因素对于所有行业基本是相同的，但在事实上，不同行业、不同企业的经营思想是有差别的。

4.1.2 工业价值观念

价值观念，是人们基于某种功利性或道义性的追求而对人们（个人、组织）本身的存在、行为和行为结果进行评价的基本观点。可以说，人生就是为了追求价值，价值观念决定着人生追求行为。价值观不是人们在一时一事上的体现，而是在长期实践活动中形成的关于价值的观念体系。行业的价值观，是指行业职工对行业存在的意义、经营目的、经营宗旨的价值评价和为之追求的整体化、个异化的群体意识，是行业全体职工共同的价值准则。只有在共同的价值准则基础上，才能产生行业正确的价值目标。有了正确的价值目标才会有奋力追求价值目标的行为，行业才有希望。因此，行业价值观决定着职工行为的取向，关系行业的生死存亡。只顾行业自身经济效益的价值观，就会偏离社会主义方向，不仅会损害国家和人民的利益，还会影响行业形象；只顾眼前利益的价值观，就会急功近利，搞短期行为，使行业失去后劲，导致灭亡。

作为一种符合现代行业管理实际的管理模式与理念，工业价值观管理在强固行业内在凝聚力、优化行业外在形象、加快行业制定决策的速度、提高行业生产效率、增强行业的抗风险能力、确保行业可持续发展与基业长青等诸方面发挥着重要的作用，具有巨大的社会价值。

4.1.3　工业精神文化

工业精神是指工业基于自身特定的性质、任务、宗旨、时代要求和发展方向，经过精心培养而形成的工业成员群体的精神风貌。工业精神要通过工业内全体职工有意识的实践活动体现出来。因此，它又是工业内职工观念意识和进取心理的外化。工业精神是工业文化的核心，在整个工业文化中处于支配地位。工业精神以价值观念为基础，以价值目标为动力，对工业经营哲学、管理制度、道德风尚、团体意识和工业形象起着决定性的作用。可以说，工业精神是工业的灵魂。

美国著名管理学者托马斯·彼得曾说："一个伟大的组织能够长期生存下来，最主要的条件并非结构、形式和管理技能，而是我们称之为信念的那种精神力量以及信念对组织全体成员所具有的感召力。"

工业精神是现代意识与工业个性相结合的一种群体意识。每个工业都有各具特色的工业精神，它往往以简洁而富有哲理的语言形式加以概括，通常通过厂歌、厂训、厂规、厂徽等形式形象地表达出来。一般来说，工业精神是工业全体或多数员工共同一致、彼此共鸣的内心态度、意志状况和思想境界。它可以激发工业员工的积极性，增强工业的活力。工业精神作为工业内部员工群体心理定势的主导意识，是工业经营宗旨、价值准则、管理信条的集中体现，它构成工业文化的基石。

工业精神包括三个内容：

（1）员工对本工业的特征、地位、形象和风气的理解和认同。

（2）由工业优良传统、时代精神和工业个性融会而成的共同信念、作风和行为准则。

（3）员工对工业的生产、发展、命运和未来抱有的理想和希望。工业可以根据自身的情况提炼出能够充分显示自己工业特色的工业精神。

工业精神是现代意识与工业个性结合的一种群体意识。"现代意识"是现代社会意识、市场意识、质量意识、信念意识、效益意识、文明意识、道德意识等汇集而成的一种综合意识。"工业个性"，包括工业的价值观念、发展目标、服务方针和经营特色等基本性质。工业精神总是反映工业的特点，它与生产经营不可分割。工业精神不仅能动地反映与工业生产经营密切相关的本质特征，而且鲜明地显示工业的经营宗旨和发展方向。它能较深刻地反映工业的个性特征并发挥它在管理上的影响，起到促进工业发展的作用。工业精神一旦形成群体心理定势，既可以通过明确的意识支配行为，还可以通过潜意识产生行为。其信念化的结果，会大大提高员工主动承担责任和修正个人行为的自觉性，从而主动关注工业的前途，维护工业声誉，为工业贡献自己的全部力量。

4.1.4　工业道德伦理

工业伦理的含义可规定为"活跃在工业经营管理中的道德意识、道德良心、道德规则、道德行动的总和"。或者说，企业伦理是以企业为行为主体，以企业经营管理的伦理理念为核心，是企业在处理内外部人与人关系时所应自觉遵守的伦理原则、道德规范及其实践总和。企业道德行为是指企业生产、经营与管理过程中具有善恶价值评价的企业人的活动，它既包括员工个人的道德行为活动，也包括企业整体的道德行为活动。企业道德意识在企业道德活动中影响着企业的道德行为，企业道德良心是企业履行道德行为的哨兵，企业道德准则是在企业道德意识和企业道德行为的基础上概括出来的，又制约着企业道德意识和道德行为。在现代经济条件下，企业经营应遵循以诚为本、崇尚信誉的基本原则，道德和信誉是企业的生命所在。

工业道德指调整该工业与其他工业之间、工业与顾客之间、工业内部职工之间关系的行为规范的总和。它是从伦理关系的角度，以善与恶、公与私、荣与辱、诚实与虚伪等道德范畴为标准来评价和规范工业。

工业道德与法律规范和制度规范不同，不具有那样的强制性和约束力，但具有积极的示范效应和强烈的感染力，被人们认可和接受后具有自我约束的力量。因此，它具有更广泛的适应性，是约束工业和职工行为的重要手段。中国老字号同仁堂药店之所以300多年长盛不衰，在于它把中华民族优秀的传统美德融于工业的生产经营过程之中，形成了具有工业特色的职业道德，即"济世养身、精益求精、童叟无欺、一视同仁"。

工业伦理的内容依据主题不同可以分为对内和对外两部分：内部包括劳资伦理、工作伦理、经营伦理；外部包括客户伦理、社会伦理、社会公益。

4.1.5　工业团队意识

团体即组织，团体意识是指组织成员的集体观念。团体意识是工业内部凝聚力形成的重要心理因素。工业团体意识的形成使工业的每个职工把自己的工作和行为都看成是实现工业目标的一个组成部分，使他们对自己作为工业的成员而感到自豪，对工业的成就产生荣誉感，从而把工业看成是自己利益的共同体和归属。因此，他们就会为实现工业的目标而努力奋斗，自觉克服与实现工业目标不一致的行为。

团队精神是大局意识、协作精神和服务精神的集中体现，核心是协同合作，反映的是个体利益和整体利益的统一，并进而保证组织的高效率运转。团队精神的形成并不要求团队成员牺牲自我，相反，挥洒个性、表现特长保证了成员共同完成任务目标，而明确的协作意愿和协作方式则产生了真正的内心动力。团队精神是组织文化的一部分，良好的管理可以通过合适的组织形态将每个人安排至合适的岗位，充分发挥集体的潜能。如果没有正确的管理文化和良好的从业心态及奉献精神，就不会有团队精神。

团队精神能推动团队运作和发展。在团队精神的作用下，团队成员产生了互相关心、互相帮助的交互行为，显示出关心团队的主人翁责任感，并努力自觉地维护团队的集体荣誉。一个具有团队精神的团队，能使每个团队成员显示高涨的士气，有利于激发成员工作的主动性，由此而形成集体意识、共同的价值观，有了高涨的士气、彼此团结友爱，团队成员才会自愿地将自己的聪明才智贡献给团队，同时也使自己得到更全面的发展。团队精神有利于提高组织整体效能。通过发扬团队精神、加强建设能进一步节省内耗。如果总是把时间花在怎样界定责任，应该找谁处理，让客户、员工团团转，会减弱工业成员的亲和力，破坏工业的凝聚力。

4.1.6　工业文化形象

工业文化的内涵、外延比工业形象更加深远和广阔。但两者都是工业无形的"软战略"。工业形象是指人们通过工业的各种标志（如产品特点、行销策略、人员风格等）而建立起来的对工业的总体印象，是工业文化建设的核心。

工业形象是工业通过外部特征和经营实力表现出来的，被消费者和公众所认同的工业总体印象。由外部特征表现出来的工业形象为表层形象，如招牌、门面、徽标、广告、商标、服饰、营业环境等，这些都给人以直观的感觉，容易形成印象；通过经营实力表现出来的形象为深层形象，它是工业内部要素的集中体现，如人员素质、生产经营能力、管理水平、资本实力、产品质量等。表层形象是以深层形象为基础，没有深层形象这个基础，表层形象就是虚假的，不能长久地保持。流通工业由于主要是经营商品和提供服务，与顾客接触较多，所以表层形象显得格外重要，但这绝不是说深层形象可以放在次要的位置。工业形象还包括工业形象的视觉识别系统，比如 VIS 系统，是工业对外宣传的视觉标识，是社会对这个工业视觉认知的导入渠道之一，也标志着该工业是否进入现代化管理。

工业的精神风貌、气质，是工业文化的一种综合表现，它是构成工业形象的脊柱和骨架。它由以下三方面构成：开拓创新精神；积极的社会观和价值观；诚实、公正的态度。

4.1.7　工业制度文化

工业制度是在生产经营实践活动中所形成的，对人的行为带有强制性，并能保障一定权利的各种规定。从工业文化的层次结构看，工业制度属中间层次，它是精神文化的表现形式，是物质文化实现的保证。工业制度作为职工行为规范的模式，使个人的活动得以合理进行，内外人际关系得以协调，员工的共同利益受到保护，从而使工业有序地组织起来，为实现工业目标而努力。

（1）制度文化同精神文化要一致。工业制度归根结底受价值理念的驱动与制约。工业制度的形成与变化均源于工业对制定和修改制度的某种需求，这种需求正是工业价值理念的一种具体表现。只有认为制定或修改制度有价值时，工业才会去制定或修改该项制度。至于价值何在、价值大小，不同工业有不同的认知和理解，这些认知与理解同样也是工业价值理念的构成部分。

（2）制度文化要"以人为本"。制度对于工业的意义在于通过建立一个使管理者意愿得以贯彻的有力支撑，使工业管理中不可避免的矛盾由人与人的对立弱化为人与制度的对立，从而可以更好地实现约束和规范员工行为，降低对立或降低对立的尖锐程度，逐渐形成有自己特色的工业文化，有利于保证各项制度的合理性和可行性。

（3）制度的调整和变革。制度化过程既是推动工业文化发展的重要手段，同时又可能成为阻碍工业文化发展的主要障碍。制度化的过程同时也是工业文化相对固化的过程。随着对制度的深入理解和广泛认同，人们在接受制度文化的同时，又会倾向反对与现存制度相背的文化。这种现象一方面容易让工业拘泥于制度文化，而忽略工业的其他文化；另一方面又会让工业固守现存文化，抵制外在文化，从而很难实现吐旧纳新。制度化过程既能促使工业井然有序地运行，也可能让工业走上按部就班的老路。

4.2　工业文化五要素论

联合国前秘书长安南的导师，美国麻省理工学院教授沙因提出工业文化的五要素论：

第一个要素是工业文化的核心价值——价值观管理和价值排序，权重为 50%；第二个要素是在工业活动中形成的习俗，即把工业管理规范变成约定俗成的习惯，权重为 10%；第三个要素是工业生产中产生的英雄人物，如大庆油田的王进喜，权重为 10%；第四个要素是工业环境，权重为 20%；第五个要素是工业文化背景与文化网络，权重为 10%。

工业文化五要素落实到工业企业，MI 理念开发和提炼是重中之重。日本京都陶瓷的工业文化塑造独具特色，公司力倡"敬天爱人"的企业伦理理念。管理层认为，一个公司必须有一个统一全体员工的最高指导思想，在日本的企业中称为"社是"。京都陶瓷把"敬天爱人"作为自己的管理哲学、处世之道和企业伦理，并赋予其全新的时代感——"'天'就是道理，讲道理就是'敬天'；'人'就是顾客和职员，以仁厚宽宏之心去爱顾客和职员就是'爱人'"。稻盛和夫为了让同事和职员了解自己进而信任自己，勇敢地揭开"总经理"的神秘面纱，大胆披露自己往昔的"隐私"和过去的"丑闻"——小学求知时期，他在上学途中曾顽皮地用小木棍挑撩女同学的裙子；"二战"后混乱时期，他曾心惊胆战地从木材商店偷窃过木材；大学深造时期，他为了看体育比赛乘车超过规定区间而被没收月票；经商创业初期，他因故意偷税逃税而被税务局批评警告——正是这种勇于解剖自己的胆识和壮举，使得员工们产生了"总经理也不是个完人，与我们一样经常犯错误"的亲近感，从而潜移默化地增进了上下级的心理融合度。在这种十分罕见的"你中有我，我中有你"的劳资关系催化下，京都陶瓷公司呈现出上下一心齐开拓、并肩携手创大业的勃勃态势，一动而全动，一呼而百应，一步步地走向繁荣和昌盛。

4.3 工业文化的三大系统

工业文化的三大系统为理念识别（MI）系统、行为识别（BI）系统和视觉识别（VI）系统。其中，工业文化的理念识别系统统领行为识别系统和视觉识别系统，而当今工业文化的理念识别（MI）系统，必须以生态伦理、绿色管理为导向，这样才能顺应世界各国工业文化的潮流。

所有的行为活动与视觉设计都是围绕着 MI 这个重心展开的，成功的行为与视觉就是将企业富有个性的独特精神准确地表达出来。因此，企业理念是 CI（Corporate Identity）开发实施的关键。工业文化 CI 系统可以提高企业的知名度，通过一系列同一化、整体化、全方位的理念识别、行为识别、视觉识别的运用，反复植入，在社会公众中形成强烈印象；塑造鲜明、良好的企业形象，良好的企业形象会给企业带来不可估量的社会效益和经济效益；培养员工的集体精神，强化企业的存在价值、增进内部团结和凝聚力，重塑企业员工的理念意识；达到使社会公众明确企业的主体个性和同一性的目的，实现企业价值最大化，获取最佳的经济效益和社会效益。

4.3.1 理念识别（MI）

包括形象定位、共有价值观、企业精神、经营理念、管理理念、品牌理念、人才理

念、环保理念、广告宣传用语等，代表工业企业的头脑和思想价值观体系。它是确立企业独具特色的经营理念，是企业生产经营过程中设计、科研、生产、营销、服务、管理等经营理念的识别系统。是企业对当前和未来一个时期的经营目标、经营思想、营销方式和营销形态所做的总体规划和界定，主要包括企业精神、企业价值观、企业使命、企业作风、行为准则、企业信条、经营宗旨、经营方针、市场定位、产业构成、组织体制、社会责任和发展规划等，属于企业文化的意识形态范畴。

4.3.2　行为识别（BI）

企业作为社会经济的基本活动单位，在内在动力结构的驱使下，对来自外部环境的刺激做出反应。企业内在动力结构表现为企业目标；企业外部环境则表现为影响企业目标实现的外部条件。包括全体成员的行为基准、行为规范、市场活动、服务水准、内部关系、公共关系等对内、对外行为模式，展示企业的管理水平和员工的文化素质。是企业实际经营理念与创造企业文化的准则，对企业运作方式所做的统一规划而形成的动态识别形态。它是以经营理念为基本出发点，对内建立完善的组织制度、管理规范、职员教育、行为规范和福利制度；对外则开拓市场调查、进行产品开发，通过社会公益文化活动、公共关系、营销活动等方式来传达企业理念，以获得社会公众对企业识别认同的形式。

4.3.3　视觉识别（VI）

包括标志、标准字、标准色及其组合运用在一切信息传播媒体的规范化、标准化设计与应用，犹如企业的脸面，每天给外界以视觉形象冲击力。是以企业标志、标准字体、标准色彩为核心展开的完整的、成体系的视觉传达体系，是将企业理念、文化特质、服务内容、企业规范等抽象语意转换为具体符号的概念，塑造出独特的企业形象。视觉识别系统分为基本要素系统、应用要素系统两方面。基本要素系统主要包括企业名称、企业标志、标准字、标准色、象征图案、宣传口语、市场行销报告书等。应用要素系统主要包括办公事务用品、生产设备、建筑环境、产品包装、广告媒体、交通工具、衣着制服、旗帜、招牌、标识牌、橱窗、陈列展示等。视觉识别（VI）在 CI 系统中最具传播力和感染力，最容易被社会大众所接受，具有主导地位。

4.4 工业文化建设的原则

工业文化建设是一项长期而复杂的系统工程。其文化建设涉及的问题比较多，不同的国家制度、不同的民族特点、不同的经济政治环境、不同的行业、不同的地域等都会影响工业文化的建设。工业文化建设也应该遵循以下原则。

4.4.1 工业文化建设的一般原则

（1）必须坚持社会主义方向。强调企业文化的主体性，建设有中国特色社会主义的企业文化，创立企业文化，完善企业管理机制，是在参照外国模式的情况下进行的。企业进行文化建设应把这作为其经营思想和宗旨，使之具有明确的社会主义特征。

（2）强化以人为中心。文化以人群为载体，人是文化生成的第一要素。企业文化中的人不仅仅是指企业家、管理者，还应该包括企业的全体职工。企业文化建设要强调关心人、尊重人、理解人和信任人。

（3）表里一致，切忌形式主义。建设企业文化必须先从职工的思想观念入手，树立正确的价值观念和哲学思想，在此基础上形成企业精神和企业形象，防止搞形式主义、言行不一。形式主义不仅不能建设好企业文化，而且是对企业文化概念的歪曲。

（4）注重个异性。个异性是企业文化的一个重要特征。企业有了自己的特色，而且被顾客所公认，才能在企业之林中独树一帜，才有竞争的优势。企业文化是在某一特定文化背景下该企业独具特色的管理模式，是企业的个性化表现，不是标准统一的模式，更不是迎合时尚的标语。

（5）不能忽视经济性。企业是一个经济组织，企业文化是一个微观经济组织文化，应具有经济性。所谓经济性，是指企业文化必须为企业的经济活动服务，要有利于提高企业生产力和经济效益，有利于企业的生存和发展。

（6）继承传统文化的精华。这种思想的增值开发并用于现代企业的文化建设，将为企业职工提供平等竞争的机会，有利于倡导按劳分配、同工同酬的运行机制。

4.4.2 培育共同价值观念

企业文化核心是企业价值观念的培养，是企业文化建设的一项基础工作。企业组织

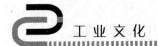

中的每个成员都有自己的价值观念，但由于他们的资历不同、生活环境不同、受教育的程度不同等原因，使得他们的价值观念千差万别。企业价值观念的培育是通过教育、倡导和模范人物的宣传感召等方式，使企业职工扬弃传统落后的价值观念，树立正确的、有利于企业生存发展的价值观念，并形成共识，成为全体职工的思想和行为准则。

企业价值观念的培育是一个由服从，经过认同，最后达到内化的过程。服从是在培育的初期，通过某种外部作用（如人生观教育）使企业中的成员被动地接受某种价值观念，并以此来约束自己的思想和行为；认同是受外界影响（如模范人物的感召）而自觉接受某种价值观念，但对这一观念未能真正地理解和接受；内化不仅是自愿地接受某种价值观念，而且对它的正确性有真正的理解，并按照这一价值观念自觉地约束自己的思想和行为。

企业价值观念的培育是一个长期的过程。在这个过程中，企业组织中个体成员价值观念的转变还可能由于环境因素的影响而出现反复，这更增加了价值观念培育的复杂性。价值观念的培育，需要企业领导深入细致的思想工作，善于把高度抽象的思维逻辑变成员工可以接受的基本观点。其中，思想政治工作十分重要，它能唤起职工对自己生活和工作意义的深思、对自己事业的信念和追求。由于企业价值观念是由多个要素构成的价值体系，因此在培育中要注意多元要素的组合，即既要考虑国家、企业价值目标的实现，又要照顾职工需求。但还应先考虑国家和民族的利益。

4.4.3　塑造企业精神

塑造企业精神是在企业领导者的倡导下，根据企业的特点、任务和发展走向，使建立在企业价值观念基础上的内在的信念和追求，通过企业群体行为和外部表象而外化，形成企业的精神状态。

企业精神与企业价值观是既有区别又密切相关的两个概念，价值观是企业精神的前提，企业精神是价值观的集中体现。价值观具有分散性和内隐性，如存在的价值、工作价值、质量价值等，它是人们的信念和追求。但企业精神则不同，它比较外露，容易被人们所感觉。企业价值观和企业精神共同构成了企业文化的核心。

塑造流通企业精神，一是要根据商品流通的行业特点，确定和强化企业的个性与经营优势，通过这种确定和强化唤起职工的认同感，增强职工奋发向上的信心和决心，形成企业的向心力、凝聚力和发展动力。二是以营销服务为中心，引导和培育企业职工创名牌、争一流、上水平的意识和顾客第一、服务至上的经营风尚，使企业在市场竞争中立于不败之地。三是大力提倡团结协作精神，使企业形成一个精诚合作的群体，建立和谐的人际关系。四是发扬民主，贯彻以人为本，造就尊重人、关心人、理解人的文化氛围，激励职工参与意识，使他们把自己与企业视为一体，积极为企业的兴旺发达献计献策。五是提炼升华，将企业精神归纳为简练明确、富有感召力的文字表达，便于职工理解和铭记在心，对外形成特色，加强印象。

企业精神的形成具有人为性，这就需要企业的领导者根据企业的厂情、任务、发展走向有意识地倡导，亲手培育而成。在塑造企业精神的过程中，特别应将个别的、分散的好人好事从整体上进行概括、提炼、推广和培育，使之形成具有代表性的企业精神。北京王府井百货大楼的"一团火"精神就是以普通售货员张秉贵的事迹为代表概括提炼而成的。

4.4.4　确立正确的经营哲学

作为企业经营管理方法论原则的企业经营哲学，是企业一切行为的逻辑起点。因此，确立正确的经营哲学，是企业文化建设的一项重要任务。

商品流通企业确立经营哲学，虽有某些共同的方法论要素，如"服务为本"、"用户第一"等，但各企业由于人、财、物的状况不同，所处的环境不同，每个企业选择具有本企业特色的经营哲学是可能的。确立企业哲学，需要经营者对本企业的经营状况和特点进行全面的调查，运用某些哲学观念分析研究企业的发展目标和实现途径，在此基础上形成自己的经营理念，并将其渗透到员工的思想深处，变成员工处理经营问题的共同思维方式。企业经营哲学通常应在代表企业精神的文字中体现，这不仅有利于内部渗透，而且便于顾客识别。

确立经营哲学，关键是要有创新意识，创建有个异性的经营思想和方法。英国盈利能力最强的零售集团——马狮百货公司的经营哲学，就是创立了"没有工厂的制造商"，按自己的要求让别人生产产品，并打上自己的"圣米高"牌商标，取得了成功。在企业文化建设中，应努力协调、大力促进两者的一致：以企业的根本目标和宗旨统率企业文化建设，以企业文化建设保障企业目标和宗旨的达成与实现。只有这样，企业文化的建设才是方向明确、有动力的，不会陷于盲目境地；而企业生产经营则会在企业文化建设的推动下得到更好的发展。

4.5　工业物质文化原则

企业物质文化也称企业文化的物质层，是指由职工创造的产品和各种物质设施等构

成的器物文化，是一种以物质形态为主要研究对象的表层企业文化。相对核心层而言，它是容易看见、容易改变的，是核心价值观的外在体现。企业物质文化是组织文化的表层部分，它是组织创造的物质文化，是一种以物质形态为主要研究对象的表层组织文化，是形成组织文化精神层和制度层的条件。优秀的组织文化是通过重视产品的开发、服务的质量、产品的信誉和组织生产环境、生活环境、文化设施等物质现象来体现的。

企业物质文化主要包括两个方面的内容：

（1）企业生产的产品和提供的服务。企业生产的产品和提供的服务是企业生产经营的成果，它是企业物质文化的首要内容。作为生产型企业来说，主要的物质文化建设方式就是企业产品形象的设计、展示以及顾客对其的感知。而作为服务型企业，经营场所、服务用具等的设计及其管理，以及服务员工的服饰等，都是物质文化建设的重要要素。

（2）企业的工作环境和生活环境。企业创造的生产环境、企业建筑、企业广告、产品包装与产品设计等，都是企业物质文化的主要内容。以 VI 系统为主的企业物质形象展示，物质文化就是以物质形态为载体，以看得见、摸得着、体会得到的物质形态来反映企业的精神面貌。如金色拱门标志的麦当劳，以标准化的生态作为其物质的核心内容。

4.5.1　遵循美学设计原则

任何技术产品，其存在的唯一根据就是具备实用性和审美性的统一。作为工业器物生产基础上产生的工业文化，它的发展脉络、规律和法则总是先追求实用性、可用性，再追求品质好，然后追求审美价值、遵循美学设计原则。

现代产品从某种意义上说是科技和美学相结合的成果。任何一件技术产品，其存在的唯一根据就是具备实用性和审美性的统一。从这个意义上说，企业文化与美学特别是技术审美是相互包容、相互渗透、相互融合的。产品的审美价值是由产品的内形式和外形式两部分构成的，其中外形式的审美价值具有特别重要的意义。审美功能要求产品的外形式在具备效用功能的同时，还需具备使人赏心悦目、精神舒畅的形式美。产品的形态是技术审美信息的载体，设计时必须充分考虑形态的生理效应、心理效应和审美效应，使之体现出技术产品的实用功能和审美功能的统一。

4.5.1.1　实用性、可用性

实用性是可用性的技术基础，表征设计者能否实现产品设计目标，即在现有材料、工艺、设备、设计水平等条件下，将设计目标产品化，从而将产品规划所构想的价值、利益通过设计呈现出来，使所构造的技术人工物基本具备符合主体尤其是设计者意向的

功能，它侧重客观层面。有用性是技术人工物设计目标之一，表征研发新产品的目的性，它偏向主体领域，有价值判断——如果技术产品具有"可用性"，则是有用的。

4.5.1.2　好用性、善用性、品质好

人们创造了器物后，不仅仅满足于它的可用性、实用性，还要求好用、品质要好，器物生产的品质反映了人的本质力量的对象化。好用性以实用性为基础，表征设计产品化后，使用者通过操作获取意向功能的难易程度，它涉及技术成熟程度、产品贴近市场需求程度以及使用者对产品满意程度，侧重技术人工物的功能在客观上能与主体尤其是使用者的意向相符合的层面。

4.5.1.3　完美性、审美性

产品审美观不仅可以给别人以愉悦的享受，同时也提高了鉴赏者对产品设计的审美感受力、鉴赏力、创造力，形成健康高尚的审美情趣和审美品位。所谓的和谐化设计，就是指在设计方面要合理、合情、和谐，力求做到人与人、人与物、人与自然，人与所有生灵之间的和平共处、共生共存。随着综合国力的发展，人们的审美能力已越来越高，这就意味着我们对设计艺术及其发展的迫切需要，消费者的审美教育也非常重要。

4.5.2　遵循品质文化的规范

品质文化是指群体或民族在质量实践中所形成的技术知识、行为模式、制度与道德规范等因素及其总和，两者在概念上是完全不同的。将质量文化界定为某种特定含义的企业文化是一种基本的认识误区。当前有些学者所谓的"质量文化"或"品质文化"，可以理解为"企业质量文化"，它是从组织层面研究企业的质量实践活动，既是企业文化的一个子范畴，也是质量文化的一个子范畴。

品质文化原则是强调企业产品的质量。产品的竞争第一是质量的竞争，质量是企业的生命。特殊稳定的优质产品是维系企业信誉和品牌的根本保证。因此企业要遵循品质文化原则，营造靠质量取胜的文化氛围。品质文化先要解决的是产品的提供者要有作为消费者对产品质量高度重视的意识，把消费者的权益放在首位。每个企业领导者都有责任让员工明白，劣质产品不仅损害消费者的利益，归根结底还会危害企业的利益。企业要把优良品质作为企业的存在之本。

树立"品质至上"、"质量是企业生命"的理念。市场经济条件下，企业间的竞争涉及方方面面的因素，但归根结底是企业信誉的竞争，而信誉来源于企业产品的质量。

奔驰公司要求全体员工精耕细作，一丝不苟，严把质量关。奔驰车座位的纺织面料

所用的羊毛是从新西兰进口的，粗细为 23~25 微米，细的用于高档车，柔软舒适；粗的用于中低档车，结实耐用。纺织时还要加进一定比例的中国真丝和印度羊绒。皮面座位要选上好的公牛皮，从养牛开始就注意防止外伤和寄生虫。加工鞣制一张 6 平方米的牛皮，一头牛身上能用的不到一半，肚皮太薄、颈皮太皱、腿皮太窄的一律除掉，制作染色工业十分仔细，最后座椅制成后还要用红外线照射灯把皱纹熨平。奔驰公司有一个 126 亩的试车场，每年拿出 100 辆新车进行破坏性试验，以时速 35 英里的车速撞击坚固的混凝土厚墙，以检验前座的安全性。

奔驰公司在全世界各大洲设有专门的质量检测中心，有大批质检人员和高性能的检测设备，每年抽查上万辆奔驰车。这些措施使得奔驰名冠全球，使得奔驰的"品质文化"深入人心。

4.5.3 遵循客户愉悦原则

从企业文化的角度看，产品不仅意味着一个特质实体，而且还意味着产品中所包含的使用价值、审美价值、心理需求等一系列利益的满足，具体包括品质满意、价格满意、态度满意、时间满意等。

从企业文化的角度看，产品不仅意味着一个特质实体，而且还意味着产品中所包含的使用价值、审美价值、心理需求等一系列利益的满足。具体地说，顾客愉悦原则应当包括品质满意，是指顾客对产品的造型、功能、包装、使用质量的肯定。品质满意是品质文化的核心规范之一。价格满意是指产品必须以质论价。态度满意主要是针对商业企业和服务性行业来说的，服务行业的服务水平低，服务人员业务能力差，工作责任感不强，服务设施差，服务职责不明等方面，在一定程度上损害了消费者的利益。时间满意，是指产品交货或应市时间要让顾客满意，也包括及时的售后服务。

遵循客户愉悦原则，以"以客为尊、以心待人"的服务理念，从客户角度出发，想客户之所想，急客户之所需。在科学技术飞速发展的今天，物质要素对于企业的重要性相对下降，而人的要素的重要性相对上升，这就要求企业管理者务必牢固树立以人为中心的人本管理理念，把人视为管理的主要对象和企业最重要的资源。以人为本是企业文化建设的精髓，加强建设企业文化既要注重抓物质文化建设，又要注重抓精神文化建设；既要注重发挥企业文化激励人、凝聚人的作用，又要注重关心人和塑造人，促进人的全面发展。真正把"人本管理"放在首位，只有充分激发人的热情，企业才能充满勃勃生机。

4.6　工业制度文化建设

制度是一个文化体中要求所有成员都必须遵守的规章或准则，它属于上层建筑，是文化的实体，是文化长期积淀的结果。相对于精神文化而言，制度文化更具有外观的凝聚性、结构的稳定性和时间的延续性。工业企业的管理包括制度管理和文化管理，一个企业可由此形成企业制度和企业文化。优秀的管理团队可以制定出科学合理的制度，形成良好的公司文化。得到员工普遍认同的企业文化又有助于制度的形成。建立一种公司和员工利益共享的制度，树立一种公司和员工共同的理念，是管理者最重要的工作。因此，在优秀企业文化的基础上，建立起能充分表现企业文化的企业制度，是企业管理者的重要任务。而在公司管理制度中，最重要的莫过于一种能够将公司的利益与管理人员以及全体员工的利益联系起来的制度性安排。

4.6.1　工业制度文化与工业文化

制度是文化的载体，在企业中制度是有形管理，而企业文化是无形管理，有形的制度反映着文化，无形的文化通过制度发挥作用。企业的制度建设要遵循一定的依据，这个依据分为主观依据和客观依据。所谓主观依据就是企业内部的状态，客观依据则是企业所处的外部环境，主客观依据会随着时间的变化而变化，与之相适应的制度也会随之发生变化。因此制度建设是一个动态过程，随着主客观条件的变化也应不断变革和发展。

制度是企业文化的重要部分，但不是全部。根据企业文化的"总和说"，企业文化涵盖了企业的物质文化、制度文化和精神文化。制度是企业文化的一种外在表现形式，而且体现着企业的内在精神，但企业文化的外在表现不仅仅局限于制度这一种表现形式，企业的内在精神也不可能完全依靠制度来体现。认识制度是企业文化的一部分而不是全部，意义在于在企业文化建设中，强调制度的建设无疑是必要的，但企业文化建设不能仅仅局限于制度，更不能迷信于制度的制定而忽视企业文化的其他部分建设；企业文化建设中，不能仅仅局限于完善制度本身，而应同时强调制度的执行和调整，从而确保制度的科学性、可行性和有效性。

文化与制度之间是一种蕴含与互动的关系，文化中蕴含着制度，制度中也体现了文化，没有文化的制度与没有制度的文化都是不可想象的。文化形成制度，即文化观念是制度形成的依据，制度要反映文化的要求；制度强化文化，即制度对文化观念特别是对

新文化的巩固与发展有重要作用。企业制度文化是企业文化的重要组成部分，制度文化是一定精神文化的产物，同时它对企业文化有强化作用。人们总是在一定的价值观指导下去完善和改革企业各项制度，企业的组织结构如果不与企业目标相适应，企业目标就无法实现。制度文化又是精神文化的基础和载体，并对企业精神文化起反作用。一定企业制度的建立又影响人们选择新的价值观念，成为新的精神文化的基础。

4.6.2　工业制度文化的范围

工业制度文化的范围：企业领导体制、企业组织结构、企业管理制度。

企业领导体制是工业制度文化的核心内容。在工业制度文化中，领导体制影响着企业组织机构的设置，制约着企业管理的各个方面。所以，企业领导体制是工业制度文化的核心内容。企业领导体制是企业领导方式、领导结构、领导制度的总称，其中主要是领导制度。三者既成体系又相互影响、相互作用共同打造企业领导体制。

企业组织机构是指企业为了有效实现企业目标而筹划建立的企业内各组成部分及其关系，组织机构形式的选择必须有利于企业目标的实现。只有那些符合企业价值观要求、增强企业向上精神、激发员工积极性和自觉性的管理制度，才能构成企业文化的组成内容。

企业管理制度是企业为求得最大效益，在生产管理实践活动中制定的各种带有强制性义务，并能保障一定权利的各项规定或条例。它作为员工行为规范的模式，能使员工的个人活动得以合理进行，同时又成为维护员工共同利益的一种强制手段。大致包括企业规程、管理工作制度、民主管理制度、责任制度、考核奖惩制度等一切规章制度。通俗地讲，企业管理制度＝规范＋规则＋创新。

4.6.3　工业制度文化原则

4.6.3.1　统一、协调、通畅的企业领导体制

卓越的企业家就应当善于建立统一、协调、通畅的工业制度文化，特别是统一、协调、通畅的企业领导体制。结合当时的生产力发展水平和文化背景，遵循高效原则、集体决策原则、责权利平衡原则、有效激励和约束原则，确立决策、执行、监督三权分立的权力体系，建立统一、协调、顺畅、富有文化内涵的、以人为本、激励约束有效的企业领导体制，并随环境条件变化而不断调整与创新，实现领导体制科学化。包括：

（1）企业领导方式的优选与改善。

（2）企业领导结构的优化。

（3）企业领导制度的革新。

4.6.3.2　组织机构形式的选择，必须有利于企业目标的实现

组织机构形式的选择应该是特色鲜明、运行高效的模式，应是相对稳定、富有弹性和灵活性的模式，有利于任务变化的要求，有利于人员的优化配置和组合；有利于人才的吸纳、整合和置换；有利于公司发展目标的最终实现。企业文化的建设要突出本企业的特色，要充分表达企业的价值理念。对企业文化发展有重要影响的体现本企业的行业特点、地域特点、历史特点、人员特点的因素，在制度建设时要充分考虑。同时还要结合企业的发展目标和企业现状进行制度安排。

4.6.3.3　优秀企业文化的管理制度必然是科学、完善、实用的管理方式的体现

鼓励员工参与到企业各项制度的制定工作中来，倡导企业的民主管理制度和民主管理方式；重视各项制度执行中的反馈意见，广泛接受企业员工和广大服务对象的意见、批评和建议，及时做好有关制度的调整工作；完善公开制度，增加工作的透明度，让员工知情、参政、管事，使企业政务公开工作更广泛、更及时和更深入人心。

● **本章案例：惠普公司文化体系**

惠普公司成立于 20 世纪 40 年代，2014 年《财富》世界 500 强排行榜 50 名，营业额 1122.98 亿美元，利润 51.13 亿美元。

在惠普的早期文化系统中，对外注重以真诚、公正的态度服务消费者；对内提倡人人平等与人人尊重。在实际工作中，提倡自我管理、自我控制与成果管理；提倡温和变革，不轻易解雇员工，也不盲目规模扩张；坚持宽松的、自由的办公环境；努力培育公开、透明、民主的工作作风。

惠普企业文化以及在此之上所采用的经营方式极大地刺激了公司的发展，有力促进了公司经营业绩的增长。公司在 1942 年只有 60 名员工，到 1960 年销售额突破6000 万美元，纯收入增长了 107 倍。在美国构建信息高速公路的经济战略背景下，公司业绩得到快速提升。公司收入达 16 亿美元，1995 年达到了 31 亿美元，翻了 1 倍。在 1997 年，销售额是 428 亿美元，利润 31 亿美元；2014 年，营业收入已经高达1122.98 亿美元，利润 51.13 亿美元。

惠普公司在长达 70 多年的经营中，强大的企业文化系统在促进企业业绩增长方

面起到了关键作用。

公司的创立者们明确了其经营宗旨：瞄准技术与工程技术市场，生产出高品质的创新性电子仪器。在这一经营宗旨上，惠利特与帕卡德建立起了共同的价值观和经营理论，这一价值观与经营理论同时体现在他们聘用与选拔职工上，换言之，他们只是按这一价值观标准来聘用和选拔公司人才的。他们对公司员工大力灌输企业宗旨和企业理念，使之成为惠普公司的核心价值观。惠普公司的价值观就是：企业发展资金以自筹为主，提倡改革与创新，强调集体协作精神。在这一核心价值观基础上，公司逐渐形成了具有自己鲜明特色的企业文化。这种被称为"惠普模式"的企业文化是一种更加注重顾客、股东、公司员工的利益要求，重视领导才能及其他各种惠普激发创造因素的文化系统，公司在20世纪五六十年代纯收入就增加了107倍，仅1957~1967年公司股票市场价格就增加了5.6倍。投资回报率高达15%。进入90年代，惠普公司重点发展计算机，时至今日，它已成为全球最大的电脑打印机制造商。随着公司规模的不断扩大，公司的企业文化培育出更为丰富的文化内涵。同时，随着社会经济的进步、市场环境的变化，惠普公司也不断变革着自身的文化体系，90年代以来，企业新一代决策者们保留了原有文化体系中那些被认为是惠普企业灵魂的核心价值观，并根据经济发展现状，废止了一些不合时宜的东西，加入了新的内涵。约翰·科特认为，改革后形成的新型企业文化，其主流的确是对市场经营的新环境的合理反馈。这种与新的市场环境的适应性显然是一种充分合理的适应性。因此，它也是一种比原有企业文化更高、更好地适应市场经营环境的企业文化。

在这种"更高更好"的企业文化推动下，惠普在90年代又得到了空前发展。1992年年收入达16亿美元，1993年达20亿美元，1994年达25亿美元，1995年后，收入进一步增加，年收入从31亿美元增加到1997年的428亿美元。惠普的发展说明企业文化的强大推动力。公司提倡人人尊重与人人平等，注重业绩的肯定，对员工表示出信任和依赖，倡导顾客至上的经营观，向顾客提供优质且技术含量高的产品，有效解决顾客的实际困难，极力为公司股东服务，这些准则和价值观为企业的发展奠定了坚实的基础。

惠普公司的发展历程与骄人业绩从实践证明了：强有力的企业文化是企业取得成功的新的"金科玉律"。惠普企业文化值得我们深思，我们在惠普公司的案例分析中可以发现这样一个问题，那就是惠普公司的企业文化系统何以能在长达半个多世纪的公司经营中持续地发挥着促进公司业绩增长的作用，而同样具有雄厚企业文化力量的许多其他著名公司，如花旗银行、通用汽车公司，其企业文化系统却没有像惠普这样持续有效地促进公司业绩增长呢？约翰·科特认为："惠普公司成功的根本原因在于建立了一整套强有力且策略适应的文化体系。这一体系使得公司长期经营业绩一直保持良好，它的短期经营业绩虽有波折但也较为乐观。"可见，要使企业业绩持续增长，建立这样一种文化体系是必须的，即在这一体系中核心价值观必须是先进而有效的，这一体系应是一个开放而动态的体系，拥有能根据市场环境变化而适时调整的机制。这也许是惠普案例给我们的最大启示。

在惠普企业文化体系中，其核心价值观是相对稳定、先进而有效的。惠普公司的财务部主任在评价公司核心价值观时认为，惠利特与帕卡德在很多年以前就将公司企业文化中存在的重要标的加以确定了。这些构成核心价值观的重要组成部分，并不是那种十分具体的、特定的目的。而是一种指明企业成功之道的经营理念，是一种不受时间局限的思想，它强调公司的盈利价值，注重满足顾客、公司股东及员工的需求，提倡以人为本、保持人与人及人与环境之间和谐的价值原则。这一核心价值观又被普遍灌输到公司每一个员工思想中，使惠普员工都自愿遵循这些原则，正是这些原则使惠普公司比那些以"将公司建成达到债券 AA 级"为核心思想的公司更适应日益变化的市场经营环境。事实上，惠普公司的核心价值观一直被视为公司成功哲学的精髓，这种以创新精神与团队精神为价值取向的经营理念，对公司在多年经营过程中保持较强的市场竞争力发挥了相当重要的作用，同时，融于每位员工思想之中的为顾客服务的价值观也大大提高了惠普公司对市场经营环境的适应程度。但是，惠普的文化体系并不是一个僵化的体系。而是一个能适应变化、做出反应的、开放的、动态的体系。

惠普的决策者们认为，他们有必要将惠普企业文化中那些核心成分、那些较为稳定的成分与另一些不重要的、容易变化的成分加以区分。从公司发展的全部过程来看，多年来，公司中基本的核心价值观念是基本稳定的，植根于核心价值观基础之上的经营理念变化并不很大。变化最大、最明显的是具体的经营策略和某些经营方式。这些变化虽不是随意的、轻而易举的，但却是必须的。

惠普公司企业文化的适度变化有时候还是很明显的。约翰·科特把这种适度变化形容为"显而易见"。惠普公司原来的企业文化是一种强调从公司内部选拔人才的文化。公司产业目标转移，进入计算机领域后，惠普公司逐渐改变了这种传统做法，鉴于要想在计算机这样高科技领域发展，必须要有一批精通业务、熟悉顾客的经理人员，而从旧有领域里提拔上来的经理人员显然不能胜任工作。从公司外面聘用专业人才成为有效途径。尽管从传统的内部提拔到从外聘用专业人才，公司的用人哲学发生了很大变化，但这一变化是适应市场环境变化的。惠普公司总裁约翰·杨认为，只要公司相关市场的经营环境发生变化，公司企业文化的某些内容也会产生相应的变革，以适应市场经营环境。值得注意的是，惠普公司的这种开放和动态的文化体系及其拥有的随机制宜的机制与公司相对稳定的核心价值观并不矛盾，相反，核心价值观还是这种体系与机制赖以生存和发挥作用的保证与基石。惠普的高层经理们普遍认为，为保持与市场环境相适应而所做的变革产生的根本原因正是公司企业文化核心价值：那些更稳定、更抽象的内容。"这种价值观念、行为方式的内核促使人们重视公司构成的主要要素成分，关注引起改革的那些新观点和领导才能"。当各个构成企业的要素发生变化时，核心价值观所倡导的尊重领导才能和创新思想就会做出反应，这是一种内在的、自愿的反应，这一反应要求企业改进经营策略或经营方式，以使企业与外部环境保持协调一致。

惠普为什么能让每一位离开的员工都说公司好？为什么能够成为百年老店？秘诀是什么？最关键的一点就是惠普的人性化管理。1985年中国惠普成立时，只有2000多万美元的年营业额，但是到了2005年，公司的年营业额达到了20多亿美元（200多亿元人民币），实现了百倍以上的增长。在这种基数上能实现这么高速的增长，惠普的人性化管理无疑起到了不可替代的作用。人性化管理具体就是落实到人力资源管理中，具体特点如下：

（1）惠普坚持一个信念"招聘是一场理性的婚姻"。这句话有两层含义：一方面，要找到真正适合公司文化和职位要求的人才，就必须在招聘过程中将理性坚持到底；另一方面，招聘要像对待婚姻一样慎重，招错人的结果就像不幸的婚姻一样最终将两败俱伤，公司和个人都是痛苦的。

（2）惠普对人力资源部门在招聘工作中的定位是一个服务性的角色。在惠普，人力资源部门不是权力部门，只是一个服务机构，只有否决权，而没有决策权，即只可以说不要谁（因为不符合公司的影响要求），而不可以说要谁。

（3）员工成长之路：在惠普，管理者有几个必须遵循的原则：

1）管人比管事更重要，管理者需要拿出足够的时间去管人；

2）作为一个管理者，要把员工当作自己的内部客户，树立"没有满意的员工，就没有满意的客户的意识"；

3）要学会站在公司的立场上看问题，不要总盯住自己部门的小利益；

4）综合业绩评估。

在惠普，无论是老员工，还是新员工，都会有一份非常清晰的岗位责任书。岗位责任书的内容包括几个大方面：某人下一年的主要职责是什么，衡量标准是什么，也就是说，不只要告诉员工要干什么，还要写清楚干到什么程度能得5分，干到什么程度能得4分。这样员工对于自己的表现和相应的评估结果就会心中有数。另外，还有一个关键的因素就是考评人。考评人的组成决定了员工对什么人负责，在惠普，考评人是由上级、下级、同级相关部门的人员共同组成。

（4）员工的晋升不是一个人说了算。除了进行360°评估，惠普还创造很多机会让多名候选人展开善意的竞争，如组织各种活动和竞赛等，给每一个希望升迁的人提供公平竞争的机会。

（5）善待离职的员工。在绝大多数国内企业看来，员工主动离开都是对公司的一种背叛，但惠普却不这样看。惠普的五大核心价值观念之一就是：尊重员工，信任员工。惠普让员工觉得它像一个家：员工长大了，愿意出去闯是需要支持和鼓励的，万一在外面受了什么挫折，还可以回家。

（6）在实施末位淘汰时，还有一个制约机制防止管理者滥用职权，惠普采用的是交叉对比大排队（Cross Ranking），以求尽量的公平公正。

（7）合理的薪酬。提供行业领先的薪酬，但不是最高。Among the Leaders，翻译成中文就是成为行业领先者中的一员，但是不追求在行业中的绝对领先。这样的原则主要是出于两方面的考虑：一方面，提供有竞争力的薪酬和福利让员工舍不得离开且珍惜目前的工作，努力晋升从而提高自己的薪酬，同时也能给公司带来良好的业绩，双方形成良性互动；另一方面，不追求第一是因为在惠普看来，薪酬最高未必是好事，因为这样做，吸引进来的有可能是单纯为钱而来的人，而惠普希望提供一个好的环境和成长机会，人们来这儿是因为更看重事业上的发展机会和学习机会，薪酬方面只要不减分即可。

1）薪酬设计的不可替换性原则。薪酬设计是为了留住优秀人才和关键岗位的员工，所以一个岗位的可替换性就成了非常重要的一个考虑因素。如果一个岗位的可替换性很强，就意味着该岗位员工的离职对公司造成的伤害会相对较低。

2）薪酬设计的决策风险原则。薪酬设计需要考虑的另外一个因素就是决策风险的大小，即某个岗位的员工一旦决策失误（不管是有意还是无意）会给公司造成多大的伤害？伤害越大，决策风险系数就越大，待遇就应越高。

3）保障薪酬不透明。按照惠普的原则，谁说出去自己的工资是多少，谁就要承担被开除的严厉惩罚。也就是不追究问的人，而追究说的人。一旦某位员工说：××工资比我高，希望上级给自己涨工资，那么上级就会追根究底，一旦员工拿出证据，并得到核实，泄密者就会立即被开除。

（8）专业的培训。在惠普看来，培训员工是投资而不是成本。培训员工是公司的义务，是对员工负责的表现，也是赢得员工忠诚的重要手段。如果一个企业只知道使唤员工，令员工感到只有付出、没有进步的时候，员工只要能找到更好的机会就会离开，没有任何忠诚度。

惠普公司之所以能够做到基业长青，是因为惠普公司拥有人性化的管理，特别是人力资源部门在选、育、留方面充当了不可替代的角色。

● 点评

从惠普公司的企业文化建设看，它的文化是适应市场变化的，换言之，公司企业文化的某些内容应当随环境的变化作相应的变革，以保持与市场经营环境基本合理的适应。正如前文所说，惠普公司的这种开放而动态的文化体系及其拥有的随机制宜的机制与公司相对稳定的核心价值观是一致的，核心价值观还是这种体系与机制赖以生存和发挥作用的保证与基石。惠普的企业文化与市场环境相适应所做变革产生的根本原因正是公司的决策层及时的洞察和果断的决策。他们关注引起改革的那些新观点，各个构成企业的要素发生变化时，核心价值观所倡导的尊重领导才能和创新思想就会做出反应。

惠普的人力资源管理尤其独特的特点，使员工能够以主人翁的态度看待公司的发展，将自我发展和组织的发展融为一体，有合理的薪酬考核体系，能保证其付出就有收获，提高员工的积极性，而且通过公司为其提供系统的培训，自身的综合素质得到了进一步提高，对公司的忠诚度也将进一步提高，如此形成一个良性循环，有助于公司的持续健康发展。

● 思考题

1. 为什么说惠普公司能在半个多世纪的经营中取得令世人瞩目的业绩，与公司的企业文化是分不开的？公司一方面坚持核心价值观，另一方面作适应性变革，对于我们的企业进行企业文化建设和企业文化改革有什么借鉴意义？

2. 惠普的企业文化有何特点？

3. 惠普是如何在人本管理中体现其企业文化的？

● 参考文献

［1］刘光明. 企业文化［M］. 北京：经济管理出版社，2006.

［2］周三多. 管理学原理与方法［M］. 上海：复旦大学出版社，2010.

［3］齐善鸿. 中国企业文化纲要［M］. 北京：中国经济出版社，2007.

［4］孙惠阳. 构建中国特色的企业文化［J］. 商业经济，2006（1）.

［5］本尼迪克特. 文化模式［M］. 北京：社会科学文献出版社，2009.

［6］邓波，姜玮. 试论企业文化的独特性［J］. 企业经济，2004（9）.

［7］包晓闯，宋联可. 中国企业核心竞争力经典——企业文化［M］. 北京：经济科

学出版社，2003.

　　[8] 孙启新. CIS 企业识别系统新解 [J]. 艺术与设计，2010 (2).

　　[9] 刘鑫. CI 在中国的现状与发展 [J]. 广西轻工业，2008，9 (9).

　　[10]　王维平，何欣. 现代企业形象识别系统 [M]. 北京：中国社会科学出版社，2010.

● **推荐读物**

[1] 刘光明. 企业文化 [M]. 北京：经济管理出版社，2006.

[2] 刘光明. 企业文化塑造 [M]. 北京：经济管理出版社，2006.

第5章 工业文化与价值观管理

● 章首案例：洛钼集团的价值观管理

洛阳栾川钼业集团股份有限公司（简称"洛钼集团"）是中国香港 H 股和内地 A 股两地上市的矿业公司，拥有一体化的完整产业链条和世界级一体化的采、选矿设施，是国内最大、世界领先的钼生产商之一，拥有全国最大的钼铁、氧化钼生产能力。2012 年钼采选能力 30000 吨/日，钼铁冶炼能力 25000 吨/年，氧化钼焙烧能力 40000 吨/年，生产规模居国内同行业第一；同时，公司也是国内最大的钨精矿生产商之一。目前建有三条白钨选矿生产线，矿石处理能力 30000 吨/日（含联营公司豫鹭矿业 15000 吨/日）。此外，公司与全球最大的钼加工企业智利 Molymet 合资合作，共同将洛阳高科作为唯一的发展平台，专注于钼金属系列深加工产品，目标是成为全球三大钼金属生产商之一；公司于 2013 年年底收购运营的澳大利亚北帕克斯铜金矿是澳大利亚第四大在产铜矿，年产约 16 万吨铜精矿，生产成本处于全球行业最低水平。

公司拥有强大的研发力量。在钼、钨产品的采、选、焙烧等技术领域具有强大的研发实力，2008 年被中国合格评定国家认可委员会（CNAS）评定为国家认可实验室，研发环境处于全国同行业领先水平，被评定为"河南省第二批高新技术企业"。公司致力于矿产资源的高效开发和综合利用，被国土资源部确定为"第二批国家级绿色矿山试点单位"和有色金属类"河南栾川钨钼铁资源综合利用示范基地"。公司通过了 ISO9001 质量体系、ISO14001 环境管理体系、GB/T28001 职业健康安全管理体系认证，具有良好的质量、环境和职业健康安全保证体系。公司拥有产品进出口权，海外客户遍布美洲、欧洲、亚洲等 30 多个国家和地区。

随着洛钼集团的不断发展，公司的企业文化也在不断发展，但主要是以分散的特点和形式在无意识地隐性积累，并以分散而不系统的形式隐性存在于洛钼集团人的工作、生活言行中。在洛钼集团的发展过程中，隐性的洛钼集团文化时刻引导或影响着洛钼集团员工艰苦创业，在企业发展过程中直接起到了积极、重大的促进作用。但从员工的发展需求来看，正由温饱型向文化型转型，员工由"经济人"向"经济人＋文化人"转化的意识日渐增强，公司需要更加系统的企业文化来作用于员工的工作与生活中。在企业管理的制度建设中硬性的管理成分较多，需要以恰当的柔性方式来融合，以把硬性的管理更好地贯彻下去，文化管理是最好的柔性方式。

价值观管理是一种管理理念，是对组织价值观深刻的认知和提炼，在实践过程中逐渐形成的可持续、富有竞争力以及更加人性化的文化，是一种主要驱动力。工业文化的构建需要围绕企业的核心价值观，增强企业文化的管理，才能促进工业企业绩效提升。

在段誉贤担任董事长期间，中国社科院专家团队帮助制定了《洛钼企业伦理宪章》：

公司的使命——"创宏伟钼业、建绿色矿区"是洛钼人的追求。基于现代钼矿开采加工技术和全体员工的不懈努力，为社会提供最优质的产品和服务，改善人类生活质量，以符合道德和责任的方式为顾客、员工、政府、公众、股东和其他利益相关者创造价值。

公司的愿景——公司要成为世界级大型钼矿开采加工公司，致力于低成本、高质量的钼矿开采加工和服务。公司要成为同行业中具有领先地位的卓越公司，这体现在技术优势、成本优势、人力资源优势、优秀的产品和服务质量、高顾客满意度、高盈利业绩和投资回报等方面。公司要成为持续生存和发展的百年企业，保持公司的基业长青。

公司的事业基础——员工是洛钼的事业之本。自律、敬业、创新的员工是洛钼企业最大的财富。尊重人、"以人为本"、尊重知识是洛钼的事业不断发展的源泉。洛钼人力资本增值的目标优于财务资本增值的目标技术是洛钼事业的核心动力。广泛学习、吸收世界钼矿开采加工领域的最新技术，努力培育自主技术创新能力，培育发展领先的核心技术体系，推动洛钼事业的发展壮大。

文化是洛钼事业的持久性基石。任何资源都是会枯竭的，文化甘泉则会生生不息。洛钼弘扬诚信、忠诚、敬业、勤奋、奉献、创新、合作等美德，依靠洛钼人的共同努力使公司的基业能够长青。

公司的价值观——公司的核心理念是"创宏伟钼业、建绿色矿区"。公司是员工、客户、供应商、股东、政府和公众的利益共同体。

公司的利润观是追求在建立与客户和供应商之间的双赢合作关系基础上的合理利润。

公司的道德标准是诚信、勤奋、创新、责任与合作。洛钼的每一位员工都应该是一个诚信的人——忠诚、信守诺言、真诚、尊重他人和对自己的行为负责；一个努力勤奋工作的人——敬业、勤奋和讲求奉献；一个勇于创新和挑战现状的人——富有激情、追求卓越、不满足现状、承担风险和积极探索未知；一个富有责任感的人——对社会、公司、家庭、团队和他人具有责任心和勇于承担责任；一个富有团队精神的人——尊重合作伙伴、集体目标高于个人目标、模范遵守组织制度、善于发现别人优点。

公司在完成自己使命的过程中对待消费者和客户奉行的行为准则是：努力提供质优价廉的产品和高质、及时、礼貌、专业的服务；关注、了解市场对公司产品和服务的要求并迅速做出反应；不断改进产品和服务的质量以满足消费者不断增长、变化的需求；与客户建立长期双赢的合作伙伴关系。

公司在完成自己使命的过程中对待员工奉行的行为准则是：所有员工都得到尊重和信任；每位员工的所有观点和想法都会得到重视；每位员工提出的所有问题都会得到认真对待；员工在一个团结互爱、相互信任和尊重、积极向上的工作环境中工作。

公司在完成自己使命的过程中对待供应商奉行的行为准则是：在相互信任和尊重的基础上发展互利的长期合作关系；通过对供应链的科学管理使得整个产业链条的总价值最大化。

公司在完成自己使命的过程中对待社会奉行的行为准则是：以产业报国为己任，为伟大祖国的繁荣昌盛、中华民族的振兴而不懈努力；努力为国家、所在地区和社区多做贡献；为改善社会大众的福祉而努力贡献；采用先进、安全、环保的生产设备和工艺，倡导循环经济，为保护洛钼的环境贡献力量。

市场营销管理

洛钼的市场定位是钼矿开采加工行业最优秀的原料供应商。以"创宏伟钼业、建绿色矿区"的公司文化来激励和建设营销队伍。要努力开拓新兴市场，新产品、新兴市场的市场份额对公司发展具有更大的意义。营销网络、品牌管理是营销管理的重点内容，洛钼十分重视营销网络和品牌的建设和管理。

人力资源管理

人力资源管理的基本准则是公正、公平和公开。公正是对员工目标和任务的完成程度、对企业贡献大小进行科学评价的基本要求；公平是效率基础上的分配公平，而非平均主义的公平，公正的业绩评价是公平分配的前提；而遵循公开原则是保障人力资源管理公正和公平的必要条件，但公开原则并不意味着允许无组织、无纪律的个人主义行为的存在。建立全方位、客观公正的价值评价体系，有效激励的报酬制度，基于业绩和能力的人事任用制度，满足公司发展需要的人力资源教育培训与开发体系，是洛钼人力资源管理的长期任务。洛钼分配的基本原则是效率优先、兼顾公平，按劳分配与按资分配相结合。洛钼采用的分配手段包括机会、职权、工资、奖金、安全退休金、医疗保障、股权、红利，以及其他人事待遇等。

研究与开发管理

客户的需要是洛钼研究开发的产品方向。加强对企业自主开发能力的培育是洛钼长期的战略选择，逐步加大研究开发经费，保证研究开发经费占销售收入的比例逐步提高。研发管理体制以项目管理为主，加大对研发人员的激励，鼓励对外横向联合、对内跨部门的协作。

生产与质量管理

能够安全、准时地生产出高质量、低成本、多品种的产品，是对生产管理的基本要求。安全生产是企业的生命线，洛钼公司将安全生产工作放在一切工作的首位。洛钼严格遵循全面质量管理的理念和原则，实行全流程的、全员参加的全面质量管理，使公司有能力持续提供符合质量标准和顾客满意的产品。通过推行 ISO 质量管理体系，定期通过国际认证复审，建立健全公司的质量管理体系和质量保证体系，使洛钼的质量管理和质量保证体系与国际接轨。

筹资与投资管理

在坚持稳健原则的前提下，开辟资金来源，使筹资方式多样化，直接融资和间接融资相结合，控制资金成本，加快资金周转，逐步形成支撑公司长期发展需求的筹资合作关系。努力在产品领域经营成功的基础上，逐步探索资本运营，利用产权机制更大规模地调动资源。

洛钼通过选择和培养公司的优秀接班人，将公司优秀的企业文化、管理思想、管理方法和经验继承和发展下去，这是公司的百年大计。

5.1　工业文化与价值排序

所谓企业的"价值排序"，是指人们在对现存各种价值理念进行梳理和筛选的基础上，按照企业主次、轻重次序对价值理念进行排列，以此来确定这些价值理念孰先孰后，在面临价值理念和原则的冲突时究竟何者居于相对优先的位置。不同的价值排序会给企业带来不同的行为模式，进而产生不同的道德情操和社会文化，不同的价值认知会决定企业的人生。

第十七届芝加哥国际企业文化年决议指出：世界 500 强的经验告诉我们，保持百年不衰的企业总是牢牢把握企业文化中的核心价值观，使它们在激烈的国际竞争中始终立于不败之地。20 年前被评为世界 500 强的企业中，有 1/3 的企业倒闭了或被兼并了，主要是因为企业核心价值观的排序出现了错误。

　　企业文化的主要内容是企业的核心价值观，是指导企业发展的灵魂。如果没有灵魂，企业就会失去方向。中国社会科学院刘光明教授提出一个观点："企业文化与价值观之间存在一个递进序列：第一序列是企业文化，如果没有企业文化就不能保持百年不衰；第二序列是企业的价值观（目前到这个阶段人们是有共识的）；但是再进一步深入到第三序列：企业伦理；直至第四序列：价值排序，几乎没有人涉及，而这个问题我认为是最重要的，这个问题不解决，企业最终将失去竞争力。"企业的排序和行动是企业的主要表现，企业价值观排序既是企业道德伦理的外在表征，也是企业思想决策的内在体现。企业价值排序受到客观和外在多方面因素的影响，企业结合自身发展情况和市场趋势，做好价值排序是当务之急。

5.1.1　长期价值高于短期价值

　　价值与价格在短期内没大关系，长期内才有大关系，价值与价格的关系只有在长期才会显著地、稳定地体现出来，同理，企业在长期才能看到大的收益，短期利益远不及长期利益。市场的价值发现机制在进化的同时，也与市场情绪成反比。价值发现机制长期存在，但在短期很容易被企业情绪所掩盖，只有在情绪消逝的时候才会体现出来。这就是一种处在短期无效与长期有效之间的尴尬期，只要度过这个时间段，企业就会获得直线上升的利益。

　　短期利益与长期利益发生矛盾时，企业都困惑过，不少急功近利者为此付出了惨痛代价。大多数企业往往注重眼前的短期利益，却忽略可能损失的长期利益，结果只能获得短期利益；也有人过分看重未来的利益，却不注重取得当下的利益，用于平衡眼前的成本，结果倒在漫漫征途上。

　　企业在平衡长期价值和短期价值的时候，在不危及企业生命时，必须遵守企业的长期价值高于短期价值的原则，这是最重要的原则，其他原则都是建立在这一原则基础之上的。"绝不会为短期利益而出卖未来"，这是西门子一直坚持的原则。有效抵制短期利益的诱惑，坚持长期目标的发展战略，是我国企业应该效仿和学习的地方。一个企业如果只顾眼前利益，得到的只能是短暂的欢愉；一个企业目标高远，但也必须面对现实。只有把理想和现实有机结合起来，才有可能获得成功。在日常工作中，类似的例子比比皆是。长期价值和短期价值在具体的执行过程中可能存在一定的冲突，企业既不能"杀鸡取卵"，也不能好高骛远，关键在于找出最优方案，将长期价值和短期价值有机地结合起来，达到企业价值最大化，比如盛极一时的安达信，它只看到当时眼前的利益，却没有考虑企业的长期利益，最终一夜败落，信用问题是企业应该长期维护的利益。

5.1.2 共同价值高于个人价值

企业的利益是各利益相关者的共同利益，而不仅仅是股东个人的利益，集体的利益高于个人利益，也体现了合作的重要性。一个企业要有共有价值观，一个国家也要有共有价值观，整体和部分相互依存。所谓整体，就是由部分组成的，离开部分就不存在整体；而部分也一样离不开整体，离开整体的部分也就失去其原来的意义。不过两者还有很大的区别，整体不是将多个部分进行简单堆砌，而是将这些部分有效地组合成一个有机体。所以优化的系统整体大于部分的总和。换言之，以共同价值为导向的发展收益比以个人价值为导向大。

马克思主义从不否认正当的个人利益，马克思说："人们奋斗所争取的一切，都同他们的利益相关。"恩格斯曾经指出，"社会主义"的目标就是"把社会组成这样：使每一个成员都能自由地发展和发挥他的全部才能和力量，并且不会因此而危及这个社会的基本条件"。这说明马克思主义关于未来新社会个人发展的一个基本原则，就是要确立"有个性的个人"，与此同时，马克思主义还认为，任何个人利益的实现都离不开一定的生产力发展水平和社会经济政治制度这一客观基础。如果抛开这个现实基础，只讲所谓的"自我"，只能是导致唯心主义的"唯我论"。

在大是大非面前，个人利益必须绝对服从集体利益，共同价值一定要高于个人价值。个人利益与集体利益发生冲突时，如果不牺牲个人利益，集体利益就无法实现，这时，必须牺牲个人利益，实现集体利益，这种牺牲是光荣的也是必要的。近百年来，中华民族备受列强欺凌，在国家生死存亡的时刻，无数中华儿女弃小家而顾国家，为了中华民族的解放复兴抛头颅、洒热血，这些先烈就是为了国家和民族的利益，放弃了自己的一切个人利益，乃至生命。皮之不存，毛将焉附？没有强大的企业作为后盾，这些员工、顾客、股东等一切利益相关者就无法获取利益，个人利益根本无法实现。只有牺牲个人利益，换取企业、集体利益的实现，才能使更多的人实现个人利益，因此，在涉及企业、国家、社会重大利益的情况下，个人利益必须无条件服从集体利益。

5.1.3 人的价值高于物的价值

狭义的人本理念中的"人"一般指的是企业的员工，尤其是企业内部各部门的工作人员，对于企业文化建设主体即员工的界定也模糊不清，所以在企业日常生产经营过程中，企业的管理层也只制定了一些以企业全体员工为重点的企业发展战略政策。实际上，这只注重了一个方面，从广义角度来看，人的范围很广，一切与企业相关的人都归为其类，与企业休戚与共的相关人（包括企业家、作为企业主体的员工、顾客、企业合作伙伴、社会公众）也应该被一同重视。

员工不只是为了工资而在一个公司工作，而是为了通过工作使自己得到学习和成长的机会，培养自己的无形资产。作为企业应该正视员工的这个目的并很好地利用，在员工培养个人无形资产的过程中使其为企业创造更大的价值。客户价值都是员工创造的，员工只有用心工作，才会创造出更好的客户价值。这就要一个基本条件——你得给你的员工创造价值。

要让客户满意，就要先让员工满意。企业给员工创造多少价值，员工就会给客户创造多少价值。把员工也看作"客户"，那么员工价值是什么？很多人认为，员工价值就是看员工给企业做了多少有价值的事情。这完全是以企业为中心的立场，是不正确的。我们可以这样认为，员工价值是员工的总价值和总成本之差。员工总成本就是公司为员工提供的货币工资、福利、情感、信任感、个人成长、成就感等。

企业与个人共同发展的原则要求企业的发展不能脱离员工个人的发展，不能单方面地要求企业员工修正自己的行为模式、价值理念等来迎合企业，而是要求企业的发展要适应成员个性发展而最终产生企业的价值理念、行为模式。企业与个人共同成长的最终目标实质上是在个人的个性化全面发展的基础上，建立一个真正以人为本进行文化建设的企业，最终实现企业的良性、快速发展。

5.1.4　社会价值高于利润价值

百年企业致力于社会价值高于利润价值，积极承担社会责任，所以它能够永葆青春。企业价值最大化是一个抽象的目标，是一个综合衡量指标，在资本市场有效性的假定下，它可以表达为股票价格最大化或企业市场价值最大化。

挪威海德鲁公司著名的"四个圈"的故事，详细阐述了企业社会价值的内涵。在"四个圈"的故事中，公司的利益方指顾客、公司拥有者、雇员、政府、地方社区、公众和权力机构等。

第一个圈：当唯一重要的是产品时，在公司创立初期，目光只集中于产品，此阶段的利益方仅要求产品质量、产品价格、产品交货时间三个因素，当这些因素满足时，利益方认可，公司财务显示盈利（见图 5-1）。

第二个圈：当工作环境变得重要时，随着时间的推移，利益方不再仅仅满足于产品方面的要求，而开始关注员工的工作环境。这其中包括员工安全、员工健康、员工权利三个因素。海德鲁公司此阶段努力改善工厂环境，其结果是缺勤率下降 33%，事故率下降 80%，生产率大大提高，在没有大规模投资的情况下产量提高 10%（见图 5-2）。

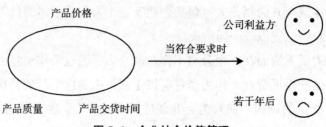

图 5-1 企业社会价值管理

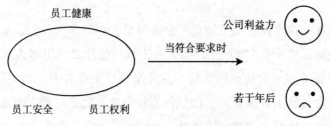

图 5-2 企业社会价值管理

第三个圈：当环境保护也变得重要时，海德鲁公司成立几十年后，公司周边的森林树木大量死亡。在这个阶段利益方关心的是工厂的废气排放、废水排放和废渣排放。于是，公司便投巨资解决这些问题。这些努力使社区环境焕然一新，同时公司的收益又大于支出（见图 5-3）。

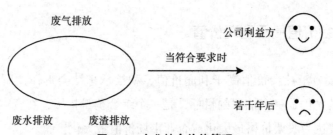

图 5-3 企业社会价值管理

第四个圈：当社会表现也变得重要时，随着公司业务向海外扩展，海德鲁公司逐渐演变成了跨国公司。这时利益方关心的是尊重地方文化、尊重人权及生产可持续发展性产品。该公司在这些方面的努力最终得到了利益方的认可（见图 5-4）。

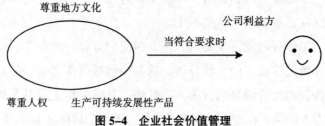

图 5-4 企业社会价值管理

从上述海德鲁公司的"四个圈"的故事中，可以知道什么是企业社会价值（Enterprise Society Value，ESV）。企业社会价值＝第二个圈＋第三个圈＋第四个圈＝关注员工＋关注环境＋关注社会。企业社会价值管理把产品、工作环境、环境保护、社会表现有机结合起来，能将利益最大化，在企业社会价值与利润价值相违背的时候，要毫不犹豫地选择会带来长期效益的社会价值。

5.1.5　用户价值高于生产价值

对于客户来说，价值就是企业能提供良好的消费体验，满足客户需求、超越客户期望。生产价格是生产价值的货币表现，企业通常在给产品定价的时候，都是综合现有市场、未来趋势、成本价格等一系列客观和主观因素定价。当生产价值和用户价值发生冲突的时候，应该以客户的想法为基础，在生产价格上下弧度波动。

客户价值管理分为既成价值、潜在价值和影响价值三个方面，满足不同价值客户的个性化需求，提高客户忠诚度和保有率，实现客户价值的持续贡献，从而全面提升企业盈利能力。既成价值除了包括客户对企业利润的增长、成本的节约，还包括既成影响价值。潜在价值很好理解，就是客户将在未来进行的增量购买，给企业带来的价值。影响价值就是通过客户的指引或者影响他人来购买所产生的价值。一般而言，客户的生命周期即客户与企业之间的一段长期稳定关系，包括 4 个阶段：获取期、成熟期、衰退期和离开期。因此，企业为了满足顾客的需求，不仅仅是双方交货那一瞬间，而是一个周期的供给要求，企业需要在各个生命周期实施营销策略，通过了解客户不同生命周期的不同需求，在一定程度上制定有利于公司发展的营销制度。

毛泽东曾经有句著名的话是"从群众中来，到群众中去"。这句话说明了取之于民，用之于民的道理。消费者才是最主要的导向，因为企业生产出来的产品最终流向消费者，那些使用企业产品的人，他们才是企业的关键。如果为了用户利益放弃一些收入，那么不仅能留住用户，而且失去的收入还能回来。如果为了收入伤害了消费者，最后伤害了公司赖以生存的基础，最终影响的还是企业自身，既失去了用户，也失去了长期收入。

顾客永远是公司的座上客，不管是在销售中还是在售后服务中，都是座上客，顾客并不依赖于公司。顾客不是企业工作中的障碍，而是企业的最终目标，一个企业并不因为服务于客户而对他们有恩，而是因为顾客给予了企业为其服务的机会，而对企业来说，应该积极回报恩情。企业与顾客是鱼水关系，顾客是企业产品的购买者或经销者，是企业生存和发展的前提与保证。企业只有满足顾客的需求，才能得到源源不断的客源，企业才有机会扩大再生产、加快周转、赚取利润。在顾客中建立良好的信任度和美

誉度，企业才会在激烈的市场竞争中站稳脚跟。

5.2 日韩的工业文化与价值观管理

每一个企业都会在自己国家的文化背景基础上形成独特的企业管理文化，管理文化是指管理哲学、管理的指导思想及管理风格等。日韩文化受到东方儒家思想的影响，强调集体主义精神和团队意识，主要体现在"忠、义、孝"。归纳为三点就是：

（1）把国家文化带到企业中来。

（2）理性思维，注重节约和精细严密。

（3）吃苦、勤奋的精神。

5.2.1 韩国现代集团

韩国现代集团曾是韩国五大财团之一，位列世界500强的第36位。随着"创建和推进"的口号响起，通过客户幸福管理、价值创造管理与社区友好管理三个原则来实现现代集团的愿景。韩国现代集团满足全球市场客户的需求，引领最优的产品和服务行业，现代集团的任务就是为人类社会与创造性的商业组织创造新的价值。

韩国现代集团精神就是创意前瞻、积极思考和坚定动力三个方面（见图5-5）：

图5-5 韩国现代集团精神

资料来源：韩国现代集团官网（http://www.hyundaicorp.com/en/company/mind/）。

（1）创意前瞻（Creative Foresight）。创意前瞻是指在面对未来思考的时候，要一直追求新奇和新鲜度，来满足客户和社会的需求。梦想就是对未来生活的创造性远见，想别人不敢想的，做别人不敢做的。

（2）积极思考（Positive Thinking）。积极思考意味着作为现代集团的员工，对任何事都要有积极的态度。现代集团的历史是建立在现代集团人的汗水和大量的积极思考上。

（3）坚定动力（Unwavering Drive）。坚定动力是指致力于某种目标，一种"我能行"的态度。坚定的动力是做事的关键因素，也许每个人都有能力去完成一件事，但不表示每个人都能把事情有始有终地做好，这就是对一个人毅力的考验。

现代集团在创始人郑周永、领导人郑梦宪的带领下，一直坚守着现代集团的三个核心价值观。

韩国现代集团的旧核心价值观包括以下三个方面（见图5-6）：

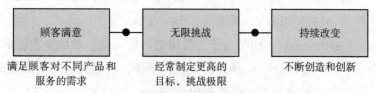

图5-6 韩国现代集团的旧核心价值

资料来源：韩国现代集团官网（http://www.hyundaicorp.com/en/company/vision/）。

（1）顾客满意（Customer Satisfaction）。顾客就是上帝，企业应竭尽全力满足顾客的任何要求，满足了他们的需求，才能得到企业应有的收益。

（2）无限挑战（Unlimited Challenge）。每隔一段时间，围绕长期目标，制定短期目标，企业自我挑战、发扬进取的精神，都是为了企业更有生机地发展，而不是逐渐被自我淘汰。

（3）持续改变（Unlimited Challenge）。创造、创新、不断改变。现代集团始终把企业的创造力作为企业生存的支柱，这种文化使得现代集团选择了发展重工业，也许是重工业造就了现代集团的这种文化，互相渗透在现代企业中，使得这种"无车造车、无桥搭桥"的改变氛围更加浓厚。

现代集团的总价值就是为了世界的希望和梦想，通过追求创造性的见解创造一个繁荣的未来。在郑梦宪逝世后，其夫人玄贞恩任现代集团会长，在她的带领下，现代集团确立了新的企业文化，四个新核心价值观，也称4T，即信任、人才、坚定、团结（见图5-7）。

（1）信任（Trust）。想得到值得依赖的伙伴，就要先给予他人信任，给予员工信任，员工才能发挥最大主观能动性。

（2）人才（Talent）。现代集团虽也喜欢优秀人才但更重视人才的稳定性。因为他们坚持以人为本，在不稳定的优秀人才与安分的普通人才之间，他们往往会选择后者。

图 5-7 韩国现代集团的新核心价值

资料来源：韩国现代集团官网（http://www.hyundaigroup.com/）。

（3）坚定（Tenacity）。坚定是一种信念，是一种做事的毅力，根据 XY 理论，人都有惰性，容易受外界干扰，在达到目标的过程中，需要一种顽强抗压的能力，这种能力可以通过后天环境的培养和锻炼，来提高工作的效率。

（4）团结（Togetherness）。团结合作是韩国的传统文化，韩国企业也带有儒家思想，认为良好的合作力量大于单干。与他国形成合作伙伴，达到共同获利的效果，互相满足各自的需求，互相学习地方企业的优秀文化。

5.2.2 韩国 SK 集团

SK 集团是韩国第三大跨国企业，主要有能源化工、信息通信两大支柱产业，旗下有两家公司进入全球 500 强行列。在能源领域，SK 集团是韩国最大的综合能源化工企业，还是电信领域的领跑者。

（1）SUPEX 追求。SK 集团所追求的最高价值是"利益相关者的幸福最大化"。SK 集团认为为多种利益相关者创造更大的幸福是 SK 集团的使命。让我们周边的人幸福起来，SK 集团才能获得幸福，这就是 SK 集团所追求的最终价值。

SK 集团为了创造更大的幸福，追求 SUPEX。为了发展成为更幸福的企业，SK 集团将人类能力所能达到的最高水平——SUPEX 水平设定为目标，并为实现这一目标不懈努力。SK 集团以整个社会的幸福最大化为目标，持续开展长期、可持续的社会公益活动。

（2）以人为本的经营。SK 集团为了追求 SUPEX，强调以人为本的经营理念。SK 集团认为要重视企业经营的主体——"人"，SUPEX 追求也需要发挥出全体成员的最大力量才能实现。

SK 集团基于"人才就是企业"的人才哲学，视"人才"为重中之重。SK 集团共享"人才是国家的资源，SK 集团是培养人才的企业"这一价值，不分国界和地区，确保优秀人才，致力于将他们培养成为具备最大竞争力的经营者和专家。

（3）系统化经营。SK 集团实践基于 SKMS 的系统化经营。SK 集团致力于将 SUPEX

追求、以人为本的经营等哲学和方法论融入 SKMS 中并付诸实践。同时，各成员公司以 SKMS 为基础，根据各公司的经营环境来实践自律责任经营。

SK 集团认为在不断变化的环境中，企业能够存续及持续实现稳定与发展，必须开展"系统化经营"。所谓"系统化经营"是指系统而合理的经营方式，即公司的所有经营活动都要保持连贯性，实现有机结合，动态地应对所有环境变化。SK 集团的各个成员公司正以系统化经营为基础，践行自律责任经营。

（4）CI 文化。SK 品牌象征着 SK 集团为实现"顾客幸福"的坚定决心和承诺。为了让顾客无论何时接触 SK 集团都能获得最大幸福，SK 集团持续进行改革与创新，不断成长与发展。此外，SK 集团运营与跨国企业形象相匹配的战略性管理体系，不断提高其品牌价值。

SK 集团以"专家姿态"和"以顾客为导向"的企业文化为基础，提供世界最高水平的产品和服务，并让购买和使用 SK 集团产品和服务的顾客有"自豪感"。同时，通过象征 SK 集团的 CI——"幸福之翼"，将其形象化，与利益相关者进行沟通，统一传递集团所追求的价值和目标形象，并由此实现"顾客幸福"。

5.2.3　韩国 LG 集团

LG 集团是韩国第二大企业集团，成立于 1947 年，集团业务以化学和能源、电子和信息通信、金融、服务四大产业为中心，现有分公司 30 家，海外法人 130 余家，是仅次于三星的韩国第二大集团。集团旗下的 LG 电子（LG Electronics）、LG 国际（LG International）是世界 50 强企业。LG 电子 2002 年、2003 年、2004 年分别以 231 亿美元、178 亿美元、298 亿美元位列世界 500 强的第 231 位、第 261 位和第 147 位。

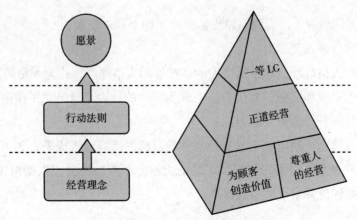

图 5-8　LG 企业文化

资料来源：LG 官网（http://www.lg.com/cn/global-corporate-information/leadership/management-by-principles）。

（1）"一等LG"——LG愿景。LG企业的愿景就是成为"一等LG"：一个顾客信赖的LG，一个对投资人最具吸引力的LG，一个人才向往的LG，一个竞争公司既敬畏又想借鉴的LG。

（2）"正道经营"——LG的行动法则。LG的"正道经营"是以伦理经营作为基础，以发展实力进行正当商道，意味着LG的行动方式。"正道经营"是LG的经营哲学，是LG追求的根本价值即经营理念所贯彻执行的LG的传统行动方式。正道经营不是单纯地意味着伦理经营，真正的意思是通过伦理经营进一步加强实力、创造成果。"正道经营"的具体内容包括对客户诚实、为提供更好的价值进一步培养实力、提供公平的机会、根据能力和业绩公平对待。

（3）"为顾客创造价值"和"尊重人的经营"——LG的经营理念。"为顾客创造价值"和"尊重人的经营"一直以来是LG电子管理实践背后的理念，为顾客创造价值——会优先考虑作为事业根本的顾客，给顾客提供最高价值，满足顾客需求，尊重人类的经营——会尊重构成人员的创意性和自律，通过成果主义充分开发和发挥个人能力。总体来说，正是这两条经营理念奠定了可持续的LG公司经营的基础。这两条原则将一直作为LG公司的管理风格的骨架。

（4）为顾客创造价值。LG认为顾客才是真正的事业基础，尊重顾客的意见并不断为顾客创造有用的价值，确保顾客对企业的绝对信任，为顾客创造价值由三个部分组成：

第一，顾客第一，把顾客作为管理的首要出发点，参考最终用户的重点做决定，尊重顾客的意见，顾客的真正要求永远是正确的，把顾客放在工作的第一位。

第二，提供实质性价值，在寻找潜在客户方面领先一步，提供超越客户期望的最好的产品和服务。

第三，创新驱动创造，提供不受思想约束的不同观点，永远寻找和实践更好的方式和方法。

（5）尊重人的经营。以人为本原则需要以下四个基本要素：

第一，自我管理和创造力。

第二，尊重人格尊严，尊重每个人的多样性和人格尊严，认为人是最重要的资产。

第三，能力开发和实施，相信自己有成为第一的能力，通过在工作中得到展示个人潜力的机会，发挥自己的最大能力。

第四，绩效奖励，制定一个具有挑战性的目标并持续获得成果，为了反映短期和长期业绩，评估和补偿要公平，依据员工的能力给予平等的机会，根据员工能力和业绩，遵循公平的原则评价并给予适当的报酬。

5.2.4　日本丰田汽车公司

丰田是世界十大汽车工业公司之一，日本最大的汽车公司。在全球汽车行业，丰田汽车超越欧美强敌成为世界领先者，如今丰田已经超过美国通用汽车公司跃居全球第一。一个企业能居榜首，肯定有过人之处，归根结底离不开丰田精神、丰田文化价值观的内在力量，丰田彰显了企业的文化魅力，丰田的企业文化也成为汽车行业类奉行和推崇的一种文化。

5.2.4.1　丰田文化的核心

丰田文化和日本民族文化紧密相连，丰田公司的凝聚力受益于团队文化和集体意识，而这种团队文化和集体观念又出自日本民族盛行的传统家族观念。丰田企业文化的核心在于挑战、持续改善、现地现物、尊重员工和团队合作五个方面。

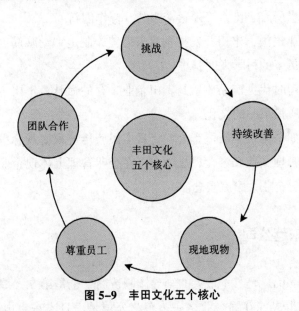

图 5-9　丰田文化五个核心

挑战就是一种创新精神，也就是追求卓越，以生产制造为例，就是要做到零库存、零缺陷、全员参与以及准时化，企业要想达到丰田公司产品不断创新、高利润率的业绩，就必须在核心文化中植入挑战的基因。

员工是丰田模式的核心和灵魂。尊重员工有两个基本元素，尊重他人，要求团队成员之间尽量相互理解、相互信任和协作，这要求丰田激励个人成长和职业发展，以实现个人和团队绩效的最大化。

持续性改进循环就是反复从标准化延续到持续性改进，对丰田员工的影响是持续

的。丰田的员工们将这种思考方式也带到了生活中。

丰田公司还强调具有丰田企业文化特色的"现场主义",具体来说,"现场主义"就是管理人员必须亲自到生产车间和管理的现场去查看,眼见为实,这样才能发现问题,才有发言权,进而做出科学合理的决策。

团队合作是丰田价值观中对员工管理的精髓所在。在丰田公司人人都遵循个人利益要服从公司的利益,当然个体在团队大家庭中也能分享应得的资源和知识。

5.2.4.2 丰田企业核心价值观

杰弗瑞·莱克(Jeffrey Liker)在《丰田模式》中阐述了丰田 14 项精益管理实践,驱动丰田形成了专注于质量和效率的企业文化。在后继的《丰田文化》中概述了丰田的企业文化,提炼得到丰田企业的核心价值观就是上下一致,制成服务;开发创造,产业报国;追求质朴,超越时代;鱼情友爱,亲如一家。

上下一致,制成服务:这一价值观强调的是团队合作能力,齐心协力,共同完成企业的发展目标,要求所有丰田人必须紧密团结,合作创新。

开发创造,产业报国:丰田开发技术追求完美,制定"动脑筋创新"的制度,这个制度极大地调动了员工的科学发明精神。

追求质朴,超越时代:产品质量是丰田企业生存的命脉。丰田企业有着日本传统文化精神,必须确定质量第一的文化。

鱼情友爱,亲如一家:丰田汽车公司将日本民族传统家庭观念中的忠、孝、和等思想和观念植入企业管理文化和经营思想之中,在企业管理上体现企业员工荣辱与共、风险共担的团队意识、企业大家庭观念。

5.2.5 日本东芝公司

东芝公司(Toshiba)是日本最大的半导体制造商,也是第二大综合电器制造商,属三井集团旗下,是世界 500 强企业之一。东芝公司是由日本东京电器和芝浦制作所于 1939 年正式合并组成的。

"与时俱进,开拓创新,力争第一"是东芝公司永恒的追求。百余年来,东芝公司始终以技术创新为企业发展的原动力,在技术和产品发明领域创下了众多"世界第一",世界第一台电饭煲就是由东芝公司创造的。创建一家"自由豁达的理想工厂"是东芝创始人的最大梦想,创建这个帝国文化 100 多年来,东芝公司一直遵循自己的信念与文化,想到了就做,做别人不想做的事,做别人想不到的事。

东芝公司的口号是以"尊重人、创造丰富价值、为社会做贡献"的经营理念为基础，它体现了东芝公司必须肩负的使命和必须共有的价值观（见图 5-10）。

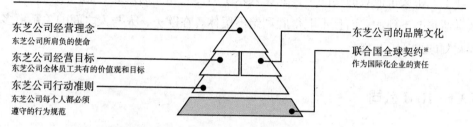

东芝公司经营理念————————东芝公司的品牌文化
东芝公司所肩负的使命

东芝公司经营目标————————联合国全球契约※
东芝公司全体员工共有的价值观和目标　　　作为国际化企业的责任

东芝公司行动准则
东芝公司每个人都必须
遵守的行为规范

东芝公司提出了"尊重人、创造丰富价值、为社会做贡献"的
经营理念。
同时，又将该理念浓缩成"为了人类和地球的明天"，作为公
司的口号。
我们认为，在工作中努力实现这个理念和口号，就是我们的
CSR（企业对社会的责任）。
在实践过程中，我们把"生命·安全·遵法"放在了首要位置

图 5-10　东芝公司理念体系

注：※ 联合国全球契约：系指 1999 年在时任联合国秘书长科菲·安南倡议下召开的世界经济论坛上所制定的有
关人权、劳动、环境、反腐败的自主行动原则。东芝公司于 2004 年加入。
资料来源：东芝官网（http://www.toshiba.com.cn/csr2013/concept_of_policy/jylntx.html）。

（1）尊重人：东芝公司一直保留着对人要尊重这个根本的文化坚持。他们通过健全
的事业活动，对股东尊重、对员工尊重、对顾客尊重。

（2）创造丰富价值：东芝公司以电子和能源为中心，开展技术革新，创造丰富的价
值。在信息技术产业革命不断深入的今天，东芝公司意识到这是个前所未有的市场。

（3）为社会做贡献：东芝公司为创造更好的地球环境而努力，作为优秀的企业公民
为社会的发展做贡献。"为了人类和地球的明天——东芝"这句我们熟知的话不仅是东芝
的企业口号，更是一种发展哲学。

5.3　欧美的工业文化与价值观管理

欧美企业文化与日韩不同，日韩属于东方国家，还是遵循儒家思想，而欧美文化寻
求的是自由、个性和创新的思想，崇尚个性独立自由，充满激情和个人主义，富有冒险
探索精神和强烈追求事业成功的精神，崇尚平等、民主、法治、竞争等文化价值观念。

个人主义价值观的核心思想是依靠自己的力量创造幸福，它是欧美传统文化价值观
的核心。这种价值观强调以个人为本位的人权、自由、平等、博爱，崇尚个人成就和个
性至上精神；认为人人都有平等地发财致富、自由创造、自由竞争的权利；重视个人的

作用和个人意志，认为人们必须依靠个人的力量去奋斗、拼搏和冒险，创造属于自己的幸福。在个人主义价值观的支配下，欧美人乐于向传统和先例挑战。他们坚信世界上没有什么事情是办不到的，而且不取得胜利绝不罢休。在欧美，人与人之间的关系更多地靠契约和制度来约束和规范。

5.3.1 IBM 公司

"公司能否繁荣昌盛取决于它能否满足人类需求。利润只是一个评价体系，改善全民生活才是我们的最终目标。"

——小托马斯·沃森，IBM 公司前董事长

IBM 公司的哲学形成了 IBM 的企业文化，是 IBM 得以在国际市场上占据有利地位的主要原因。IBM 有着明确的原则和坚定的信念，正是这些平常的原则和信念支撑着 IBM 特有的文化。老托马斯·沃森制定的 IBM 准则即 IBM 的核心价值观，一直在 IBM 公司得到延续。

IBM 新价值观于 2003 年 11 月向员工发布。尽管是以全新的方式为全新的世界制定的，但这些价值与 Watson Sr. 在 1914 年确立的基调惊人地相似：

(1) 致力于实现每个客户的成功。IBM 公司是一个顾客至上的公司，为客户带来价值，是 IBM 始终如一的价值观，在这种价值观驱动之下的 IBM 员工才有可能成为"成就客户"的伙伴。IBM 的服务全球第一，不仅是在自己的公司，而且使每一个销售 IBM 产品的公司也遵循这一原则。IBM 是一个"顾客至上"的公司，也就是 IBM 的一举一动都以顾客需要为前提。

(2) 创新为要——无论是对于我们公司还是整个世界。注重创新、追求卓越。优异是 IBM 很重要的一条价值观。在 IBM 公司，每一个员工都认为自己可以完成某项任务。力争上游，勇于创新，这种态度决定了企业的高度发展。员工在工作中永不满足，勇于拼搏，不断超越自我，主动承担责任，灵活应对变化和挑战，坚持学习与开拓，在可承受的风险范围内大胆尝试新方法。

(3) 在所有关系中表现出信任和责任。IBM 的包容文化可追溯到 20 世纪初，并且一直传承到今天。IBM 公司充分信任员工、给予员工极大的自由，让他们独立完成工作，至于实现目标的过程、手段、方式、地点等都不干涉。

5.3.2 美国福特汽车公司

当一个市场成为福特汽车公司全局的一部分，当当地的员工成为福特全球大家庭的成员时，我们就不再仅仅将自己视为在这个国家做生意的外国公司，我们更要把自己当作那个国家的"企业公民"，具有国家感和责任感的公民。我认为一个好公司和一个伟大的公司的区别在于：一个好的公司能为顾客提供优秀的产品和服务，而一个伟大的公司不仅能为顾客提供优秀的产品和服务，还竭尽全力使这个世界变得更加美好。

——福特汽车公司董事长比尔·福特

福特汽车公司是世界上最大的汽车生产商之一。福特（Ford）是世界著名的汽车品牌，为美国福特汽车公司（Ford Motor Company）旗下的众多品牌之一。

（1）福特愿景。福特理想是生产伟大的产品、建立强大的企业、创造更美好的世界。一个伟大的企业不仅能为顾客提供优秀的产品和服务，还竭尽全力使这个世界变得更加美好。福特希望在公司的下一个百年中能对世界有更大的影响。

（2）使命与价值观。使命：福特汽车公司在全球的行动都对社会负责，并因其正直、诚信和对社会的积极贡献而受人尊重。不断提升产品和服务，满足客户需求，以出色的业绩回报股东。在汽车产品和服务领域成为面向消费者的世界领先的公司。

价值观：在福特汽车，消费者永远是第一位的。福特公司所做的一切努力旨在更好地服务消费者，带给利益相关人更多的回报，改善环境，为社会发展做出贡献。永远把客户放在第一位；致力于为客户、公众、环境和社会做出贡献；精益求精，为股东带来最大的回报。

（3）目标。巩固与利益相关人之间的关系，其中包括但不仅限于员工、合作伙伴、媒体、消费者、社区和政府；福特汽车积极参与社会活动，主要关注以下领域：环境、道路交通安全、教育和健康；开展企业社会责任项目，每个员工及管理层共同做起。在福特，多元化含义宽泛。它包含了很多看得见或者看不见的元素，如性别、种族、年龄、价值观和世界观。福特认为，成功需要集成很多技能、才能和思考方式。这就是福特的成员珍视多元化的原因。

5.3.3　德国宝马公司

宝马公司（BMW）始于1916年，创始地慕尼黑。宝马的一贯宗旨和目标：以先进的精湛技术、最新的观念，满足顾客的最大愿望，反映了公司蓬勃向上的气势和日新月异的新面貌。

BMW 的使命是：成为顶级品牌的汽车制造商。

BMW 的总体目标是：作为最成功的高档汽车和摩托车生产商立足于国际市场。

BMW 的近期目标是：成为亚洲豪华车市场的绝对领导者。

BMW 德文名字中间的单词是发动机 Motoren，宝马长期以来以"运动的公司"（The

Mobility Company）作为自己的理念。几十年来宝马一直把追求运动时的乐趣作为自己的目标，因此宝马的口号是"纯粹的驾驶乐趣"。

宝马的品牌战略先行，定位于"驾驶的乐趣——最完美的驾驶工具"的品牌诉求。这一品牌定位巧妙地绕过了奔驰这一强劲敌手。通过区别旧与新，宝马从其他豪华车品牌中分离出来，全力吸引新一代，寻求有经济和社会地位的专业成功人士，宝马能够满足那些在乎形象、追求极致表现的车主的所有要求。宝马公司立足于全球市场，公司以市场为中心开展一切活动，宝马公司的企业文化充分体现了以市场为主导的特点。宝马公司的企业文化具体可概括为以下几个方面：

（1）"生产紧随市场"的经营哲学。宝马公司全球生产网络遵从"生产紧随市场"的经营哲学。公司根据当地市场情况来建立生产网络，同时在生产管理方面紧随市场需求，采取柔性管理。在宝马公司生产方面，同员工的团队相互合作方式一样，在宝马公司内，各厂都在一个共同的生产体系内进行大量协作。同时，公司采取柔性管理方式，各厂都根据不同的生产车型对人员进行灵活调配，并以灵活的工作时间和灵活的物流管理而见长。

（2）注重人的可持续发展的人事理念。宝马信奉"由人所产生的差异"的人力资源理念，认为统一的人力资源和社会政策指导原则适用于全球范围内的所有员工，从而实行以价值为取向并以价值为基础的政策。宝马公司把员工的可持续发展视为企业成功的主要因素，同时，也视其为在世界范围内领先的重要保证，并把这一理念融入公司的经营哲学。

宝马员工相互尊重，以积极态度对待分歧；超越国家和文化边界的思维方式；工作表现是报酬的基础；团队合作的成果高于个人工作之和；保证为忠诚和有责任感的员工提供有吸引力的工作职位；尊重员工的人权不容置疑；以社会标准对待供应商和商业伙伴是做生意的基本准则；优厚的员工利益和强大的社会责任感。

（3）社会角色定位。宝马作为一个全球性的企业，多年以来始终把可持续发展的原则贯彻到公司的经营活动中，予以经济发展、生态保护和社会影响等因素同等重视。宝马公司在业务活动中执行可持续性发展策略，这体现在范围广阔的不同方面：

1）生态交通，为了确保"可持续性交通发展"，宝马公司不懈努力并做出许多开创性贡献。

2）环境保护，环境保护是宝马公司可持续发展策略中的重要内容，它贯穿于优化产品和生产过程的所有努力，还特别强调具有可持续性特点的产品开发，把环保和回收利用等因素在产品开发之初就予以充分考虑。

3）企业公民义务和对社会的承诺。宝马公司信守的格言是承担责任，宝马公司特别关注一系列社会课题，包括各国间不同文化的相互理解和学习、公共教育以及对高素质人才的资助等。

4）与政界和社会团体的交流，与各种社会公益组织、工商协会和研究机构等建立广泛的合作关系是宝马公司可持续发展战略的组成部分。

5.3.4　德国西门子

西门子股份公司创立于 1847 年，是全球电子电气工程领域的领先企业。100 多年来西门子以创新的技术、卓越的解决方案和产品坚持不懈地对公司的发展提供了全面支持，并以出众的品质和令人信赖的可靠性、领先的技术成就、不懈的创新追求，确立了在国际市场上的领先地位。

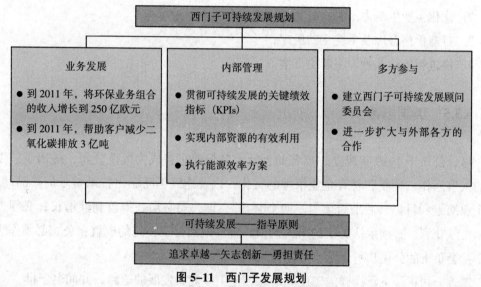

图 5-11　西门子发展规划

资料来源：西门子官网（http://w1.siemens.com.cn/corporate_responsibility/ous/Our_understanding_sustainability.asp）。

（1）勇担责任。致力于符合道德规范的、负责任的行为。西门子努力满足一切法律和道德要求，并且，只要可能，西门子努力超越这些要求。西门子的责任就是按照最高的职业和道德标准与惯例来开展业务：公司绝不容忍任何不合规的行为。致力成为优秀企业公民是西门子的核心价值观之一。西门子在漫长的发展历史中，始终坚定不移地致力于社会公益事业的发展。

（2）追求卓越。追求卓越，取得卓越的业绩和运营成果，是西门子在每个业务都尽力实现的目标。西门子根据公司愿景制定这一远大目标，并在其指引下提供优异的质量及超越客户需求的解决方案，一直如此。追求卓越不仅仅关系到西门子如今所做的一切，它还要求找到一条持续改善的道路。这需要更加灵活、积极地迎接变革，从而确保西门子能够牢牢把握新的机遇。

（3）矢志创新。敢于创新，创造可持续的价值。创新早已成为西门子业务成功的基石。研发是西门子发展战略的基本动力。一直以来，西门子在工业、能源、医疗、基础设施与城市领域引领技术创新。西门子是创新惠及全球的企业公民，用客户是否成功来衡量西门子的创新是否成功。不断调整业务组合，以便为全人类共同面临的最严峻的挑战提供解决方案，从而使西门子得以创造可持续的价值。通过引领潮流，西门子还完全释放员工的能量和创造力。富于独创，也欣赏这种素质的所有含义：独创性、创造力、奇思妙想。

西门子愿景：锐意开拓、引领创新：

1）提升能源效率；

2）优化工业生产力；

3）打造价格合理及个性化的医疗；

4）推进智能化基础设施解决方案。

5.3.5　美国惠普

惠普公司于 1939 年成立，惠普的创始人梦想使惠普成为模范公司，提出了"以进步的人事运作、创新和具有企业精神的文化，以及连续不断做出技术贡献的产品闻名"的企业愿景和目标，后来简化为"四个必须"，即公司必须获得盈利性增长；必须通过技术贡献获利；必须承认员工的个人价值，容许他们分享公司的成就；公司必须作为对整个社会负责的公民从事运营。

惠普公司正是秉承这样的态度和理念，走上了健康发展的道路，并闻名于世。

（1）信任尊重。惠普把"信任和尊重个人"作为"惠普之道"核心价值观念之一，体现了公司"以人为本"的管理思想。作为大公司，惠普对员工有着极强的凝聚力。

（2）追求卓越。惠普业绩的基石是公司的成就和员工的贡献，所有的惠普人尤其是管理人员，都应该保持激情，心怀承诺，努力实现并超越客户的期待，追求卓越的成就与贡献，追求完美的和最好的。

（3）诚实正直。在经营活动中坚持诚实与正直，不欺骗用户，也不欺骗员工，不做不道德的事情。

（4）团队精神。依靠团队精神来达到惠普的目标，公司的成功是靠集体的力量实现的，并不是靠某个人的力量实现的。

（5）灵活创新。鼓励员工的灵活性和创造性，不断创新。

5.4　中国的工业文化与价值观管理

中国文化是人类最优秀的文化之一，它凝结着世世代代中国各族人民的勇敢、勤劳和智慧。中国传统文化受到东方文化的影响，与日韩文化有类似的地方，也有不同的地方，是由多种文化构成的，日本企业管理是团队意识和吃苦精神，美国企业管理是个性舒展和创新竞争，中国的主体结构就是儒家和道家学说。儒家对政治、伦理的影响较大，而道学则对哲学、文学、科技的影响突出。对于中华民族的心态和性格的影响，既有儒家的，也有道家的，其主要特征如下：

（1）"重人轻天"的天命观。

（2）"三纲五常"的伦理思想："三纲"指的是君为臣纲，父为子纲，夫为妻纲；"五常"指的是仁、义、礼、智、信。

（3）中庸之道。

5.4.1　联想集团

联想集团（Lenovo）是一家成立于 1984 年、专事个人科技产品的公司，是联想控股成员企业。2008 年，美国《财富》杂志公布的全球企业 500 强排行榜显示，联想集团作为世界第四大计算机制造商首次上榜，排名第 499 位，年收入 167.88 亿美元。2011 财年名列《财富》"全球 500 强"第 370 名。2012 财年名列《财富》"全球 500 强"第 329 名。

企业文化是公司的竞争优势，主人翁精神已经在联想集团生根发芽，成为公司的核心竞争力。联想集团的多元化、来自不同文化背景的精英人才，共同秉承"联想之道"的 5P 文化价值观。"联想之道"的核心理念："说到做到、尽心尽力。"5P 即：Plan——想清楚再承诺，Perform——承诺就要兑现，Prioritize——公司利益至上，Practice——每一年、每一天我们都在进步，Pioneer——敢为天下先。联想集团的管理和文化积淀，是企业的核心竞争力，是联想集团能够持续发展并不断制造卓越企业的重要基础。

（1）企业理念。联想集团作为 IT 技术与服务的提供者，秉承着"让用户用得更好"的理念，以"全面客户导向"为原则，满足个人、家庭、中小企业、大行业大企业四类客户的需求，为其提供最新、最好且具针对性的信息产品和服务。

（2）企业定位。联想集团从事开发、制造及销售最可靠的、安全易用的技术产品。

成功源自于不懈地帮助客户提高生产力，提升生活品质。

（3）发展使命——为客户利益而努力创新。创造世界最优秀、最具创新性的产品；像对待技术创新一样致力于成本创新；让更多的人获得更新、更好的技术；最低的总体拥有成本（TCO），更高的工作效率。

面向 21 世纪，联想集团将自身的使命概括为"四为"——为客户：联想集团将提供信息技术、工具和服务，使人们的生活和工作更加简便、高效、丰富多彩；为员工：创造发展空间，提升员工价值，提高工作生活质量；为股东：回报股东长远利益；为社会：服务社会文明进步。未来的联想集团将是"高科技的联想、服务好的联想、国际化的联想"。

（4）核心价值观。联想集团将秉承"成就客户、创业创新、正直互信、多元合作"的坚定信念，全力打造一个以快速成长和锐意创新为导向的全球化科技企业。联想集团将始终致力于开发、制造并销售最可靠的、安全易用的技术产品及优质专业的服务，帮助全球客户和合作伙伴取得成功。

（5）品牌精神——高端品质、创新、国际化、企业责任。联想集团作为一家在信息产业内多元化发展的国际化科技公司，一直致力于打造高端品质、创新、国际化、企业责任的品牌精神，以品牌来赢取主动权。联想集团的品牌精神就是探索和超越，除了带给客户先进价值之外，联想集团也给客户带来一种追求，传递了一种力量，每个人只要不断探索和超越，就能离梦想更近。

（6）全球公民。联想集团承诺成为一名负责和积极的企业公民，不断改善经营，为社会发展做出贡献。联想集团坚信企业是社会的一个重要部分，并致力于与员工和当地社会一起改善人们工作和生活的质量。联想集团积极关注各地社区的发展，聚焦"缩小数字鸿沟、环境保护、教育、扶贫赈灾"四大领域，积极支持公益事业。

（7）管理三要素。联想集团的管理思想被高度浓缩为"管理三要素"——"建班子"、"定战略"、"带队伍"。"建班子"是"定战略"和"带队伍"的先决条件，领导班子通过"定战略"正确决策，通过"带队伍"有力执行，实现企业的稳健发展。

5.4.2 中国兵器工业集团

兵器工业是国家安全的战略基础。中国兵器工业集团公司始终坚持军民结合的方针，2014 年实现主营业务收入 4002 亿元，列世界 500 强企业第 152 名。中国兵器工业集团努力成为一名负责和积极的企业公民，积极承担社会责任，在节能减排、可持续发展、环境保护和定点扶贫等方面花费了大量时间和资金。

5.4.2.1　企业使命——服务国家国防安全、服务国家经济发展

中国兵器工业集团公司作为国家应对危机与挑战的战略性团队,服务国家国防安全、服务国家经济发展,是我们生存发展的根本,也是我们不断发展壮大的关键。

(1)服务国家国防安全,就是要坚定不移地履行好军品核心使命,倾力打造我军最忠诚、最可信赖装备供应商的品牌商誉,为部队提供优质的军事装备。

(2)服务国家经济发展,就是要履行好企业政治责任、经济责任和社会责任,坚定不移地走军民融合式发展道路,打造我国重型装备、特种化工、光电信息的重要产业基地,为国民经济发展做贡献。

5.4.2.2　企业愿景

建设与我国国际地位相适应的兵器工业,打造有抱负、负责任、受尊重的国家战略团队,把集团公司建设成为国际一流防务集团和国家重型装备、特种化工、光电信息重要产业基地。

(1)有抱负,有梦才有未来。梦有多远,我们才能走多远。兵器人心中应当永远有着远大的理想和抱负,应当时刻铭记战略性团队的责任和使命,既脚踏实地,又仰望星空,以全球视野、立足国家战略、瞄准行业高端谋划兵器事业发展。

(2)负责任,态度决定一切。有了负责任的态度才能有敬畏之心,才能见微知著、把事做好。兵器人要以诚信赢得市场,以负责任的态度做好每一件事情、处理好每一个细节,履行好战略性团队承担的使命。

(3)受尊重。有抱负、负责任才能受尊重。我们要以出色完成党和国家赋予的历史使命而受尊重,要以被市场和用户需要和信任而受尊重,要以集团公司的发展壮大、员工的生活更加体面而受尊重。

5.4.2.3　企业价值观

始终坚持国家利益高于一切;始终坚持以科技创新和管理创新为动力;始终坚持把人才作为事业发展的决定性因素。

(1)始终坚持国家利益高于一切是我们的核心价值观,是我们作为国家战略性团队最基本的行为准则。

(2)始终坚持以科技创新和管理创新为动力,坚持技术地位决定市场地位、市场地位决定企业地位,以技术地位、管理能力的不断提升来实现市场地位、企业地位的持续提升。

(3)始终坚持把人才作为事业发展的决定性因素,在创新人才队伍建设机制上,胆

子再大一些、思想再解放一些，通过聚集人才把事业做强做大。

5.4.2.4 企业精神——唯实 创新 开放

（1）唯实是按事情的本来面目做事。唯实成就事业。实事求是，一切从实际出发，才能正确做事情，才能把正确的事情做好，才能有既简单又轻松的工作关系，才能创造快乐的工作氛围，才能享受工作。

（2）创新是事业持续发展的动力。创新推动发展，创新就在我们身边。我们既要关注各种革命性的创新，又要鼓励工作中一点一滴的创新和进步，以无数点滴创新汇集成兵器事业的创新洪流。

（3）开放是时代对我们的要求。开放催生变革。在全球化的今天，我们要建设有抱负、负责任、受尊重的兵器工业，必须进一步树立开放式发展的理念，面向全社会配置资源、谋划发展，打造出在国家战略层面有地位、在市场中有话语权的行业领先者。

5.4.2.5 文化理念

（1）工作文化——简单、务实。

（2）质量文化——关注细节、让用户成功。

（3）安全文化——零容忍。

（4）责任文化——做到履行政治责任、社会责任和经济责任的内在统一。

（5）创新文化——创新就在你身边，人人都可以创新。

（6）管理文化——个性化。

（7）执行文化——"说到"和"做到"零距离。

（8）精益文化——管理精细化，改善无止境。

（9）监督文化——监督即保障。

（10）人才文化——天才就在员工中，人才即在你我中。

5.4.3 华为公司

华为公司是一家生产销售通信设备的民营通信科技公司。2009年华为公司是闯入世界500强的第二家中国民营科技企业，2014年《财富》世界500强中华为公司排行第285位，与2013年相比上升30位。2014年10月9日，Interbrand在纽约发布的"最佳全球品牌"排行榜中，华为公司以排名94的成绩出现在榜单之中，这也是中国首个进入Interbrand Top100榜单的企业公司。华为公司不仅仅是世界的500强，还改变了人们沟通和生活的方式。

在企业文化上华为公司坚持"狼性"文化与现代"危机管理"理念相结合。华为公司非常崇尚"狼",而狼有三种特性:有良好的嗅觉;反应敏捷;发现猎物集体攻击。华为的"狼性文化"可以用学习、创新、获益、团结这四个词来诠释。

5.4.3.1　核心理念

聚焦:新标识更加聚焦底部的核心,体现出华为公司坚持以客户需求为导向,持续为客户创造长期价值的核心理念。

创新:新标识灵动活泼,更加具有时代感,表明华为公司将继续以积极进取的心态,持续围绕客户需求进行创新,为客户提供有竞争力的产品与解决方案,共同面对未来的机遇与挑战。

稳健:新标识饱满大方,表达了华为公司将更稳健地发展,更加国际化、职业化。

和谐:新标识在保持整体对称的同时,加入了光影元素,显得更为和谐,表明华为公司将坚持开放合作,构建和谐商业环境,实现自身的健康成长。

5.4.3.2　核心价值观

华为公司真正的企业文化在于其核心价值观,华为公司 2012 年总结"以客户为中心,以奋斗者为本"的企业文化。而其主流文化的形成,也有许多长期相传的支流文化,挺有趣,也容易记忆,所以容易相传。具体如下所述:成就客户;艰苦奋斗;自我批判;开放进取;至诚守信;团队合作。

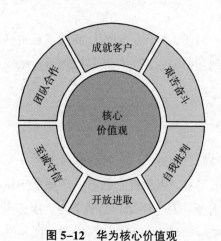

图 5-12　华为核心价值观

资料来源:华为官网(http://www.huawei.com/cn/about-huawei/corporate-info/core-values/index.htm)。

5.4.3.3　愿景使命

愿景:丰富人们的沟通和生活。

使命：聚焦客户关注的挑战和压力，提供有竞争力的通信解决方案和服务，持续为客户创造最大价值。

战略：以客户为中心。

5.4.3.4　可持续发展

可持续发展战略和管理体系，作为全球化的企业，华为公司在关注自身发展的同时，更积极承担社会责任，促进社会的和谐与进步；消除数字鸿沟，推进绿色环保实现共同发展。

5.4.4　一汽集团

中国第一汽车集团公司（原第一汽车制造厂）简称"中国一汽"或"一汽"，曾经连续8年蝉联世界500强榜单。经过50多年的发展，已经成为国内最大的汽车企业集团之一。

面向未来，一汽集团提出了"坚持用户第一，尊重员工价值，保障股东利益，促进社会和谐，努力建设具有国际竞争力的'自主一汽、实力一汽、和谐一汽'"的企业愿景和奋斗目标。一汽人正以自己特有的汽车情怀，抗争图强，昂扬向上，为推动汽车工业又好又快发展，为实现人·车·社会和谐发展做出新的更大的贡献。

5.4.4.1　品牌内涵

中国一汽品牌内涵是：品质、技术、创新。品质承载责任，德者品高；技术创造优势，是品牌立足的根基；创新引领未来，创新是民族进步的灵魂，是国家兴旺发达的不竭动力。

5.4.4.2　核心理念

出汽车、出人才、出经验，促进人·车·社会和谐发展。

（1）出汽车，依托厚重积累，强化自主创新，掌握新知识、应用新技术、推出新产品，不断为用户制造满足需要、安全环保、品质卓越、服务至诚的成熟汽车产品，创造物有所值的生活享受。打造中国最优、世界知名的"中国一汽"品牌。

（2）出人才，以核心人才培养与引进为重点，通过体系化人才开发，培养具有科学决策能力、驾驭复杂经营能力和管理创新能力的领军人物；掌握技术攻关能力、创新创造能力和专业知识更新能力的专家团队；适应新技术、新工艺、新材料、新设备，身怀绝技的拔尖人才。打造一支忠诚一汽、挚爱事业、献身追求、奋发有为的员工队伍。

（3）出经验，传承一汽历史经验，创造具有一汽特色、激发员工潜能、提升核心竞争力的生产方式。造就最优的人文环境，稳健经营，做实企业，迎接世界汽车生产重心的转移。

促进人·车·社会和谐发展，承担车企责任，打造精品汽车，做"绿色未来"的积极实践者，做负责任的企业公民。

5.4.4.3　发展战略

指导思想——以用户为中心。积极推进产品开发和技术进步，推动生产力的发展；积极推进深化改革和强化管理，变革生产关系，进一步解放生产力；积极推进党的建设、思想政治工作创新和文化创新，以人为本，解放思想，转变观念，向意识形态的更新要效益。

指导方针——自主发展、开放合作。

发展思路——凝心聚力，统一思想；理清思路，统一目标；科学配置，统一资源。

发展步骤——生存、做实、做强、做大。

5.4.4.4　发展目标

（1）近期目标：力争用 3 年时间，使自主战线经营面貌明显改观，使自主产品竞争力明显改观。

（2）中期目标：实现以做强做大一汽自主事业为标志的第四次创业。

（3）长期目标：建设具有国际竞争力的自主一汽、实力一汽、和谐一汽。

5.4.5　上海汽车工业集团

上海汽车工业（集团）总公司是中国四大汽车集团之一，是国家重点扶持的汽车企业。2011 年，上汽集团整车销量超过 400 万辆，继续保持国内汽车市场领先优势，并以542.57 亿美元的合并销售收入，第七次入选《财富》杂志世界 500 强，排名第 151 位，比上年上升了 72 位。2014 年入选《财富》杂志世界 500 强，排名第 85 位，比 2013 年的 103 位上升 18 位。

5.4.5.1　集团愿景

为了用户满意，为了股东利益，为了社会和谐，上海汽车集团要建设成为品牌卓越、员工优秀、具有核心竞争能力和国际经营能力的汽车集团。为了实现这一美好愿景，上海汽车集团勤奋努力，勇往直前。上海汽车集团充分尊重和维护利益相关者的合

法权益，实现利益最大化，满足利益相关者需求，实现企业可持续发展。上海汽车集团肩负着发展经济和促进社会进步的双重使命，不仅对生态链上所有相关者的利益负责，还对社会负责，努力实现社会价值最大化。履行企业公民职责，为社会承担更多的义务，以整个社会的和谐发展保证企业的可持续发展。

核心价值观是 2000 年 12 月正式确立的，SAIC 价值观是上海汽车集团持续发展、做大做强的一面旗帜，是上海汽车集团统揽全局、协调各方的价值标准，是上海汽车集团联合重组、国际经营的文化名片，是上海汽车集团凝聚人心、集聚人才的精神支柱。

5.4.5.2 核心价值观（SAIC）

（1）满足用户需求（Satisfaction from Customer）。以客户为中心，满足客户需要的程度作为衡量工作成效的标准。上海汽车集团通过对汽车的设置精准满足客户的需求，确立围绕"满足用户需求"的服务理念及服务项目，坚持以"尊荣服务"为理念，为客户提供高贵典雅的展厅赏车服务及购车接待一条龙服务。

（2）提高创新能力（Advantage through Innovation）。深化对外合作，加快引进技术的消化吸收再创新，全力打造自主创新体系，提高自主开发能力，加快形成独立的、建立在高技术水平基础上的自主开发能力。

（3）集成全球资源（Internationalization in Operation）。不断增强合资企业本土化开发能力，坚持"引进来"和"走出去"并举的全球化发展战略，集成国内外技术资源。

（4）崇尚人本管理（Concentration on People）。人对了，世界就对了。完善人才"培养、引进、使用、激励"体系，不断提高人才工作科学化水平，打造一支素质优良、专业过硬、支撑发展的人才队伍，带动员工队伍素质能级的整体提升，为上海汽车集团可持续健康发展提供坚强的人才保证。

● **本章案例：富士康文化**

从 2010 年 1 月到 2010 年 5 月，富士康深圳园区的"十二连跳"事件，让世界的目光都聚焦到了它身上。人们在万分惊讶的同时又忍不住思考，制造业王者富士康企业的问题究竟出在哪里？2010 年 5 月中旬，一份 3000 字由卧底富士康的志愿者描写的调查报告在互联网上披露，列出了富士康存在的几大问题：超时加班、与员工签订霸王条款、工会制度形同虚设、保安人员管理方法粗暴、非法打骂和限制人身自由、歧视底层员工、工资偏低、缺乏归属感。

各类媒体纷纷报道，富士康的情况逐步显露在世人面前。

一、强制性的加班管理

一名富士康企业的前员工马丽群在接受中央电视台记者采访时印证了这份调查报

告的部分内容。马丽群说："如果都不加班，只领这份底薪，再扣除医疗、社会保险费用，实际上只有800多元。新进基层员工的底薪，其实只有1200元（折合新台币约5800元）。其他的，则要靠加班费和年终奖金，统算起来再除以12，才能得到2300元的月平均薪资。每个月开始，他给你签一个《加班同意契约书》。你签名，这个月你每次都得来加班；你要不签，这个月一小时加班都没有。"

这个看似简单的《加班同意契约书》，让一线工人处在两难的境地：要么一点都不加班，每个月只拿维持生活的基本工资。要么每天都加班，牺牲自己的休息时间，获得比在农村老家务农更高的报酬。与其说是《加班同意契约书》，不如看成《加班保证书》，这样能更清楚地让员工明白自己的"责任和义务"，也让应聘富士康企业的求职者明白："选择"这个权利在办理入职手续的那一天起就有可能不属于自己了。

二、粗暴的保安管理

强制加班虽然会产生抵抗情绪，但是还不至于激发矛盾。如果采用粗暴的管理方式来对待员工，那么就容易产生恶性冲突事件。

2010年5月网上流行一段视频，富士康北京厂区的保安集体殴打员工。后经北京富士康三期工厂的一名负责人证实，这段视频发生在2009年8月，但是他否认公司保安频繁以暴力方式对待员工，称公司保安部都会定期进行法制、纪律等方面的培训。

2012年9月23日，太原富士康工业园区发生打架事件，涉及2000多位员工，有40多名男性员工受伤。后来记者调查，有员工反映，"对于冲突爆发的具体原因，可能是3名山东籍员工喝了酒，在回厂房宿舍时，与巡逻的河南籍夜班保安发生口角，双方互爆粗口后发生肢体冲突，之后引发大规模冲突，冲突扩大至2000多人。"

从2009年8月到2012年9月，两年多过去了，保安和员工的冲突反而愈演愈烈，富士康对保安的法制、纪律培训并没有见效。作为富士康的掌门人郭台铭，似乎并没有把重点放在这上面，他在评价富士康时总说："四流员工，三流管理，三流设备，一流客户。"可见，郭台铭的第一焦点是客户。客户能带来订单，为企业的生存提供首要前提条件，但是完成客户订单的基本元素是人，人的因素没有解决好，即使订单再多，也会因为第一生产力（人）不能够正常发挥水平而让企业在发展的道路上步履蹒跚。

三、军事化的管理

前进的过程中步履蹒跚？军事化的管理可以让步伐变得整齐而又有力。

比亚迪的老板王传福回忆拜访郭台铭的情景时说，当时两人在房间里会谈，富士康各个部门的经理都站成一排守在门外，当谈到具体问题时郭台铭会喊负责此事的部门经理，随后就见一个人低着头走进来，汇报完毕后再毕恭毕敬地站在原地。

2006年6月中旬，《第一财经日报》发表一篇《富士康，机器罚你站24小时》的报道。文章披露了富士康的"12条军规"：

（1）车间里不允许说话，据说会影响效率；

（2）如果谁在楼梯上躺着睡觉，将被记过处理；

（3）上厕所不得超过五分钟；

（4）生产线上没有凳子，大多数作业员都必须站立工作；

（5）如果每月加班时数超过上限，超过部分为义务加班；

（6）无论有无货车经过，下班时必须从人行道回宿舍，不能走车道；

（7）下班后忘记拔电脑插头罚款1000元；

（8）调换部门时，员工电脑要被拆开三次，严格检查机型是否匹配；

（9）大部分会在周末或下班后的时间召开，不参与一律按旷工处理；

（10）严禁员工携带笔记本电脑、MP3、U盘等进入厂区。

富士康军事化管理的根源，是郭台铭早年的军旅生涯。正是这种以"治军之严来治企"的思维模式，让富士康得以高效率运转，急速扩张。然而，这种铁血管理所带来的光环却被连环跳楼事件打得破碎无比。让人重新思考，在21世纪以90后为主导的制造企业，是否仍然适用独裁式的高压管理模式来维持代工"领头羊"的地位？

四、永动轮式的管理

高压管理让有个性的员工变得烦躁不安，配以繁重的规律性的工作方式就可以改变这种现状。

《南方周末》那位在富士康卧底28天的记者是这样描写富士康的："在富士康工厂的生产线上，人人都是一颗面目模糊的螺丝钉。这家工厂的工人们用双手进行着世界上最尖端的电子产品的组装生产工作，不断刷新令人激动的贸易纪录，连续7年内地出口额排名第一。但是似乎在他们操纵机器的同时，机器也操纵了他们：零部件在流水线上的一个个环节中流过，加工成型；他们单一而纯粹的青春，也在机器的特有节奏中被消磨。""凌晨四点，我上完卫生间将耳朵贴在车间走廊的墙壁上，听到机器的隆隆声从四面传来，频率稳定不息，那是这家工厂的心跳。工人们每天就在这种固有频率的支配下工作、走路、吃饭，我此刻明白了为什么我在没有人催促的情况下也会在工厂的路上走得那么快，会在食堂里吃得那么急，虽然并不舒服。你就像每个零部件一样进入了这条流水线，顺从于那节奏，隶属于那凌晨四点的心跳，无法逃逸。"

富士康企业的前员工马丽群说："员工分两班轮班，交接时间是早上八点和晚上八点，扣除一小时吃饭，正好是八小时正班加三小时加班。基层员工每天就像机器一样做来做去，可以说被训练成一台机器。"

由此可见，在富士康里弥漫着辛勤工作和加班的文化氛围，而这种文化氛围就像一根擎天柱，支撑着富士康的整个价值体系。远远望去，整根柱子锈迹斑斑，散发着苍老的气息，让人感觉无比沉重，赋予员工的不是一双飞向未来的强劲翅膀，而是套在身上千斤重的枷锁。

● 点评

沉重的思想枷锁，去个性化的工作，高压的氛围，粗暴对待的管理，无条件接受的命令，构成一幅似曾相识的图，看着这幅原生态的写生画，不禁让人的思绪飞越到200多年前的工业革命时代。

回看富士康的管理方式，基本就是一个古典管理模式的现代版，粗糙且没有底蕴，员工唯一可以感受到是冷冰冰的机器和管理。

"整个社会都在鼓励苍狼式、游牧式、斯巴达式的经营模式，不少人都在鼓励、支持往一个扭曲的主流方向前进，部分厂商到其他国家、地区把人当狗管、对员工指东指西，这是一种赤裸裸、最原始、最暴力的管理方式，却被中国台湾及许多亚洲厂商拿来当成竞争的利器。"

根据经济发展的不同阶段，西方企业的基本信念和价值取向经历了三个阶段：

（1）最大利润价值观：把工人当作机器的原始资本积累阶段。

（2）经营管理价值观：把工人当作有各种需要的社会人阶段。

（3）企业社会互利价值观：以人为中心，以关怀人、爱护人的人本思想为导向，结合企业、员工和社会三者利益统筹思考平衡的阶段。

企业价值的排序问题不解决，企业迟早会陷入困境。企业价值排序是一个层层递进的序列。第一层是企业文化，如果没有企业文化就不能百年长青，第二层是企业价值观，第三层是企业伦理，即正确的价值排序，它是企业生存和生命的本质。如果企业没有认识到这一点，它最终会失去竞争力。

● 思考题

1. 富士康的管理方式当时为什么能成功？在当今社会是否应该改变？如果要改变，该如何改变？

2. 苍狼精神和人文精神的含义及区别是什么？该如何运用？

3. 价值观排序的重要意义是什么？

● 参考文献

[1] 黄享细. 爱立信企业文化研究 [D]. 广西大学商学院硕士学位论文，2005.

［2］赵丽芬. 管理理论与实务 ［M］. 北京：清华大学出版社，2010.

［3］徐大建. 企业伦理学 ［M］. 北京：北京大学出版社，2009.

［4］陈雷. 理解企业伦理 ［M］. 杭州：浙江大学出版社，2008.

［5］刘光明. 现代企业家与企业文化 ［M］. 北京：经济管理出版社，1997.

［6］周洁. 企业文化价值观体系的构建 ［D］. 昆明理工大学硕士学位论文，2006.

［7］杨辉. 传统伦理思想在企业文化建设中的作用 ［J］. 企业文化广场，2008（6）.

［8］卢敏东. 管理伦理视角下的我国和谐企业文化建设研究 ［D］. 长春理工大学硕士学位论文，2013.

［9］陈春花. 从理念到行为习惯：企业文化管理 ［M］. 北京：机械工业出版社，2011.

［10］王吉鹏. 企业文化建设：从文化建设到文化管理 ［M］. 北京：企业管理出版社，2013.

● **推荐读物**

［1］刘光明. 新商业伦理学 ［M］. 北京：经济管理出版社，2008.

［2］刘光明. 企业信用——伦理、文化、业绩等多重视角的研究 ［M］. 北京：经济管理出版社，2007.

第6章 工业文化的发展路径：
理念先行

● 章首案例：万向新能源汽车产业链

　　未来将取得怎样的发展成果，取决于当前的产业选择及行业布局。万向集团的选择就是，希望未来公司主营收入、净利润和员工个人收入后面能添个零。为什么这样说，是因为在万向集团前几十年的发展中，每到关键时候，都是这样说的，要在后面添个零，结果都实现了。而现在万向集团的选择就是准备在后面再添个零。

　　现在，万向集团的体量很大。特别是主营收入、员工个人收入，如果要在后面再添个零，不进入新能源汽车一块儿，是不可想象的。因为新能源汽车行业未来是高速增长的二三十年，市场总量是万亿级别的，更何况公司本身就有新能源汽车子公司呢？

　　万向集团的新能源汽车产业链布局，先是电池、电机、电控等零部件的布局。这个万向集团早都布局了，而且早在做了，故不多谈。集团公司早就在做锂电池生产，有中外合资的，也有自主研发的，还有A123。新能源汽车整车方面，有两个重点：一是万向电动汽车的客车生产，二是菲斯科。

　　从这些来看，万向集团对新能源汽车及其产业链的布局是很完整的。因此前面对这家公司的评价就是拥有新能源汽车整车及完整的产业链。

　　如果把这个大局完整地看了，那么就可以说，万向集团布局新能源汽车的整个局，已经基本浮出了水面。我们也可以说，万向集团在新能源汽车及其产业链上的布局，已经基本完成或接近完成，今后公司需要收购的倒不是特别多——只差纯电动家用汽车一环了。在收购了菲斯科之后，这一环甚至可以自主研发或者同菲斯科共同开发，当然也可以收购获得。今后公司只要按照这个大局来搞好生产和营销、整合好资源和市场，相信未来公司会在这一块儿取得较好的经营成果和很好的回报，这是第一点。

　　第二点，关于北汽。关于北汽的国资背景。尽管北汽现在不是国营企业，但它的背景就是国营企业。它的前身是1958年成立的"北京汽车制造厂"。北京吉普是20世纪六七十年代官员特别是部队军官的首选车型。

正因如此，北汽原本就与美国有接触，与菲斯科事先就有过协商。因为美国方面的因素，不愿意让这个新行业的新技术落入具有中国国企背景的企业之手，因此北汽没有参与竞标，可以说没有竞标的资格，否则北汽非竞标不可。

因此，如果未来北汽受让菲斯科的股权，一样会有美国因素的影响。即前面导致美国人不愿意让菲斯科的股权流入北汽之手的因素，今后一样会存在。这将导致北汽几乎不可能入主菲斯科。

而且，如果万向集团将菲斯科股权转手卖给北汽，将对万向集团在美国的并购产生致命的影响。前一二十年中，万向集团在美国的并购可谓顺风顺水，一路绿灯。原因就在于它是民企。如果美国人不愿意让菲斯科股权落入北汽之手，而万向集团帮北汽完成曲线收购的话，那么美国人会认为万向集团是有问题的，以后万向集团如果要在美国收购那些有先进技术储备的公司，美国会将万向集团作为国企一样对待。因为美国是个讲究信誉的社会，万向集团以自己的信誉去帮助北汽做美国人反对的事情，赔掉的一定是其在美国建立的20余年的信誉。那样的话，即使北汽给万向集团再多的钱，也不可能弥补万向集团的信誉损失。当然，北汽开出的价格也许比较具有诱惑性。但是我们相信万向集团高层是有眼光的，不会为了小利而损害自己的根本利益。因为对万向集团来说，掌握新能源汽车特别是家庭小汽车自主研发的核心技术，才是公司的最大利益。在此情况下，他们不可能轻易转手能够让他们掌握新能源汽车核心研发技术的菲斯科公司股权。他们自己目前特别需要且社会上特别紧缺的资源就在他们自己公司手中，然后有人判断他们会因此将这个股权转让出去，这一现象如果出现了，将是个不可思议的事件。除非鲁冠球和鲁伟鼎父子二人脑子都进水了。正因为如此，这一现象应该不会出现。因此，万向集团收购菲斯科的第一选择，就是自己经营，自主研发，自主恢复旧车型的生产和开发新的车型，然后顺势进入中国新能源汽车小车生产领域。这个才是它的最佳选择。万向集团转让菲斯科给中国国企有四个前提条件：

一是新能源汽车生产和研发技术已经过时。

二是万向集团已经掌握了新能源汽车自主研发的全面的核心技术。

三是美国政府和社会放宽向中国国企转向有关技术的限制（但这个在美国将中国作为竞争对手时，已经不太可能了）。

四是万向集团实在坚持不下去了，彻底搞不好了，只能出手。

只有在这四个条件同时出现时，万向集团才有可能把它的股权转让给北汽。而当万向集团手握菲斯科股权时，公司已经没有退路。因为经营不好，会影响到万向集团自身的市场声誉。因此，没有退路的万向集团，只会破釜沉舟，把菲斯科经营好。还有，万向集团手中握有的菲斯科的股份价值，远不止1.492亿美元。因为东风都愿意出价3.5亿美元了。未来这家公司只要做好整合，相信这部分资产还会大幅升值。

6.1　工业文化与结构优化理念

工业产业结构是指工业产业内部各工业产业的构成及其相互之间的联系和比例关系。在我国工业经济规模不断增长的同时，工业内部结构也得到了优化。各工业产业内部保持符合工业产业发展规律和内在联系的比率，保证各工业产业持续、协调发展，同时各工业产业之间协调发展。

主要依据工业产业技术经济关联的客观比例关系，遵循再生产过程比例性需求，促进国民经济各工业产业间的协调发展，使各工业产业发展与整个国民经济发展相适应。它遵循工业产业结构演化规律，通过技术进步，使工业产业结构整体素质和效率向更高层次不断演进的趋势和过程，通过政府的有关工业产业政策调整，影响工业产业结构变化的供给结构和需求结构，实现资源优化配置，推进工业产业结构向合理化和高级化发展。

6.1.1　工业产业的三个阶段

工业的发展史反映了传统工业化进程中工业结构变化的一般情况，并不代表着每个国家、每个地区都完全按照这种顺序去发展。比如，新中国成立后，在特定的历史条件下，就是先集中力量建立起一定的重工业基础，改革开放初期再回过来进行发展轻纺工业的"补课"，而现在则要以信息化带动工业化。

工业化的三个阶段：

（1）以轻工业为中心的发展阶段。像英国等欧洲发达国家的工业化过程是从纺织、粮食加工等轻工业起步的。

（2）以重化工业为中心的发展阶段。在这个阶段，化工、冶金、金属制品、电力等重化工业都有了很大发展，但发展最快的是化工、冶金等原材料工业。

（3）以工业高加工度化为中心的发展阶段。在重化工业发展阶段的后期，工业发展对原材料的依赖程度明显下降，机电工业的增长速度明显加快，这时对原材料的加工链条越来越长，零部件等中间产品在工业总产值中所占比重迅速增加，工业生产出现"迂回化"特点。

工业化进程的发展都是为了迎合社会的发展需求做出的选项，遵循一定的原则：坚持市场调节和政府引导相结合；以自主创新提升产业技术水平；坚持走新型工业化道

路；促进产业协调健康发展。

6.1.2　工业产业结构优化

工业产业结构优化是指通过工业产业调整，使各工业产业实现协调发展，并满足社会不断增长的需求的过程中合理化和高级化。工业产业结构高级化是通过技术进步，使工业产业结构整体素质和效率向更高层次不断演进的趋势和过程。工业产业结构优化结果将导致使用最少的资源和能源，达到获得最大的经济效益的目的，即获得最大的产出投入比。

（1）供给结构的优化。供给结构是指在一定价格条件下作为生产要素的资本、劳动力、技术、自然资源等在国民经济各工业产业间可以供应的比例，以及以这种供给关系为联结纽带的工业产业关联关系，供给结构包括资本（资金）结构。

（2）需求结构的优化。需求结构是指在一定的收入水平条件下，政府、企业、家庭或个人所能承担的对各工业产业产品或服务的需求比例，以及以这种需求为联结纽带的工业产业关联关系。

（3）国际贸易结构的优化。国际贸易结构是指国民经济各工业产业产品或服务的进出口比例，以及以这种进出口关系为联结纽带的工业产业关联关系。

（4）国际投资结构的优化。国际投资包括本国资本的流出，即本国企业在外国的投资（对外投资），以及外国资本的流入，即外国企业在本国的投资（外国投资或外来投资）。

6.1.3　工业产业结构优化升级

发展先进制造业、提高服务业比重和加强基础产业基础设施建设，是产业结构调整的重要任务，关键是全面增强自主创新能力，努力掌握核心技术和关键技术，增强科技成果转化能力，提升工业产业整体技术水平。

第一，工业结构的优化升级，其核心是社会生产技术基础更新所引发的工业产业结构的改进，即由技术的开发、引进、应用、扩散，引起高新技术工业产业发展和传统工业产业的更替、改造，这说明工业产业结构的优化升级是以技术创新为前提的。

第二，工业结构优化升级是增强工业结构转换能力的重要力量。在社会再生产过程中，工业结构协调化使技术有条件不断更新，促进工业结构不断更新并形成新的组合，增强传统工业产业向现代工业产业转换的能力，引起社会生产力发生质的飞跃，实现工业结构优化升级。

第三，工业结构优化升级是提高经济资源配置效率的客观要求。工业结构实质上可以看作是资源转换器。工业结构优化升级是这一资源转换器运转的效率和质量不断得到提高的基础。

第四，工业结构优化升级是实现经济增长的重要支撑力量。现代经济增长过程主要取决于工业结构的聚合效益，即工业间和工业内各部门间通过合理关联和组合，使组合后的整体功能大于单个工业或单个部门的功能之和。

各工业部门保持一定的比例关系，这是马克思社会资本再生产理论揭示的社会化大生产的客观必然性，是工业结构变动的普遍规律之一。包括三方面内容：

（1）工业结构合理化，即在现有技术基础上实现工业之间的协调。涉及工业间各种关系的协调，如各工业间在生产规模上比例关系的协调、工业间关联程度的提高等，还包括产值结构的协调、技术结构的协调、资产结构的协调和中间要素结构的协调。

（2）工业结构高度化，即工业结构根据经济发展的历史和逻辑序列从低级水平向高级水平的发展。包括在整个工业结构中由第一工业占优势比重逐级向第二工业、第三工业占优势比重演进；由劳动密集型工业占优势比重逐级向资金密集型工业、技术知识密集型工业占优势比重演进；由制造初级产品的工业占优势比重逐级向制造中间产品、最终产品的工业占优势比重演进。

（3）工业结构合理化和高度化的统一。工业结构合理化是工业结构高度化的基础；工业结构高度化是工业结构合理化的必然结果。推进工业结构优化升级是我国经济社会发展进程中的一项长期任务。

6.2　工业文化与市场营销理念

市场观念是行业处理自身与顾客关系之间关系的经营思想。市场营销观念是一种"以消费者需求为中心，以市场为出发点"的经营指导思想。营销观念认为，实现组织诸目标的关键在于正确确定目标市场的需要与欲望，并比竞争对手更有效、更有力地传送目标市场所期望满足的东西。

市场营销理念的产生是市场营销哲学的一种质的飞跃和革命，它不仅改变了传统的旧观念的逻辑思维方式，而且在经营策略和方法上也有很大突破。它要求行业营销管理贯彻"顾客至上"的原则，将管理重心放在善于发现和了解目标顾客的需要，并千方百计去满足它，从而实现行业目标。因此，行业在决定其生产经营时，必须进行市场调研，根据市场需求及行业本身条件选择目标市场，组织生产经营，最大限度地提高顾客

满意程度。

6.2.1　市场营销与市场竞争

营销的实质基本都是发现顾客需求、满足顾客需求、创造顾客需求。但是满足了顾客需求、创造了顾客需求，不一定能成功、不一定能发展下去。竞争拉动了需求，没有竞争，就没有需求。营销的第一个出发点是竞争，营销是竞争的利器，是争夺顾客的手段。行业经营一定要先关注行业内的竞争对手。顾客需求是在研究竞争对手的基础上进行的，这才有了现实存在的意义和价值。

营销创新能力是指行业内适应市场，在营销理念、策略、战略等方面不断创新，从而形成相对于对手的比较优势、为行业的长期营销活动提供持续发展和参与竞争的动力的能力。营销竞争力能力应满足四个方面的要求：

（1）有价值。营销竞争力必须能通过开发和利用营销机会，抵御营销威胁，增加行业价值。

（2）稀缺性。营销竞争力必须是全部或绝对多数竞争对手不具备的营销资源或技能。

（3）不可模仿性。行业的核心营销竞争力必须是竞争对手难以模仿的。否则，其稀缺性自然也就不具备了，竞争优势也相应丧失。

（4）不可替代性。作为核心能力必须没有战略上的等同物，核心营销能力上的等同物会被竞争对手利用，以抵消本行业由某一核心营销能力建立起来的竞争优势。

6.2.2　市场营销与市场份额

行业利润与市场份额之间存在矛盾。企业家有两种观念：只要利润，为了利润可以牺牲市场份额；只要份额，为了份额可以牺牲利润。对于行业而言，市场份额和利润似乎是两个相互矛盾的目标。一方面，"先要市场，再要利润"是不少企业家的策略。市场份额具有战略价值。另一方面，片面追求市场份额，常常导致行业经营业绩下滑，甚至面临破产的境地。

市场份额与市场机会。每一个机会里面都可能包含伤人的利器，对于今天的行业竞争而言，行业有丰富的产品线，可能有不同的产品，同一产品可能有不同的档次、不同的型号。要搞清楚行业产品线的分工是什么，哪些产品是带来利润的，哪些产品是留住份额的。

市场份额与行业做大做强。市场营销学中的"市场细分"是个很好用的方法。从细分市场这个角度而言，市场份额是两个东西，是每个行业都能做到的：要么不做，要做就做细分市场第一；要么不做，要做就做区域市场老大。能做到这两点，哪怕在再小的行业中也会成为强者。

6.2.3　市场营销的十大理念

知识营销指的是向大众传播新的科学技术以及它们对人们生活的影响，通过科普宣传，让消费者不仅知其然，而且知其所以然，重新建立新的产品概念，进而使消费者萌发对新产品的需要，达到拓宽市场的目的。

网络营销就是利用网络进行营销活动。当今世界信息发达，信息网络技术被广泛运用于生产经营的各个领域，尤其是在营销环节，形成网络营销。

绿色营销是指行业在整个营销过程中充分体现环保意识和社会意识，向消费者提供科学的、无污染的、有利于节约资源使用和符合良好社会道德准则的商品和服务，并采用无污染或少污染的生产和销售方式，引导并满足消费者有利于环境保护及身心健康的需求。

个性化营销，即行业把对人的关注、人的个性释放及人的个性需求的满足推到空前中心的地位，行业与市场逐步建立一种新型关系，建立消费者个人数据库和信息档案，与消费者建立更为个人化的联系，及时了解市场动向和顾客需求。

创新营销是行业成功的关键，行业经营的最佳策略就是抢在别人之前淘汰自己的产品，这种把创新理论运用到市场营销中的新做法，包括营销观念的创新、营销产品的创新、营销组织的创新和营销技术的创新。

整合营销是欧美 20 世纪 90 年代以消费者为导向的营销思想在传播领域的具体体现，起步于 20 世纪 90 年代，倡导者是美国的舒尔茨教授。这种理论是制造商和经销商营销思想上的整合，两者共同面向市场，协调使用各种不同的传播手段。

消费联盟是以消费者加盟和行业结盟为基础，以回报消费者利益的驱动机制的一种新型营销方式。

连锁经营渠道是一种纵向发展的垂直营销系统，是由生产者、批发商和零售商组成的统一联合体，它把现代化工业大生产的原理应用于商业经营，实现了大量生产和大量销售相结合，对传统营销渠道是一种挑战。

大市场营销是对传统市场营销组合战略的不断发展。该理论由美国营销学家菲利普·科特勒提出，他指出，行业为了进入特定的市场，并在那里从事业务经营。

综合市场营销沟通是一种市场营销沟通计划观念，即在计划中对不同的沟通形式，如一般性广告、直接反应广告、销售促进、公共关系等的战略地位做出估计，并通过对分散的信息加以综合，将以上形式结合起来，从而达到明确的、一致的及最大程度的沟通。

6.3　工业文化与工业品牌理念

品牌是文化的载体，文化凝结在品牌中。品牌本身是一个具有文化属性的概念，文化是品牌识别固有的一面，它是品牌的主要动力。品牌文化的建立与运营离不开企业文化的支持和依托。品牌的物质基础是产品，品牌的精神基础是企业文化。企业文化是品牌的灵魂。企业品牌文化建设：品牌文化主要是在企业销售的环节上建立起来的，主要面向企业外部，主体是物或可物化存在。企业文化是品牌价值实现的手段和保证。企业文化与品牌是企业核心竞争力形成的必要因素，但是企业文化强调内部，包含了价值观和管理的范畴，而品牌强调外部效应，基本属于经营的范畴。

6.3.1　工业文化与品牌理念

品牌的核心是文化，具体而言，是其蕴含的深刻的价值内涵和情感内涵，也就是品牌所凝练的价值观念、生活态度、审美情趣、个性修养、时尚品位和情感诉求等精神象征。在消费者心中，康氏作为一种大家熟知的刺绣商标，除了代表其商品的质量、性能及独特的市场定位以外，更代表着康氏自己的价值观、个性、品位、格调、生活方式和经营模式。品牌的塑造和宣传不仅建立在直接的产品利益上，而且建立在企业深刻的文化内涵上，维系消费者与品牌长期联系的就是独特的品牌形象和情感因素。

2014年7月，当82岁高龄的多米尼克·夏代尔博士（Dr. Dominique Xardel）出现在上海外滩给企业家授课时，强调非常重要的一点就是成功的企业家应该是最佳的沟通者，这些CEO以后可能会被称呼为CBO，就是首席品牌官。乔布斯、张瑞敏、Christian Dior、Coco Chanel等，他们都有非常强势的性格，他们的公司已经深深打上了他们个人的烙印。多米尼克·夏代尔博士被业界誉为"欧洲品牌教父"，是管理、品牌及市场营销的权威专家，许多来自世界500强企业的总裁都向他请教过品牌经营的方法，爱马仕大中华区总裁曹伟明曾受到其点拨、影响，至今两人保持着深厚的感情。

成功品牌理念必须具备四大要素：

第一点：不仅仅是奢侈品牌，对于任何一个品牌来讲，想要获得成功，先要做到的就是真正了解客户，一定要去倾听客户的需求。一旦对潜在客户群有了充分的了解，再对企业自身的客户进行深入的挖掘、掌握所有相关的信息，企业就有机会能够获得成功。因此，市场调研是非常重要的。能够帮助企业拨开云雾，看到企业的潜在客户、潜在对象的行为模式、他们的期望和期待。

第二点：在奢侈品领域，一个品牌的立足点就是企业产品的可靠性。做品牌是需要时间的，才能建立一个强大的并且可靠的品牌。在奢侈品行业，许多品牌都有百年或者上百年历史，不可能是一夜之间一蹴而就的，必须要花费很长时间去慢慢耕耘。所以要立足于长远，立足于优秀，这两点是相辅相成的。当然，企业寻求利润，这是生意之本，但是一定要确保有一个长远的目标，花 20 年、25 年，甚至更长的时间让你的品牌为众人皆知，而且得到众人的信任。

第三点：始终保持长效的沟通。一定要定期地、重复地、持之以恒地去做。一旦停止沟通，那么企业的品牌就可能逐渐淡出人们的视线。所以企业必须日复一日、周复一周、年复一年地去做这种沟通，永远都不能停止向你的客户、向你的市场做沟通的工作。

第四点：要走上国际舞台，沟通语言最为关键，当然有个翻译，事情也可以正常进行，但是会花双倍甚至更多倍的时间去解决一个很简单的事情，浪费了时间也就浪费了机会成本。即便已经四五十岁了，也应该去把英语学起来。这就和计算机一样，是一个工具，必须要把英语学好，你才能确保沟通的无障碍。

6.3.2 品牌理念与行业软实力

只有品牌才能把文化、市场、企业三者有机结合起来，利用好品牌，才能够更加有效地发挥文化资源创造社会财富的作用。品牌是企业做大做强的利器，也是集聚"软资源"、落实"硬指标"的抓手，更是企业实现"转型发展、创新驱动"的一个重要法宝。

软实力一词由美国哈佛大学肯尼迪学院院长、美国前国防部长 Joseph Nye 提出，意指国际软实力，其含义是指在国际政治领域中，通过非强制性的文化、理念和政策等无形的力量来影响其他国家人民的行为能力。Nye 提出，软实力是一种"使他人产生与己相同偏好"的能力，是一种"建立偏好"的能力。这种能力更倾向于同无形的资源相联系，如文化、意识形态和制度。

品牌价值是利益相关者基于对品牌的感知，进而产生对行业理念以及经营行为等的价值认同，表现出对行业的支持行为，从而给品牌带来价值。品牌代表的是整个组织，并不只是产品。品牌理念的核心价值具有两项基本特征：个性鲜明、与众不同，即高度差异化。品牌的一项基本功能就是产品和服务的识别，与众不同才能引起关注；拨动消费者的心弦，人性化的核心价值具有很强的感染力，能够引起消费者的共鸣，使其产生认同并喜爱品牌。

打造工业文化品牌，提升工业软实力：首先，培育行业品牌，突出自身的差异性，做好特色建设，突出与强化自己最强的能力，创造品牌优势。其次，提高公众对行业的

期望值，使公众看到这家行业发展的美好前景，对社会做出必要的品牌承诺，不断强化社会对行业的信任感。再次，强化行业的"黏性力量"，培育出品牌文化，能够使公众对行业品牌产生亲近感。最后，加强行业公关，提高行业的人气指数，增加社会认同的力量。经营行业品牌需要整体协同，全面实施行业品牌战略方针，增强行业品牌的影响力，最终实现品牌资产的最大化。

行业软实力是行业在市场竞争中相对于经济实力、设备、技术等硬性竞争力的软性竞争力总和。相对于硬实力，软实力难以复制，且软实力形成的竞争优势持续时间更久。品牌价值的提升，带给利益相关者更多的积极感知、认同、信任，进而上升到价值认同带来行业软实力的提升，品牌价值是行业的无形价值，是整个组织的优势体现。这两者的形成过程交叉重叠，同时品牌价值也是行业软实力的集中体现，两者相互促进。

6.3.3　品牌理念与知名美誉度

品牌知名度是指潜在购买者认识到或记起某一品牌是某类产品的能力，涉及产品类别与品牌的联系。品牌知名度被分为三个明显不同的层次，最低层次是品牌识别。这是根据提供帮助的记忆测试确定的，如通过电话调查，给出特定产品种类的一系列品牌名称，要求被调查者说出他们以前听说过哪些品牌。虽然需要将品牌与产品种类相联系，但其间的联系不必太密切。品牌识别是品牌知名度的最低水平，但在购买者选购品牌时却是至关重要的。一个企业的产品仅有知名度和信誉度远远不够，还必须要有美誉度，能随时满足用户的各种要求，使消费者有口皆碑。

品牌美誉度是品牌力的组成部分之一，它是市场中人们对某一品牌的好感和信任程度，也是企业形象塑造的重要组成部分。品牌知名度只是品牌美誉度的一个组成部分，有很多消费者知道企业品牌但并不一定认定企业品牌具有很高的美誉度；反过来，企业一旦具有很高的美誉度，那么其知名度一定很高。

企业往往通过广告宣传等途径来实现品牌的知名度，而美誉度反映的则是消费者在综合自己的使用经验和接触到的多种品牌信息后对品牌价值认定的程度，它不能靠广告宣传来实现，美誉度往往是消费者的心理感受，是形成消费者忠诚度的重要因素。这关系到产品的硬文化，受到消费者的喜欢是一方面，还要让消费者感受到产品带来的长远效益，所谓的产品价值。

6.4　工业文化与资本运营理念

资本运营是指利用市场法则，通过资本本身的技巧性运作或按照资本自有的规律运作，实现价值增值、效益增长的一种经营方式。资本运营是国内行业界的创造，在口碑相传的演绎中已成为一种以小变大、以无生有的诀窍和手段。资本运营也叫资本运作，就是利用资本市场，通过买卖（经营）行业、资产或者其他各种形式的证券、票据而赚钱的经营活动。

资本运营理念是行业资本运营者从事资本运营所必备的价值观念、思维方式和行为准则的综合。对资本运营理念的研究，对于正确塑造和影响行业资本运营者的精神世界至关重要。资本运营理念是一种企业管理理念的创新，奈斯比特的资本运营和价值链重整的思想为企业带来新的发展机遇，使企业在机遇和挑战共存的知识经济时代里得到更大发展。

6.4.1　资本运营特点

资本运营是指围绕资本保值增值进行经营管理，把资本收益作为管理的核心，实现资本盈利能力最大化。相对于生产经营来说，资本运营是以资本导向为中心的行业运作机制，是以价值形态为主的管理，重视资本的支配和使用而非占有，资本运营是一种开放式经营，注重资本的流动性，通过资本组合回避经营风险，是一种结构优化式经营。

（1）资本运营的流动性。资本是能够带来价值增值的价值，资本的闲置就是资本的损失，资本是有时间价值的。

（2）资本运营的增值性。实现资本增值，这是资本运营的本质要求，是资本的内在特征。资本流动与重组的目的是实现资本增值的最大化。

（3）资本运营的不确定性。资本运营活动中，风险的不确定性与利益并存。任何投资活动都是某种风险的资本投入，不存在无风险的投资和收益。

资本运营除了上述的三个主要特征外，还具有资本运营的价值性、市场性和相对性特征。

6.4.2 资本运营战略

企业资本运营战略，是指企业在市场经济条件下，为了谋求生存与发展，以企业战略为指导，在对企业外部环境和内部条件分析的基础上，对企业兼并、收购、参股、控股或其他以股权为运用对象的重大经营活动所做出的谋划与决策。

根据资本运营战略理论，资本运营战略模式包括资本扩张、资本稳定和资本收缩三种。在资本扩张模式下，运作方式主要有股票上市、兼并与收购、战略联盟等。在资本收缩模式下，运作方式主要包括资产剥离、股票回购、行业分立等。

（1）发展型资本运营战略。包括集中发展型资本战略、同心多样化资本运营战略、纵向一体化资本运营战略、横向一体化资本运营战略、复合多样化资本运营战略。

（2）稳定型资本运营战略。稳定型资本运营战略具有如下特点：行业满足于过去的效益水平，决定持续追求与过去相同或相似的目标；每年所期望取得的成就，按大体相同的比例增长；行业用基本相同的产品或劳务为顾客服务。

（3）紧缩型资本运营战略。当行业的经营状况、资源条件不能适应外部环境的变化，难以为行业带来满意的收益以至威胁行业的生存和发展时，行业常常采取收缩战略。收缩战略有四种类型：抽资战略、转向战略、放弃战略、清算战略。

（4）组合战略。组合战略包括同时组合和顺序组合。资产重组的方式主要有股份制改造、资产置换、债务重组、债转股、破产重组等。资产重组是指对一定行业重组范围内的资产进行分拆、整合或优化组合的活动，是优化资本结构、达到资源合理配置的资本运营方式，资产重组的实质是对行业资源的重新配置。

6.4.3 资本运营是行业制胜法宝

整合资本的基础是资本运营。海尔总裁张瑞敏说：你手上有了别人想要的资源，就可以调动、利用、支配别人的资源了。关键是你手上有什么资源是别人想要的。不仅渠道可以交换，而且生产、研发也可以交换。手上有别人想要的资源，就可以调动、利用、支配别人的资源。凡是行业内可利用的运营资源都要资本化，凡是行业内可运用的资本都要通过流动来实现价值增值最大化。

企业和政府同样需要整合资源，以促进地区的发展。企业整合资源有两个层次：一个是低层次的，就是把已有的资源用好；另一个是高层次的，在企业的发展过程中有效地获得所需要的外部资源。政府也包括这两个层次。首先，政府将已有的资源用好。其次，吸引各种资源、人才，像企业一样要整合资源，从某种意义上说，世界上看来不相干的事，其实都是相互关联的。

从企业运营方式的角度来看，资本运营可以优化企业的资本结构，带动企业迅速打开市场，拓展销售渠道，让企业获得先进生产技术和管理技术，同时，发现新的商业机会，给企业带来大量资金。将自己所拥有的一切有形和无形的存量资本通过流动、优化配置等各种方式进行有效运营，变为可以增值的活化资本，以最大限度地实现资本增值目标。企业在资本运营过程中，不仅注重利润和股东权益的最大化，更重视企业价值的最大化。通过以货币化的资产为主要对象的购买、出售、转让、兼并、托管等活动，实现资源优化配置，从而达到利益最大化。

6.5　工业文化与人本理念

最传统的人本理念主要是针对顾客的，随着时代的发展，不仅要关注顾客的满意需求，还要顾及行业内员工、股东和供销商等利益相关者的利益。综合考虑，为不同环节的人创造价值。

6.5.1　人本理念与顾客

工业经营最主要的就是满足顾客的需求，创造顾客价值，才能获得更大的利益。"以客户为导向"是一种思维模式，优秀的企业总是将客户满意作为企业价值观不可或缺的内容。致力于为客户提供顶尖的设计、一流的品质、快捷的服务，客户需求是一个企业的出发点。想客户所想，通过挖掘客户的需求、发现客户的需求进而实现客户的需求。把它的思想理念传达给每一位员工，提高每一位员工的责任感和协调率，在客户期望的时间内，提供符合客户期望的产品与服务，提升客户满意度。

在现今买方市场的环境中，早已不是企业老板给了企业员工"工作保障"，也不是员工给了老板发财的机会。而是企业的"衣食父母"——顾客给了企业老板和员工"工作保障"。因此，企业老板和员工都不得不退居第二，企业必须先服务顾客，为顾客创造价值，并使顾客满意。

顾客满意与顾客忠诚。满意是买之前的感觉与买之后的感觉的差别，买之前有预期，买之后超出预期，就是满意，纯属感觉。忠诚是实实在在的，忠诚是重复购买率和转介绍率。高的顾客满意度并没有带来高的顾客忠诚度。不一定顾客满意的时候才是最忠诚的。只有顾客没有选择余地的时候才是最忠诚的。所以这时企业努力经营的方向就

变得很简单了，变成持续不断地超越竞争对手，始终比对手好那么一点点，让顾客没有选择余地，让他的需求不得不落在你的身上，他才是最忠诚的。

6.5.2 人本理念与员工

海尔集团认为，优秀的产品是优秀的人干出来的。只有发挥员工的积极性创造性，才能创出知名品牌，才能使企业保持旺盛的生命力和竞争力。海尔为每一个员工提供公平展示才能和平等竞争的舞台，因为海尔深刻认识到企业的发展壮大人是最根本的，第一是人，第二是人，第三还是人，提出了"人人是人才"、"赛马不相马"，把每个员工都视为企业发展的可用之材。张瑞敏指出，作为一个企业领导者，可以不知道下属的短处，但不能不知道他的长处，要用人之长，并给他们发挥才能的条件，"你能翻多大跟头，我就给你搭多大的舞台"。人人尊重知识、尊重人才，人人学习知识、争当人才，是推动海尔集团不断创新、在竞争中获胜的源泉。

每一名员工都是企业这条大河的活水源头。海尔人认为，如果把企业比作一条大河，每个员工都是这条大河的源头。员工的积极性应像喷泉一样，喷涌而出，而不是靠压或抽出来的。小河是市场、用户。员工有活力，必然会生产出高质量的产品，提供优质的服务，用户必然愿意买企业的产品，涓涓小河必然汇入大河。从这个角度来说，员工的钱是用户给的，不是企业给的，只有为用户服务，才能得到这个回报。他们设立了"合理化建议奖"，要求每个员工达到"日清日高"的工作目标质量要求外，一年内须有三条合理化建议被采纳。他们设立了"合理化建议奖"，鼓励员工对企业生产经营管理提出意见和建议，发挥员工的"主人翁"精神，大大激发了员工参政议政的积极性。

民主观念是企业领导在决策时处理与下属以及职工关系的经营思想。决策是企业经营的核心问题，现代企业的经营决策要科学化、民主化。企业的广大职工中蕴藏着丰富的想象力和创造力，企业领导者如何把这种想象力和创造力激发出来，予以提炼，是民主观念的核心。

6.5.3 人本理念与股东、供销商等利益相关者

合作共赢是提高整个产业链的整体优势，是企业立足市场、发展市场的基础。与经销商和供应商长期共存，相互信任，达到共赢的局面，共同成长。

（1）与股东的共赢。股东创立企业的目的在于扩大财富，他们是企业的所有者，因此企业价值必然要对股东承担责任，为股东带来利益。股东利益最大化与企业履行社会责任相辅相成。企业作为代理人对股东的责任，是使股东利益最大化。履行社会责任和

"股东财富最大化"并不矛盾，这两者是相辅相成的。一个具备持续发展能力和竞争力的企业需要依靠一套有效的企业制度和治理机制，因此一个能真正关注公司长远发展、关心全体股东利益、运作到位的董事会是企业的核心能量。追求股价拉升、赢得市场高位估值的前提是要抓好公司自身的经营管理，创造公司内在的投资价值。

（2）与供应商的共赢。尊重供应商的权益，与供应商建立战略伙伴关系，共同为用户创造更大的价值。价值链对企业的发展至关重要。一直以来，将供应商纳为自己产业的组成部分是很重要的。专门成立物控部，负责管理行业的采购和供货商。建立供方关系的管理系统，将产品的开发、选择、评审和管理要求、过程明白无误地传递给供应商，并且加强自身对其完善程度的了解和认知。

（3）与经销商的共赢。行业内产品要想进入终端完成销售，除了自有渠道外，更重要的是要依靠经销商。经销商这个在中国市场上既传统又中坚的渠道力量，在遭遇渠道扁平化浪潮和新生渠道力量的考验下，不断改革创新，在大浪中求得生存，对行业的重要性不言而喻。

生产链管理中应该把经销商视为自己的重要组成部分和环节，承认其价值贡献。把行业的核心价值理念传递给每一位经销商，在共同的理念、共同的想法、共同的经营方式下，共同完成使命和任务。经销商也应把自己的利益与行业利益归为一体，共同成长，共同发展。

6.6　工业文化与质量标准化理念

生产与质量管理是企业经营管理基本的、重要的内容。生产与质量管理是企业经营运转系统的中间环节，对提高运营效率、节约成本、提高综合竞争力、扩大经营规模、做强做大起到重要作用。生产管理系统由管理部门、管理岗位、工作管理制度和对与生产活动相关的人、财、物的管理内容构成。它包括生产计划、技术、设备、工艺，产品生产、质量、安全等环节的管理人财物的技术、方法、手段和措施。管理的目的就是要确保生产系统高效、安全运转，保质、按计划、按要求缩小差距，提高竞争力，注重学习吸收国际上先进的管理理念和管理方法，并在学习、消化的基础上结合企业自身实际进行管理创新。国内一大批企业生产与质量的管理水平和竞争力大大提高，经营规模实现迅速扩张，成为了积极进行管理创新的受益者、行业的领先者。

6.6.1　质量标准化衡量指标

完整的产品质量标准包括技术标准和管理标准两个方面：

（1）技术标准是对技术活动中需要统一协调的事物制定的技术准则。根据其内容不同，技术标准又可分解为：基础标准、产品标准和方法标准三方面的内容。

1）基础标准是标准化工作的基础，是制定产品标准和其他标准的依据。常用的基础标准主要有：通用科学技术语言标准；精度与互换性标准；结构要素标准；实现产品系列化和保证配套关系的标准；材料方面的标准等。

2）产品标准是指对产品质量和规格等方面所做的统一规定，它是衡量产品质量的依据。产品标准的内容一般包括：产品的类型、品种和结构形式；产品的主要技术性能指标；产品的包装、贮运、保管规则；产品的操作方法说明、使用注意事项说明等。

3）方法标准是指以提高工作效率和保证工作质量为目的，对生产经营活动中的主要工作程序、操作规则和方法的统一规定。它主要包括检查和评定产品质量的方法标准、统一的作业程序标准和各种业务流程与工作程序标准或质量要求等。

（2）所谓管理标准是指为了达到质量目标，而对企业中重复出现的管理工作所规定的行动准则。它是企业组织和管理生产经营活动的依据和手段。管理标准一般包括以下内容：

1）生产经营工作标准是对生产经营活动具体工作的程序、办事守则、职责范围、控制方法等的具体规定。

2）管理业务标准是对企业各管理部门的各种管理业务工作要求的具体规定。

3）技术管理标准是为有效进行技术管理活动，推动企业技术进步而做出的必须遵守的准则。

4）经济管理标准是指对企业的各种经济管理活动进行协调处理所做出的各种工作准则或要求。

6.6.2　确立全新的质量管理观念

质量标准化理念就是要求最大限度地向客户提供质量过关的、满足其需求的产品和服务。也就是说，通过一系列卓有成效的方法，使行业内部的各个系统协调运转，最经济地生产或提供适应顾客要求的高质量的产品和服务。随着社会主义市场经济的建设与发展，人们的质量意识不断增强，质量观念也在不断变化，这无疑又对企业提出了更高要求。尤其是在市场竞争日益激烈的情况下，企业不仅要具有强烈的质量意识，更重要的是还必须根据复杂多变的市场不断更新质量观念。

确立动态的质量观念。市场的发展变化是一个动态过程，人们的需要随着生活水平的提高也在不断变化，加之产品更新换代的周期越来越短，这就要求企业必须要确立动态的质量观念，并根据市场的变化规律，适时确定和调整质量标准，从而使产品能最大限度地满足顾客的需要。

确立"有魅力"的质量观念。只具备基本性能的产品，并不一定销路就好，因为人们在购买商品时，除了了解商品的基本性能外，还要考虑其外观、包装及售后服务等。这些直接刺激顾客购买欲望的因素，被称为"有魅力"的质量因素，其越来越显示出明显的竞争优势，并已成为提高企业竞争力的重要手段。

确立第二次竞争的质量观念。行业内在提高产品质量的同时，还必须重视第二次竞争，加大销售和售后服务方面的投入，因为良好的服务是产品质量的延伸，在这方面的投入终会得到加倍的回报。

6.6.3　建立科学的质量管理制度

仅加强质量意识是不行的，还必须要有科学的质量标准和严格的管理制度做保证。这就要求整个行业从实际出发，制定科学的质量管理标准，并通过一系列质量管理制度，有效地保证质量管理目标的实现。

（1）建立完善的质量控制系统。企业生产过程是物质转化过程，在这个过程中，需要将多种生产要素有机地结合起来，按一定的程序和规律进行转化。在制定基本制度时，既要考虑行业的整体目标，又要关注生产过程的每一个环节。制度具有权威性和稳定性，一旦确定不能随意更改和变动。要使企业人员真正懂得制度是维系质量的根本保证，并把执行规章制度作为自觉的行动。企业全体成员都要熟悉本岗位的规章制度，人人都知道在自己的岗位上应该干什么、怎么干、达到什么样的质量标准。

（2）建立质量评估调整制度。建立完善的质量评估调整制度，是现代企业顺应市场经济发展的必然要求。由于市场经济的运行发展是一个动态过程，因而也就决定了质量的标准不能总停留在一个基准线上，这就要求企业根据市场的发展变化，不断对质量标准进行评估，及时调整确立相应的质量标准，从而保证企业的质量管理始终能在高起点上运作。

（3）建立与质量工效挂钩的工资制度。这是保证企业实现质量管理目标行之有效的手段。质量工效与工资挂钩真正体现按劳取酬和多劳多得的分配原则，从而更加充分地调动全体人员工作的积极性，并能使其把企业的利益同自身的利益联系起来，自觉地把自己置身于全面质量管理的活动中，要充分体现责任、效率、利益等内容。

6.7 工业文化与生态工业理念

社会观念是企业处理自身发展之间关系的经营思想。社会观念的本质就是谋求企业与社会的共同发展。企业的发展为社会做出了贡献，社会的发展又为企业的发展创造了一个良好的外部环境，所以也称为生态平衡观念。推而广之，生态观念是指企业与所有利益相关者互惠互利、共同发展。生态理念是指人类对于自然环境和包括小城镇在内的社会环境的生态保护和生态发展观念，涉及人类与自然环境、社会环境的相互关系。

6.7.1 生态文明是工业存亡的变革

生态理念是人类文明发展理念、道路和模式的重大进步。生态理念的兴起涉及生产方式、生活方式和价值观念的多方面变革，是人类社会的全新选择。从广义角度来看，生态文明是人类社会继原始文明、农业文明、工业文明后的新型文明形态。它以人与自然协调发展为基本准则，建立新型的生态、技术、经济、社会、法制和文化制度机制，实现经济、社会、自然环境的可持续发展，强调从技术、经济、社会、法制和文化各个方面对传统工业文明和整个社会进行调整和变革。从狭义角度来看，生态文明是与物质文明、政治文明和精神文明并列的文明形式之一，着重强调人类在处理与自然的关系时所要遵循的基本行为准则以及所达到的文明程度。不论从广义角度还是从狭义角度，生态文明都离不开人与自然的和谐共生。

（1）核心理念。生态理念的核心理念是"人与自然和谐共生"，它认为不仅人有价值，自然也有价值；不仅人依靠自然，所有生命都依靠自然。生态文明的核心理念基于一个科学常识之上，即：人类生存于自然生态系统之内，人类社会经济系统是自然生态的子系统。生态系统的破坏将会导致人类的毁灭。因此，人类要尊重生命和自然界，同其他生命共享一个地球，在发展的过程中注重人性与生态性的全面统一。生态理念强调人与自然协调发展，强调以人为本和以生态为本的统一，强调"天人合一"，强调人类发展要服从生态规律，最终实现人与自然的和谐共生。

（2）制度层面。在制度层面，生态理念充分考虑生态系统的要求，发展中始终贯彻"生态优先"的原则，通过完善制度和政策体系，规范人类的社会活动，实现传统市场体制和政府管理体制的转型，核心是通过强化生态文化教育制度、落实生态环境保护法治、建立生态经济激励制度等，为人与自然的和谐共生提供制度和政策保障。

（3）物质层面。在物质层面，生态理念倡导有节制地积累物质财富，选择一种既满足人类自身需要，又不损毁自然环境的健全发展，使经济保持可持续增长。在生产方式上，转变传统工业化生产方式，提倡清洁生产；在生活方式上，适度消费，追求基本生活需要的满足，崇尚精神和文化的享受。

6.7.2　协调人与自然的关系，积极应对环境污染

1999 年 1 月在达沃斯世界经济论坛年会上，联合国前秘书长科菲·安南提出"全球契约"计划，并于 2000 年 7 月在联合国总部正式启动。"全球契约"包含了号召企业实施循环经济的理念。安南向全世界企业领导呼吁，遵守有共同价值的标准，实施一整套必要的社会规则。世界环境与发展组织大力响应了这一号召。

自然净化是一笔巨大的财富，为了保护和利用这笔巨大财富，一要减少废弃物排放，使它限制在生态过程允许的限度内；二要通过合理布局，可以利用大气、水体对污染物质的稀释、扩散和分解作用；三要增加绿地面积，充分利用植物净化空气和土壤的作用；四要兴建生态工程，培育和选择去污能力较强的生物品种，实现清除土壤和水体污染物质的作用。

6.7.3　建设节约型社会，积极应对环境污染

在我国工业化进程中，由于没有重视生态环境和经济发展之间的相互关系，造成了环境的污染和生态的恶化，反过来又影响了社会经济和企业自身的发展。正如恩格斯所指出的："我们不要过分陶醉于我们对自然界的胜利。对于每一次这样的胜利，自然界都报复了我们。"因此，企业的发展必须与环境保护同步进行，企业应重视经济与环境的协调发展。冶金及有色金属工业企业、建材工业企业、化工企业、机械工业企业、轻工企业都应根据本企业的特点，制定有效的环保措施，使企业生产与环境保护协同发展，走节能减排的道路。

企业转变经济增长方式，共同建立节约型社会。转变经济增长方式，建设节约型社会，实现可持续发展，是总结现代化建设经验、从我国国情出发提出的一项重大决策。我国是一个人口众多、资源相对不足、生态先天脆弱的发展中国家。随着经济快速增长和人口不断增加，努力缓解资源不足的矛盾，不断改善生态环境，实现可持续发展，已经成为十分紧迫的任务。长期以来，我国高度重视节约型社会建设，取得了显著成效。

建设节约型社会，就要树立和落实科学发展观，坚持资源开发与节约并重、把节约放在首位的方针，紧紧围绕实现经济增长方式的根本性转变，以提高资源利用效率为核

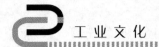
心，以节能、节水、节材、节地、资源综合利用和发展循环经济为重点，加快结构调整，推进技术进步，加强法制建设，完善政策措施，强化节约意识，尽快建立健全促进节约型社会建设的体制和机制，逐步形成节约型的增长方式和消费模式，以资源的高效利用促进经济社会可持续发展。

"强本而节用，则天不能贫"。坚持勤俭节约，加快建设资源节约型和环境友好型工业环境，不仅是现代化建设的迫切要求，也是中华民族的优良传统；不仅是经济发展的客观需要，也是和谐社会建设和社会主义精神文明建设的必然要求。要在全社会形成崇尚节俭、合理消费、适度消费的理念，用节约资源的消费理念引导消费方式的变革，逐步形成文明、节约的行为模式，形成人人为建设节约型社会尽责、人人为建设节约型社会出力的良好风尚。

6.8　工业文化与可持续发展理念

可持续发展理念是组织处理自身近期利益与长远发展关系的经营理念。近期利益和长远发展是一对矛盾统一体，商品生产的特点是扩大再生产，然而又不能不考虑投资者和职工的当前利益。企业领导者如何兼顾这对矛盾，是长远观念的核心。行业一定要实现长期的生存与发展。世界 500 强企业大多具有数十年甚至上百年的历史。我国民营企业的平均寿命却越来越短。往往创业之初轰轰烈烈，几年之后就销声匿迹了，没有实现企业的长期生存与发展。

美国斯坦福大学商学院研究所的柯林斯教授等出版的《基业长青》里有一句话讲得很到位：企业利润就像人体需要的氧气、食物和水一样，没有它们就没有生命，但是这些不是生命的目的和意义。现代管理学之父德鲁克讲得好：那些仅仅把眼光盯在利润上的企业总会有一天没有利润可赚。著名高尔夫球手泰戈·武兹讲得好：我从来都不想赚多少钱，我只需要成为高尔夫球行业数一数二的高手，钱一定会追着我来的。

6.8.1　可持续发展与核心竞争力

核心竞争力是群体或团队中根深蒂固、互相弥补的一系列技能和知识的组合，借助该能力，能够以世界一流水平实施一到多项核心流程。企业核心竞争力是企业长期形成的，蕴含于企业内质中的，企业独具的，支撑企业过去、现在和未来的竞争优势，并使企业在竞争环境中能够长时间取得主动的核心能力。无论是应对当前危机，还是保持可持续发展，核心问题是竞争力。要实现企业的生存和发展，核心竞争力是关键。

6.8.1.1 提升工业核心竞争力促进工业价值的可持续发展

促进工业经济、政治价值的可持续发展。增强工业经济活动效率尤其是资源的控制转化能力。

促进工业文化、社会价值的可持续发展。提升工业文化品味，强化工业文化形象，传承创新工业文化资源，提升工业文化形象，强化工业文化的精神动力和智力支持作用。

6.8.1.2 提升工业核心竞争力促进人的全面可持续发展

促进人的关系、需求的全面可持续发展，不断丰富人与社会的关系。不断协调人与自然的关系，使人与自然和谐相处、共荣共进。

6.8.1.3 提升工业核心竞争力，促进人与自然关系的持续改善

促进人与自然关系的认识由对立向统一的持续转变，提升工业核心竞争力的这种主张成为其高度适应工业可持续发展要求的重要内质，促进了人类更加深刻认识到人与自然的关系并不是分裂对峙的两极，而是有机统一的一体。

6.8.2 可持续发展与工业社会责任

所谓企业社会责任，是指企业及其经营者在传统的追求企业利润最大化以确保股东利益最大化的经济责任之外，对企业的非股东利益相关者所负有的、旨在维护和增进社会公益的社会义务。它在性质上既包括法律上的义务也包括道德上的义务，而在具体内容方面则包括对雇员的责任、对消费者的责任、对债权人的责任、对环境和资源的责任、对社会福利和公益事业的责任等。随着企业社会责任观念的逐渐普及，企业社会责任的外延逐渐扩大，越来越多的国际组织和学者将保障企业的经济效益视为企业社会责任的当然组成部分。

企业社会责任有利于实现企业与社会环境的和谐统一。企业与利益相关主体的关系，尤其是企业与雇员的关系，在一定意义上是基于不同分工和共同需求而形成的共同体，从这个视角出发，可以明确企业社会责任的内涵。可持续发展观念与工业社会责任的承担具有共同性。我国传统和谐理念的内涵就是提倡"天人合一"，即人与自然和谐相处、人与社会和谐相处。企业"统一体"观念的一个重要方面就是实现企业与自然、社会的和谐相处。企业只有持"统一体"观念以长期的、合作的态度与社会成员和谐相处，处理好与各个利益相关者之间的关系，才能获得长期稳定的收益。

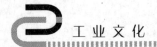

6.8.3 可持续发展战略

在我国，工业和交通运输业产生的污染占全国总污染的 70%以上，工业又是能源和原材料的消耗大户，因此，尽可能减少工业在生产过程中产生和排放的废物，提高单位产品或产值的能源和资源利用率，是实现可持续发展战略的关键。我国虽然在保持经济与环境的协调发展方面做了大量工作，但在发展清洁生产和生产绿色产品，对生产的全过程进行污染控制方面尚未全面开展起来。

为了实现工业的可持续发展，在今后很长的一段时期，要不断规范工业的行为。各工业主管部门应当及时、迅速跟踪世界工业技术发展的新信息，制定、调整、修订新的工业发展技术标准和技术政策，发布国内外在环境保护领域中开发的新技术成果和信息，引导工业采用新技术。应当不断提高工业设备和技术水平，其中要特别加强高新技术开发的规划，把高新技术产业与传统的技术改造结合起来。淘汰技术落后、资源消耗高、污染严重、产品质量低劣的落后生产设备，加大技术改造资金的投入。围绕生产技术和装备现代化问题，组织好科研生产攻关和成熟科技成果的推广应用。应当科学地规划、组织和协调不同生产部门的生产布局和工艺流程，优化工业生产诸环节，交叉利用可再生资源和能源，减少单位经济产出的废物排放量，以提高资源使用效率。

工业应尽可能通过综合利用资源、二次能源的利用、短缺资源的代用来实现节能、降耗、节水，要合理利用自然资源，减少资源的消耗、减少废料和污染物的生成和排放，促进工业产品的生产和消费过程与环境相融。进一步开发绿色产品，替代或削减有害环境的产品的生产和消费。

工业内部应当按照清洁生产的要求制定清洁生产的有关审计标准和落实这些指标的具体措施，以保证清洁生产成为工业的实际行动。有条件的工业企业应当建立清洁生产信息交换中心等服务体系，使清洁生产落到实处。

6.9 工业文化与诚信理念

在信息化时代，诚信、企业伦理和企业责任不仅是企业的重要使命，而且是健康社会必须倡导的价值导向。如果企业不把信用作为企业的核心价值观，就无法生存。信用体系建设、企业伦理及企业责任应当成为每个员工的使命，这种使命感源于诚信意识，源于对社会、消费者、供应商与社区的责任，使诚实、尊重、信任、公正的价值观成为每个公民的自觉意识。

6.9.1　诚信是工业文化的推动力量

诚信是企业核心竞争力的基础，是企业最内在、最基础、最本质的力量。培根说过"知识就是力量"，在真善美这个体系中，它揭示了认识论中的知识（真理性）认知规律，而在人类道德认知和美感认知方面，"诚信就是力量"更是至高无上。诚信的品德是生命的皇冠和荣耀。诚信品格是一个人最宝贵的财产，它是信誉的不动产；它赋予每个人尊严，提升人们的品位。诚信是企业生命的皇冠，诚信是企业向外部环境传递信息最主要的商业机制。"诚信就是力量"不仅体现在欧美企业家身上，也体现在华商企业家身上。李氏财团的诚信经商、奉献社会的华商精神孕育了企业的发展。

6.9.2　诚信是工业经济目标的根基和发展的立身之本

所谓诚信即"言必信，行必果"。发展经济，诚信为本，古今中外概莫能外。中国商界自古以来就有"以诚立业，以信取人"，"人而无信，不知其可也"的优良传统。诚信是市场经济更是企业赖以生存和发展的根基。人无信不立，市无信则乱。现代市场经济已经进入诚信时代，在这种背景下应该说诚信是整个市场、工业、企业运行发展的基本道德理念和最高原则。拥有良好诚信资源的企业，是健康的企业、有秩序的企业。在这种信念的引导下，企业日益扩展的市场关系才能逐步构建起彼此相连、互为制约的诚信关系链条，维系着复杂的交换关系，实现企业经济目标的不断提升。

企业是以利润最大化为目标，从事生产、流通或服务性活动的独立核算的经济单位，利益最大化既是企业的直接目标，也体现着企业经营者的重要责任。但古今中外众多企业的成功无不表明：真正持久的经济效益应当以自身的诚信为根基。随着市场经济的发展，企业的竞争焦点逐渐转移，竞争的根本在于如何赢得顾客的信任和忠诚。"顾客是上帝"这类挂在商家嘴上的口号暂且不论，为销售而生产，正是企业经济目标的本质所在。消费者权益被忽视或被侵犯，特别是人身安全的伤害，等于自行割断生产链条，而这无异于企业的自戕。诚信作为检验企业外部形象、市场认知度、社会公信力等的一把重要标尺，直接关系到企业经济目标的完成和企业的品牌形象，是企业的发展之本。诚信在短期内也许不会给企业带来直接的市场和利润，但对企业的长远发展有巨大的促进作用。诚信是企业经济目标的根基，与企业的品牌和顾客商誉价值更是紧密相关，失去诚信，企业经营目标的实现最终将是竹篮打水一场空，根本无法立于市场经济的浪尖，更无法驾驭市场，企业的长远经济目标和发展前景无疑是空中楼阁，可望不可即。

6.9.3 诚信是工业发展的命脉

所谓诚信就是企业处理各种关系时所应遵循的道德观念和道德规范的总和。它将诚信、以人为本等伦理品质切实落实到企业的各种经济活动中，并在企业与消费者、企业与其他合作者及企业与社会的关系中体现出来。经济伦理的作用日渐凸显，已成为社会的共识和必然要求。诚信既是契约经济也是道德经济所应遵循的行为准则和道德资本，它以一种价值资源的形式参与操纵企业的发展。一个企业品牌之所以赢得社会的认可实际上就是以其诚信作支持，同时又是其诚信积累道德资本的结果。作为一种道德性无形资产，诚信在经济活动中的实践贯穿即是"万善之本"、"万利之源"，诚信作为一种合乎实践理性的诚信关系和道德品质，无形中增加着企业的无形资产。企业的无形资产是由企业在长期发展过程中形成的产品品牌、特殊权利、知名度、商誉等累积而成的。其中，企业产品和服务的质量与信誉是支撑企业无形资产的关键因素，而这两者都依赖一定的伦理精神，是在一定的伦理意识作用下确立起来的。产品质量首先存在一个技术问题，高质量是高技术的一种物化。但技术只是高质量的必要条件而非充分条件。只有当技术主体具有一定的伦理精神，即敬业精神和对消费者的负责态度结合起来时，才会形成持续、稳定的高质量，产生对企业的信任度、美誉度和知名度，成为一种无形资产；而信任度、美誉度和知名度又紧紧联系着企业的经济效益和社会效益。

> ● **本章案例：安然事件**
>
> 安然公司 2000 年总收入超过 1000 亿美元，利润达 10 亿美元，公司股价最高时达到 90 美元。2000 年《财富》500 强中排名第 16 位，连续四年获《财富》杂志"美国最具创新精神的公司"称号。然而在 2001 年 10 月爆出财务丑闻后，不到两个月，安然公司就不得不向纽约破产法院申请破产保护。
>
> 作为美国最大的天然气采购和出售商，也是能源批发商的安然公司，这个庞然大物正当"春风得意马蹄疾"，却马失前蹄轰然倒地。时至今日，安然破产案的真相已大白于天下，然"树欲静而风不止"，安然一案所引发的连锁反应却正在波及美国社会的方方面面，其余波比起案件本身的影响也毫不逊色。受此事件影响最大的当属位列"五大"之一的安达信会计师事务所。安然事件逼得这家创建于 1913 年，到 2001 年已在全球 84 个国家拥有 4700 名合伙人、85000 名员工，业务收入高达 93 亿美元的全球五大会计师事务所之一的企业几近无路可退。"唇亡齿寒、兔死狐悲"，安然案以及安达信在其中所负的不可推卸的责任使整个注册会计师行业信誉扫地。虽然安然事件后平时一向竞争激烈的"五大"表现得出奇的团结，努力使事态向对会计师事务

所有利的方向发展，可注册会计师的公众形象已经受损，同时安然案所暴露出的审计和咨询交叉的恶果以及对会计师事务所监管的不力，使得英美监管机构禁止会计师事务所向客户提供管理咨询服务，这一规定的执行使五大会计师事务所损失高达126亿美元。

安然破产案的另一个受害者是美国的证券市场。正如美国工商协会的首席经济学家盖尔·福塞尔所言："安然事件将使任何一家公布盈余报告的公司都被蒙上一层浓厚的阴影，人们甚至会无端地怀疑企业使用了不合法的盈余核算手段。"也就是说，安然事件可能会导致投资者对公司质量产生无中生有的担心，进而对其投资决策产生影响，某些公司不可避免地要上投资者的黑名单。事实上，所谓的"安然症状"已经开始困扰许多美国公司。凯马特百货公司和环球电讯公司相继宣布破产，按资产计算分列美国第七大和第四大破产案。与此同时，IBM、思科、冠群电脑、摩根大通等大公司也被传出有财务违规行为。虽然这些公司竭力证明自己的清白，可在安然破产案中深受打击的投资者已成惊弓之鸟，有一点风吹草动就竞相抛售夺路而逃，导致这些公司的股价暴跌。受影响最大的当属从事商用软件开发的冠群电脑（CA）。美国证监会和美国律师协会一直在调查冠群电脑是否高估了收入状况，是否对其产品销售系统的成功做了过分的宣传。因此，美国投资评估机构穆迪发布报告，降低了对冠群电脑信用等级的评定，将其信用等级从高级调低了两个等级，接近"垃圾"的地位，并对这家全球第四大软件生产商未来的盈利能力表示了关注。在安然案的阴影下，这一系列事件足以使一个公司走向深渊。虽然冠群公司一再声明公司并无财务问题，但市场的反应使冠群电脑公司的股价在短短一周内就下跌了将近一半。

安然事件还引发了对美国会计体系及监管体系有效性的怀疑，社会各界呼吁对现行体系进行深度改革。如改革披露体系，使信息披露对普通投资者更有意义、更易理解。对公司的内部审计体系进行改革，建立更加完善的公司内控制度。对注册会计师外部审计程序和内容进行改革，使之更具公信力。其中，对会计师事务所的监管体系的改革，成为人们注目的焦点。在安然事件中，安达信的所作所为使人们对现行监管体系提出了诸多质疑。为此，美国前总统布什于2002年3月7日提出一项计划，以加强对审计行业的监管和对公司的约束，更好地保护投资人的利益。根据这项计划，美国将改变审计业自我管理的做法，成立一个联邦政府审计监督机构。这个机构将接受证券交易委员会的监督，负责制定职业行为标准和道德规范，对审计公司进行监督和调查，对违规的会计师进行惩罚。同时，禁止审计公司向其客户提供能影响独立审计的其他服务。新成立的联邦政府机构在组成和费用方面将完全独立于审计行业。为了防止会计师事务所和被审计公司建立过于密切的关系，美国国会考虑是否要规定公

司必须若干年就要转聘其他事务所。

美国是世界上市场经济最发达的国家之一。《商业周刊》的文章评述："这场金融灾难的影响远远不止一家大公司的破产。这是一场大规模的腐败。"文章说："投资者的信心是我们整个经济成功的关键"，安然事件"从根本上动摇了我们的信念，我们还能相信谁？"美国证监会前主任雷维特说："美国资本市场的基础已被毁坏。"

● **点评**

市场经济就其实质来说是契约经济，也可以说是信用经济。如果信用出现危机，企业就会垮台，经济也就不能正常运行。信用是一种无形资产，它反映了企业的信誉、实力和形象。作为一个企业家，企业的信用始终是首要考虑的大事。美国的开国元勋、著名的政治家和科学家本杰明·富兰克林在1748年写的《给一个年轻商人的忠告》中，十分明确地提出三个"切记"，即："切记，时间就是金钱"；"切记，信用就是金钱"；"切记，金钱具有滋生的繁衍性"。在论述信用就是金钱时，他说："假如一个人的信用好、借贷得多并善于利用这些钱，那么他就会由此得来相当数量的钱"，"借人的钱到该还的时候一小时也不要多留，否则一次失信，你的朋友的钱袋就会永远向你关闭"。他强调说："影响信用的事，哪怕十分琐屑也要注意。"这些都说明，一个人或者一个企业有了信用，等于拥有一笔财富，就可能赚到更多的钱，信用就是金钱。许多人都懂得这些浅显而又朴实的道理，安然公司和安达信公司的管理者们不懂吗？他们当然懂，而且还会夸夸其谈地说上一大套，实际做的则是另一套。这是什么原因呢？美国著名的经济学家保罗·克鲁格曼在《纽约时报》发表文章说："安然公司的崩溃不只是一个公司的垮台问题，它是一个制度的瓦解。而这个制度的失败不是因为疏忽大意或机能不健全，而是因为腐朽。"

在市场经济的激烈竞争中，不管企业有多大、后台有多硬，如果弄虚作假，不讲信用，必定会声名扫地，以垮台告终。这对当前整顿金融秩序和市场秩序是有现实意义的。事实上，讲信用本来也是我国的传统美德。古人说："言必信，行必果。"《论语》说："与朋友交，言而有信。"明清时代的安徽和山西商人也讲究"贾道"，把诚、信、义作为从商的金科玉律。但是令人遗憾的是，这些年来假冒伪劣产品层出不穷，各种诈骗案件屡禁不止，有的还愈演愈烈。有位经济学家认为，目前中国经济的首要问题不是需求不足，而是信用不足。安然事件发生在美国，对我们又何尝不是一声警钟？

● **思考题**

1. 从安然事件中，安然公司失败的根本原因是什么？

2. 坚守诚信会给一个人或者一个公司带来哪些影响？如果失信，会带来什么后果？

3. 从诚信角度来看，如何正确处理短期利益与长期利益的关系？

● **参考文献**

［1］卢敏东. 管理伦理视角下的我国和谐企业文化建设研究 ［D］. 长春理工大学硕士学位论文，2013.

［2］王祥伍，黄健江. 博瑞森管理丛书：企业文化的逻辑 ［M］. 北京：电子工业出版社，2014.

［3］徐大建. 企业伦理学 ［M］. 北京：北京大学出版社，2009.

［4］王慧中. 企业文化地图：未来商战决胜之道 ［M］. 北京：机械工业出版社，2011.

［5］迪凯，段红. 看不见的管理：企业文化管理才是核心竞争力 ［M］. 北京：电子工业出版社，2014.

［6］路秀文. 企业文化建设对企业的深层次意义探讨 ［J］. 前沿，2012（4）.

［7］穆林. 企业文化建设的原则 ［J］. 北京物资流通，2007（4）.

［8］黄霖. 中国传统文化对和谐企业文化构建的启示 ［J］. 商业时代，2010（6）.

［9］葛金田，刘卫国. 对企业核心竞争力理论的再认识 ［J］. 山东社会科学，2008（12）.

● **推荐读物**

［1］刘光明. 新商业伦理学 ［M］. 北京：经济管理出版社，2008.

［2］刘光明. 企业文化 ［M］. 北京：经济管理出版社，2006.

第7章 工业文化与转型升级的启示

● 章首案例：北大荒集团转型升级

北大荒集团与山东泰华食品公司、韩国可乐洞公司签订了合作协议，三方将联手就农产品精深加工、冷链物流配送以及建立规模农产品基地、农产品电子交易市场等展开合作。这标志着北大荒集团在转变经济发展方式、促进经济转型升级进程中迈出了可喜的一步。

近年来，北大荒集团针对自身土地资源少、基础差、底子薄的不足，充分挖掘地处省城哈尔滨的区位优势，本着"相邻、相近、相融"的总体原则，发挥以工业文化引领经济发展，走农业发展工业化带动道路，新建了松花江农场农机工业园区、四方山农场食品工业园区等多个产业集聚效应突出的工业园区，并在旅游、金融、养老、幼儿教育等城市现代服务业上做了积极有力的探索，使全北大荒集团实现了大幅度经济增长。据统计，2013年，北大荒集团都市农业有12万亩高效作物，亩利润达到了1000元以上，5个农业部科技高产攻关项目均通过验收；工业实现销售收入34.5亿元，同比增长19%，其中雷沃北大荒农机公司实现销售收入3.1亿元，同比增长228.4%；实现旅游收入8500万元，较2012年增长21%，年接待游客达46万人次；全年实现生产总值26.8亿元，同比增长20.7%；农场职工家庭人均纯收入达2.45万元，同比增长17.8%。

面对新的形势，北大荒集团充分认识到自身还存在产业结构不够合理、市场化程度不高、机制不灵活、社保统筹难度大等诸多问题。经过充分的研究论证，北大荒集团党委提出，坚持"四个第一"，转变发展方式，突出发展现代服务业、重点发展新型工业、稳步发展都市农业的原则，力促经济转型升级。"四个第一"即以加快发展为第一要务，以质量效益为第一要求，以改善民生为第一目标，以生态文明为第一责任；秉持"融城兴业、富民强局"的发展理念，充分激发市场活力，强化企业管理，切实提高经济发展的速度、质量和效益。

在突出发展现代服务业方面，北大荒集团将以打造黑龙江垦区现代服务业示范局为契机，以旅游业、金融业为突破口，加快发展以商贸物流、旅游、文化、信息、金融为重点的现代服务业，确保服务业增长速度在20%以上。为此，北大荒集团将全力打造"冰城田园"旅游品牌，力争将闫家岗农场国际温泉旅游度假区创建为国家AAAA级景区和全国休闲农业与乡村旅游五星级企业，把四方山农场草原风情园创建为国家AA级景区；推进北大荒酿酒集团工业旅游景区建设，建设北大荒酒文化博物馆、窖藏酒库等设施，创建集休闲旅游、餐饮娱乐、工业生产于一体的国家AAA级工业旅游景区；将小额贷款公司增资扩股至1亿元，增加涉农贷款业务；加快房地产业与金融、物流、物业和商务服务、养老等产业的融合发展，由住宅地产向商业地产转型；进一步完善北大荒养老中心养老、休闲度假、康复三位一体功能，探索城市居家养老和"候鸟式"养老模式；推进农副产品冷链物流配送和"市场+基地"的运营模式建设，拓宽农产品的营销渠道。

在推进工业结构优化升级中，北大荒集团将坚持走新型工业化之路，创新发展特色园区，创优集约示范工业。松花江农场北大荒农机制造产业园区将积极培育雷沃北大荒农业装备有限公司这个龙头企业，加大农机配套产业建设，实现农机销售、报废拆解及循环再利用、维修养护、科技研发、物流配送等农机产业业务一体化；肇东—四方山食品产业园区将利用园区完备的基础设施和肇东省级经济开发区的政策优势，积极引进效益好、拉动力强的绿色食品加工企业入驻园区，带动农场绿色种植、绿色养殖的发展；加快推进大什食品有限公司和北大荒生物科技有限公司的转制工作，优化股权结构，激活企业活力；不断提升四方山农场酸菜加工项目、红旗农场方大管业、香坊农场多伦多有机肥、岔林河农场日日升米业的竞争能力，力求在工业发展速度和运行质量上有新突破。

在全国大力推进农业发展工业化方式转变上，北大荒集团力求在农业产业经营上有新跨越，以稳定总产、提高单产、提升品质、增加效益为目标，按照"稳稻压玉，扩经强畜"的原则，远郊农场重点抓好10000亩有机稻米生产基地、10000亩中高端稻米基地和30000亩优质稻米基地建设，新增蔬菜大棚500亩、树莓1000亩、食用菌500万袋、平贝1000亩；近郊农场重点抓好300栋优质食用菌、200栋优质葡萄、200栋特色蔬菜、5000亩露地蔬菜和20000亩高效经济作物基地建设。同时，加快质量效益型畜牧业发展步伐，重点抓好四方山农场5000头奶牛和2000头香猪、岔林河农场5000头生猪和1000头肉牛、庆阳农场4000头生猪、松花江农场1000头肉牛6个养殖基地项目建设。北大荒集团还将积极推进农业产业化发展，加快北大荒蔬菜冷链物流建设，构建优质农产品营销网络，通过资源整合、产业融合，拉动绿色食品基地建设，在农副产品精深加工、市场营销、品牌建设、产品效益上实现新突破。

7.1　工业文化转型升级

我国正处于工业化加速发展的重要阶段。为有效应对国际金融危机的冲击，优化工业产业结构、转变工业发展方式，从根本上改变当前我国工业发展面临的困境，提升整体素质和国际竞争力，必须加快工业转型升级步伐。本书在分析了当前我国加快工业转型升级的必要性和紧迫性的基础上，提出了"十二五"时期我国工业转型升级的指导思想和战略目标，并从六个方面探讨了下一阶段我国加快工业转型升级的切入点；最后，有针对性地提出了加强组织协调、加大政策支持力度、健全法律法规体系、抓好社会保障配套体系建设和完善工业行业管理体系等建议。

7.1.1　转变工业发展方式，推进工业转型升级

转变工业发展方式、推进工业转型升级是转变经济发展方式的客观要求。转变发展方式是一个涉及经济、社会、政治、文化以至全体人民思维方式和生活方式的深刻变化过程，而工业转型升级则是关键。中国在总体上进入了工业化中期阶段，并跨入了"中等收入"国家行列。中国工业已经从幼稚时期进入成年时期，转型升级是成长的必然，必须从工业化初期的工业结构体系向适应工业化中后期的工业结构体系转变。在现阶段，发展现代产业体系实质上是要在基本完成初期工业化之后，建立向工业化中后期推进所要求的更先进和发达的产业体系，工业转型升级不仅仅表现在工业结构和工业体系总体特征的变化上，更深刻地发生和体现在所有工业企业的战略抉择和战略走势上，实现工业转型升级，发展现代产业体系，就是要在新的更先进的技术基础上全面提升各个产业的自主发展能力和国际竞争力。工业转型升级是转变经济发展方式的关键。中国目前和今后相当长一段时期将处于工业化时代。实际上，全世界在总体上也将长期处于工业化时代。

加快我国工业转型升级的切入点有以下六个：

（1）提高质量和效益，转变工业发展方式。以提高质量效益为中心，切实把经济工作的着力点转到转变方式上来，通过转变发展方式、转变发展动力，实现工业经济增长。突破过去过度依赖资源能源投入的工业增长模式。

（2）推进结构调整，优化工业布局。结构调整是我国工业企业提高发展质量和效益的关键。产业结构不合理、发展层次偏低，已成为制约我国经济持续健康发展的重大

工业文化

问题。

（3）推进兼并重组，加快配套体系形成。在财政、税收、金融服务、债权债务、职工安置、土地、矿产资源配置等方面促进企业兼并重组的政策措施，支持企业开展兼并重组。支持行业内及行业间企业兼并重组，实现优势互补。鼓励企业强强联合，支持优势企业收购、兼并或投资改造落后困难企业。

（4）创新建设，提升工业整体素质和水平。全面加强专业技术人员的创新工作，以知识更新为主题，以能力建设为核心，以改革创新为动力，提高工业队伍整体素质和能力水平为目标，把握专业技术人员的成长规律和教育培训需求，不断健全制度，规范管理，创新机制，积极探索新形势下做好继续创新工作的新方法、新路子，努力培养和造就一支过硬的专业技术创新人才队伍，促进我国工业经济社会又好又快发展。

（5）推进技术改造，改造传统工业。鼓励企业引进国外先进技术设备，强化消化吸收再创新和集成创新，提高工艺技术装备水平，技术改造以内涵为主，符合科学发展观的要求，是调整结构、转变发展方式的有力措施，是促进信息化和工业化融合、实现工业由大变强的快捷之路。

（6）倡导国际化，增强国际竞争力。认清世界人才形势，把握机遇，迎接挑战，全面提升人才国际竞争力。提升我国竞争力，深化"走出去"战略，加强企业文化建设，树立有效竞争观念，实现竞争模式向服务和品牌竞争转变。扭转低效竞争，关键是把竞争的重心转移到服务的差异化和品牌塑造方面。

7.1.2 资源环境约束下的工业转型升级

中国工业发展的一个突出特点是资源环境约束的压力越来越大。这种压力不仅来自市场供求关系和资源价格的不断上升，来自社会舆论和民众呼吁，而且来自国际社会对中国的抱怨。实际上，中国工业发展自身也要求向更节约和更有效利用资源特别是化石能源转变，更重视环境价值和更快地提高环境保护标准的方向转型升级。

寻求国际资源，整合实现工业转型升级，发展现代产业体系，就是要在新的更先进的技术基础上全面提升各个产业的自主发展能力和国际竞争力。在整合提升产业国际竞争力新资源的过程中，必须坚持发挥市场基础性作用与政府引导推动相结合的基本原则。

7.1.2.1 客户资源

企业产品：企业的产品最终都是由服务来落实的，服务产品的生产和消费是在供需双方的互动过程中完成的。资源整合不能没有产品的直接参与，产品才是最过硬的衡量标准。

企业资产：客户资源整合主要是指根据客户价值为其提供差别化的产品和服务，并努力与客户建立长期合作的战略伙伴关系。

老客户：是物流企业客户资源整合的重点。客户资源整合说到底是为了争取客户，扩大市场份额。"客户资产"具有不可积累性，或者说具有不可储存性。

全方位服务：是客户资源整合的最佳途径。建立客户资料，分析客户的购买行为，经常走访客户，对客户实施分类管理，实施专家营销，帮助客户重整物流业务流程等都是整合客户资源的有效方法。

7.1.2.2　能力资源

所谓能力资源既包括所需的有形的实体资源，又包括所需的无形的技能资源，还包括物流服务的知识资源和一个有效的管理团队等。

发达国家企业的能力资源整合方式，主要表现在通过推出新的服务产品和建立广泛的战略联盟来建立和完善服务网络。以创新服务来整合能力资源，有效地避免了仅仅是为了"做大"所进行的整合和整合以后的貌合神离。

7.1.2.3　信息资源

信息资源整合对企业资源整合的重要性无论怎样强调也不过分。实际上，IT 系统本身就是整合客户资源和能力资源的有效技术手段。由信息共享（Information Sharing）实现企业运作全程的可见性（Visibility），由可见性实现企业全程的可控性（Control Lability），由可控性实现企业的适应性（Flexibility），由适应性实现企业输出的一致性（Consistence）和产品的可得性（Availability）以至客户满意（Satisfaction）。这就是信息资源整合的基本逻辑。

7.1.2.4　技术资源

技术整合能把新、旧知识或技术从基础科学到企业的每一个技术细节都联系起来。技术整合的有力实施，不仅能促进高新产业的发展，形成技术扩散和创新集群的效益，而且有利于推动工业企业创新能力的提高和核心竞争力的发展，在市场竞争日趋激烈的今天，企业是否重视技术整合，将影响企业的生产能力、创新绩效、竞争成败。

面向工业生产的技术整合可以通过对企业三个维度资源的整合来实现：

一是内部资源整合，即某些制度建设、文化建设或项目特定的组织结构。

二是界面（外部）资源整合，即促进与外部资源的信息交流以及加强对外部资源的协调控制两种途径。

三是流程整合，即从项目流程的设置和信息流动两个方面来整合项目不同阶段的相

关资源。就世界的发展而言，信息资源整合技术是伴随着信息技术和信息化应用的发展而逐渐发展起来的。技术整合是技术创新活动的一种形式，生产技术整合包括技术选择、技术导入、技术内化、技术控制。

7.1.3 新型工业经济体系

工业历来具有革命性转变的特点，即在连续发展一定时间后发生突变，在新的科学发现和技术发明的基础上，整个工业技术性质特征和工业结构随即发生巨大变化，也就是所谓的"工业革命"。实际上是传统工业（包括工业化之前的工业和工业化发生过程中的工业）技术发展到巅峰时期，新的工业技术被全面采用，成为新的经济增长点和国民经济新的主导产业和支柱产业。放弃工业意味着放弃技术创新的产业载体和工业技术路线的前景（我国最发达的地区也不应放弃工业），所以，当传统工业发展到发达水平，市场需求扩张空间有限，特别是当经济增长缺乏新的主导和支柱产业时，战略性新兴产业的发展就成为尤其重要的任务。当工业扩张到较大规模，工业制造成为高度发达的产业，必然进入现代服务业加快发展的阶段。但即使那样，作为一个大国，也不能走上"去制造业"的道路，制造业是一个大国永远不能消亡也不该衰落的产业，否则将失去技术创新的载体，必然导致整个国家失去竞争力。

向现代产业体系转型升级，绝不是放弃传统工业另搞一个标新立异的产业体系。在现阶段，发展现代产业体系实质上是要在基本完成初期工业化之后，建立向工业化中后期推进所要求的更先进和发达的产业体系，其中，传统工业的各个部门都有很大的技术升级空间。中国工业转型升级既有连续性，也有非连续性。连续性主要体现为工业化将继续快速推进，各工业部门将实现全面技术升级，非连续性则主要表现为将走上新型工业化的道路，并寻求重大核心技术创新基础上的工业技术路线优化。所以，所谓建立现代产业体系，也就是走新型工业化道路，形成体现新型工业化性质的产业体系。

第一，实施资源战略的重大调整。包括能源战略；土地和矿物资源战略；发展海洋经济，为工业化拓展更广阔的地理空间和资源条件。

第二，形成更加合理的三次产业结构和实现三次产业之间的有效互动。包括提升和优化工业特别是制造业结构，提高制造业的集约化、清洁化和精致化程度，并且形成大、中、小型制造业企业的有效竞争、分工和合作的产业组织结构；加快发展服务业，包括生产性服务业和生活性服务业；形成一次产业、二次产业、三次产业之间的合理分工和有效互动。

第三，培育发展战略性新兴产业。重点培育发展新一代信息技术、节能环保、新能源、生物、高端装备制造、新材料、新能源汽车等产业，加快形成先导性、支柱性产业，拓展产业发展的更大空间和更广阔前景。

　　工业转型升级不仅仅表现在工业结构和工业体系总体特征的变化上，更深刻地发生和体现在所有工业企业的战略抉择和战略走势上。工业生产的要素成本不断上升，各类工业品市场更趋饱和，越来越多工业领域的利润空间被严重挤压。工业企业普遍感觉实业经营越来越艰难，除非实现向高附加值的产业领域或者产业链环节的转移。企业群体转型升级的战略转移是多方位的，而不可能是所有企业的"齐步转"，企业类型的多样化和经营战略选择各具特色。

7.2　工业文化与工业园区建设

　　产业、企业的转型升级，即向更有利于经济、社会发展方向发展，任何产业、企业的转型升级，都必须以文化理念来引领。产业、企业转型升级的关键是技术进步，在引进先进技术的基础上消化吸收，并加以研究、改进和创新，建立属于自己的技术体系。产业、企业转型升级需要政府行政法规的指导以及资金、政策支持，也需要把产业、企业转型升级与职工培训、再就业结合起来。

　　工业园区是一个国家或区域的政府根据自身经济发展的内在要求，通过行政手段划出一块区域，聚集各种生产要素，在一定空间范围内进行科学整合，提高工业化的集约强度，突出产业特色，优化功能布局，使之成为适应市场竞争和产业升级的现代化产业分工协作生产区。我国的工业园区包括各种类型的开发区，如国家级经济技术开发区、高新技术产业开发区、保税区、出口加工区以及省级各类工业园区等。

　　在我国，工业园区作为区域经济发展的新焦点，如雨后春笋般出现，不少工业园区取得了经济效益，甚至成为区域形象工程。据《中国工业园区建设与运营市场前瞻与投资战略规划分析报告前瞻》统计，截至 2010 年年末，我国国家级高新区有 83 家，国家级经济技术开发区有 107 家；通过规划论证正在建设的国家生态工业示范园区数量达到39 个，其中通过验收的国家生态工业示范园区有 12 个。中国各省、大部分地市甚至部分县都已开始建设自己的工业园区。

　　目前，各地区政府把工业园区建设作为拉动区域经济增长的新引擎，纷纷制定政策与规划推动工业园区的发展，我国工业园区建设将继续呈现良好的发展势头，工业园区具备较好的投资潜力。但是，由于我国工业园区建设起步较晚，建设经验不是很丰富，在我国工业园区快速发展的背后，也凸显一些问题。如园区总体规模偏小、集约化不够；园区定位不明确、园区产业结构趋同；缺乏统一的科学规划；园区投资偏低、特色

工业文化

不明；用地难、融资难等。

7.2.1　工业园区转型升级

工业园区的用途相当多元，除了工厂、厂办等一般工业设施之外，还可提供给高科技产业使用，甚至有研究机构与学术机构进驻。工业园区如经过妥善开发，通常会发展成为产业聚落。园区建设工作对于工业园区未来的发展至关重要。所以，如今工业园区加快发展的良策是大家较为关注的。

7.2.1.1　南充工业园区

（1）加快工业园区快速发展的举措是坚持新签约项目全部入驻功能园区，加大退城入园力度，南充工业园区的规模以上工业企业达到309户，销售收入685.5亿元，工业集中度达到66%。

（2）工业园区加快发展的良策还有积极申报国家、省级园区，南充经济开发区扩区调位获得省政府批复，现有省级开发区2个，省级特色专业园区6个，4个园区挤进四川省"51025"规划（南充经济开发区列入四川省千亿元产业园区规划，航空港、南部、蓬安工业园列入四川省500亿元产业园区规划）。

（3）可以加快工业园区发展的措施还有坚持边拓展园区面积，边完善园区功能，累计完成基础设施投入超120亿元，全市园区面积拓展至83平方千米，新建园区投融资、物流、教育培训等平台19个，新增多层标准厂房13万平方米。

7.2.1.2　苏州工业园区

苏州工业园区于1994年2月经国务院批准设立，同年5月实施启动。18年来，园区主要经济指标年均增长30%左右，2005年率先高水平达到江苏省小康指标。园区以占全市3.4%的土地、5.2%的人口创造了15%左右的经济总量，并连续两年名列"中国城市最具竞争力开发区"排序榜首，综合发展指数居国家级开发区第二位。调整产业布局谋转型——当苏州市在全国率先吹响"转型升级"号角的时候，苏州工业园区就敏锐地意识到，结合园区实际必须积极抢抓全球产业布局调整机遇，大力开展择商选资，加快转变经济发展方式。

近年来，园区以科学发展观为引领，率先实施转型升级战略，全力推进二次创业，突出以"九大行动计划"（制造业升级、服务业倍增、科技跨越、生态优化、金鸡湖双百人才、金融翻番、纳米产业双倍增、文化繁荣、幸福社区建设）为抓手，加快打造产业高地、创新高地、人才高地。2012年1~7月，园区实现规模以上工业总产值2136.6

162

亿元，地方一般预算收入 124.5 亿元，进出口总额 462.8 亿美元，实现社会消费品零售总额 132.4 亿元。在这一正确思路的引导下，园区主导产业能级不断提升，86 家世界 500 强企业在区内投资了 145 个项目，欧美项目约占一半；全区投资上亿美元项目 128 个，其中 10 亿美元以上项目 7 个，在电子信息、机械制造等方面形成了具有一定竞争力的产业集群，首期投资 30 亿美元的三星高世代液晶面板项目开工建设。

7.2.2 工业园区转型的关键因素

（1）第一生产力决定成败。第一生产力决定成败——转型升级成功与否，在于改变传统产业打天下的主导地位，园区注重科技创新性经济的培育与引进，突出以独墅湖科教创新区为主阵地，大力推进"科技跨越计划"和"科技领军人才创业工程"，加快建设创新型园区。现代服务业厚积薄发——园区经济转型升级同样看重现代服务业的发展。在苏州中心城市"一核四城"发展定位的指引下，园区不断加快建设综合商务城，促进城市繁荣。

（2）创新是不竭的核动力。创新是不竭的核动力——创新是推动经济转型升级的核动力，园区从建区伊始，就注重创新体制机制，先行先试探索，不断增创发展优势。创新主体加速集聚，每年新增科技项目超 500 个，拥有各类研发机构 250 个、国家高新技术企业 339 家；中科院苏州纳米所、国家纳米技术国际创新园等国家级创新工程加快推进，专利申请年均增长 50%，其中发明专利约占 50%，科技金融不断加强，国家"千人计划"创投中心启动。

（3）人才推动转型速度——人才。近年来，园区积极实施"人才强区"战略，不断创新人才工作机制，强化人才支撑。人才已经成为决定经济转型速度快慢的重要因子。招校引研成效显著，独墅湖科教创新区引进美国加利福尼亚州伯克利大学、乔治华盛顿大学、加拿大滑铁卢大学、澳大利亚莫纳什大学、新加坡国立大学等一批世界名校资源，23 所高等院校和职业院校入驻，在校学生规模超 7 万人，其中拥有硕士研究生以上学历的近 2 万人。

（4）深化合作壮大国资。国资实力持续壮大，着力优化调整国资产业结构、股权结构、治理结构、人才结构，创新市场运作模式，推进国企股权多元化、资产证券化，国企总资产超过 1200 亿元。中新合作持续深化，坚持"合作中有特色、学习中有发展、借鉴中有创新"，推动中新双方合作迈上新台阶，园区获得了第一届新加坡"通商中国"企业奖。

（5）和谐是最好的发展基石。让百姓享受到园区改革发展的成果，被认为是检验执政能力的标杆。园区建设以来，持续改善社会民生，始终把保障和改善民生放在重要位

置，努力使全体居民更好地分享园区开发成果。区镇发展更趋协调，全面加快区镇一体化发展，实现"有效覆盖"，湖西社区党委获"全国先进基层党组织"称号，园区检察院被评为"全国先进基层检察院"。

"十二五"时期是园区转型升级的关键时期。文化软实力不断提升，积极弘扬开放包容、现代时尚、精致和谐、创新创优的园区文化，文化艺术中心、美术馆、文化馆、金鸡湖双年展等一批文化亮点项目纷纷落成，群众性精神文明创建活动广泛开展，园区成为苏州市首批文明城市示范城区。苏州工业园区正在"十八大"精神指引下，加快转变经济发展方式，大力发展服务型经济、创新型经济，统筹好保增长、调结构、促转型之间的关系，统筹好开放型经济、服务型经济、创新型经济关系，统筹好企业国际化、城市国际化、人才国际化关系，统筹好经济建设、城市建设、社会建设关系，加快从资源依赖向创新驱动转变、从"人口红利"向"人才红利"转变、从以制造业为主向服务型经济转变、从外向型经济向创新型经济转变。

7.2.3 工业园区转型的有效措施

工业园区中的企业在发展中会面临许多新问题、新矛盾，部分企业还出现生产经营困难，这些都是转型升级过程中必然出现的现象。要抢抓机遇，充分利用宏观政策、微观发展形成的"倒逼"机制，在调整中提升，推动企业转型升级。

（1）调整产业结构是实现企业转型升级的重要内容。一是要发展和培育一批基础产业和新兴产业。二是改造和提升一批传统优势产业。

（2）提升服务，进一步优化企业发展环境。牢固树立"善待企业"意识，各职能部门相互配合，实实在在地为企业办事。对转型试点企业在办证办事、政策适用及资源投放等方面给予优先考虑。职能管理部门要对试点单位涉及产业结构调整的项目给予优先优办，最大限度地提供便利。同时，将上级扶助专项资金优先考虑试点行业和试点单位。

（3）破解难题，努力强化企业要素保障。在土地方面，除积极争取指标、合理安排用地指标外，还要加大挖潜力度，拓展发展空间，提高土地利用效率。在资金方面，建立多元筹资机制，积极牵线加强银企合作，规范发展担保公司，创新金融服务，加大企业贷款力度。

（4）齐抓共管，切实做好企业减负工作。给企业减负解困是帮助企业渡过难关的重要举措，也是各级政府的重要职责和当务之急。要引导企业用足用好国家有关税收减免政策，制定优惠政策，放水养鱼，重点支持企业自主创新和科技进步，支持节能减排和安全生产，支持节约集约利用土地等。

（5）联合互补，着力提升企业应对能力。由政府支持、企业自愿，建立完善各种行业协会，加强行业协会的协调自律功能，努力形成政府、协会、企业三位一体的良性互动局面。通过企业间的联合，整合资源，优势互补，引导重点突破的产业和领域发展。对具有产业优势的企业，实行兼并联合，组建集团，实现其产业优势的快速扩张。

（6）转型商业模式再造。当今企业之间的竞争，不再局限于产品和服务之间的竞争，而是商业模式之间的竞争。全球金融危机孕育着一个彻底重新洗牌的时代，中国企业的"低成本时代"已经彻底终结，中国企业竞争将不可逆转地进入"商业模式"与"资本"层面的竞争，"得商业模式与资本者"得天下。

7.3　老工业基地的转型升级

老工业基地必须以产业转型升级为突破口，全面提升经济运行质量和效益，为实现经济社会持续健康发展提供强劲动力。加快产业转型升级，事关城市未来的经济发展，事关区域经济的前途命运。而产业、企业的转型升级一定要以强烈的社会责任意识、企业社会责任意识、科学规划意识累积起来的工业文化精神为先导，狠抓落实，推动产业结构不断优化升级，实现经济高质量、高效益、高水平发展，全面谱写中华民族的伟大复兴中国梦。为了加快推进产业转型升级，一些国家经济优势的形成和丧失都与产业转型升级有直接关系。我国经济经过改革开放 30 多年的高速发展，已经进入了转型升级的重要时刻。中国经济到了只有转型升级才能持续发展的关键阶段。经济结构转型升级是老工业基地顺应国内外市场变化、实现全面振兴的关键选择。对于工业城市和资源型城市，加快推进转型升级更加具有特殊意义。

7.3.1　沈阳铁西区的转型升级

沈阳铁西区是东北老工业基地的典型代表，东北老工业基地创造了中国工业的无数个第一：第一枚国徽，第一台拖拉机，第一台组合机床，全中国最现代化的"工人村"。向市场经济转型中，它一度举步维艰：污染的天空，亏损的企业，下岗的工人大军，上千根烟囱耸立在破败的工厂，经历了阵痛后铁西区重新起跳，老工业基地改造振兴目标瞄准世界级装备制造业基地。铁西区因工业而生。烟囱连成线，厂房连成片，上下班时候，骑自行车的产业工人队伍把道路挤得满满当当，这曾经是东北老工业基地沈阳铁西区的真实图景。

经过痛苦的转型，铁西区迈入了新的发展时期。铁西人谱写了这里昔日的荣光和今

天的转型。东北的资源很丰富，日本把沈阳作为一个重工业基地，整个铁西区有沈阳变压器厂、沈阳铸造厂、机床厂、味精厂、啤酒厂等，日本国内都没有这么大的工业基地。1949年厂里到处堆着废铁，"破装甲车，钢盔，小洋刀，炮弹，都是日本人留下的"。那时候，沈阳刚解放，中国人民解放军沈阳特别市军事管制委员会派军代表接收了铁西的工业企业。

从此，铁西区进入了新的发展时期。在"一五"、"二五"期间，国家将1/6的财力倾注于铁西，使铁西逐步形成了以装备制造业为基础的新中国工业基地，发展了一批全国甚至世界领先的代表性企业。从天安门上的第一枚国徽，第一台五吨蒸汽锤，第一部50万吨钢坯初轧机组，到第一台拖拉机、第一台组合机床等，铁西创造了无数个新中国的第一。

改革开放之初，东南沿海开始成为国家的经济宠儿，这为习惯于计划经济模式的铁西区今后的落寞埋下了伏笔。刚解放的时候，沈阳变压器厂叫电工五厂，20世纪80年代初，沈阳变压器厂碰到了一些困难，但困难不是太大，最终挺过去了。20世纪90年代，铁西区被戏称为全国最大的"度假村"，1/3的工人下岗在家。而北二路的"工厂一条街"也成了"亏损一条街"。

真正的转折点出现在2002年6月，沈阳市做出铁西区与沈阳经济技术开发区合署办公的战略决策，为铁西老工业基地调整改造和全面升级提供了制度支撑，铁西区的地域面积从40多平方公里增加到了484平方公里，为铁西突破重围开辟出广阔天地。政府组织结构变革之后，铁西区实施了"东搬西建"，大量的老国有企业从原铁西区迁出，搬迁到新的经济技术开发区。2002年，铁西开始了大规模拆除烟囱的行动。沈阳冶炼厂三根100多米高的大烟囱，曾经是铁西作为老工业基地的核心标志。2004年3月23日，这三根大烟囱被定向爆破，轰然倒塌。

搬迁后的工厂，利用土地进入市场后所释放出来的价值，甩掉了沉重的历史包袱，它们运用全新的市场化以及创新体制进行。如今，沈阳变压器厂已经重组为特变电工沈阳变压器集团有限公司。重组后，沈阳变压器厂成为特变电工的子公司，产值实现了飞速发展。重组前，产值4亿元；重组后，产值5亿元、10亿元，到计划实现50亿元，短短几年时间，翻了好几番。计划成为百亿元产值的企业，是任何一个装备制造业企业的目标。很快沈阳变压器厂将搬到开发区。新基地投产后，将是世界最大的变压器生产基地。

但铁西区在继续起跳。到2020年左右，铁西要基本完成装备制造业聚集区建设、全面开发沈西工业走廊两项历史使命，努力培育20家超百亿元企业、生产100项世界级产品、搭建5个世界级公共服务平台，将铁西建成具有国际竞争力的世界级装备制造业基地，同时拥有完善的城区功能。

7.3.2　沈阳绿色工业革命

沈阳经济技术开发区以"国家绿色创新、地方绿色创新、企业绿色创新"的工业文化为引领，告诉全世界，中国已经开始了一场真正的绿色工业革命。他们通过创建东北首个国家生态工业示范园区，创新探索从传统工业到新型工业的历史跨越，演绎着从"生态赤字"到"生态红利"的本质转变。通过空间布局和产业结构两个优化、传统产业与企业转型两个升级、核心科技和管理体制两个创新、人居环境和生态环境两个改善，沈阳开拓出工业领域建设生态文明的"铁西路径"。发展生态工业园区，320 家工业企业完成升级改造。近年来，辽宁省委省政府、沈阳市委市政府先后确立生态省、生态市和国家环境建设样板城的发展目标，将生态建设作为老工业基地调整改造乃至全面振兴的一项重要工作加以推进。2010 年，铁西区进一步明确产业定位，提出在工业企业最为集中、世界级装备制造业基地建设的"主战场"——沈阳经济技术开发区建设国家生态工业示范园区，旨在探索出一条促进老工业基地转型升级、推进生态工业园区走新型工业化道路、实现绿色发展的示范路径。

以《铁西产业新城总体规划》为指导，开发区对其进行调整，将环保理念融入产业体系、区域功能、交通体系、绿地系统、公共服务设施等领域，自觉推动绿色发展、循环发展、低碳发展，全力构筑节约资源、保护环境的空间格局、产业结构。

大量消耗资源、严重污染环境的传统粗放式经营模式，是造成企业发展困境的重要原因。为此，北方重工集团确立了"重大装备、高端成套、绿色制造"的发展方向和经营理念，把企业绿色转型融入企业再生产全过程。目前，企业能源消耗量和污染物排放量处于国内机械制造行业较低水平。

60 余家产废企业通过规范化管理验收，危险废物 100%得到安全处置，同时积极引导产废大户开展危险废物减量化，建设了废油、废乳化液循环利用设施，减少危险废物产生 5000 余吨/年。作为区县级环境应急能力标准化建设试点单位，开发区创新构筑"五个一"环境应急风险防范工作模式，建立起一支应急队伍、一系列应急制度、一套应急装备、一个风险源数据库、一套应急预案。

7.3.3　东北老工业基地的转型升级

作为东北老工业基地的辽宁省，其沿海六市在引领工业转型升级上迈出了坚实的步伐。俯瞰 2900 多公里长的辽宁海岸线，沿海排列着大连、丹东、锦州、营口、盘锦、葫芦岛六个港口，就是这六个城市充分利用国家的沿海开放政策，近年来取得了骄人成

绩。2005年，辽宁提出"五点一线"沿海经济带开发开放，2009年上升为国家战略。8年来，6个市经济总量占到全省14市的一半以上，占整个东北三省的1/4。拥有各类开发区84个，其中国家级开发区12个。"实际利用外资"方面连续5年跻身全国前3名。

做环境就是做市场。"大通道"、"北黄海"的开发，不仅激活了东北经济，还带动了丹东的经济大发展。港口工业园利用"大环境"和自身优势，发展船舶制造、钢铁、装备制造、港口物流、粮食加工等与港口关联度大的产业。本钢不锈钢冷轧板、盛大恒通高新管业、SK能源储藏基地、和本精密机械、纳诺能源装备、帕斯特谷物深加工、昱衡实业、美泽新能源等重点项目入驻园区，总投资近300亿元。园区所处的东北亚中心地带、环黄海经济圈等区位优势，也颇具魅力。目前已形成一条沿鸭绿江30公里的对外开放带。拥有1200多户中外企业，2012年生产总值完成128亿元，外贸出口达9.6亿美元，各项主要经济指标在全国15个边境经济合作区均名列前茅。一个新兴的临港产业基地正在鸭绿江畔、黄海之滨崛起。

转方向，调结构，向海谋海大发展。昔日的盘锦，向地取金——成为我国第三大油田辽河油田及因此而兴的石油工业；今日的盘锦，向海谋海——再抖精神，发展海洋经济。其思路遵循：促进由内陆资源型经济向沿海开放型经济转变，用世界的高度、未来的眼光、现代化的标准，科学编制各项规划。

"向海谋海"的求索中，睿智的盘锦人深知自己的整合优势：有专家指出，海洋工程装备内容十分丰富，盘锦完全可以避开竞争白热化的产品（石油），依托周边产业集群和较完整的产业链优势，替代进口，即在防风器、采油树、顶驱、绞车等领域打开市场。另外，在海洋工程中的辅助船、深海装备、远海装备、可燃冰等开采开发领域，尽力形成产业化，开拓出巨大的市场。

瞄准国际产业转移，做精做大船舶产业。葫芦岛市信息化管理系统显示：从近10年中国造船业占世界造船市场份额的变化可以看出，中国造船业在全球市场上所占的比重正在明显上升，中国已经成为全球重要的造船中心之一。国际产业转移的趋势已经把造船业的巨大机遇展现在中国企业面前。

政策创新吸引了一批批超大型项目的相继落户。葫芦岛沿海400平方公里区域成为中外投资者的关注热点。葫芦岛先是"筑巢引凤"：葫芦岛渤船重工有限公司两个30万吨船坞的建设，使其成为国内外重量级造船企业。正是因为有了这个造船业的"巨无霸"，葫芦岛市规划建设了船舶产业园区，才一下子引来40余家船舶制造及配套企业，如果说昔日想打造一个完整的产业链是一个梦，一个建造中国"船谷"的梦，而今葫芦岛人即将把梦变成现实。

7.4　黑龙江工业文化推动转型升级

黑龙江省工业的转型升级，孕育出工业文化特有的生命活力，作为方向盘和发动机的工业文化，使黑龙江经济呈现出发展速度加快、企业实力增强、效益逐步提升、结构调整加速的良好势头。工业经济快速增长：工业经济总量逐年增加，运行质量明显提高，技术改造步伐进一步加快，企业核心竞争力显著增强，"十一五"规划目标全部实现，地方工业主营业务收入、利税、利润等主要经济效益指标均创历史最高水平。

7.4.1　黑龙江工业转型的经济效益

"十一五"期间，全省工业累计实现增加值 1.58 万亿元，累计实现主营业务收入 3.79 万亿元，均比"十五"期间翻了一番；实现利税 9065 亿元，利润 5922 亿元，分别是"十五"期间的 1.9 倍和 1.8 倍。规模以上企业由"十五"末的 2723 户增加到"十一五"末的 4895 户，增长 44.3%。全省规模以上工业企业资产总额达到 10424 亿元，实现工业增加值 4004 亿元，同比增长 15.2%；实现主营业务收入 10186 亿元，同比增长 32.6%；实现利税 2066 亿元，同比增长 42%，其中利润 1072 亿元，同比增长 25%。地方工业发展势头强劲，到"十一五"末，主营业务收入、利税、利润均实现了翻番，占全省工业的比重达到 56.7%、28%、28.8%，分别比"十五"末提高了 23 个、16.4 个、22.9 个百分点。

"十一五"期间，黑龙江产业结构调整取得重大进展，整体素质和竞争力不断增强。工业结构明显优化，工业增加值占全省地区生产总值的比重达到 45.7%，成为全省经济快速增长的主导力量。产品技术水平明显提高，工业设备技术水平达到国内先进水平。企业所有制结构调整取得积极进展，国有企业改革步伐加快，全省规模以上非国有企业户数比重由 72.4% 提高到 89%，企业活力明显增强。企业兼并重组步伐加快，现代企业制度和管理水平得到提升。产业组织结构进一步优化，培育形成了一批拥有自主知识产权、实力雄厚、主业突出、具有一定竞争力的大型企业集团，年销售收入 100 亿元以上的企业达到 12 家。

新兴产业快速发展。2010 年，全省规模以上工业企业中新兴产业企业为 848 户，实现工业增加值 308 亿元，占全省规模以上工业增加值的 7.7%，增速高于全省规模以上工业增加值 6.9 个百分点。实现主营业务收入 1080 亿元，占全省工业的 10.4%，成为全

省工业经济新的增长点。

7.4.2 黑龙江工业基地转型的时代特征

可以看到，黑龙江工业基地转型存在着制约和影响工业持续发展的问题，结构性矛盾还比较突出。①从产业层次上看，高端制造业特别是高新技术产业比重低，产业层次有待进一步优化。②从产业组织体系上看，本地加工配套与集约化发展水平低，资源优势、原料优势和龙头企业优势没有很好地转化为产业优势、竞争优势和发展优势。③从产业改造升级上看，工业固定资产投资规模小、比重低，在有限的投资中，近一半的投资被资源型企业用于维持再生产，难以实施脱胎换骨的改造，淘汰落后产能、节能减排的难度和压力较大。④从产业空间布局上看，差异化发展水平和县域工业比重低，而且布局分散，主导产业趋同，县域工业经济基础差、总体水平不高，缺少对优势资源的精深加工能力，产品附加值低，区域竞争优势不明显。⑤从对外开放上看，外向型经济比重低，外向经济拉动不足。

"十二五"期间，黑龙江省仍处于大有所为的重要战略机遇期，但工业发展的内、外环境将发生新的变化，既有国际金融危机带来的深刻影响，也有国内发展方式转变提出的紧迫要求，已经进入只有加快转型升级才能促进工业经济又好又快发展的关键时期。

（1）从国际看，世界多极化、经济全球化深入发展，和平、发展、合作仍是时代潮流。国际金融危机影响深远，世界经济结构加快调整，全球经济治理机制深刻变革，科技创新和产业转型孕育突破，发展中国家特别是新兴市场国家的整体实力步入上升期。

（2）从国内看，我国工业综合实力稳步提升，抗风险能力不断增强，为工业发展奠定了坚实的物质基础；通过实施扩内需战略，我国城镇化进程加快，城乡居民消费结构不断升级，消费能力持续增强，为工业发展提供了广阔空间；信息化与工业化深度融合，市场化与国际化深入发展，为工业发展提供了强劲动力；发展循环经济、低碳技术，培育战略性新兴产业和生产性服务业，为工业发展创造了新的增长点。

（3）从发展趋势看，"十二五"期间将会出现一些向工业化后期转变的特征。①经济增长将主要由制造业拉动向制造业、服务业双带动转变。②产业发展开始由过度依赖出口和投资拉动向消费推动和技术创新驱动转变。③"十二五"时期将是建立我国长期竞争优势，占领重要产业制高点，培养战略性新兴产业的关键时期。④"十二五"期间我国产业发展内外部环境将进一步趋紧，产业升级将面临发达国家的阻碍和发展中国家追赶双重挑战，在国内面临着成本上升和环境资源的双重约束。

（4）从有利方面看，①经济全球化继续深入，产业结构调整加快，国内外产业转移，将给黑龙江省各产业发展带来巨大的市场需求空间和良好环境。跨国公司对我国直接投资活动的技术含量开始提升，黑龙江省具有较好的资源优势和产业配套基础，将成为外商投资新的热点之一；同时，也有利于黑龙江省企业"走出去"开展国际能源资源合作开发。②绿色产业在全球兴起，有利于黑龙江省保护环境、提高能源资源利用效率和推动产业升级；绿色产业还处于起步阶段，为黑龙江省赶上新一轮产业调整发展步伐、缩小与发达地区的差距提供了重要契机；新能源和节能环保等绿色产业发展潜力巨大，为黑龙江省培育新的经济增长点和市场需求提供了重要机遇。③"十二五"期间，国家将大力支持东北地区等老工业基地振兴，大力促进中部地区崛起，为黑龙江省工业转型升级提供了良好的政策机遇。④国家与俄罗斯及周边国家开展全方位合作，为黑龙江省提供了广阔的合作空间，将实现产业上的优势互补。

7.4.3 黑龙江工业基地转型的发展措施

7.4.3.1 自主创新

坚持把增强自主创新能力作为调整优化工业结构、转变发展方式的中心环节，积极推进原始创新、集成创新和引进消化吸收创新，全面加强以企业为主体、以市场为导向、产学研相结合的技术创新体系建设，为工业调整振兴提供技术支撑。

7.4.3.2 高新技术

黑龙江省的工业发展，应当通过工业文化的落地，引导支持企业加强技术改造，发挥其技术新、投资省、消耗低、污染少、工期短、见效快、效益好的优势，通过增量投入带动存量调整，进一步优化投资结构，促进企业走内涵式发展道路。用高新技术和先进适用技术改造提升传统产业。以市场为导向，突出企业的主体作用，围绕开发品种、提升质量、节能降耗、清洁生产、安全生产等方面，积极采用和推广新技术、新工艺、新流程、新装备、新材料，对现有企业的生产设施、装备、工艺条件进行升级改造，延长产业链条，发展产业集聚，培育产业基地。把技术改造与结构调整、淘汰落后、转变发展方式、自主创新、企业重组和加强企业管理等有机结合起来，推进传统产业结构优化升级，加速提升传统产业整体素质和综合竞争力。

7.4.3.3 生态工业

通过工业文化落地，提高可持续发展能力。以推进设计开发生态化、生产过程清洁化、资源利用高效化、环境影响最小化为目标，走资源消耗低、污染排放少、本质安全度高的可持续发展道路。推进工业节能降耗。加大产业结构调整力度，扩大优质能源比例，限制煤炭消费总量。突出抓好冶金、机械制造、电力、石油化工、建材、纺织、造纸等行业的工业节能工作，推进重点用能行业工业节能。加快工业节能技术进步和创新，构建工业节能技术支撑体系和信息传播平台，推进工业节能服务产业发展。从企业、园区、社会三个层次，大力推行"减量化、再利用、资源化"的循环发展模式，继续开展"工业节能全民运动"，以节油、节电和全民节能为重点，加强工业节能宣传教育，普及节能环保知识，积极倡导节约型的生产方式、消费模式和生活习惯。强化能源终端需求管理，完善节能法规建设，实施严格的固定资产投资工程项目节能审查制度。全面贯彻国家工业节能各项标准，形成全省的工业节能标准体系。加强政策激励和规划引导，建立工业节能长效促进机制。继续加大监督检查执法力度，强化监督管理。

7.4.3.4 文化渗透

通过工业文化落地推进信息化与工业化深度融合。大力发展信息产业，完善信息基地设施，加快建立宽带，泛在融合的信息网络。加强信息技术全方位、多层次的应用，使其渗透到工业研发设计、加工制造、原料采购、库存管理、市场营销等环节，全面提升改造传统产业。支持面向三网融合、移动互联网、云计算、物联网应用的新兴网络提供和信息化服务。依托云计算基地城市，培育在国内有影响力的云计算技术与服务企业，建设面向城市管理、产业发展、电子政务、中小企业服务等领域的云计算示范平台；推动一批软件企业和信息服务企业向云计算服务转型，培育和引进云计算产业高端人才。

● **本章案例：北京工业文化产业转型**

"十二五"时期，北京市工业调整、转型升级的紧迫性也不断增强，对产业空间布局支撑提出了新的迫切要求。布局调整优化是加快北京工业转型升级和大力发展战略性新兴产业的必由之路。

北京市经济和信息化委员会日前正式发布的《北京市"十二五"时期工业布局赢商网规划（专题阅读）》中提出，将打造北部国家战略性新兴产业策源地、南部高端制造业和战略性新兴产业发展新区、东部制造业与服务业融合发展示范区、西部传统工业转型升级示范区四大重点产业功能区，发展生态涵养区绿色产业发展带，形成"四区、一带"产业功能区布局格局。

对"四区、一带"进行解读，可以粗略地勾勒出未来5年北京工业的发展和变化。

（1）《北京市"十二五"时期工业布局规划》（以下简称《工业布局规划》）提出，将以顺义临空经济区和通州新城为核心辐射区，依托东六环、京承、京平高速等交通干线的辐射拉动，结合重点乡镇特色产业基地建设，以物流服务业为纽带，实现制造业与配套生产性服务业的协同发展，建设顺义——通州高端制造业与生产性服务业融合发展和区域产业协作发展新区。关键功能组团：空港工业区、天竺出口加工区、空港物流基地、林河工业区、北京汽车生产基地、国门商务区。

（2）《工业布局规划》提出：强化打造综合性临空产业聚集区。进一步升级空港工业区、天竺出口加工区、空港物流基地、林河工业区、北京汽车生产基地、国门商务区六大功能组团产业服务与承载功能，巩固高技术制造业和战略性新兴产业。重点提升汽车制造、中高端数控机床等高技术制造产业，做强物流等生产性服务业，培育航空信息服务、金融信息服务等新兴产业，打造世界级临空产业聚集区。

2011 年前三季度，顺义规模工业企业实现产值 1480.6 亿元，同比增长 11.8%。15 家功能区完成属地财税收入 165.9 亿元，地方财政收入 34 亿元，同比分别增长了 64% 和 68%。在"十二五"期末，顺义区将实现工业总产值 4000 亿元，构建成一座全新的"世界空港城"。

（3）《工业布局规划》提出：加快推进通州第二、第三产业融合发展。深入推进通州高端商务服务区建设。依托新城开发，重点发展总部经济、高端商务等产业，建设成为彰显国际新城形象的特色高端商务服务区。带动通州经济开发区、环渤海高端总部基地、光机电一体化产业基地、金桥产业基地高端产业集聚发展。

随着环渤海高端总部基地、北京通州文化旅游区等功能区的推进，通州新城的建设进入了高峰时期。根据北京市新的发展规划，通州区将成为"大北京"的新亮点，工业发展也成为了通州新城建设的重点之一。

据介绍，此次签约入驻的"北京经开·张家湾产业园项目"，总占地面积约 13 万平方米，建筑规模近 30 万平方米，预计总投资为 14.5 亿元。根据规划，该项目将建设成为具有相对独立性，配套设施完善，整体定位为以产业研发、企业总部、商业办公为主体的新兴生态高端产业园，以发展新兴产业和高端服务业为主，将重点引进物联网应用技术、RFID 射频识别技术、交通信息服务系统等产业。项目建成后，将成为具有"高端化、复合化、商务化、中心化、低碳化"特色、支撑现代化国际新城发展的产业节点型中心，吸引大量优质企业入驻，提供多个就业岗位，预计每年至少可实现税收 10 亿元。

（4）《工业布局规划》提出：持续完善特色乡镇产业基地布局。进一步发挥区域高端产业集群辐射带动能力，完善乡镇产业基地配套服务建设，着力建设仁和、李桥、赵全营、杨镇、马坡等重点乡镇的航空、汽车零部件制造、节能环保装备制造基地，实现区域产业纵深发展。

从北京产业发展空间格局来看，国家级、市级园区的空间逐渐饱和，未来拓展的难度也越来越大，乡镇产业基地可以作为空间资源的一种有益补充，发展与国家级、市级产业园区相配套的产业，共同打造产业集群，不仅丰富了产业链条，更使乡镇向具有国际影响力的产业迈进。虽然乡镇产业基地在规模上难以与国家级、市级园区相比，但对提升乡镇产业竞争力也将发挥积极作用。更重要的是，规划一批乡镇产业基地，对于推动工业化与城镇化融合发展、加快城乡统筹协调发展具有重要作用。

通过建设乡镇产业基地，引入一批具有较高科技含量、较高附加价值的环境友好型工业，能够带动所在区域农村人口就业，提高农民收入水平，而且有利于促进农村人口向城镇集聚，加快区域城镇化进程。比如台湖光机电一体化基地、高丽营金马工业园区等园区建设，不仅可以解决农民的就业问题，而且将推动周边几个村的土地资源整合，促进农民集中居住，便于引入现代化市政基础设施，改善农民居住环境。

● 点评

按照北京工业布局调整总体思路，从各区县的区位条件、资源特点和产业基础出发，发展区域经济并确定各工业科技园区产业定位规划，积极创造条件，完善基础设施，为城区工业企业的搬迁和调整提供良好的发展空间。

布局调整优化是加快工业转型升级和大力发展战略性新兴产业的必由之路。促进产业集约集聚升级、发展重要支撑，北京市应坚持以战略性新兴产业为引领加快工业转型升级，推动产业布局调整优化。布局调整优化是加快推进中关村国家自主创新示范区建设战略部署的必然要求。推进自主创新、加快建设创新型国家工业发展。通过园区化的管理不断提高工业生态化发展水平，减轻工业发展对资源环境造成的压力。提高土地利用效率，整合用地资源，优化产业发展空间，促进产业向园区集聚。北京作为京津冀首位城市，只有加快工业结构调整，促进工业转型升级，促进产业向园区、新城集聚，才能更好地服务于京津冀都市圈发展。

转型升级能加快推动我国经济社会进入良性发展轨道；如果行动迟缓，不仅资源环境难以承载，而且会错失重要的战略机遇期。必须积极创造有利条件，着力解决突出矛盾和问题，促进工业结构整体优化升级，加快实现由传统工业化向新型工业化道路的转变。

（1）新型工业化道路是以信息化带动工业化，以工业化促进信息化，工业化和信息化并举的道路。以增强自主创新能力来提升经济发展的质量和效益，通过节能减排建设资源节约型、环境友好型社会。

（2）坚持城乡和区域经济协调发展战略，坚持不懈地实施统筹城乡和区域发展的方针和政策，在继续推进城市化的过程中，扎扎实实建设好社会主义新农村。

（3）扩大内需。加大对农村基础设施以及水、电、气等公共设施的投入，完善社会保障，加快城市化步伐，调整产业结构等方面，着手提高消费率，扩大消费需求，调整投资消费关系。

（4）推动产业结构升级，不仅需要调整要素投入比例，还需要农业、工业与第三产业之间协调发展；工业内部的冶金、石化、机械、电子等行业的协调发展；制造业中传统加工业与精细加工、高新技术产业的协调发展，以便推动产业结构的高级化。

（5）通过节能减排建设资源节约型、环境友好型社会。节能减排不仅关系节省资源和保护环境，更关系到可持续发展和以人为本等科学发展全局。

● **思考题**

1. 北京工业文化产业的转型方式是怎样的？给北京带来了哪些影响？

2. 北京工业文化产业转型升级在很大程度上受政府的支持与规划方针指引，那么作为工业企业自身，应该怎样迎接转型升级的挑战，才能更好地完成转型任务？

3. 北京工业文化产业转型是在几个大型区域进行工业改造，应该怎样通过工业改造拉动偏远、不发达地区的发展，缩减城乡之间的经济差距？

● **参考文献**

［1］郑韶霞. 中国工业结构的调整与升级：实证与对策［D］. 西北大学硕士学位论文，2004.

［2］马山水. 我国民营制造业企业转型升级问题研究［M］. 北京：经济科学出版社，2009.

［3］徐大建. 企业伦理学［M］. 北京：北京大学出版社，2009.

［4］工业和信息化部. 加快工业转型升级　促进两化深度融合：党的十六大以来工业和信息化改革发展回顾（2002~2012）［M］. 北京：人民出版社，2012.

［5］卢为民. 工业园区转型升级中的土地利用政策创新［M］. 南京：东南大学出版社，2014.

［6］许正. 企业转型六项修炼［M］. 北京：机械工业出版社，2014.

［7］龚心规. 工业转型升级是实现工业大国向工业强国转变的必由之路［J］. 产业发展，2012（3）.

［8］张厚明. 新时期加快我国工业转型升级刻不容缓［J］. 发展经济，2010（2）.

［9］王维. 全球视角下的中国工业转型升级制约因素分析［J］. 亚太经济，2012（4）.

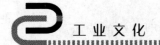

● **推荐读物**

［1］刘光明.新商业伦理学 ［M］.北京：经济管理出版社，2012.

［2］刘光明.新编企业文化案例 ［M］.北京：经济管理出版社，2011.

第8章 工业文化遗产保护

● **章首案例：杭州西溪创意产业园**

西溪创意产业园位于杭州西溪国家湿地公园桑梓漾区域，占地约 0.9 平方千米，建筑面积约 2.6 万平方米，共由 59 幢建筑组成，投资近 2 亿元。园区依托不同时期遗存的保留建筑，按照"生态化、功能化、差异化"的标准进行修缮、新建，是一个具有西溪特色的原生态的创意设计艺术庄园。创意园分"两大功能区块、三大主力业态"。"两大功能区块"分别是：西区为艺术村落区，主要由各类创意工作室、艺术创作和展示、艺术经营机构和配套商业组成；东区为创意产业区，主要由创意产业企业总部、大型创意产业机构和研发中心等组成。"三大主力业态"即艺术创作及艺术经营类、创意设计类、总部基地类。园区力争在三年内成为以艺术创作为主体，集艺术展示、艺术交易及文化、休闲、旅游于一体的 ART-Mall。

西溪创意产业园 2008 年被列入杭州市十大文创产业园，2009 年 11 月开园以来，先后被授予"北京电影学院教育创作实践基地"、"浙江省影视创作拍摄示范基地"、"浙江省广播电影电视局电影审查中心"以及全球文化产业特色园区"创新引领奖"等荣誉称号。

"文化"和"影视"是西溪主打的两张牌。据园区管委会工作人员介绍，2009 年 11 月开园以来，产业园的项目定位以影视和文学艺术产业为重点，目前已引进影视动漫企业 24 家，占园区内企业数量的近 90%。

西溪创意产业园坚持以"名人立园，影视强园"为发展战略，逐步吸引众多的一流人才和名人大师，截至目前共签约入驻的有杨澜、潘公凯、余华、刘恒、邹静之、赖声川、朱德庸、蔡志忠、麦家等 20 位名人以及"国内电视剧第一股"浙江华策影视股份有限公司、"国内最大纪录片库制作公司"长城影视股份有限公司、"省内最大电影发行公司"浙江省电影有限公司、"省内影视产业龙头"浙江影视集团、"享誉全国精品电视剧制作商"南广影视、"国内电影制作标杆企业"金球影业等 27 家企业。2011 年产值高达 8.31 亿元，西湖区纳税达 4350 万元，浙江省纳税突破 1 亿元。创意园影视剧产量高达 1220 集，占杭州市出品总量的 70% 以上，占浙江省的 50% 以上。已形

成以剧本创作、影视拍摄、制作、电影发行、院线放映为主要特色的文化产业布局。

西溪创意产业园依托周边丰富的自然景观、深厚的文化沉淀和优异的人才资源，努力构建国内具有一定影响力的高端创意人才聚集地，影视产业的原创地和高端影片、电视剧的制作地，不断提升园区影视产业总体实力和竞争力，全力打响"西溪创意名家"、"影视西溪造"两大品牌，致力于成为国家级的影视创作拍摄示范园区，成为全国最美丽的文化创意产业名园。

名人资源是西溪创意产业园的独特资源，在不到1平方千米的园区面积内，集聚了杨澜、赖声川等20位大师名家，其中有9位著名编剧、3位国内著名导演，而他们形成了西溪影视产业链的最上端。第一批进驻产业园的名家有：著名国画家潘公凯、吴山明，著名音乐家徐沛东，著名作家编剧刘恒、程蔚东，著名作家余华、麦家，著名台湾剧作家、导演赖声川，漫画家朱德庸，著名策划家朱海，著名导演崔巍，著名英国经济学家、创意大师约翰·霍金斯等12位文化名人；文创企业有：世界动画协会中国动漫博物馆、阳光传媒机构分部等5家文创机构。此外，著名主持人杨澜，著名编剧邹静之、高满堂、刘星、卞智洪和好莱坞著名导演皮托夫等人将在进驻的文创机构中心开办工作室。

在完成第一批进驻西溪创意产业园的签约后，第二批文化大家的引进工作已经启动。目前已经达成初步进驻意向的还有被称为中国当代画坛"五杰"的刘大为、刘谦、袁运生、冯大中、詹建俊，日本著名当代艺术大师天野喜孝、平面设计大师原研哉，法国雕塑家协会主席乔治·苏泰等。力争通过3~5年的精心运作，使国内各地的文化艺术原创力量源源不断地汇聚西溪，使西溪成为国内具有一定影响力的艺术创意策源地，成为杭州市创意产业的一张金名片，成为国家级的艺术产业示范园，成为中国的"人才高地"和"艺术高地"。

政策优势：园区是国家级影视合作实验区和省级影视创作示范区，拥有专业产业扶持平台，协助企业申报、兑现省市区相关文创政策项目；每年举办电视剧审片会、影视新闻发布会、影视作品展等文化系列活动；组织企业参加国内外知名交流活动，为企业积极搭建文化交流平台。

区位优势：园区地处西溪湿地公园桑梓漾区域，毗邻蒋村商住区、杭州大学城以及浙江大学，交通便利、人杰地灵，能充分享受到省会城区、杭州主城区所具有的人才、资金、信息和政治文化等各类资源，区位优势十分明显。

人居优势：西溪湿地是国内唯一的集城市湿地、农耕湿地、文化湿地于一体的罕见湿地。每一幢办公楼都掩映在树丛后、湿地上，办公环境好，能有效地激发入驻名人名家的创意灵感和艺术冲动。

自身功能优势：被授予"浙江省影视创作拍摄示范基地"、"浙江省电影审查中心"等荣誉称号，是省内影视产业专业化发展的公共服务平台，园区具有良好的影视产业发展土壤和资源优势，已形成以剧本创作、影视拍摄、制作、电影发行、院线放映为主要特色的文化产业布局，电视剧年产量高达 1200 集，占杭州市出品总量的 70% 以上，占浙江省的 50%。

8.1 地方工业文化遗产保护

工业文化遗产是指具有历史学、社会学、建筑学及科研价值的工业文化遗存。工业文化遗产的研究与保护，兴起于工业革命的发祥地——英国。

工业文化遗产是由工业文化遗留物组成，这些遗留物拥有历史、技术、社会、建筑、审美或者是科学上的价值。它包括建筑物，机器设备，车间制造厂和工厂，矿山和处理精炼遗址，仓库和储藏室，能源生产、传送、使用运输和所有与工业相联系的社会活动场所，以及工业非物质文化遗产如生产工艺、流程、手工技能、企业精神、企业文化等。

8.1.1 徽州民居和笔墨纸砚（文房四宝）

8.1.1.1 徽州民居

徽州民居，指徽州地区的具有徽州传统风格的民居，是汉族传统民居建筑的一个重要流派，也称徽派民居，是实用性与艺术性的完美统一。自秦建制两千多年以来，悠久的历史沉淀，加上北亚热带湿润的季风气候，融合了在这块被誉为"天然公园"里生活的人们的聪明才智，创造了独树一帜的徽派民居建筑风格。徽州民居的布局一般都以三合院或四合院为基本单位，但宏观视界与北京的院落形式有别。根据当地气候、地形的特点，安徽传统的民居建筑多为各种造型的二层楼房，有的依山傍水，有的参差起伏，有的层楼叠院，精致朴素、堂皇俊秀。

西递、宏村于 1999 年 12 月根据文化遗产遴选标准 C（Ⅲ）（Ⅳ）（Ⅴ）被列入《世界遗产名录》。西递、宏村这两个传统的古村落在很大程度上仍然保持着那些在 20 世纪已经消失或改变了的乡村的面貌。其街道的风格，古建筑和装饰物，以及供水系统完备的

民居都是非常独特的文化遗存。西递、宏村古民居位于中国东部安徽省黟县境内的黄山风景区。西递和宏村是安徽南部民居中最具有代表性的两座古村落，它们以世外桃源般的田园风光、保存完好的村落形态、工艺精湛的徽派民居和丰富多彩的历史文化内涵而闻名天下。

8.1.1.2 笔墨纸砚

中国独有的文书工具，即文房四宝享誉中外。安徽是文房四宝的故乡，徽笔、宣笔、徽墨、宣纸、歙砚均源于安徽。笔、墨、纸、砚之名，起源于南北朝时期。历史上，"笔、墨、纸、砚"所指之物屡有变化。在南唐时，"笔、墨、纸、砚"特指诸葛笔、徽州李廷圭墨、澄心堂纸、江西婺源龙尾砚。自宋朝以来"笔、墨、纸、砚"则特指湖笔（浙江省湖州）、徽墨（徽州，现安徽歙县）、宣纸（现安徽省泾县，泾县古属宁国府，产纸以府治宣城为名）、端砚（现广东省肇庆，古称端州）、歙砚（现安徽歙县）和洮砚（现甘肃省卓尼县）。宣城是全国唯一的"文房四宝之乡"，产宣纸（泾县）、宣笔（泾县/旌德）、徽墨（绩溪/旌德）、宣砚（旌德）。

湖笔，中国的毛笔，起源甚早，而"湖笔"之闻名于世，当在六七百年以前的元朝。元朝以前，全国以宣笔最有名气。苏东坡、柳公权都喜欢用宣州笔；元朝以后，宣笔逐渐为湖笔所取代。湖笔的产地在浙江吴兴县善琏镇。湖笔选料讲究，工艺精细，品种繁多，粗的有碗口大，细的如绣花针，具有尖、齐、圆、健四大特点。

湖笔，亦称湖颖，是"文房四宝"之一，被誉为"笔中之冠"。湖颖的"颖"是它的最大特点。所谓"颖"，就是指笔头尖端有一段整齐而透明的锋颖，业内人称为"黑子"。"黑子"的深浅，就是锋颖的长短。颖是用上等山羊毛经过浸、拔、并、梳、连、合等近百道工序精心制成的，古有"毛颖之技甲天下"之说。

徽墨，产于徽州地区的屯溪、歙县、绩溪等地，距今已有千年历史。徽墨以松为基本原料，渗入20多种其他原料，精制而成。具有"香彻肌骨，磨研至尽，而香不衰"的优点，被称为"墨中神品"。

宣纸，因产于古宣州而得名，以宁国府治宣城为名，故称"宣纸"。宣纸宣笔产于泾县，至今已有一千多年的悠久历史。2009年9月30日，宣纸经联合国教科文组织肯定，被列入人类非物质文化遗产名录。宣纸因质地细薄、棉韧、洁白、紧密而著称于世。以耐老化、拉力强及不变色为最大特色，有"千年寿纸"之称。红星牌宣纸为全国著名品牌。

宣纸具有"韧而能润、光而不滑、洁白稠密、纹理纯净、搓折无损、润墨性强"等特点，并有独特的渗透、润滑性能。写字则骨神兼备，作画则神采飞扬，是最能体现中国艺术风格的书画纸，所谓"墨分五色"，即一笔落成。再加上耐老化、不变色、少虫蛀、寿命长，宣纸除了题诗作画外，还是书写外交照会、保存高级档案和史料的最佳用纸。我国流传至今的大量古籍珍本、名家书画墨迹，大都用宣纸保存，依然如初。

歙砚，是我国四大名砚之一，取石于安徽古歙州（今歙县）的龙尾山，龙尾山是大部分存世歙砚珍品的石料出产地。除此之外，歙县、休宁县、祁门县亦产歙砚。歙砚已有一千二百多年历史。歙砚石质坚韧，具有下墨快、不损笔锋、墨水不涸、洗之易净等特点，其中"坚润"二字体现了歙砚的特色。

2006 年 5 月 20 日，歙砚制作技艺经国务院批准列入第一批国家级非物质文化遗产名录。2007 年 6 月 5 日，经文化部确定，安徽省歙县的曹阶铭为该文化遗产项目代表性传承人，并被列入第一批国家级非物质文化遗产项目代表性传承人名单。

8.1.2　刺绣

刺绣，又称丝绣，是中国优秀的民族传统工艺之一。刺绣是中国著名的传统工艺品，在中国工艺美术史上占有重要地位。刺绣工艺遍布全国，其中，苏绣、湘绣、蜀绣、粤绣被称为四大名绣。各地的民间刺绣也别具特色。刺绣艺术发展到今天，工艺精细复杂，技法日臻完善，具有很强的表现力。

8.1.2.1　四大名绣——粤绣、苏绣、湘绣、蜀绣

粤绣图案严谨，色彩瑰丽，运用金线、银线、绒线结合绣制，垫凸而富有强烈的装饰性，因而在全国各绣中独树一帜，是中国四大名绣之一。以金碧、粗犷、雄浑的垫凸浮雕效果的钉金绣为特色。

苏绣是四大名绣之首，是以江苏苏州为生产中心的传统手工丝线刺绣，发源地在苏州吴县一带，具有独立的刺绣风格，被誉为"东方的艺术明珠"、"亚洲骄傲"。

湘绣是以湖南长沙为中心的刺绣产品的总称。其构图严谨，色彩鲜明，各种针法富于表现力，通过丰富的色线和千变万化的针法，使绣出的人物、动物、山水、花鸟等具有特殊的艺术效果。

蜀绣即以四川成都为中心的刺绣品总称，蜀绣具有悠久的历史，与蜀锦一起被称为"蜀中之宝"，其具有蜀都地域独特的刺绣技艺特色。

8.1.2.2　杭绣、辽绣、汴绣、晋绣、疆绣

杭州刺绣早前也称"宋绣"，新中国成立后为了体现地域特色开始称"杭绣"。杭州自宋以来是"杭绣"的发源地，至清时，民间的手工制绣棚作发展较快，当时的羊坝头巷曾成为杭城戏服刺绣的集中地。

辽绣记录了东北地区刺绣发展的历史，在传承和发展过程中具备了传统民间艺术的特色。辽绣的特点是运用特有的横向运针，结合巧妙晕色的方法。

汴绣亦称"宋绣"，历史悠久，素有"国宝"之称。发源于宋绣，但并非宋绣，汴绣和宋绣之间有明显区别，不能混为一谈。宋绣发源于商丘，商丘为中国六朝古都，中国历史文化名城。

晋绣是山西民间刺绣瑰宝，是山西民间流传下来的纯手工技艺的艺术品。山西民间刺绣历史悠久，早在周代就有"画绣之工，共其职也"之说。古老的晋绣就像是一颗璀璨的明珠洒落在民间，主要流传于山西一带，据历史记载，大约已有 2000 余年。源远流长的山西民间刺绣，其工艺技巧也日臻完善精美。唐人胡令能以七绝诗咏颂当时民间刺绣水平："日暮堂前花蕊娇，争拈小笔上床描。绣成安向春园里，引得黄莺下柳条。"

疆绣是富有民族特色的刺绣，蕴含着对故乡的热情和激情，充分体现了大西北人民的豪爽、朴实、敦厚的性格特色。疆绣是在沿袭传统苏绣、湘绣等绣法的基础上，综合新疆维吾尔族、哈萨克族、柯尔克孜族、塔吉克族、蒙古族、塔塔尔族等各民族为一体的多元绣法，根据不同的内容，采取不同的针法，使得作品达到色彩艳丽、形象逼真、热情奔放的艺术特色，并具有强烈的地域气息，彰显出新疆特有的粗犷豪放之美，形成了独具特色的表现手法和艺术风格，是新疆传统美术的重要组成部分。

8.1.3 陶瓷

陶瓷是一种工艺美术，也是一种民俗艺术、民俗文化，因此，它与民俗文化的关系极为密切，表现出相当浓厚的民俗文化特色，广泛地反映了我国人民的社会生活、世态人情和我国人民的审美观念、审美价值、审美情趣与审美追求。陶瓷是表现喜庆、幸福、祥瑞的重要题材和我国基本的文化特征。

中国五大名窑：

定窑，是宋代五大名窑之一，定窑瓷器的胎骨较薄而且精细，颜色洁净，瓷化程度很高。釉色多为白色，釉质坚密光润。

汝窑，为冠绝古今之中国瓷器名窑。汝州是汝瓷的故乡，汝瓷造型古朴大方，釉色主要有天青、天蓝、淡粉、粉青、月白等，尤以天青最为名贵，釉层薄而莹润，釉泡大而稀疏，有"寥若晨星"之称。

官窑，是因胎、釉受热后膨胀系数不同产生的效果。瓷器足部无釉，烧成后是铁黑色，口部釉薄，微显胎骨，即通常所说的"紫口铁足"。

哥窑，是宋代南方五大名窑之一。其胎色有黑、深灰、浅灰及土黄多种，其釉均为失透的乳浊釉，釉色以灰青为主。哥窑的主要特征是釉面有大大小小不规则的开裂纹片，俗称"开片"或"文武片"。

钧窑，是在建窑和耀州窑的风格基础上综合而成的一种独特风格，受道家思想深刻影响，在宋徽宗时期达到高峰，其工艺技术发挥到极致。钧瓷盛名于世，各地竞相仿制，并以禹州为中心，形成了一庞大的钧窑系。钧窑分为官钧窑、民钧窑。

8.1.4　中国剪纸

剪纸是一种镂空艺术，也是最为流行的汉族传统艺术，在视觉上给人以透空的感觉和艺术享受。其载体可以是纸张、金银箔、树皮、树叶、布、皮、革等片状材料。2006年 5 月 20 日，剪纸艺术遗产经国务院批准列入第一批国家级非物质文化遗产名录。

8.1.4.1　南方派剪纸

佛山剪纸历史悠久，源于宋代，盛于明清时期。从明代起佛山剪纸已有专门行业大量生产，产品销往省内及中南、西南各省，并远销南洋各国。其风格金碧辉煌、苍劲古拙，结构雄伟奔放，用色夸张富丽，剪、刻、凿、印、写、衬等技艺并用，材料和表现手法巧妙结合，具有鲜明的地方特色。佛山剪纸既纤巧秀逸又有浑厚苍劲的表现手法，按使用的需要而选材施艺。在制作方法上，有材料刻纸、写料刻纸、纯色剪纸三大类，以铜衬料、铜写料、铜凿料最具特色。

福建剪纸是福建地区的汉族传统艺术形式之一。当地多种多样的剪纸艺术具有浓厚的汉族民俗风情和乡土气息。福建各地的剪纸有不同的特点。山区的南平、华安等地以刻画山禽家畜的作品较多，表现较为粗壮有力、淳厚朴实；沿海的闽南、漳浦一带则屡见水产动物入画，风格细致、造型生动；莆田、仙游一带以礼品花为主，倾向于华丽纤巧的意味。剪纸的作用也很广泛：岁时节日的窗花、门鉴、灯花、仪礼花及刺绣的稿样，泉州艺人刻纸还应用在建筑中家具上，作复印漆画的底版。

莆田礼品花是福建剪纸最有特色的样式。贺生贺喜贺寿，祭神祭鬼祭祖，不管是馈赠还是摆供，也不管是礼轻还是礼厚，都要赋上一枚鲜红的剪纸花。就连猪头、猪脚、猪肚儿、鸡爪爪，也都如此。礼品花的造型也别有意趣。一只鸡爪上的剪纸称为"凤爪花"，本无美感的东西顿时成了一枝爪丫儿的阿娜若舞的凤足凰趾，上面再饰上"戏牡丹"的图案，则更美观。

8.1.4.2　江浙派剪纸

扬州剪纸。2006 年 5 月 20 日，扬州剪纸经国务院批准被列入第一批国家级非物质文化遗产名录。扬州剪纸线条清秀流畅，构图精巧雅致，形象夸张简洁，技法变中求

新，形成了特有的"剪味纸感"和艺术魅力，为中国南方民间剪纸艺术的代表之一。其用纸以安徽手抄宣为主，厚薄适中，无色染，质地平整。江苏扬州剪纸题材广泛，有人物花卉、鸟兽虫鱼、奇山异景、名胜古迹等，尤以四时花卉见长。其特点是以画为稿，构图简练、线条圆滑，显得清秀而挺拔，给人以厚实完整之感。具有优美、清秀、细致、玲珑的艺术风格和地方特色。

浙江民间剪纸。浙江剪纸有着悠久的历史，是千百年农耕文明所形成的艺术结晶，是浙江非物质文化遗产的重要组成部分。其中以浦江、缙云、乐清、永康、桐庐等地最富特色，题材丰富，层次分明，挺秀，细致。几十种图案交织在一起，层次丰富、主宾分明、疏可走马、密不容针，玲珑剔透，显现出江南特有的风神气韵，与北方剪纸的粗犷风格形成鲜明的对比。

浙江戏曲窗花。浙江戏曲窗花是题材中比较独特吸引人的，主要撷取戏中典型的场面情节，充分体现人物的身段之美。与戏曲不同的是，剪纸配上了相应的背景为衬，显示了特定艺术语言的优势。浙江剪纸的造型讲究大的影像轮廓，而影像之中剪出细细的阴线。大小相结合，阴线恰到好处，使得形象结构与画面的节奏都增添成色，更加生动。

8.1.4.3　北方派剪纸

蔚县剪纸又叫窗花，是全国唯一一种以阴刻为主、阳刻为辅的点彩剪纸，素以刀工精细、色彩浓艳而驰名，所谓"阳刻见刀，阴刻见色，应物造型，随类施彩"而成。蔚县剪纸历史悠久，以其独特的风格在海内外享有盛誉。蔚县剪纸吸收了河北武强木版水印窗花以及河北雕刻刺绣花样等民间传统艺术形式的特色，以薄薄的宣纸为原料，用小巧锐利的雕刀手工刻制，再点染明快绚丽的色彩而成，构图朴实饱满，造型生动优美逼真，色彩对比强烈，带有浓郁的乡土气息。

山西剪纸是一种古老的汉族民间艺术。剪纸在山西是一种很普遍的群众艺术，人们通过用镂空剪刻成花样，装点着自己的生活。作为一种镂空艺术，在视觉上给人以透空的感觉，在生活中带来艺术的享受。剪纸就是这样一种扎根民众之间，与人民生活紧密关联，为千家万户增色添喜的一种民间艺术形式。山西剪纸的主要载体可以是纸张、金银箔、树皮、树叶、布、皮、革等片状材料。

陕西民间剪纸是陕西历史遗留下来丰厚的民俗文化遗产之一。陕西从南到北，特别是黄土高原，八百里秦川，到处都能见到红红绿绿的剪纸。那古拙的造型、粗犷的风格、有趣的寓意、多样的形式、精湛的技艺，在陕西，在全国的民间美术中都占有很重要的位置。陕西剪纸，这一民间艺术形式有着悠久的历史，在全国各地不同风格和特色的剪纸艺术中，古老而淳朴的陕西剪纸以它特有的魅力，为人们所喜爱。

8.1.5　国家级工业文化遗产

中国于 1985 年 12 月 12 日加入《世界遗产保护公约》，目前共有 37 个项目被列入《世界遗产名录》，其中只有 1 个工业文化遗产——都江堰。2006 年，中国公布了第六批全国重点文物保护单位名单，钱塘江大桥、南通大生纱厂等 9 处近现代工业文化遗产榜上有名。加上 2001 年公布的第五批全国重点文物保护单位中的两处工业文化遗产——大庆第一口油井和中国第一个航天器研制基地，中国共有国家级的工业文化遗产 11 处。9 个近现代工业遗产入选全国重点文物保护单位：黄崖洞兵工厂旧址、中东铁路建筑群、青岛啤酒厂早期建筑、汉冶萍煤铁厂矿旧址、石龙坝水电站、个旧鸡街火车站、钱塘江大桥、酒泉卫星发射中心导弹卫星发射场遗址和南通大生纱厂。

8.2　历史工业文化遗产

8.2.1　近现代工业和现代工业文化遗产

中国近、现代工业发展阶段及潜在的工业遗产主要分为以下几个阶段（见表 8-1）。

表 8-1　中国近现代工业发展阶段

历史阶段	时间跨度	特征
近代工业	1840~1894 年	中国近代工业的产生阶段，许多工业门类实现了从无到有的突破
	1895~1911 年	中国近代工业初步发展阶段，《马关条约》允许外国资本在各地设厂，中国丧失工业制造专有权
	1912~1936 年	私营工业资本迅速发展时期，华侨和军政要员成为重要的工业投资者，近代工业逐渐走向自主发展
	1937~1948 年	抗战时期艰难发展，大量工矿企业内迁，战后工业有短暂复苏
现代工业	1949~1965 年	新中国社会主义工业初步发展时期，经历了理性发展和工业化大跃进的浪潮
	1966~1976 年	曲折前进时期，工业生产停滞甚至倒退
	1978 年至今	社会主义现代工业大发展时期，产业格局退二进三调整，促使某些工业地区重新定位

8.2.1.1　中国近代工业发展阶段潜在工业遗产

第一阶段：中国近代工业的产生阶段（1840~1894 年）。

中国近代工业的众多领域实现了从无到有的突破，兴办近代工业的主力是来自英国、美国、德国和俄国等资本主义国家的经济殖民势力及其买办，与之对应，这一时期形成的潜在的工业遗产十分丰富，表8-2中选列了一些，具有典型性并不一定全面。

表8-2 近代工业产生阶段潜在工业遗产点清单

兴办主体	行业划分	代表案例
1840年（鸦片战争）至1894年（中日《马关条约》之前）		
外国资本独立经营	船舶修造业	广州黄埔船坞
		耶松船厂
	出口加工工业（丝、茶、棉等）	汉口顺丰砖茶厂
		上海缫丝厂
	轻工业（食品、化工、印刷等）	香港太古糖房
		上海正裕面粉厂
		上海遂昌自来火局
		上海老德记药房
		上海墨海书馆
		上海别发洋行、点石斋印局
	市政与公用事业	上海"大英自来火房"
		上海自来水公司
		上海电气公司
	铁路	上海淞沪铁路
清政府洋务派经营	军事工业（军器、军火、船舶）	安庆内军械所
		江南制造局
		福州船政局
		金陵制造局，天津、西安、兰州、山东、四川、广州机器局
	民用工业（煤矿、金属矿、纺织工业等）	台湾基隆煤矿
		开平煤矿
		黑龙江漠河金矿
		贵州青谿铁厂
		汉阳铁厂与大冶铁矿
		兰州织呢局
		湖北纺纱官局
		上海伦章造纸厂
	基础设施与公用事业	天津电报总局
		山东平度招远金矿
	轻工业（缫丝与纺织、面粉、火柴、造纸、印刷）	广东南海继昌隆缫丝厂
		重庆森昌泰和森昌正火柴厂
	基础设施与公用事业	广州电灯厂
中外合资经营	市政基础设施	天津自来火公司
买办经营	轻工业	上海同文书局
		上海昌源机器五金厂
太平天国农民政权	重工业（军工）	太平军火药厂、船厂、硝厂
	轻工业	百工衙

第二阶段：中国近代工业的初步发展阶段（1895~1911 年）。

中日《马关条约》签订后，工业投资的重点领域仍然集中在船舶修造、矿山开采等关乎国计民生的行业，轻工业则以纺织、面粉为主。这一时期的工业企业增多，每个行业内部也初步形成多足鼎立的局面，表 8-3 列举了一些潜在的工业遗产。

表 8-3 近代工业的初步发展阶段潜在工业遗产点清单

1895 年《马关条约》至 1911 年（辛亥革命）		
兴办主体	行业划分	代表案例
外商独资经营	重工业（船舶修造、铁路）	太古船坞公司
		耶松有限公司
		南满铁道株式会社
	轻工业	英商上海怡和纱厂
		英美烟草公司
清政府官办	重工业（采矿、铁路）	抚顺煤矿
		江南船坞
		京张铁路
	轻工业	景德镇瓷器公司
民族资本运营	重工业（造船、采矿）	求新船厂
		大同、阳泉煤矿
	轻工业	江苏南通大生纱厂
		上海阜丰面粉公司
		山东烟台张裕酿酒公司
		商务印书馆
		天津北洋硝皮厂
		荧昌火柴公司
		南洋兄弟烟草公司
中外合资经营	轻工业	上海丝织公司

第三阶段：私营工业资本迅速发展阶段（1912~1936 年）。

辛亥革命后和"一战"期间民族工业出现了短暂的春天，近代工业逐渐走向自主发展（见表 8-4）。

表 8-4 私营资本工业迅速发展阶段潜在工业遗产点清单

1912 年（民国元年）至 1936 年（抗战前夕）		
兴办主体	行业划分	代表案例
外商独资经营	重工业	兴中公司（京津两地）
	轻工业	日商内外棉株式会社
		英商新怡和纱厂
		英商密丰绒线厂
		英商上海中国肥皂公司
	公用事业	美商上海电力公司

续表

1912年（民国元年）至1936年（抗战前夕）		
兴办主体	行业划分	代表案例
北洋军阀/国民政府官办	重工业	上海兵工厂
		石景山钢铁厂
		淮南矿务局
		中国建设银公司
	轻工业	秦皇岛辉华玻璃厂
民族资本运营	重工业	太湖水泥公司
	轻工业	上海中国化学工业社
		天津塘沽永立制碱公司
		上海申新纱厂
		上海永安纺织公司
		上海中华第一针织厂
		上海天厨味精厂
		上海天利淡气厂
		丹华火柴厂
中外合营	重工业	阜新煤矿
		鞍山铁矿
		门头沟煤矿公司
		鲁大公司

第四阶段：抗战时期工业艰难发展，战后短暂复苏（1937~1948年）。

现代化阶级斗争和民族斗争在极为尖锐复杂的历史环境下艰难地进行，官僚资本的形成和垄断又在一定程度上排挤了民营工业的发展（见表8-5）。

表8-5　抗战时期及战后潜在工业遗产点清单

1937年（抗战爆发）至1949年（新中国成立前夕）		
兴办主体	行业划分	代表案例
日本帝国主义经营	工业综合体	满洲重工业开发株式会社
国民政府官办	重工业（资源、铁路）	重庆中国兴业公司
		扬子电器股份有限公司
		淮南矿路股份有限公司
		吉林丰满发电所
		四川飞机制造厂和炼钢厂
		四川内江酒精厂
		云南机器制造厂
		汉阳铁厂、华生电气公司等
		南京首都电厂及分厂
	轻工业	申新纱厂、天利硝酸、商务印书馆等
共产党在革命根据地经营	重工业	陕西延安延长石油厂
		延安边区机器厂
	轻工业	绥德大光纺织厂

8.2.1.2 中国现代工业发展阶段潜在工业遗产

1949 年新中国成立后开始了中国现代工业的发展历程，大致分为如下三个阶段：

第一阶段：社会主义工业初步发展时期。

新中国社会主义工业初步发展时期，经历了理性发展和工业化大跃进的浪潮。实现了"一化三改"，"一化"指社会主义工业化建设，它是三大改造的物质基础；"三改"是指对农业、手工业和资本主义工商业的社会主义改造，它为工业化的实现创造了前提条件。它们之间是互相联系、互相促进的关系，体现了发展生产力与变革生产关系的有机统一，即发展生产力和变革生产关系同时并举。这一时期潜在的工业遗产见表 8-6。

表 8-6 社会主义工业初步发展时期潜在的工业遗产

1949 年（新中国成立）至 1965 年（"文化大革命"前）		
兴办主体	主要门类	代表案例
改造收归国有的工业	发电、煤矿、石油、有色金属、炼钢、化工、造纸、纺织、食品工业	中国纺织建设公司，原国民党资源部下属企业等
	煤矿、石油、造船、机器、卷烟、肥皂、电气等部门	英资开滦煤矿，颐中烟草公司，中国肥皂公司，德士古汽油，美孚火油公司，远东酒精炼气厂，沙利文糖果公司等
新建国营工业（苏联援助 156 个重点项目）	煤炭、电力、钢铁、有色金属、石油、化工、机械轻工医药	鞍山钢铁厂
		齐齐哈尔第一重型机械厂
		长春第一汽车厂
		洛阳拖拉机厂
		大庆油田
		成都无缝钢管厂
经过工业化改造的私营企业	纺织、造纸、搪瓷、卷烟、碾米、面粉	天津永利化工厂，申新、永安棉纺厂
地方"五小"工业	小煤窑、小铁矿、小高炉、小转炉、小铁路	—
手工业	服装、家具、缝纫、钟表、木制、五金、文教	—

第二阶段：社会主义工业曲折前进时期。

曲折前进时期，工业生产停滞甚至倒退。"三线建设"运动大大促进了西南地区的开发，形成了一批新兴的工业城市。三线建设投资方向主要集中于重工业和国防工业，在国家整个基本建设中，结构显然不利于农业轻工业的发展，造成农、轻、重产业结构比例失调。这一时期的潜在工业遗产见表 8-7。

第三阶段：社会主义工业大发展时期。

1978 年中共十一届三中全会以后，我国的工业化进入了一个新的阶段。过去长期实行的高积累政策、优先发展重工业、"关起门来搞建设"以及政府独自推进工业化的方

表 8-7　社会主义工业曲折前进时期潜在的工业遗产

1966~1976 年（"文化大革命"的十年）		
兴办主体	主要门类	代表案例
新建或扩建国营工业（三线建设）	钢铁、煤炭、电力、石油、机械、铁路、汽车、军事工业	四川攀枝花钢铁厂
		贵州铝厂
		湖北十堰汽车厂
		四川德阳第二重型机械厂
		贵州六盘水煤矿
		甘肃刘家峡电站
		川黔、成昆、湘黔铁路
		酒泉卫星发射中心

式，逐步被工业全面发展、对外开放和多种经济成分共同发展的工业化方式所取代。中国工业化道路从优先发展重工业的倾斜战略转变为农轻重并举的均衡发展战略。

8.2.2　中国纺织业（轻工业）发展与中国工业文化

中国是世界上最早生产纺织品的国家之一，是世界上最大的纺织品服装生产和出口国。中国的纺织技术具有非常悠久的历史，早在原始社会时期，人们为了适应气候的变化，已懂得就地取材，利用自然资源作为纺织原料，制造简单的纺织工具。纺织业在中国既是传统产业，也是优势产业，为国民经济做出了巨大的贡献。纺织业之所以能成为中国经济的大块头之一，和纺织业在中国悠久的历史是分不开的。

8.2.2.1　原始手工纺织

早在原始社会，人们已经采集野生的葛、麻、蚕丝等，并且利用猎获的鸟兽毛羽，搓、绩、编、织成粗陋的衣服，以取代蔽体的草叶和兽皮。大汶口文化时期，黄帝的元妃嫘祖，发明养蚕缫丝。

原始社会后期，随着农牧业的发展，人们逐步学会了种麻索缕、养羊取毛和育蚕抽丝等人工生产纺织原料的方法，并且利用了较多的工具。有的工具已由若干零件组成，有的则是一个零件有几种用途，使劳动生产率有了较大的提高。那时的纺织品已出现花纹，并施以色彩。但是，所有的工具都由人手直接赋予动作，因此称作原始手工纺织。

8.2.2.2　奴隶社会

奴隶社会是手工机械纺织从萌芽到形成的阶段。进入宗法制主导的奴隶社会，阶级分化，上层社会对纺织品的需求推动了纺织业的发展。纺织品无论是种类、数量，还是质量，都大大超过前代。西周时期具有传统性能的简单机械缫车、纺车、织机相继出现。

这一时期纺织组合工具经过长期改进演变成原始的缫车、纺车、织机等手工纺织机器。劳动生产率大幅度提高。有一部分纺织品生产者逐渐专业化，因此，手艺日益精湛，缫、纺、织、染工艺逐步配套。

8.2.2.3　封建社会

封建社会是手工机器纺织的发展阶段。在漫长的封建社会时期，中国纺织业得到了极大的发展，纺织材料进一步增多，纺织工具得到改进，纺织技术不断进步。18 世纪后半叶，西欧在手工纺织的基础上发展了动力机器纺织，逐步形成了集体化大生产的纺织工厂体系，并且推广到了其他行业，使社会生产力有了很大的提高。西欧国家把机器生产的"洋纱"、"洋布"大量倾销到中国，猛烈地冲击了中国手工纺织业。

8.2.2.4　近代社会

19 世纪 70 年代初至 90 年代中期，是洋务运动重点举办民用工业的时期，也是中国近代纺织工业兴起的时期。中国近代纺织工业是在外国资本主义势力不断侵入、中国半殖民地半封建化程度不断加深的背景下出现的。

西方近代纺织技术的日趋成熟，促进了中国近代纺织工业的兴起。近代社会是大工业化纺织的形成阶段。近代纺织工业发端于缫丝业，轧花业也是较早引进机器生产的行业之一。

8.2.2.5　现代社会

中华人民共和国成立后，纺织生产迅速发展。棉纺织规模迅速扩大，毛、麻、丝纺织也有相应的发展，纺织技术也有提高，已能制造全套纺织染整机器设备。化学纤维生产也迅速发展起来。但是人均水平，就数量最大的棉纺织生产能力来说，还不到世界平均数的一半，远远低于工业发达的国家。

随着改革开放和加入世界贸易组织以来，中国已成为全球纺织领域最引人注目的国家之一。同时，纺织产业也是中国"入世"后的强势出口产业。在未来几年内，我国纺织工业总产值增长率仍将继续保持在 6.3% 以上。现代社会是智能化、自动化的生产阶段。我国纺织业要结合高科技开发新型纺织材料、天然彩棉、莫代尔纤维、竹纤维、纳米纤维、活性炭纤维。面料种类也要增多，种类要多样化，要更加注重健康理念、多功能织物、生产智能化和可持续发展。

8.2.3 中国制造业（重工业）发展与中国工业文化

机械始于工具，工具即是简单的机械。人类在远古时期为了改造生活环境而创造各种各样的工具。最初制造的工具是石器，如石刀、石斧、石锤等。随着时代发展和社会进步，人类依靠自己的智慧使工具在种类、材料、工艺、性能等方面不断丰富、完善并日趋复杂，便形成了制造业的雏形，现代各种精密复杂的机械都是从古代简单的工具逐步发展而来的。

制造业是我国比较优势的产业，在新中国成立以来的经济发展中起到主要贡献作用。我国的历史发展阶段中，制造业的历史作用及地位是不可取代的，"工业化"与"信息化"是不能相互替代的。中国是一个后发国家，工业化的进程还远未完成。经过30多年的改革开放和工业化的迅猛发展，我国已经成为制造大国。制造业在国民经济发展中举足轻重，关系着我国经济发展的未来，始终是国家经济实力的脊梁。

8.2.3.1 中国四大发明——制造业划时代产物

8.2.3.1.1 指南针（司南）

指南针促使了采矿业、冶炼业等工业的发展。指南针传到欧洲航海家的手里，才使他们有可能发现美洲和实现环球航行，为全球奠定了世界贸易和工场手工业发展的基础。

8.2.3.1.2 火药

火药使封建统治阶级日益衰落，是荡平欧洲封建城堡的致命锐器，还促进了欧洲采矿业和金属制造业的发展，也大力发展了国家军事工业。火枪、火箭、火炮等武器全部由中国发明，宋朝由于单兵作战素质不高，因此大力发展军事科学技术，以求平衡，影响世界的火药武器由此诞生。明朝对各种火药武器都进行了相当多的改造，同时还积极地引进西方的科学技术，因此明朝的军事科技达到了世界的巅峰。

8.2.3.1.3 造纸术

造纸术对文明发展和社会进步的积极作用最为显著。纸在社会生活中的广泛应用，使得信息的记录、传播和继承都有了革命性的进步。纸的发明为各国蓬勃发展的教育事业、政治事业、商业事业、工业事业等方面的活动提供了极为有利的条件；为人类提供了经济、便利的书写材料，掀起一场人类文字载体革命。

8.2.3.1.4 活字印刷术

活字印刷术推动了文艺复兴和宗教改革，促进了人们思想的解放，大大促进了文化的传播，从某种程度上说没有中国的印刷术就没有西方的文艺复兴运动和宗教改革。

四大发明为欧洲经济、政治和文化乃至世界文明的进步做出了重大的贡献。从此，西欧率先进入近代社会，整个世界在其推动下，逐步从古代向近代演变，奠定了西欧在近代世界史的中心地位，为第一次工业革命埋下伏笔。

8.2.3.2　丝绸与陶瓷独领风骚

在中国古代历史朝代中，夏商周秦西东汉，三国两晋南北朝，隋唐五代又十国，辽宋夏金元明清，中国主要的制造业不外乎是以下几种：冶铸业，明中后期，广东佛山冶铁业规模大；纺织业，蜀锦、棉布、纱绸等；制瓷业，唐三彩、五大名窑、青花瓷等；造纸业；造船业；制漆业；酿酒业和煮盐业。以丝绸和陶瓷影响范围最大最广。

中国最早的陶器制造业从母系氏族时期就诞生了，是世界上最早的陶器制造业，陶器成为远古人类生活的必需品，直接改变了远古人类的生活方式，具有划时代的意义。

历时千年的丝绸之路和海上丝绸之路，见证了中国制造业的崛起、繁荣和衰落，见证了中国丝绸和中国陶瓷走向世界的道路是和平的、开放的。中国丝绸与中国陶瓷是中国制造业的骄傲，称得上千年不衰和无远弗届，它们为中国赢得的商业利益与文化盛誉至今仍是一座宝藏，在世界各国著名博物馆的珍藏品里，中国的精美陶瓷无不占据着最佳位置，展示光彩夺目的大美。

8.2.3.3　鸦片战争后期

第一次鸦片战争以后，在西方坚船利炮的侵略压迫下，中国被迫开放门户，以手工作坊为主体的制造业不断遭受致命打击，危机四伏。欧洲产业革命后的军事、公共、民用产品纷纷抢占中国市场，中国的经济状况日趋恶化。以机器生产为标志的中国现代制造业在民族危难中诞生，从军事设备到交通运输，再到民用消费品生产，开始了漫长的觉醒、挣扎、奋起的进程。这个进程是痛苦的、艰难的，也是充满悲情壮志的，它培育了中国一代又一代的实业家，树立起承传不息的"富国强兵"、"实业报国"、"振兴中华"的理念和追求。

8.2.3.4　新中国成立

1949~1954 年，中国制造业重新起步。

1949 年新中国成立，经历抗战与内战的洗礼后，国内百废待兴，制造业几乎处于灭绝状态。在党和政府的正确领导下，全国人民自己参与国家建设工作，提前完成第一个五年计划，制造出中国第一个自主轿车——红旗品牌。此外还生产了解放牌货车。中国制造业得到了良好的起步。

1955~1965 年，中国制造业探索与受挫阶段。

第一个五年计划成功后，领导人急于求成，忽略客观自然规律，发动人民公社化和

大跃进运动。在这一时期，1958 年北戴河会议提出"以钢为纲，全国跃进"的方针政策，导致制造业处于停滞状态。

1966~1976 年，中国制造业的倒退阶段。

十年"文化大革命"期间，国内一片混乱，制造业生产活动几乎停止。中国经济发展受到严重阻碍。制造业不但没有发展，甚至出现了倒退现象，中国制造业回到解放初期水平。

1978~1987 年，中国制造业复苏。

从 1978 年开始，中国从"文化大革命"中逐渐解脱出来，百废待兴。改革开放十年来，中国模仿苏联的计划经济体系建立了较为完整的制造业体系，能够制造各类工业和消费产品，改革开放的第一个十年，中国制造业逐渐复苏。

1988~1997 年，民营制造业崛起和外资制造业进入中国。

改革开放的第二个十年中，民营经济逐渐崛起，外资制造业也走进中国，中国沿海地区的制造业得到了迅猛的发展。内地和沿海地区的制造业，乃至整个区域的经济实力差距逐渐扩大。改革开放后的 20 年，民营制造业的崛起和外资制造业的进入是这个阶段的突出特征。

1998~2007 年，中国制造业融入世界，"Made in China"闻名全球。

在这个十年中，外资进入中国的趋势伴随着中国的改革开放的深入而逐渐凸显，尤其是在加入世界贸易组织后，全球制造企业降低制造成本和国家开放政策的环境下，中国积极引进外资，吸引其他国，出口进口产品，加大外贸合作来往。"Made in China"（中国制造）成为世界制造业不可或缺的一部分。

8.3   丝绸之路与中国工业文化遗产保护

8.3.1   丝绸之路与工业文化传承

自古从我国中原内地向东、南、西、北四方能流通经济、贸易、商品的要道和交流友谊、文化、宗教的孔道，我们称其为"丝绸之路"。丝绸之路是古代中国与其他国家、地区、民族之间物质文化和精神文化相互交流的产物，是东西方文明相互接触与碰撞的结果，同样也是中华民族实行对外开放政策的有力证明。历史上，丝绸之路是中外经济、文化交流的桥梁，是它把古代中国文化与中亚、西亚、波斯，甚至古希腊、罗马文化紧密联系起来。

8.3.1.1　古丝绸之路的辉煌

丝绸之路实际上是一片交通路线网，从陆路到海洋、从戈壁瀚海到绿洲，途径无数城邦、商品集散地、古代社会的大帝国，来往于这条道路的有士兵与海员、商队与僧侣、朝圣者与游客、学者与技艺家、奴婢和使节、得胜之师和败军之将。这一幅幅历史画卷便形成了意义模糊的"丝绸之路"。世界三大宗教——佛教、伊斯兰教和基督教以及西域的巫教——祆教、摩尼教、犹太教等，都是经这条路线传入中国的。

总而言之，在古代东西文化交流史上，丝绸之路是传承友谊、传承贸易、传承文化、传承宗教、传承商品、传承农产品、传承畜产品、传承手工品、传承多种经济的金桥。编织与网罗着无与伦比的人类生存空间，强有力地吸附着亚、非、欧洲拥有各种语言文字的不同肤色的民族，并依托各自赖以生存的地理环境、历史条件、民族习俗、审美情趣，中外各族人民与文学艺术家以天才的文笔编创出迥然不同的各国、各民族喜闻乐见的丝绸之路戏剧文化与文学。

8.3.1.2　丝绸之路经济带

丝绸之路经济带战略涵盖东南亚经济整合和东北亚经济整合，并最终融合在一起通向欧洲，形成欧亚大陆经济整合的大趋势。丝绸之路经济带是中国与西亚各国之间形成的一个经济合作区域，大致在古丝绸之路范围之上。包括西北陕西、甘肃、青海、宁夏、新疆五省区，西南重庆、四川、云南、广西四省市区。丝绸之路经济带地域辽阔，有丰富的自然资源、矿产资源、能源资源、土地资源和宝贵的旅游资源，建设丝绸之路经济带，将对世界经济产生重要影响。新丝绸之路经济带，东边牵着亚太经济圈，西边系着发达的欧洲经济圈，被认为是"世界上最长、最具有发展潜力的经济大走廊"。丝绸之路新路线图分为北线、中线和南线。

8.3.1.3　海上丝绸之路

古老的海上丝绸之路自秦汉时期开通以来，一直是沟通东西方经济文化交流的重要桥梁，而东南亚地区自古就是海上丝绸之路的重要枢纽和组成部分。海上"丝绸之路"因宋元时期陆路"丝绸之路"经济、文化交流日趋萧条时而逐步得以兴盛。"海上之路"以中国沿海的重要港口如泉州、澳门、宁波和广州为起点，北通朝鲜、日本；南下越南、新加坡、菲律宾；然后西绕印度、斯里兰卡，远涉阿拉伯诸国，从而将"丝绸之路"沿途的佛教、祆教、摩尼教与伊斯兰教戏剧文化联结在一起，相互得以广泛交融与促进。

21 世纪海上丝绸之路从海上连通欧亚非三个大陆，和丝绸之路经济带战略形成一个海上、陆地的闭环。21 世纪海上丝绸之路的战略合作伙伴不再限于东盟，而是以点带线，以线带面，增进我国同沿边国家和地区的交往，将串起连通东盟、南亚、西亚、北非、欧洲等各大经济板块的市场链，发展面向南海、太平洋和印度洋的战略合作经济带，以亚欧非经济贸易一体化为发展的长期目标。由于东盟地处海上丝绸之路的十字路口和必经之地，将是新海上丝绸之路战略的首要发展目标。国内受益最大的潜力地区是上海、宁波舟山、粤港澳和泉州。

21 世纪海上丝绸之路将是我国深化改革和产业升级的一个强大驱动力。同时，通过开辟这一通道，人才、技术、资金等市场要素的交流渠道将得到更大拓展，能大大弥补我国在创新意识和某些领域的短板不足，从而为以经济体制改革为主导的全面深化改革提供突破点。

8.3.1.4　传承丝绸之路辉煌，创建工业文化雄风

丝绸之路像一条文化运河，承载着数千年的历史与梦想，抒写了东西方的文明与繁荣。一条横亘欧亚大陆的古丝绸之路，曾穿越时空，既输送有形的贸易商品，又传播无形的优秀文化和先进的科学技术，加快了东西方经贸和文化交流，促进了沿线地区的经济繁荣。今天，古老的丝绸之路再次吹响了复兴的号角，它将以能源、科技、生态、产业、旅游文化走廊的形式重新焕发生机，在丝绸之路经济带的战略构想带动下，中国丝绸之路的辉煌再次重返世界舞台。

丝绸之路经济带不仅是一条具体的交通路线，还是一条包容沟通亚欧间经济合作、文化交流的交通运输工程体系，是促进沿线国家和城市友好合作交流、共同繁荣发展、造福沿线人民的沟通工程、惠民工程、温暖工程。

8.3.2　工业遗产保护的历史担当和责任

8.3.2.1　工业遗产是一种新型文化遗产

工业遗产是物质文化遗产与非物质文化遗产结合最紧密的文化遗产之一，因此，在工业遗产保护中，既要注意往日工业物质遗存的非物质信息，也要注意往日工业技术文化的物质载体。所以工业遗产是一种新型的文化遗产，是我国文化遗产保护的一个重要组成部分。它们同文物一样，不可再生，工业遗产的保护建立在对工业发展过程、场地环境特征充分认识的基础上，通过刚性和弹性相结合的评价体系，对工业遗产保护的优先级别和可以重新利用的空间进行合理的界定，从而形成梯队状的保护与利用结合的体

系，不同级别的工业遗产，主要差异体现在其保护的严格程度和再利用的兼容性方面，只有通过建立保护标准，才能防止错拆，避免留下历史遗憾。工业遗产不仅包括联合国教科文组织以及国家文物保护机构已经或可能记录在案的遗产地，而且包括一切承载了工业生产历史文化的建（构）筑物、设备和场地。

8.3.2.2　工业遗产保护的历史责任

从传承历史文脉、彰显城市特色的角度看，保护工业遗产是一种超越功利主义的文化理念；从后工业化时代悄然来临、城市新陈代谢加速的角度看，保护工业遗产是一种超越物质形态规划的挑战。加强工业遗产的保护，对于传承人类先进文化，保持和彰显一个城市的文化底蕴和特色，推动地区经济社会可持续发展，具有十分重要的意义。

中国的城市建设已经和正在"退二进三"的过程中，大量工业停产搬迁，房地产开发随之跟进，许多有价值的工业遗产正面临不可逆的拆毁，大量珍贵档案在流失，所以，尽快开展工业遗产的认定和抢救性整理非常重要。在我国"一五"期间，为发展经济和改善民生所进行的大规模工业建设留下的大量宝贵的工业遗产，在当前大兴土木的热潮中，一些尚未被界定为文物、未受到重视的工业建筑和旧址，正急速从城市中消失。这些年来，在大规模的城市建设中，大量工业遗存被拆除。由于近现代工业在中国发展历史短，其保护没有得到应有的重视，以至于工业遗址消失的速度比一些古遗址、古墓葬、古建筑的消失速度还要快。人们习惯于把久远的物件当作文物和遗产，对它们悉心保护，而把眼前刚被淘汰和废弃的当作废旧物、垃圾和障碍物，急于将它们毁弃。

8.3.2.3　工业遗产保护迫在眉睫

现代工业遗产正面临着技术不断更新或更替所带来的冲击。与其他古迹遗址不同的是，不断延续的工业活动迫使此类工业遗产与不断向前发展的生产方式相适应，新技术、新工艺的不断开发应用和产品迅速更新换代也使工业遗产更为脆弱，极易受到损害，工业遗产保护责任也迫在眉睫。

工业遗产具有重要的社会价值。工业遗产承载着真实和相对完整的工业化时代的历史信息，帮助人们追溯以工业为标志的近现代社会历史，帮助后世人们更好地理解这一时期人们的生活和工作方式，另外，保护工业遗产是对民族历史完整性和人类社会创造力的尊重，是对传统产业工人历史贡献的纪念和对其崇高精神的传承。

工业遗产具有重要的科技价值。它们见证了科学技术对于工业发展所做出的突出贡献。工业遗产在生产基地的选址规划、建筑物和构造物的施工建设、机械设备的调试安装、生产工具的改进、工艺流程的设计和产品制造的更新等方面具有科技价值。

工业遗产具有重要的经济价值。它们见证了工业发展对经济社会的带动作用。保护

工业遗产能够在城市衰退地区的经济振兴中发挥重要作用，保持地区活力的延续性，为社区居民提供长期持续稳定的就业机会。

工业遗产具有重要的审美价值。它们见证了工业景观所形成的无法替代的城市特色。认定和保存有多重价值和个性特点的工业遗产，对于提升城市文化品位、维护城市历史风貌、改变"千城一面"的城市面孔、保持生机勃勃的地方特色，具有特殊意义。

8.3.3 工业遗产的重建、继承和创新

8.3.3.1 工业遗产重建再利用

"保护"与"开发利用"并非是一对矛盾，"保护"并不等于"禁止使用"，合理的"开发利用"是对工业遗产最好的"保护"。

土地资源的稀缺、大众审美情趣的转变都给重新利用工业遗产带来了契机。重新引入的功能大致有城市开放空间、旅游度假地、博览馆与会展中心和创意产业园几类，而且在一定程度上又交叉和融合。改造再利用的旧工业建筑类型包括：荒废的工业区及与之配套的仓储区、场地、工业运输码头及其他附属建筑群。对历史文化价值大的旧工业建筑，我们尽量保持其原貌。再利用模式有：开放空间模式、旅游度假地、创意产业园。

8.3.3.2 工业遗产的继承与创新

中国工业遗产具有以下四个特性：农业文明时期的古代传统技术遗存资源丰富；近代中国工业遗产具有半殖民地半封建的烙印；近代中国工业遗产的精华是近代民族工业遗产；当代高精尖信息技术正在更新或更替大量中国现代工业技术。其中，丰富的中国传统工业遗产资源最具中国传统文化特色，理应受到我国工业遗产研究领域的特别重视。

我国的工业遗产从年代上可以分为古代传统工业遗产、近代工业遗产与现代工业遗产。

古代传统工业遗产的分布，在以自给自足生产方式为主的农耕文明时期，每个传统文化地域都有相对独立的古代传统工业遗产体系，体现出相对均衡的布局。

近代工业遗产的分布，东南沿海地区多于西部内陆地区、平原盆地地区多于高原山地地区，体现出商品经济特征的产业布局。

现代工业遗产的分布，东南沿海地区以轻工业为主，西部中部东北内陆地区以重工业为主，体现出适应当时国际战略形势的工业布局。

工业文化遗产的继承与创新，不能刻意地仿造古代建筑的形式与特征，更不能一味地抄袭古代作品，而理应深入探讨古人对意识形态、伦理的认识，站在历史的深处来诠

释古代建筑所反映的深层次意义，摒弃糟粕、取其精华，把古代建筑的精华运用到当代建筑理念中。在继承的基础上，从内在思想到外部技术，深入研究与创新当代建筑理应反映的内容，这才能使未来建筑富有时代特征，只有通过对比与借鉴，才能完成传承与创新的历史使命，帮助我们更加努力地为当代建筑文化的发展做出自己的贡献。

8.3.3.3　工业遗产保护的可行性措施

充分体现"保护为主，抢救第一，合理利用，加强管理"的文物工作总方针，强化依法管理和建设城市的法律意识；做好"七纳入"（纳入经济和社会发展计划、纳入城乡建设规划、纳入财政预算、纳入体制改革、纳入各级领导责任制、纳入社会治安防范体系、纳入社会防灾体系）和"四有"（有保护范围、有标志说明、有记录档案、有保护机构）工作。

在历史工业文化遗址保护中，树立四个观念。一是保护工业文化遗产就是最大的政绩。二是保护工业文化遗产就是保护生产力。三是"鱼和熊掌可以兼得"。四是在全社会倡导保护工业文化遗产人人有责。文物遗产是不可再生的资源，是我们民族智慧的结晶，保护它就是守护我们民族的灵魂。

8.3.4　工业遗产的绿色发展

8.3.4.1　保护与发展结合

历史文化遗产的继承革新，各民族文化的相互吸收，是文化发展的一般规律。工业遗产的保护和发展，必须坚持文物工作方针，不能有急功近利思想，要正确处理保护与利用的关系、保护与发展的关系、保护与地方积极发展和改善群众生活的关系。将保护与建设、政府职能、资金保障、社会监督、公众参与联系起来，并以法律、法规的形式明确下来，为保护工作提供良好外部环境和重要基础保障。

工业遗产保护了历史文化，我们要以忠实旧工业遗产保护原则，注重工业旧体本色，这样旧工业遗产特色被保留下来，可供后人在工业方面进行纪念和参考。对于在风格、样式、材料、结构、文化价值等方面具有参考价值的旧工业遗产，要做到忠实保护性改造。旧工业遗产是先人聪明智慧的结晶，镌刻着一个民族国家、一个地区工业文化生命的密码，蕴含着工业特有的精神机制、思维方式、想象力和文化意识，是维护文化身份和文化主权的基本依据，是工业文明的起源和传承。在某个当下看工业遗产，就是审视以往工业文化形成的某一群体的"文化遗产"，即某种活态的文化模式。工业文化遗产是人类活动的信息资料库，是展示人类文明的卷轴。工业文化遗产能证明古代发展

的文明程度，能让后人更好地研究古代工业发展历史，更能让人清楚地知道当时的工业文化发展程度，所以保护和继承历史工业文化遗产也能让后代看到当年先祖的辉煌，以利于今后的科研。

8.3.4.2　文化与精神再生

工业遗产精神就是指中国工业时代、社会主义工业运动时代留下来的精神遗产——集体主义精神、红色革命精神，能够在当代的语境下进行重新的解释论述，进行再创作。工业遗产具有独特的纪念意义，延续了当时的生活方式和氛围，保留着记忆的元素。从遗产中所迸发出的文化和精神力量转化为融入新时代理念的文化和精神，并在历史的推进下成为新的历史。现代再生的文化和精神不仅体现了历史感，更是历代生活的文化印证。

工业遗产的文化与精神需要不断地再认识、再发现，工业遗产的生命精神正是当今社会健康发展、工业继续壮大的需要。近代工业文明创造的精神和文化财富以及对人们生活的影响，也是文明发展史上重要的一页，它无形地记录着人类社会的伟大变革与进步，更延续了一座座城市的历史。面对这些被视为"废弃物"的工业遗产，我们同样能强烈感受到厚重的历史、人文、经济、科技的多重珍贵价值。对工业遗产文化和精神的再生，大大提高了其历史价值和工业价值，突出了其经济、社会、人文价值。

8.3.4.3　生态与经济相协调

工业遗产再生的关键是充分利用现有资源，保留工业建筑自身优势，将潜在生态位转化为新的现实生态位，与当今国际社会提倡的低成本、低技术、低能耗、低污染的生态设计原则相契合。推进绿色循环低碳生产方式，大力发展节能环保产业和加快建立绿色发展政策机制。

生态再生是指对原厂区生态环境的恢复。再生是具有创作意义的，这与国外的工业遗产保护有很大的不同，如杜伊斯堡，它是保留和再利用，我们强调再生。再生在中国有特别的意义，首先我们的工业遗产本身价值不如外国工业文明起源和发达国家的有意义，其次就是中国现阶段如果完全保留利用是行不通的，实际上市民也接受不了，所以要考虑再设计、再生，同时讲述场地的故事，进行再解释。

8.3.4.4　可持续发展原则

所谓绿色工业遗产就是以可持续发展为宗旨，在环境和经济协调发展思路指导下，尊重客观经济发展规律，利用生态学与生态经济学原理和现代科学技术，发展生态工业，推动工业绿色化，以投入少、消耗低、质量高、无污染而又生产出符合生产环境标准的产品为目的，达到生态和经济两个系统的良性循环和经济效益、生态效益、社会效益统一的工业遗产模式。

工业遗产的可持续发展是既满足当代工业的需求又不危及后代工业满足其需求能力的一种长久发展，主要涵盖了能源开发、环境保护、发展援助清洁水源、绿色贸易。强调经济增长，不仅在于数量还有质量和效益；保护自然资源和环境的承载能力相协调；以提高生活质量为目的，与社会进步和人的全面发展相适应。经济整体发展水平是影响我国工业可持续发展的主要矛盾，我国工业化还是处于低的阶段，居民普遍收入和消费水平不能更好地协调。工业化的高速发展与资源、环境之间存在矛盾，在处理过程中，也遇到诸多困难。遵循循环经济活动的"3R"原则，即减量化（Reduce）原则、再使用（Reuse）原则和再循环（Recycle）原则。

● **本章案例：上海杨浦区工业遗产旅游开发研究**

上海是我国近代工业的发祥地，其位于长江入海口的地理区位优势，为近代工业的发展提供了良好条件。1843 年开埠后，外国资本迅速进入工业生产领域，开办各种门类工厂，上海逐步成为全国乃至远东地区重要的工业基地。

杨浦区的工业一直处于连续不断的发展变化中。大工业时代，便有发电、纺织、造纸、制糖、煤气等国内诸多行业的鼻祖企业坐落于此，如杨树浦电厂、上海机器造纸局等；新中国成立后，这里又聚集了大量具有重要影响的工厂。随着时间流逝，现今这些重要工厂中，有些仍保留了原有的厂房和格局，一些工厂被列为优秀历史建筑，有些工厂已停止生产或改作他用，有些工厂根据发展需要而进行了更新，但更新过后的厂房和设备同样反映了当时的时代特征。工厂、仓库和码头设施大量集中分布于此，形成了杨树浦地区工业建筑景观突出的环境特征。

20 世纪 90 年代，上海产业结构调整，第三产业发展战略全面推进，都市空间结构发生重大变化。曾在上海发展史上占有重要地位的杨树浦地段，如今面临尴尬境地。工业中心向新兴工业区或郊外转移，原有工业被搬迁、转产，区域原有生产功能也逐步衰落、外移，昔日繁盛景象已难再现。新技术的引进与开发又使传统产业趋于衰落，原有的纺织业、制造业等都陷入不同程度的困境。

杨树浦滨江地区充分考虑维护生态环境和生活城区的多样性，通过对工业建筑的适应性再利用，植入新的功能，实现地区经济、社会、文化的全面复兴。规划设计强化街区空间识别性和区域文化特质，发现地区中最基本和稳定的特征以保留地区特征和个性，维护场所精神。工厂、仓库、码头等工业遗产具有极大的可塑性，经过创造性的改造利用可以成为时尚活动的魅力空间，甚至成为萌生创意产业的场所。

一、区域一体化旅游开发

杨树浦地区规划充分挖掘现存特色资源的文化内涵，一方面，规划抓住上海举办2010年世博会的契机，对杨树浦自来水厂成规模的建筑群及原有煤气厂、发电厂、电缆厂等旧址进行保护性开发，建造一批历史博物馆，通过设备、技术、组织、管理等方面的今昔对比和中外比较，展示上海公用事业的演进轨迹和现代的差距，体现杨浦区作为中国近代工业摇篮的历史内涵和时代意义，同时注入现代科学技术内涵，使游客能感受到现代科技文明的时尚魅力，达到寓教于乐的展览效果；以区内保留和改造的厂房、仓储和其他地标性构筑物等历史建筑组成的博览建筑群及其外部环境为游览主线的近代历史文化工业博览游，打造"近代工业从这里起步"的工业旅游线路。

另一方面，充分利用该地区有利的滨江区位条件，设计"滨江亲水游览带"与近代历史文化工业博览带相结合，打造优美的整体环境。依托区域内十分丰富的水产资源，抓住上海源于几百年一个小渔村这一历史背景，借鉴日本旧金山渔人码头的成功开发经验，改造工业码头，发展高档休闲餐饮。同工业带形成错位互补，兴建高档次休闲娱乐公共服务设施与室内活动场馆，配套独特的休闲娱乐公共活动空间，形成整体的滨江工业文化旅游带。

二、产品组合开发

工业遗产旅游作为单一的旅游项目，处于起步阶段，势单力薄，远未形成远距离、大规模的吸引范围。它的发展需要加强与其他旅游产品互补联合开发，以拓宽工业遗产的资源空间和市场空间，降低开发成本，提高整体竞争能力，以推动工业遗产旅游迅速发展和壮大，注重与其他旅游产品互补性联合开发是工业遗产旅游发展的必由之路。

（1）同质型的旅游产品联合，满足游客对整个同质异型的产品进行全面专线游。如工业遗产旅游与现代工业旅游的联合开发模式。

（2）异质型旅游产品，形成互补，并且异质性越强，互补性越大。充分利用杨浦区现有旅游项目：以共青森林公园、黄兴公园、杨浦公园为主体的绿化休闲游；以高校为依托，具有教育、文化、观光、学术交流、健身和体育科普等多功能（如同济大学风动实验室、水产大学海洋生物标本馆）的教育体育游；形成了独特品牌的"森林狂欢节"和市级旅游品牌"烟花评比汇演"。

（3）单体产品开发，突出人与环境的和睦共处，即技术和娱乐上都要满足环境要求，在选址、建筑风格、文化氛围、环境布置和活动项目等方面仔细琢磨。

● **点评**

作为上海杨浦区，在取得政府资金、法规制定支持的同时，一定要充分利用区域内的智力资源与高校密集的优势，积极寻求智力支持，与高等院校或科研机构合作，在旅游景点规划、科研考察、管理及服务人才培养等方面协同努力，促进旅游的遗产保护功能，以促进工业遗产旅游的可持续性发展。

一、保护工业遗产措施——普查、普录、普及

（1）对工业遗产的普查和认定。各国、各企业、各政府都应该对其需要为后代保留下来的工业遗迹予以认定、记录和保护。要尽快建立工业遗产评估标准，系统地认定存留的工业景观、工场、建筑物、构筑物以及工艺流程，开展工业遗产的普查、认定、分类，建立遗产清单，开展工业遗产保护和利用相关政策法规的制定工作。

（2）积极引入文物普录制度。应尽快导入文物登录制度，通过对工业遗产的广泛调查，列入清单进行登录。已登录的文化遗产，在其将要被拆除或破坏之前，必须向有关部门申报，这样国家或地方政府可以采取相应的保护措施，有利于近代工厂、桥梁、水闸等土木遗产以及过去不曾引起人们注意的日常生活中的工业构件被重新认识，并从遗忘的时空中拾回。

（3）开展工业遗产保护的宣传、普及工作。遗产保护是全社会的责任和义务，仅有政府重视和科技工作者的努力是无济于事的，因此应把这种意识深入到民众中去，公众的关注和兴趣是做好工业遗产保护工作最可靠的保证。宣传和教育工业遗产保护，政府要起主导作用，联合企业加强宣传教育，借助各种现代传播手段，采取多渠道的形式来展示、宣传工业文明，向市民及游客灌输遗产保护意识。

二、工业遗产保护、旅游与科研一体化

工业遗产旅游的开发涉及了旅游规划、工业技术及历史的研究还有建筑方面等多学科领域，需要有强大的智力支持。杨浦区科技资源丰富，高校科研院所集中，人才荟萃，上海市科技兴市战略的确立，为推动杨浦区科技园区、大学校区、公共社区三区的融合、联动，提高区域整体竞争力提供坚实支撑，对于实施科教兴市战略、打造"知识杨浦"，也为推动产学研联合，实施科技成果产业化。促进"旅游—保护—科研一体化"，以旅游促科研，以科研促旅游和保护，实现产学研结合，并积极推向纵深发展，推行旅游部门与院校及科研机构合作发展工业遗产旅游，形成区域性的特色优势。进行专业调整，增设特色专业，使专业体系更为合理，涵盖面更加完善、多元化，形成科学的学科体系；加强教育和培训工作，提高现有旅游人才工业遗产旅游的相关理论学习，并且加速培养紧缺人才；加强与国际合作交流，学习国外先进经验。

● 思考题

1. 上海杨浦区工业遗产保护是如何与旅游开发相结合的？这对上海杨浦区有何意义？

2. 上海杨浦区工业遗产的再利用对我国其他地区的遗产保护有什么借鉴作用？在此基础上，还有哪些可再加利用的方式？

3. 我国工业遗产丰富，开发和再利用是一个极其巨大的工程，是否存在弊端？

● 参考文献

[1] 刘慧. 文化遗产传播体系构建研究 [D]. 厦门大学硕士学位论文，2014.

[2] 王建国. 后工业时代产业建筑遗产保护更新 [M]. 北京：中国建筑工业出版社，2008.

[3] 徐大建. 企业伦理学 [M]. 北京：北京大学出版社，2009.

[4] 张京成，刘利永，刘光宇. 工业遗产的保护与利用："创意经济时代"的视角 [M]. 北京：北京大学出版社，2013.

[5] 刘伯英，冯钟平. 城市工业用地更新与工业遗产保护 [M]. 北京：中国建筑工业出版社，2009.

[6] 刘会远，李蕾蕾. 德国工业旅游与工业遗产保护 [M]. 北京：商务印书馆，2007.

[7] 方李莉. 从遗产到资源——西部人文资源研究报告 [M]. 北京：学苑出版社，2010.

[8] 索南措. 人类学与中国非物质文化遗产体系探索——国家重大招标课题"中国非物质文化遗产体系探索"暨研讨会综述 [J]. 贵州社会科学，2012 (4)：12-17.

[9] 王新文，刘克成. 城市文化遗产体系刍议 [J]. 华中建筑，2012 (10)：26-28.

[10] 刘琼. 中国文化遗产传播曲线变化：由被动传播到主动传播 [J]. 艺术评论，2012 (8)：92-95.

● 推荐读物

[1] 刘光明. 新商业伦理学 [M]. 北京：经济管理出版社，2012.

[2] 刘光明. 新编企业文化案例 [M]. 北京：经济管理出版社，2011.

第9章 工业文化教育

● **章首案例：SMC（中国）有限公司等单位的工业文化教育**

SMC 株式会社是世界著名的气动元件开发、制造、销售的跨国公司，总部在日本东京，是 2000 年世界最有价值企业排行榜 500 强之一。SMC（中国）有限公司是 SMC 集团于 1994 年 9 月在北京经济技术开发区投资 120 亿日元注册成立的独资企业。目前公司已在北京经济技术开发区建成了北京第一工厂和北京第二工厂，为进一步扩大生产规模，2014 年总公司又在北京天空空港出口加工区购地 18 万平方米并已破土动工，开始筹建北京第三工厂，逐渐建成定员为 4000 人的大型气动元件现代化生产出口基地。

2010 年 5 月，教育部提出"把工业文化融入职业学校，做到产业文化进教育、工业文化进校园、企业文化进课堂"，这为职业教育创新校企合作提供了新的思路，也为进一步推动职业教育改革发展指明了方向。

全国教育科学"十一五"规划教育部重点课题《职业教育校企合作中工业文化对接的研究与实验》课题组和中华职业教育社分课题组举办课题研究中期研讨会，交流了调查研究的初步结果。发现校企文化差异随处可见，"毕业生初进企业最大的苦恼不是技能和知识，而是文化认同和基本素质不能达到企业标准"。

SMC（中国）有限公司人力资源部部长傅沛明每年都要从中高职院校招聘大量毕业生，对于他们从学生到职场中人所经历的诸多不适应很了解。在人际关系上，学校里同学、师生关系相对简单，而一进入 SMC，立即会感到人际关系有些复杂，如何顺利地融入团队，成为摆在每个同学面前的难题。在学习方法上，学校和企业差异也很大。学校基本上是灌输式教育，老师在讲台讲授，学生在台下听讲。SMC 企业的培训方式是多种多样的，最典型的是在工作中学习的方式，师傅教给一种技能和业务，自己动手实践，掌握以后，又学习一种新的技能和业务，循环往复。傅沛明说："有些同学进入企业好长时间了还问怎么没有培训，他们不理解这种有针对性的学习培训已经贯穿在平时工作中了。"

学校在成本意识、安全意识和质量意识方面也缺乏相关的教育，企业后期培养人才的成本很大，要重新对学生进行观念的引导、行为的修正和良好的工作习惯的培养，因此，毕业生从一个学生转变为企业人要经过痛苦的转变经历。因此，傅沛明认为："在职业教育校企合作中，学生与员工的文化差异随处可见，企业对于职业院校毕业生的工业文化素养的满意程度远远低于对其知识技能的满意程度，尤其在纪律、团队、责任心等方面差距较大。学校与合作企业在管理、决策和执行层面的文化差异也十分明显。"

而在杭州教育局的子课题研究中，一项对30所学校烹饪专业的调查发现，只有10%的学校重视企业文化，许多学生上岗第一天，居然不知道厨房运作方式，企业培训部第一件事是让学生熟悉厨房环境和基本运作流程。

在柳州市，学生渴望接触企业文化，课题组在调研中发现，中职学校多数学生来自农村、低收入家庭，且均为非独生子女。因为在农村生活，家庭比较贫困，父母受教育程度偏低，学生接触现代化工业机会很少，工业文化、企业文化的家庭熏陶作用微乎其微；学生外出旅游参观学习企业文化的机会几乎为零。

家庭背景影响学生接受工业文化熏陶，学生工业素质基础弱。"学生进校前，对工业文化含义与外延、企业管理基本知识、知名企业的发展史等几乎一无所知，对身边的企业知之甚少。学生对尊重劳动、诚信、遵守规则、守时等认同度较弱"。石油化工协会也参与了课题研究，他们就企业对职业学校毕业生素质的评价进行了调研，发现企业对毕业生专业知识的满意度最高达80%，其次胜任工作的能力为60%，而对于企业的相关法规、职业道德和工作态度以及企业文化的认知满意度仅有20%~40%。最后得出结论：职业院校毕业生综合素质及对企业文化的认知方面与企业的愿望有较大差距。

另外，广大学生也渴望走进企业，实地感受和接触工业（企业）文化，这反映出目前学校学习涉及的工业文化很粗浅，内容和渗透方式单一；而属于校园文化范畴的校训校风建设，因为过于陈旧、职业教育特色不明显，或者教育方式单向生硬灌输而收效甚微。石油化工协会建议学校更新教育内容，在专业教学改革上要紧跟石化工业文明进步和企业文化的变化，使绿色化学、清洁生产、效益、效率和节能等新理念融入到教学之中。

工业文化、企业文化教育发展不均衡，尚处于非自觉阶段。从企业文化建设来看，发达地区、大型企业文化建设情况较好；中西部地区、中小型企业文化建设欠成熟。企业文化教育发展不均衡，我国企业工业文化教育的内容和水平整体还处于非自觉阶段。

据了解，目前很多先进大型企业已经进入文化管理阶段，员工行为大多依靠共同价值观的导向，新员工教育的首要内容就是要认同、接受和融入企业文化。但是，多数企业自身的文化离现代工业文明还有较大距离，还有待提高完善。

那么，企业是否愿意加强与职业院校的合作呢？石化行业的调查结果显示，石化企业对于文化建设、校企合作课程开发及在职员工培训都赋予很高的合作期望。化工职业教育能否顺应石化企业的发展战略，关键在于把握石化企业文化发展的内涵与特点，积极探寻企业文化与职业教育的文化对接模式，从而实现从学校学生到企业员工身份的完美转换，满足石化企业对人力资源日趋强烈的高品质需求。不同行业对文化素质的要求不一，但企业对员工的素质、文化要求是职业院校人才培养的依据，是企业文化教育的选取基础。

工业文化对接亟须多方融合，沈阳教育学院常务副院长杨克在研讨会上呼吁工业文化对接不仅包括校园文化的融合，还包括专业融合、与行业产业的融合。企业文化进课堂，不是简单的精神文化进校园，更重要的是要进入课堂、进入教学当中去。职业院校要认真研究企业文化的内涵，研究校企文化有效对接的融合点。这个融合点在于与企业的精神文化、物质文化、行为文化和制度文化四个方面融合，将这些文化融入课堂的教学过程中，不单是单独开设一门课程或形式上引入企业文化，而是要从内涵引入，让学生在学校就养成与企业文化对接的习惯。杨克把企业文化分为三种类型：一是针对第二产业的产品主导型的企业文化；二是针对第三产业的服务主导型的企业文化；三是综合型的企业文化，将产品和服务融为一体。杨克认为："这三种不同的企业文化，学校对接的切入点要有所侧重，而且学校要注意与优秀的企业文化相融合，让学生有正确的判断和方向。"

广西子课题组认为校企要实现文化有效对接，就要实施工业文化教育的原则，即实施主体必须是学校和企业联合，教育空间实现学校与工厂的结合；学校主动策划实施、企业积极全程参与；要从学生和企业的双方需要契合点开始，起点于企业员工的培养，着眼于学生职业生涯的稳定与可持续发展，增强学生未来职业和生活的幸福感；必须提高工业文化教育的针对性、有效性和吸引力；注意工业文化教育与专业课、基础文化课、实训、实习的紧密配合，各个环节的主动渗透，既不能以德育课、职业生涯指导课代替，也不是校园文化一剂汤药就可以解决所有问题。坚持有机构、有师资、有经费、有时间"四有"保障原则。

9.1 工业文化与高职教育

高职文化素质教育要为工业行业培养目标服务，不得不把工业文化教育摆在突出位置，使工业文化教育成为职业技术教育的重要内容。工业文化教育是富有高职特色的文化素质教育，较好地体现了高职高专文化素质教育的职业针对性，是文化素质教育与工业生产、服务、技术和管理实际相结合的重要契合点。

9.1.1 工业文化与高职文化比较

《国家中长期教育改革和发展规划纲要（2010~2020）》和 2014 年召开的全国教育工作会议，提出职业教育要改革人才培养模式，全面推进工学结合、校企合作、顶岗实习。文化是制度之母，文化是改革的先导。如何落实这一重大改革举措，需要在总结经验的基础上进行有先进、共同的文化引导下的制度创新。新的制度不仅要解决校企双方在物质层面的资源互补、利益共享问题，也要解决双方在精神层面的一系列文化差异、文化冲突和文化融合问题。这样才能消除合作中的文化障碍，发挥合作中文化的积极先导作用。使职业教育的校企合作制度的创新和制度的有效实施，不仅具有坚实的经济利益基础，而且也具有深厚的共同文化基础。

高职文化和工业文化是两种不同的组织文化，必然存在一些差异。因此，将这两种文化进行比较是进一步研究高职院校内化工业文化的基础。

9.1.1.1 文化差冲突

尽管高职院校与工业因自身发展的客观需要，越来越注重加强彼此之间特别是文化上的联系，但由于各自所属不同的领域和行业，作为不同组织的活动实体，它们在文化上表现出一定的差异，主要有以下几个方面：

第一，内在的组织属性规定了两者的文化特性。高职院校文化是一种育人文化。高职院校作为我国高等教育的重要组成部分，高职院校文化不仅要体现出我国社会主义价值观念和精神追求，还要始终体现出高等教育的内涵和精神实质。工业文化是生产经营文化，把创造丰富的物质文化财富、满足广大人民群众的物质文化需要作为首要任务。

第二，具体活动内容影响两者的文化形态，高职院校的组织特性决定了其组织文化主要是一种学术专业文化，其内部存在着主要围绕知识体系而形成的组织结构，不是一般的学术团体，而是一个正式的社会组织，亦具备社会组织的基本特性，其内部存在着围绕庞杂的规划、人事、财务以及对外联系等事务建立起来，以满足外部环境和内部资源合理优化要求为目的的科层化组织结构。而工业的组织活动内容决定了其文化主要是一种利益文化，实行自主经营、自负盈亏的生产经营单位，是具有独立财产的法人实体和市场主体。它是社会经济的细胞，是市场经济体制的微观基础。

9.1.1.2　文化相同点

高职文化与工业文化都是社会文化的有机组成部分，两者在文化上存在可比的逻辑联系。从宏观层面来看，它们都是在我国有中国特色的社会主义文化价值体系指导下形成的，它们的生存和发展离不开有中国特色的社会主义文化这片沃土，它们都从各个不同层面来反映我国社会主义的文化本质。从微观层面来讲，作为具体组织文化的表现形式，高职院校文化和工业文化都具有共同的组织文化特征。从人才价值的供需关系来看，人才价值延展性是高职院校和工业在文化上的联结点。两种文化都在中国特色社会主义文化的宏观环境下生存和发展，作为社会组织的具体表现形式，高职院校文化和工业文化都具有组织文化的共同特征，比如文化结构大致有物质文化、制度文化和精神文化三个层面，而且文化功能相当，都起着导向、凝聚、激励和约束的作用，同时，人才价值发展性是高职院校文化和工业文化的联结点。教育的育人和工业对人才的需求是一样的，国家大力倡导高职院校与工业合作办学，加强高职院校和工业的沟通与交流，就是顺应这一客观社会历史要求的具体体现。

高职教育不仅要提高学生的技能水平，使之在技术技能上能和工业无缝接轨，但这还不够，影响一名员工在工业的生存状态的因素除了自身的技术水平和能力之外，还有对环境、工业的适应能力，对工业理念、发展目标的理解，对工业氛围、工作环境的融合。

高职教育是一种高等教育层次的职业教育，高职院校对学生的培养属于职前教育范畴。

第一，高职教育是提高学生综合职业能力的必然途径。高职教育有鲜明的职业针对性和职业目标，即针对职业岗位或岗位群的需要，旨在提高学生的综合职业能力。只有这样，高职毕业生才能在新环境中找准自己的位置，进而施展自己的才能，并使自己的工作符合工业的要求。

第二，当今高职教育对学生的系统管理教育难以与社会实际环境相融合，学生对工业的运作知之甚少，使学生步入社会后难以适应。学生要根据工业文化的要求，自觉、主动地对自己的行为、思维方式等进行调整，使自己尽快融入新的组织中，适应新环境的要求，实现由青年学生向工业员工的角色转换。

第三，对工业文化的认知和理解是工业对人才的必然要求。不同的工业有不同的文

化。学生通过对工业文化的学习，可以了解一个工业的文化，认识工业生产、经营、管理等各方面的特点，而这是一个现代工业员工必须具备的素质。有了这种素质，员工工作的自觉性和工作质量就会大大提高。

9.1.2　工业文化内化

职业教育要坚持育人为本、德育为先、能力为重，促进学生全面发展，要切实解决毕业生的综合素质，特别是工业文化素养与企业需求差距较大的问题。为此，必须按照科学发展观办职业教育、培养技能人才，着力提高学生服务国家人民的社会责任感、勇于探索的创新精神和善于解决问题的实践能力。避免工具论的倾向回归文化育人的规律性认识。袁贵仁同志提出的文化育人策略适用于整个教育，即所谓教书育人、管理育人、服务育人、环境育人，说到底，都是文化育人。同时，根据职业教育的特殊性，这个文化离不开产业界、企业界，所以鲁昕同志提出了"文化三进"："把工业文化融入职业学校，做到产业文化进教育、工业文化进校园、企业文化进课堂。"

职高教育离不开优秀的工业文化和企业文化，与工业文化紧密融合，充分利用工业的教育资源来发展高等职业教育，是21世纪高等职业教育的总体发展趋势。在将工业文化转化为高职院校的教育资源的过程中，内化是最重要的一种机制。

内化是心理学家、教育学家、社会学家最感兴趣的问题之一。行为主义学派从条件反射的角度论述了内化，他们认为内化主要是由强化引起的，人们的不道德行为多次遭到惩罚（负强化），而人们的道德行为多次得到褒奖（正强化），这样行动与后果之间就有了比较牢固的联系。"内化"就是高等职业院校通过一定的方式、方法和途径，把工业文化中有利于自身发展的积极因素，纳入高职文化的结构要素之中，经过整合与优化，使高职文化处于最佳状态。显然，高职院校内化工业文化的内化活动，不是简单地照搬照套或机械地利用，而是经过主体的学习、选择、整合、优化等创造性劳动，将两种文化有机融合。

9.1.2.1　丰富校园文化

工业文化与高职院校文化的构成层面一样，也是由物质文化、制度文化和精神文化三个方面组成。因此，高职院校内化工业文化时，必然会对工业文化的三个层面进行吸收与改造，高职院校自身文化的三个层面也自然而然地得以不同程度地补充和丰富。

丰富高职院校的物质文化

丰富高职院校的制度文化

丰富高职院校的精神文化

高职院校通过内化优秀的工业文化，把工业的创业精神、价值观念、竞争意识、团队精神等精髓内容，与自身办学实际进行整合，锻造出既合乎高等职业教育规律又体现办学实际需要的精神文化。高职院校主要在创业精神、学习型组织、团队精神等方面进行内化与丰富。

9.1.2.2　深化教育思想

学校的教育思想是学校文化的核心体现，是学校文化的灵魂，在教育思想的统摄下，学校其他方面的文化得以衍生。因此，作为观念形态的教育思想，自然能够与工业的精神文化相融合。工业精神文化中的经营思想、创业精神、服务理念等内容能给予高职院校教育思想有益的补充和发展。高职院校要想在激烈竞争潮流中占有一席之地，能够健康、持续地发展，必须在教育思想上进行改造，进行教育思想改革，重新认识高等职业教育的基本特征、转变办学观念。工业文化的内化有助于推动和深化高职院校教育思想的改革，实现教育思想的革新。

由管理学校向经营学校转变

由教育学生向服务学生转变

由传统培养模式向新的培养模式转变

9.1.2.3　提升核心竞争力

高职院校能否在高等教育领域占有一席之地，能否在同类学校脱颖而出，保持一种持续发展的优越状态，能否为社会、经济发展做出更多更好的贡献，都由它的核心竞争力所决定。高职院校的核心竞争力由领导者的创业精神及教师群体的技能和知识等要素构成。这种核心竞争力获得的重要途径就是学习，高职院校内化工业的文化，就是通过对工业文化的学习，强化学校领导者的工业家精神和教师知识与技能的转换，促使核心竞争力的各个构成要素达到优化状态。

强化学校领导者的工业家精神

强化教师专业技能及知识与技能的转换

9.1.3　高职教育内化工业文化的原则

《职业教育校企合作中的工业文化对接的研究与实验》课题是在"十一五"规划课题《职业教育中价值观教育的比较研究与实验》基础上延伸和拓展的又一个课题。该课题得到了中国职业技术教育学会的支持，课题以联合国教科文组织职业教育中心（UN-EVOC）2005 年主持编写的《学会做事——全球化中共同学习和工作的价值观》的引入为载体，借鉴其工业文化特色鲜明的模块课程和突出体验、互动、知情意行统一的四步循环教学法，200 多所学校进行了四年的实验和探索，总结出了多种有效的工作价值观教育范式。课题成果被评为第二届中国职业教育科学研究成果一等奖，受到学校、企业的欢迎，也得到教育部领导的肯定。课题组发现工作价值观教育问题与工业文化、企业文化有紧密的内在联系，校企合作的深入发展必须不失时机地引导到文化对接层次。这个文化不是简单的企业层次文化，而是更高一层的工业文化。《工业文化对接》课题是一个瞄准《纲要》相关重点任务，在领导有要求、战线有需求、研究有基础的条件下，得到全国教育科学规划办支持下产生的，具有重要的实践意义。

工业文化是工业生产中产生的文化现象，具有文化的共同属性，同时更具有现代产业发展变化过程中形成的特殊属性。工业文化是各个工业行业优秀企业文化的集大成与概括结晶。一个国家一个地区工业文化的发展水平与其工业化发展水平是相辅相成的，没有先进的工业文化就没有可持续发展的高水平的工业化。在工业生产中产生的对标管理，就是例证之一。现实工作中，我们的工作与我们期望的目标总会存在偏差，这种偏差就是问题，但是如果期望的目标不同，产生问题的数量和性质就会不同，最合适的目标就是标准和制度规定。我们只有对照标准和制度来检查，发现的问题才是科学合理的。对标管理起源于 20 世纪 70 年代的美国公司。在欧美流行后，现在亚太也得到迅猛发展，不仅是公司，连医院、政府、大学也开始发现对标管理的价值。从应用程度上说，最初人们只利用对标寻找与别的公司的差距，把它作为一种调查比较的基准。但现在，对标管理结合了寻找最佳案例和标准，并将其引入到公司内部的一种方法，是一个持续不断发展的学习过程。

工业文化的基础价值观是尊重一切劳动，尊重一切劳动者，合格公民的意识与行为规范；合格劳动者的意识与行为规范；合格企业法人的意识与行为规范；环境生态意识与行为规范，多元文化理解与行为规范等。当前我国先进工业文化建设方向是与和谐社会建设一致的，"民主法治、公平正义、诚实友爱、充满活力、安定有序、人与自然和谐相处"是当代工业文化在我们的经济和生产生活领域的具体实践原则。

高职院校必须进行企业文化的内化，寻求办学的新思路、新动力、新局面。内化不仅是一种行为，也是一个过程，高职院校内化企业文化必须要遵循一定的原则，那就是内化企业文化的基本要求。

9.1.3.1　高职院校内化工业文化的选择原则

高职院校要内化企业文化，首先必须选择企业文化。我国社会主义市场经济快速发展，企业数量急剧增多，要选择合适的工业文化。

高职院校在选择企业文化时，为了避免内化的盲目性，要选择优秀的企业作为内化对象，内化大型企业的强势文化比内化中小企业的文化，对高职院校办学更有利，最终达到互利共赢、长久发展的效果。

高职院校选择企业文化不仅有基本要求，还要有选择企业文化的标准。企业文化必须有丰富的文化内涵；必须有强大的生命力；必须有健康向上的精神理念。增加强劲的发展动力，可为高职办学水平提高、办学品牌的形成，提供一个良好的发展基础。

9.1.3.2　高职院校分类内化企业文化的原则

内化企业文化最终是依靠学校不同群体的学习来实现的，领导是学校经营管理者，教师是教书育人的主要力量，学生是学习科学文化知识的主体，三者由于各自的特点、岗位、任务的差异，决定了他们在内化过程的学习基本要求不同。

领导内化企业文化的基本要求：

从管理学角度来看，领导管理着指挥、带领和激励下属努力实现组织目标的行为，领导的实质就是一种对他人的影响力。领导既是一种管理行为，也是一个职务的称号，在本书讲的"领导"就是人们通常指的学校最高层次的管理者。在学校内化企业文化的过程中，学校领导起着至关重要的作用。领导学习企业文化，就是学习企业家的胆略气魄、实干精神、经营思想，自觉地集教育家与企业家于一身。

教师内化企业文化的基本要求：

教师是学校教育教学的主体，是国家教育方针政策的实践者，也是学校人才培养的主力军。在学校的教育教学中，教师发挥着核心作用与桥梁作用，高职院校内化企业文化，也必然依靠教师的教学来具体实现。在内化企业文化的过程中，教师对企业文化的内化关系到高职院校内化企业文化的成败。

学生内化企业文化的基本要求：

学生是学习的主体，是高职院校教学服务的对象，是高职院校内化企业文化的落脚点和归宿。学生应该明白自己今后就是企业等社会产生部门的一名员工，因此，学生应该提高认识学习企业文化的重要性，寻找合乎自身特点的学习方法，主动学习企业文化，切实把企业文化内化为自己的综合能力，为今后适应工作岗位的需要奠定坚实的技术与文化基础。

9.1.4　高职教育内化工业文化途径

高职高专文化素质教育的特性决定了企业文化教育在其文化素质教育中的重要地位，同时也规定了高职高专实施企业文化教育的基本途径。企业文化教育的实施途径很多，但是最基本的途径是走出校园，到企业中去，与企业生产、经营、管理实际相结合。只有这样，企业文化理论知识教学才能符合实际，企业文化教育才有较强的职业针对性，才能对毕业生的就业、任职发挥积极作用。所以，高职院校要采取一定的切实有效的途径，进行内化企业文化，提高内化的效果，最终提高企业文化的内化价值。

第一，制度内化。通过制度内化企业文化，就是以制度建设为基础。制度内化是其他内化方法与途径实施的前提条件，是高职院校内化企业文化目标实现的根本保证。高职院校要进行教学质量管理制度建设，即把企业的生产管理等制度与高职院校教学质量管理实际相整合，形成新的教学质量管理制度——教学质量企业评价制度，建设合作协议制度和教学文件。

教学质量管理制度创新要以内化企业文化为契机，把企业的生产质量管理制度引入学校教学质量管理，改革过去制度里不科学合理的因素，创建新的教学管理制度——教学质量企业评价制度，这种制度主要以企业人员为主要考核成员，以企业需求为考核标准，衡量教师及学校的教育教学质量，强化质量的对象性和针对性。

第二，课程内化。高职课程的内容随着行业的发展、技术的更新必须得到及时修订，使课程内容能够随时反馈职业技术、技能的发展变化，确保课程内容的实用性和前瞻性。这样，学生才能准确地掌握职业岗位所需要的知识，有效地形成契合职业岗位所需要的应用技能。

课程内化的内容安排，是把企业文化中的制度文化、精神文化内容内化到文化基础课程。文化基础课程的主要作用是为学生今后就业上岗准备必要的文化知识基础。学校通过各门基础课程的教育，把学生培养成拥有一定的文化素质，具备健康心态，形成思想积极向上的社会合格公民和企业员工。

第三，校企合作内化。利用校企合作途径来内化企业的文化，是近年来高职院校教育发展的新特点。尽管合作的具体形式、合作范围不一样，但都是以内化企业文化来弥补自身教育教学资源不足，只是内化程度有区别。

联合办班合作模式。高职院校和企业联合办班，开展"订单培养"，这种合作模式的优点就是，高职院校把企业的场地、技术等多种文化资源纳入人才培养，通过企业文化的充分参与，加强了人才培养的针对性，学生更能发挥技术优势和能力特点，较快适应岗位要求，较快成为企业的技术骨干和业务骨干。

第四，实训基地建设内化。高等教育要加强实践环节的教学和训练，发展同社会实践工作部门的合作，促进教学、科研、生产三结合校内实训室建设。高职院校应该积极开拓与企业共同建设实习实训基地的途径，实现对企业文化的内化，弥补实习实训条件的不足，为自己培养应用人才，形成办学特色，创造良好的条件。高职院校通过与企业共同建设实习实训基地，把企业的各种资源快速转化为自己办学服务。

高职院校与企业共建校内实习实训基地的方式，把企业对资金、设备、技术、操作规程、生产流程、设备管理、实践环境的要求等内容，引进校内实习实训基地的建设，达到企业生产环境的高度仿真。不仅遵循了教育规律，而且能够高度模仿企业的真实生产环境。

第五，校企人员互动内化。高校师资结构不合理，应与企业进行人员交流，把企业的人力资源内化到自己的办学中，充分挖掘和发挥企业人力潜在的文化资源优势，为自身教育教学服务。

成立校企专家指导委员会。德国的校企联办的双元制职业学院，把企业的相关人员和学校教师组成专业委员会，制定教学计划和培训课程。聘请企业的顾问、专家及部分有丰富实践经验的专业技术人员，成立校外专家指导委员会，参与学院有关专业培养目标、课程设置和教学计划的审定，对各专业课程体系和教学计划进行指导。

教师入企锻炼。高职院校应该鼓励中青年教师主动到企业生产一线调研锻炼，进行教学研究。教师通过开展行业或专业的社会调查，了解自己所从事专业目前的生产、技术、工艺、设备的现状和发展趋势，并将与专业相关的新技术、新工艺补充到教学内容中去。

9.2　工业文化与思想教育管理

工业文化的核心强调价值排序，校企合作紧密关联的文化互动、相互融合和校企共建现代工业文化意义重大。西蒙·L.多伦（2008）在《价值观管理》一书中提出了价值观管理的三维模型，即经济——实用价值观、伦理——社会价值观和情感——发展价值观。校企合作双方在共同的工作价值观引导下可以消除合作盲区，增强契合度，实现职业学校学生和企业员工的文化融合。

工业生产管理中产生的对标管理的第一种，即内部对标。很多大公司内部不同的部门有相似的功能，比较这些部门有助于找出内部业务的运行标准，这是最简单的对标管理。其优点是分享的信息量大，内部知识能立即运用，但同时易造成封闭、忽视其他公司信息的弊端。第二种，竞争性对标。对企业来说，最明显的对标对象是直接的竞争对手，因为两者有着相似的产品和市场。与竞争对手对标能够看到对标的结果，但不足之处是竞争对手一般不愿透露最佳案例的信息。第三种，行业或功能对标。就是公司与处于同一行业但不在一个市场的公司对标。这种对标的好处是很容易找到愿意分享信息的对标对象，因为彼此不是直接竞争对手。但现在不少大公司受不了太多这样的信息交换请求，开始就此进行收费。第四种，与不相关的公司就某个工作程序对标，即类属或程

序对标。相比而言,这种方法实施最困难。至于公司选择何种对标方式,是由对标的内容决定的。

9.2.1 工业文化与思想管理

随着我国市场经济体制的逐步确立和改革开放的不断深入,企业面临着更为复杂的外部环境,同时其内部员工的思想状况也不断发生变化,很多人不再是抱着"为企业奉献青春"、"吃苦在前,享乐在后"之类的观念,而是更加注重谋求个人的发展,实现个人价值。面临变化复杂的内外环境,许多企业管理者都意图通过发挥企业文化和思想教育的合力功能来凝聚人心,从而提高管理水平,增加企业效益。而要发挥企业文化和思想教育的合力功能,必须充分理解企业文化和思想教育的内涵,厘清两者之间的关系,找准其契合点。

9.2.1.1 工业文化

作为社会文化的一部分,工业文化是一种有意识的工业行业管理活动,是文化在工业组织这一特定领域的延伸,是在一定的社会历史条件下,在工业行业长期的生产、经营、管理和适应环境变化的实践活动中,逐步形成的被全体员工认同、遵循的反映企业自身特点的共同价值体系及其表现形式的总和。正确理解和认识工业文化的内涵,除了分析其定义外,还应对其构成要素和结构层次、具体内容及功能机制等方面有系统的把握。文化工业是一个由上层阶级领导的文化影响,而不是大众文化,也不是民族文化。

9.2.1.2 思想管理

思想管理是通过人的意识来规范行为的一种方式,思想不受时空的制约,但受到传统文化、知识素养、周围环境等各方面的制约,思想管理作为一种现代流行学派的管理,越来越被中西方的管理者所重视,思想管理是近现代学派管理发展的一种倾向,以人为本的管理不再只是一种制度的约束,更重要的是一种对人的思想的制约和升华。

思想教育就是帮助员工拓展观念、调适心态,建立有助于实现目标、取得成功的态度的一种培训方式。心态调适和训练的方向就是心态积极、平衡,保持愉快的心境。我们想要达到目标、取得成功,通常习惯在行动上调整,而不是在心态上去做改善。事实上,从思想上出发,才能根本解决问题。可以说,思想教育是企业最重要的培训,是企业员工培训之本。原因如下:

第一,思想教育是调动人力资源主观能动性的培训。

不可否认,从理论上讲,专业技能培训可以提高员工的业务和技术水平,使工作绩效提高。思想教育是知识和技能培训的基础，它是调动人力资源主观能动性的培训。通过思想教育，解决了员工的心态问题，一切培训才有效果和意义。

第二，思想教育是塑造工业文化的重要手段。

工业文化是一个企业所表现的风格、习惯、行为准则、企业价值观和企业精神，它是企业持续发展的动力源泉。但是这些无形的理念如果不能植根于员工的大脑之中，则只能称之为工业文化的种子要素，而不能真正发挥作用。只有通过思想教育等手段才能催化其生根发芽。

第三，思想教育是激励企业员工的主要内容。

拿破仑将军曾说过，"一支军队战斗力的四分之三是由士气决定的。"现有的物质激励和精神激励手段对士气的提升作用有限。思想教育针对的却是期望值的提高，再配合其他激励手段，就会大大提高员工士气。因此，可以说思想教育是企业员工激励不可忽视的主要内容。

第四，思想教育是提高员工情商的基本方法。

对于大多数人来说，智力和能力的差距并不大，知识和技巧也差不多，这时自我超越的重点，更应该倾向于坚持和积累，即情商的提高。因此，情商为人们开辟了一条事业成功的新途径，它是企业心态培训中一个重要的内容。

9.2.1.3　思想教育对工业文化的作用

在当前经济全球化的形势下，围绕经济建设，加强思想教育对工业文化的建设，思想教育对于推进增强企业核心竞争力具有非常重要的现实意义。

首先，思想教育的价值导向功能，为工业文化确立企业精神追求和价值目标。工业文化建设的正确方向是工业文化建设的核心问题，我国的工业文化是社会主义的工业文化。企业思想工作要保证工业文化代表多数人的根本利益。企业思想工作作为党在企业中政治工作的重要组成部分，必须把维护好、发展好、实现好企业广大员工的根本利益作为一切工作的出发点和归宿。思想工作和政治工作是为经济基础服务的，良好的思想环境，保证企业的正常运行，促进工业文化建设的健康发展，传播精神文化，分配政治资源，生产思想产品，担负着维护、发展主流工业文化意识形态的任务。

其次，思想教育的渗透与激励功能，为工业文化提供强有力的动力支持。渗透功能指的是思想教育遵循人的思想"综合影响"形成和"渐次发展"规律，并借助一定的方式，以循序渐进和潜移默化的状态进行。渗透能使员工在不知不觉中受到影响，达到良好的效果。

再次，思想工作帮助人们解放思想、转变观念。通过思想工作帮助人们除旧解惑释疑，增强创新意识，树立市场观念、竞争观念、效益观念、人才观念以及其他与改革相

适应的创新观念，为树立良好的企业形象提供必要的思想前提和强大的精神动力。

最后，思想教育的规范与约束功能，为工业文化建设提供优良的工业人文组织环境。坚持思想教育，坚持"尊重人、理解人、关心人"的原则，强调以"人"为中心，注重发挥人的潜能，调动人的积极性、创造性和主观能动性，与工业文化建设"以人为本"的思想一致，保障员工在工业文化建设中的主体地位和作用。

9.2.2 工业文化与思想教育契合

工业文化与思想教育两者虽然在所属层面上和理论结构上有差别，工作重点和工作内容上各有侧重，发挥作用的机制也不尽相同，但在价值追求、活动方式和保障措施等方面又密切相关、相互契合。工业文化与思想教育如同两个相交圆，既有许多共同点，又存在明显差异和不同。在正确理解两者内涵的基础上，科学地认识和把握两者的契合关系，"求同存异，各展所长"，对于正确运用工业文化与思想教育两种管理手段使其发挥合力效能具有重要的意义。

9.2.2.1 价值取向相同

价值取向是价值哲学的重要范畴，是指主体以自己的价值观为指导，在分析和处理各种复杂社会关系时所持有的基本价值立场、价值态度和价值倾向，具有实践品格，能够决定、支配主体的价值选择。

首先，工业文化倡导"以人为本"的管理哲学。现代企业的发展不只是经济效益的增长，还包括员工个人素养的提高和个体行为的改善。人作为管理活动中最基本的要素，可以能动地发挥自己的主观作用，并且处于同环境不断地交互作用之中。

其次，思想教育追求"人的全面发展"。思想教育是做人的工作，特别是人的思想工作，不断提高人们认识和改造世界的能力，启发人的思想觉悟，进而帮助人们树立起正确的世界观、人生观和价值观，促进人的"全面发展"的价值追求的实现，使全体成员与企业整体组成有机的"命运共同体"，实现企业全面发展和个人整体水平提高。

9.2.2.2 作用机制相同

工业文化与思想教育作为意识形态的存在，从某种程度上讲，其推动企业物质生产的作用都是通过"意识的能动性"实现的。

首先，行业价值观决定了行业的性质和发展方向。通过具体的工业文化建设，行业管理者可以引导行业成员形成群体共同价值目标，规范和约束他们的思想和行为，激励他们发挥个人潜能，推动行业的物质生产活动，从而实现行业发展和人的提高有机统一这个我国任何一个行业的终极发展目标。

其次，成员的思想状况影响着行业的发展状况。思想教育历来重视意识的反作用，同工业文化一样，思想教育尤其注重对成员的思想引导和行为规范教育，致力于提高员工的思想素养和道德水准，注重激发成员的精神动力。

9.2.2.3　内容的相同

人生观、道德观和法制观共同影响着人们的人生价值取向与日常行为态度。工业文化与思想教育的内容，源于对人生观、道德观和法制观基本内涵的把握与理解。

首先，工业文化包括行业精神、价值观念、行业形象、经营思想、行业目标、道德规范、规章制度、行业风尚等，其核心是行业精神、行业价值观、行业道德观和文化观。工业文化管理运用科学的世界观和方法论指导行业实践，结合行业具体的管理制度，认真履行经济合同，在行业共同目标的实现上形成合力。

其次，思想教育围绕经济发展大局，激发广大员工关心企业前途、维护企业声誉以及为社会发展做贡献的责任感和使命感，充分调动他们发展企业的积极性和创造性，使他们对企业的生存和发展保持高度的热情和奉献精神，从而将全体成员凝聚起来，给企业带来持久而强劲的竞争优势，使企业在竞争中遥遥领先。

9.2.3　工业文化与思想教育融合

经济社会发展带来的文化的繁荣发展，使"我们正进入一个文化比任何时候都更重要的时期"。文化已成为思想教育研究中的一个无法回避的视域。思想教育所包含的政治思想、价值观念、道德规范等内容，都是文化的一部分，而且是文化的核心部分，这些内容体现在思想教育运行的全过程中。思想教育的目的、内容、方法、环境等要素无不受到文化的内在影响，同时，思想教育自身的发展，也是社会主义文化繁荣发展的一个重要表现。

9.2.3.1　思想教育对工业文化的重要意义

首先，有利于提高人们的思想道德素质和科学文化素质。文化在提高人们的科学知识水平和文化素质的过程中，无形中也提高了人们的思想素质和道德素质。文化对人们这两个方面的影响是不可分割的，是在同一个过程中进行的，从而实现对人的全面影响。在这一过程中，文化在不经意间发挥了思想教育的功能，潜移默化地教育人、影响人、感染人，促使人们把社会的政治思想、价值观念、道德规范内化为个人的道德品质。

其次，有利于推动思想教育的改革创新。将文化融入到思想教育之中，不仅丰富了

思想教育的内涵和外延，增强了思想教育的时代感、主动性、针对性、实效性，而且进一步强化了思想教育的作用效果，促进了思想教育与经济工作及其他工作的有机结合，促进了思想教育由政治说教向文化自觉的转变，为开创思想教育的新局面提供了新的途径、新的手段，为思想教育带来了新的生机和新的活力。

再次，有利于推动社会主义文化的大发展大繁荣。建设中国特色社会主义文化，难免会出现这样或那样的问题，包括许多思想上的、认识上的问题。实现思想教育的文化融入，有利于推动思想教育的改进和创新，同时也有利于推动社会主义文化的大发展大繁荣。

最后，有利于推动经济社会全面发展。文化所蕴含的思想理念、精神特质等内容成为核心竞争力的关键。实践证明，遵循社会主义文化建设规律，推进以物质文化、制度文化、精神文化为主要内容的文化建设，思想教育起到了举足轻重的作用。

9.2.3.2 思想教育与工业文化的可融合性

首先，两者的指导思想一致。思想教育与工业文化建设都是一种意识形态，都是以马克思主义为指导。社会主义制度下的工业始终都贯彻实施党的路线、方针、政策。思想教育则更是以马克思主义为指导，通过对员工进行思想、品德、行为等方面的教育，保证全面贯彻落实党的路线、方针和政策，确保工业的社会主义发展方向。

其次，两者的工作对象一致。工业文化和思想教育的工作对象都是人，就是工业的员工。工业文化建设是通过工业生产经营过程中形成的经营理念、工业价值观、工业制度等感染、熏陶员工，让员工觉悟得到提高，充分发挥员工提高生产效率的主动性和创造性。

最后，两者的工作目标一致。在工业行业中，无论是塑造工业文化，还是开展思想教育，都是在确保我国工业符合我国社会主义发展方向的前提下，为工业增强竞争力并最终为工业的发展服务。工业文化中增强员工职业道德修养、业务技能等方面最终都是为了通过提高职工道德和业务素质促进工业效益的增长。

9.2.3.3 思想教育与工业文化的融合途径

第一，行业价值观的凝聚、传播与实践。行业是由不同企业组成的集合体，其合力在很大程度上取决于所有员工对整个行业目标的认同程度及发挥自身潜能的程度。行业价值观的凝聚与实践过程中，行业文化建设是重要手段，而思想教育也极为重要，两者相辅相成，共同增强行业的凝聚力与向心力。

第二，行业具体的管理过程。行业文化建设与行业思想工作在行业管理人员、管理机构和管理活动方面相互渗透与交叉。工业文化与行业思想教育都是基于行业生产经营管理的实践活动，共同服务于行业的经营管理行为，不可独立于行业管理行为之外而存在。

第三，行业的制度建设。没有规矩，无以成方圆。行业战略和行业理念的落实、行业组织的有序运转都离不开行业制度的监督与约束。行业制度明确了劳资双方的权利义务关系以及实现权利义务的措施、途径和方法，是行业愿景和员工思想共同综合后的展现，是行业内部的"法律"。

第四，行业员工素质的培养。"科技以人为本，行业以人为兴"。行业在成长与发展的过程中，始终面临的核心问题就是人。行业员工是行业最基本的构成要素，也是行业一切资源中最宝贵的财富及最大的生产力。个体作为行业的构成要素，其素质高低对行业整体至关重要。

第五，行业氛围的营造。人是社会活动的产物，具有社会属性，总是处于一定的社会活动和社会关系之中，人的生存和发展一刻都离不开社会环境。良好的环境不仅需要依靠法治的维护，同时也需要培育和营造一种良好的环境氛围，良好的环境氛围又可以反过来影响个体的行为。工业文化与行业思想教育是做行业的"人"的工作，都是在行业这一微观组织环境中进行的人类活动，他们基于行业这一特定环境开展自身工作，又通过工作过程和结果影响和改造这一环境。

9.3　工业文化与教育培训

9.3.1　工业教育培训是工业文化渗透的关键

胡锦涛同志在清华大学百年校庆大会上的重要讲话强调高等学校的使命除了传统的人才培养、科学研究、社会服务之外，还有文化传承创新。因此工业文化的传承离不开高等教育。工业文化与高等教育，尤其是高职教育有机融合是新时期高职教育提升教学质量、实现可持续发展的基本理念和核心战略。构建与工业文化对接的文化环境和支持系统，应开展工业价值观教育，提高学生工业文化素养；校企共建符合先进工业文化特征的职业教育课程；跨越校企文化鸿沟；吸收企业文化精华，建设有工业文化特色的校园文化；利用社会资源，广泛开展工业文化教育。

工业教育培训的核心就是要通过改善员工的工作业绩和工作态度来提升组织的整体绩效，实现组织目标，关注的是现在和未来。培训也包括专业知识和通用知识的培训，这方面根据企业的社会价值理论而制订的企业人才发展计划来制订员工发展计划。所以说，企业培训是企业文化推广和实现的一种重要手段，也是企业文化得以实现的保证。而企业文化中最核心的企业价值观和经营理念则决定着如何来组织企业培训，作什么样的企业培训。具体而言，员工教育培训对于企业的作用主要体现在三个方面：

一是员工教育培训能有效提高员工的工作绩效。改善员工的绩效单纯靠物质刺激得到的改变是不可持续的。教育培训是一种有效的激励手段，通过为各类员工提供学习和发展的机会，丰富各岗位员工的专业知识，增强员工的业务技能，改善员工的工作态度，使之取得更好的绩效。通过教育培训，企业全体员工可获得或改进与工作有关的知识、技能、动机、态度和行为，每个员工的绩效提高了，量变就会引起质变，从而在个体效率提高之后达到组织效率的提高。

二是教育培训能显著提高员工的满足感、忠诚感和安全水平，进而增加企业的凝聚力。通过组织的教育培训，员工可逐步理解并接受组织的价值观，并将个人目标与组织的长远发展紧密结合在一起，从而形成良好、融洽的工作氛围。通过教育培训，可以增强员工对组织的认同感，增强员工与员工、员工与管理人员之间的凝聚力及团队精神。

三是教育培训对建立优秀的企业文化与形象也有重要的作用。成功的员工教育培训不仅使员工技能提高，同时使员工自身素质以及修养提高。企业在开展教育培训活动时，一定要注意引导员工形成一种积极、务实、开拓创新的工作作风。将企业的文化和价值观灌输到每一位员工的脑海中。企业文化的体现不是来自于管理者、经营者，而是来自于所有的员工。顾客评价一个企业的好坏往往也是通过他接触的企业员工来判断的。企业的文化是在日常的工作中形成的，更是在教育培训中不断被灌输被传递而来的。通过教育培训，可使每一位员工都深刻认识到他的形象就代表整个企业的形象，使每一位员工都产生一种责任感同时也带有一种自豪感。

9.3.2　工业文化教育的价值

9.3.2.1　工业教育的外在价值和内在价值

工业教育的外在价值：实现别的目的的手段、方法或途径。

工业教育的内在价值：为了知识而教育、为了能力而学习、为了真理而学习和工业教育。

工业教育育人的实质就是使人掌握知识、发展能力和形成良好思想品质，成为德智体全面发展的人，这是工业教育内在价值的根本。重新审视工业教育的价值就是强调工业教育的内在价值。

9.3.2.2　工业教育的社会价值和个人价值

工业教育社会价值：工业教育对社会存在、延续和发展需要的满足，满足社会需要过程中体现出自身的价值。

工业教育个人价值：工业教育对人的生活和人自身发展需要的满足，在满足个人需要中体现出自身的价值。

工业教育及其教师和学生都应该是社会化和个性化的统一，能正确处理人类、国家和个人的利益及其长远利益与现实利益。当代工业教育是满足社会工业教育需要和个人工业教育需要、社会本位和个人本位统一的工业教育。工业教育应以促进人的社会化和个性化统一发展为不懈的追求和最高目标。

9.3.2.3　工业教育中的价值和工业教育的价值

工业教育中的价值：工业教育中应该在学生身上培养哪些价值，这与工业教育目标相联系。

工业教育活动中应该达到什么工业教育目标，实现哪些人生价值和应该教给学生一些什么价值内容。

工业教育中的价值：经济价值、政治价值、科学价值、道德价值、美感价值等。

工业教育的价值：怎样的工业教育活动才具有工业教育上的价值，才能有效获得那些工业教育中的价值，这与工业教育内容、方法相联系。

在工业教育活动中应该怎样活动，应该采取哪些方式方法才能达到工业教育的要求，收到工业教育效果。

9.3.2.4　工业教育的人文价值和科学价值

工业教育的目标是有助于人们接受人类精神文化，并在文化的传递与接受文化的过程中，使每个受工业教育者的人格得到陶冶。这是工业教育的本质和目的，也是工业教育的全部价值的核心和精华所在。

9.3.2.5　工业教育的继承价值和创新价值

人类要生存，必须继承传统；要发展，既要继承传统，更要超越传统和创造未来。形成创新工业教育必须处理好传授和学习知识与培养和发展能力的关系、发展一般能力和发展创新能力的关系、形成创新精神和品德与形成其他良好品德和精神的关系，但首先必须形成开放和民主的工业教育。而形成开放和民主的工业教育首先必须形成开放、民主和创新的社会，开放、民主和创新的社会是开放、民主和创新工业教育的必要条件

或者基础。

9.3.2.6 工业教育的长远理想价值和现实价值

工业教育的目的是超越现实，追求理想和实现理想。工业教育只有坚持乌托邦精神才能既立足现实又面向未来，克服工具主义倾向，实现本体主义。

9.3.2.7 工业教育的专门价值和公共价值

工业教育既有通过选拔培养专门人才、精英人才的专门价值，也有普遍提高公民科学文化和思想道德素质的公共价值。两者相辅相成，应该保持平衡发展。

9.3.3 工业文化教育的作用

工业教育以其特有的功能对企业发展施以影响。在企业内部，教育实施作为一种校正人们行为及人际关系的软约束，它能使企业人员明确善良与邪恶、正义与非正义等一系列相互对立的范畴和道德界限，从而具有明确的是非观、善恶观，提高工作效率水准。在企业外部，工业教育以其规范力量，有助于企业确立整体价值观和发扬企业精神，有助于群体行为合理化，提高群体绩效。

9.3.3.1 工业文化教育功能

工业文化教育的功能指的是教育活动的功效和职能，包括个体发展功能与社会发展功能（教育的经济功能、政治功能、文化功能）。教育的最首要功能是促进个体发展，最基础功能是影响经济发展，最直接功能是影响政治发展。教育的最深远功能是影响文化的发展。

第一，融合功能。

工业要生存，首先必须解决的是和社会融合的问题。企业可以用多种方法获得利润，而一旦没有正确方向指引，用不正当手段获得利润，就会和社会相冲突。工业教育正是在教育范畴内提供了企业和社会教育融合的基础。实际上，遵纪守法，依法纳税，用正当手段获取利润，承担必须的社会责任，都属于工业教育范畴，而且属于基本范畴。一个企业只要不断遵守和学习这些基本准则，就能得到法律保护和社会认可。外部经济性是企业运作和自然环境融合的问题。当企业以利润追逐为唯一宗旨而忽视对环境的影响时，外部不经济性的出现就成为必然。企业的经济活动必须考虑环境成本。

第二，约束功能。

约束功能是从工业教育对经济行为的制约角度进行的分析。它的中心思想是，工业教育作为一种价值判断和准则，对企业行为实现控制效应，即对企业某些行为进行事前控制和预防，避免非教育行为的出现，从而使企业经营活动遵循教育准则，实现目标的最佳化。

工业教育规范企业的行为方式，使企业员工形成某种约定的规则和行为，使每个员工自觉地按这种规则和行为行事，从而提高员工的整体道德素质和教育精神。当员工的行为与企业的道德准则相背离时，行为准则会作为一种良心、道德来衡量是非，产生一种约束功效。

第三，凝聚功能。

工业教育形成工业文化力，这是一种柔性生产力，会对全体员工产生一种潜移默化的感召力和影响力，从而形成一种内部的凝聚力，对员工产生一种向心效应，增值企业无形资产。随着品牌战略时代的到来，企业无形资产增长速度越来越快，从而可以大大提高企业的市场竞争力。

第四，导向功能。

企业用创新的教育价值和新的经营理念以及责任满足社会需求，创造社会需求，由此带动精神和制度层面的进步。显然，这是一种善的循环。工业教育同企业物质生产力一起，构成企业战略发展的重要组成部分，从而促进企业的成长与发展。而且，教育型企业本身偏向于培养和塑造良好的企业和员工形象，这有助于提高整个社会的教育素养水准，也是企业以自身形象为社会做出的贡献。

9.3.3.2　工业文化教育对工业文化的作用

对内，在工业经营文化管理中，工业教育发挥着以下作用：

第一，为工业制定目标指明方向。

工业教育可以促进工业把发展生产力，提高经济效益，工业的发展与国家、民族乃至人类社会的发展相联系的崇高的目标作为工业追求的目标，赋予工业一种庄严的使命感，为工业发展指明方向。

第二，有利于工业人力资源和物质资源的配置。

工业教育有利于提高员工的职业素质，使其自觉用学习的知识来规范自己的言行，从而有利于工业人力资源和物质资源的配置。

第三，工业教育是工业立足社会的保证。

产品质量、工业信誉和服务是一个工业立足社会的三大要素，工业教育使工业在生产经营过程中坚持一流的产品意识，坚持信誉高于一切和坚持一流的服务意识和行动。

第四，工业教育是工业间合作的基础。

拥有良好信誉的工业，可以得到合作伙伴完全的信任，从而降低交易成本，更有利

于促成彼此之间的合作。

第五，工业教育是工业长期发展的动力。

工业在追求经济效益的同时，注重社会效益。工业不仅为社会提供优质产品和服务，而且积极参与社会各种学习活动，学习不同企业的文化优势，扬长避短，完善自身企业的体系，循序渐进地学习，从而实现工业的长期可持续发展。

对外，工业教育实施的必要性：

第一，国际市场的需要。

加入世界贸易组织后，中国企业要融入世界经济一体化，市场经济的各方面不断学习精进是一个关键要点。中国企业要融入世界经济一体化，要与跨国企业展开竞争，前提是必须具备相当的实力，需要借鉴其他优秀企业的实战经验，不断学习不断突破。

第二，国内市场的需要。

经历了改革开放的几十年，中国市场绝大部分商品已经由供不应求变为供大于求。随着社会主义市场经济的不断繁荣，中国已经进入了商品极大丰富的时代，中国已经由卖方市场进入买方市场。在这种形势下，企业间的竞争开始由产品竞争转变为创意竞争。一流的质量加上创新的理念、源源不断的新知识供给成为工业教育建设和提高企业核心竞争力的关键因素。因此，中国工业教育的建设十分重要。

第三，现代社会价值观念的需要。

现代社会价值观念日趋理性，整个社会对于人文教育日益重视，呼唤学习型企业。人们认识到，市场经济完善和发展的动力，除了客观的经济和政治方面的因素外，还包括一种不断充实自身企业的精神。市场经济的运行和发展以及经济活动是相对自由的，在这种自由下，落后就要挨打，不断地学习创新才能长远发展。

工业文化教育是工业发展中的一个社会现象，是人们在长期生产劳动创造过程中形成的产物，同时又是一种历史现象。确切地说，文化是一个国家或民族的历史、地理、风土人情、传统习俗、生活方式、文学艺术、行为规范、思维方式、价值观念等的统称。文化教育就是对这些方式、规范、价值观的传输过程。

● **本章案例：德国高等职业教育的校企合作模式——"双元制"模式**

德国职业教育体系是众所周知的"双元制"。所谓"双元制"是指就学者（青少年）一边在企业（通常为私人所有）里接受职业技能训练，一边在职业学校里学习专业理论及普通教育课程。德国职业教育体系所教育培训的人才是专深型的，这与其产业结构以中高端制造业为主密切相关。"双元制"教学活动的总目标是为青年人提供尽可能广泛的个人教育，使他们在接受教育的过程中逐渐熟悉未来的工作和社会。

"双元制"为基本模式，校企合作贯穿办学的过程：

（1）管理体制：德国的职业教育由联邦政府科技教育部、州政府、劳工局、行业协会领导与管理。其中科技教育部主要负责处理职业教育的宏观问题。除以上机构外，还有联邦职业教育研究中心，属科技教育部领导。其职责为研究与企业相关的职业教育培训问题，对职业教育培训进行咨询和指导，进行国际职业教育培训的合作与交流。提供国际职业教育培训的多种信息资料。

（2）经费：德国职业教育总花费由企业负担，15%由州政府支付。企业非常愿意承担职业教育中的实践教学部分，有的企业建有教育培训车间，大型企业则建有教育培训中心或拥有自己的职业学校（如西门子公司、大众公司等）。企业之所以对职业教育有如此高的积极性，原因是：企业家普遍认为这是一种对未来的投资，将会得到数倍的回报；是否能够取得办职业教育培训资格是企业的荣誉和实力的体现，有较强的宣传作用；德国有重视教育投入的意识和历史习惯；法律规定。

（3）招生：专科高等学校如果招收的是完全中学（相当于我国的普通高中）的毕业生，那么根据专业性质要求要有一定时间的预实习来积累实践经验、感性认识，以便为理论学习打下基础。进入职业学院的学生除此之外还必须先与某企业签订合同，以企业"准员工"的身份接受职业学院的教育。与企业签订了合同，即可享受企业每月1000~2000马克的经济补贴。有的州的职业学院要收取学费，但其费用也由企业承担。

（4）师资：由高校专职教师和企业的工程技术人员、管理人员共同组成。他们不仅有扎实的专业知识、丰富的实践经验，而且能把企业的生产、经营、管理及技术改进等方面的最新情况及时地带进学校，真正体现理论联系实际，让学生学以致用。专职教师也都有从事教学和指导学生实践的双重能力，凡要成为专科高等学校或职业学院的教师，要有至少五年在企业工作的经历。此外，每隔一段时间每位教师还要到企业，了解、研究企业，以熟悉掌握企业最新发展动态。

（5）专业及课程设置：德国高等职业教育的培养目标是非常明确的，都是培养应用型人才。特别是职业学院，它不是为自由的劳动力市场培养"通用人才"，而是为特定的企业培养"专用人才"。为达到这一培养目标，学校的专业建设工作都是由企业和学校共同完成的。每个专业都设有专业委员会，其成员主要由企业和学校的代表构成，负责本专业教学计划的制订、实施、检查和调整，也即学校的课程设置、实验安排、实训实习次数及时间的确定、考试的组织和毕业论文（设计）的要求等都是学校和企业共同研究决定的，因而所培养的学生很有针对性，毕业后可以直接上岗。

（6）仪器设备：学生的实训、实习主要在企业并由企业负责组织实施。但学校内部仍具有先进的教学设备和良好的教学条件，学生在接受训练时直接接触的各种实验设备是企业正在使用和将要使用的仪器、机床和各种工具，均兼工厂车间和学校实验室的功能，达到了与企业相当的水平。这些教学设施，有的是为了培养专门人才由企业直接投资，有的是由企业和学校联合投资，有的是企业无偿捐赠的。

（7）实习：教学工作是在学校和企业两个不同的地点交替进行的。对于学生的实习，企业非但不看成是额外负担，还给学生每月1000~2000马克的教育培训津贴。为使学生既达到大学的基本要求，又有较高的实践能力，理论学习和实习训练的安排与组织都是非常严密的。如职业学院，每学期为24周，前12周在企业实习，后12周在学院学习，每周30~33节课，没有假期，只有按企业合同规定的年假，年假时间与企业的职工一样。

（8）考试：学生的学业要在学校和企业完成，考试分为学校考试、企业考试和行业协会组织的技能证书考试。基础理论课程的考试一般由学校组织进行。学生在企业教育培训期间，其实习成绩的考核与评定工作由企业负责，考试的内容、形式和时间都由企业指导教师确定。

（9）学生就业：由于德国高等职业教育十分强调职业性，毕业生不仅具有扎实的理论知识，而且实践能力、应用能力很强，并熟悉企业生产管理，一上岗就能适应并胜任企业岗位的工作。因此，德国高等职业教育所培养的学生就业率很高。如职业学院，毕业生就业率达90%以上，而且70%左右的毕业生会被教育培训企业留用。

● **点评**

德国"双元制"是以企业为主的校企合作，这种"双元制"模式的典型代表，它是一种由教育培训企业和职业学校双方在国家法律的保障下，以企业训练为主、学校教育为辅的分工培养技术工人的职业教育培训体系。校企合作体现了学校与企业在文化知识教育和技能训练方面的职能分工，理论与实践的结合，以及校企资源共享等优势，从而具有较强的生命力。校企合作走向整合，形成"学校、企业、社会"整合模式。学校、企业、社会在职能上既分工又合作，资源充分共享，呈现出所谓的"大职教"或"职教一体化"的趋势。

（1）校企合作是贯彻"教劳结合"的有效途径。教育适应社会主义市场经济需要，核心是教育与生产的密切结合。合作教育是从教育领域和生产领域的双向参与中实施教育与生产劳动相结合的。它的基本原则是，校企双方在互利互惠的基础上多方位、多形式地合作，双向参与，共同育人。企业参与教育活动，不仅给学校提供教学实习场所，而且还提供资金、设备，把教育同生产实践相结合。学生走出校门，在另一种课堂接受来自社会的教育，可较好地解决学生社会生产实践问题，为社会提供最直接的、大量适用的人力资源，它比传统教育方法培养的学生更容易被用人部门所接受。

（2）校企合作有利于解决毕业生就业难的问题，促进学生的全面发展。学校有针对性地为企业培养合格的劳动力。学生也通过到企业工作，培养自己的职业兴趣，这样学生毕业后，就能较快地找到适合的岗位，解决就业难的问题。缺乏工作和社会实践经历的人，是不可能获得较全面发展的。

（3）校企合作有利于合理设置专业和课程，促进教学改革。通过校企合作，由企业来提供人才的需求计划，再加上学校主动的市场调查，可以很好地预测社会对人才的需求状况，从而有针对性地调整专业结构，合理配置教育资源。实行校企合作，企业为了自身的生存和发展，会负责任地从使用的角度，向学校提出人才培养的知识结构、操作技能、职业道德、人际关系等涉及课程设置的相关内容，学校可以及时进行课程和教学方法的改革，以适应培养目标的需求。

（4）校企合作有利于促进学校管理水平的提高。随着社会开放程度的提高，学校不能实行封闭的办学方式，管理层也不能再千篇一律地套用行政机关的模式来管理学校。校企合作教育可以将企业、单位的质量、效益等管理方式引入学校，如董事会、监事会、校务委员会制等，共同合作调查研究，制定符合企业需求的培养目标、课程设置和教学计划等，使企业深切感受到自己在职业教育中所应承担的重大责任，并在具体的教学活动中也积极参与，逐步提高学校的管理水平。

● **思考题**

1. 德国为什么实施"双元制"教育模式？这对我国有什么借鉴意义？

2. 根据我国国情，以企业为主的校企合作还是以学校为主的校企合作更适合我国工业产业发展？

3. 为了发展我国工业，我国工业文化教育应该如何落实？

● **参考文献**

[1] 方丛蕙. 我国高等职业技术教育校企合作问题与对策研究 [D]. 南京理工大学硕士学位论文，2005.

[2] 郑永廷. 思想政治教育方法论 [M]. 北京：高等教育出版社，2007.

[3] 机械工业高职与中专教育思想政治工作研究会. 企业文化·职业素养 [M]. 北京：机械工业出版社，2010.

[4] 章铮，杨冬梅. 工业企业文化建设和职工素质提升实务 [M]. 北京：红旗出版社，2013.

[5] 袁玉梅. 德育教育、行业文化与跨文化研究 [M]. 吉林：吉林大学出版社，2012.

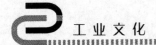
[6] 林润惠.高职院校校企合作：方法、策略与实践 [M].北京：清华大学出版社，2012.

[7] 韦庆昱.高职院校传统文化教育与企业文化对接 [J].鄂州大学学报，2012，19 (4)：45-48.

[8] 黄亚妮.高职教育校企合作模式初探 [J].教育发展研究，2006 (5B)：68-73.

[9] 王晓炜.发挥教育引领作用　强化企业文化熏陶 [J].杨凌职业技术学院学报，2011，9 (3)：41-43.

[10] 李苓.企业文化教育对高校毕业生的重要性及模式探索[J].太原城市职业技术学院学报，2014 (10)：16-17.

● 推荐读物

[1] 刘光明.新企业伦理学 [M].北京：经济管理出版社，2012.

[2] 刘光明.企业文化与企业人文指标体系 [M].北京：经济管理出版社，2011.

第10章 绿色生态工业文化

● **章首案例：丹麦卡伦堡生态工业园**

卡伦堡是丹麦一个仅有 2 万居民的工业小城市，位于北海海滨，哥本哈根（Copenhagen）以西 100 千米左右。20 世纪 60 年代初，这里的火力发电厂和炼油厂已经开始了工业生态方面的探索。开始并未有意发展成工业生态体系，大部分企业进行交换的动机只是想通过为"废物"产品寻找产生收入的用途以减少成本。后来，工业区内几个主要企业成员缓慢但有效地拓展，最终形成了几家大型企业联合多家小型企业并通过"废物"联系在一起的有益于环境的工业共生系统。卡伦堡生态工业园各企业之间通过物流、能流、信息流建立的循环再利用网不但为相关公司节约了成本还减少了对当地空气、水和陆地的污染。卡伦堡共生体系为 21 世纪新的工业园区发展模式奠定了基础，至今仍作为生态工业园的典型范例并被广泛引用。

卡伦堡模式，即建设生态工业园（Eco-Industrial Parks，EIPs）可称为企业之间的循环经济运行模式，其要义是把不同的工厂联结起来，形成共享资源和互换副产品的产业共生组合，使一家工厂的废气、废热、废水、废渣等成为另一家工厂的原料和能源。丹麦卡伦堡工业园区是目前世界上工业生态系统运行最为典型的代表。这个工业园区的主体企业是电厂、炼油厂、制药厂和石膏板生产厂，以这四个企业为核心，通过贸易方式将对方生产过程中产生的废弃物或副产品，作为自己生产中的原料，不仅减少了废物产生量和处理费用，还产生了很好的经济效益，使经济发展和环境保护处于良性循环之中。其中的燃煤电厂位于这个工业生态系统的中心，对热能进行了多级使用，对副产品和废物进行了综合利用。电厂向炼油厂和制药厂供应发电过程中产生的蒸汽，使炼油厂和制药厂获得了生产所需的热能；通过地下管道向卡伦堡全镇居民供热，由此关闭了镇上 3500 座燃烧油渣的炉子，减少了大量的烟尘排放；将除尘脱硫的副产品工业石膏，全部供应附近的一家石膏板生产厂作原料。

（1）产业匹配：卡伦堡工业共生的重要因素是其各工业入料和出料的匹配，不同工业领域的主要公司进料要求不同，副产品不同。正如我们看到的，水是卡伦堡最常用的互换物料，类似的工业能从水与蒸汽的互换中获利。一个公司的副产品必须正是另一个公司的原材料，这就要求工业结构具有多样性，这也是工业共生体系的重要条件。

（2）规模匹配：卡伦堡各公司的物料规模相称，所以每两个公司间可以达成单个协议，利用供方的大部分副产品，满足买方的大部分要求。当双方的规模差别较大时，规模大的一方会增加其副产品安排的复杂程度。

（3）空间位置：各公司间的距离是很重要的，间距大会涉及运输成本、安全等各种问题。卡伦堡共生体系中几家主要企业的距离较近，由专门的管道连接在一起。

（4）合作精神：卡伦堡的领导经常强调密切的合作对于共生体的重要性，卡伦堡市和当地公司的领导者们存在许多共同之处，诸如共同的价值观、理解和信任等，这种人文基础是很重要的。另外，卡伦堡的经验是除了高层间关系，公司各级别人员的密切交往对实现最佳交换也是必不可少的。

（5）政府的有效政策：在卡伦堡工业共生的发展中，政府规章扮演了重要角色。政府的规章可有效驱使工业承认与它们产品有关的社会成本，并为之付费；而政府只是建立要求或目标并不指明如何达到要求，这使得公司在寻找有效且经济上可行的方案时非常具有创造性。政府在制度安排上对于外部性很强的污染排放实行强制执行的高收费政策，迫使污染物排放成为成本要素；与此同时，对于减少污染排放则给予利益激励。

（6）地区级别的有效协商：卡伦堡的公司大部分是总部在其他地区的分公司，如Statoil 是挪威的公司，Gyproc 属于一家英国公司。卡伦堡许多协商成功的经验只有当地的分公司知道而总部并不知道。

（7）社会责任：卡伦堡的制药厂利用制药产生的有机废弃物制造有机肥料，供周围农场免费使用；而企业从使用其有机肥的农场收购农产品做原料。这使得制药厂与农场之间成为循环经济联合体，实现了污染物的零排放。这是制药企业追求社会形象和生态道德的成果。

卡伦堡工业共生系统的形成是一个缓慢自发的过程，是在商业基础上逐步形成的。卡伦堡共生体系的几个大企业既不同又能互补，企业彼此信任，便于寻求合作伙伴。体系中每一种副产品交换都是伙伴企业之间独立、私下达成的交易，交换服从于市场规律。利用工业数据库和信息网络让潜在的加入工业园的公司知道工业园所能提供的东西，充分利用资源，混合某些企业，使之有利于废料和资源的交换，实现共生。

10.1　绿色工业文化的兴起和价值意义

绿色工业文化是后工业时代的整体生态理念，它体现着劳动者间的关系，体现着代际关系和人类生产活动与生物界以及整个自然界的关系。现代职业教育兼有产业导向属性和教育固有的公益属性，这使其有责任传播绿色工业文化理念，将绿色工业文化扎根于每位劳动者的心里。因此，现代职业教育需要将绿色工业文化融入工学结合的教育过程、渗透于职业教育的内容、强化职业教育教师的理念、践行于校园生活并引导学生参与社会生产实践来增强全体师生员工的环境实践能力。

绿色工业文化代表先进文化的发展趋势和要求。转变经济发展方式的战略要求建设文化繁荣的软环境，满足人民群众不断增长的精神文化需求，建设中华民族共有精神家园。绿色工业文化体现人类精神家园的应有之义，它以生态文化为导向，建设绿色循环低碳可持续发展的经济，改变原有高污染的"灰色"工业生产方式，发展新型的"绿色"工业。

10.1.1　绿色工业文化的兴起

绿色工业指的是实现清洁生产、生产绿色产品的工业，即在生产满足人的需要的产品时，能够合理使用自然资源和能源，自觉保护环境和实现生态平衡。其实质是减少物料消耗，同时实现废物减量化、资源化和无害化。因为一切工业污染都是工业生产过程中对资源利用不当或利用不足所导致。

绿色工业文化是绿色工业彰显的文化，是绿色文化与工业文化融合而形成的后工业时代的工业文化。它表征于后工业时代人类超然于工业文化价值体系、思维方式和行为规范及其相应的制度、组织体系的总和，它反映生态整体和敬畏自然的价值观念、行为准则以及相应的制度和组织来支配和指导人类生产实践活动，要求人类以理性态度看待财富，在确保经济社会乃至整个生物圈可持续发展的基础上进行工业生产，追求人类福祉。

科技革命是推动产业革命浪潮的主要动力。始于 18 世纪中叶持续 200 多年的工业化浪潮，实现了人类社会从农业时代向工业化时代的历史跨越。20 世纪 50 年代后兴起的电子信息技术革命，到 90 年代起演化成产业革命性质的信息化浪潮，推动了社会生产力的跨越，成百上千倍地提高了劳动生产率，使人类的生产、生活方式产生深刻变

革，带领人类从工业化时代向信息化社会跨越。这次以新能源革命和低碳经济为主的绿色浪潮，其影响程度丝毫不逊色于工业化和信息化浪潮，超出了一般意义的产业革命，将把人类文明向前推进一大步，实现人与自然的和谐以及经济社会和生态环境的协调可持续发展，绿色浪潮兴起是一个较长的历史过程。

10.1.2　我国工业环境现状

在人类的早期阶段，正是因为地球上人口的增长导致了气候的变化。16~18 世纪，人们开始用火来烹饪、取暖，加上随之而来的工业化，都造成了气候的变化。19 世纪和 20 世纪，工业化在全球展开，加快了气候变化的速度，这种工业化以化石燃料为主要能源，一开始是煤炭，然后是迅速使用石油，现在又轮到天然气了。

过去的两个世纪，真正让人担忧的是气候变化的程度，因为它从一地开始蔓延到了整个世界。在一个地区所出现的气候问题，比如运输带来的碳排放、工厂和建筑污染以及煤炭开采、石油和天然气钻探等导致的气候变化，随着大气和海洋的环流已经开始影响到其他地区，导致环境退化趋势不断蔓延。

改革开放以来，我国经济高速增长，与此同时，一方面，由于中国工业发展的起点低，工业技术水平低下，装备水平落后，不仅造成了工业生产中资源过度消耗，同时造成了污染物的大量排放；另一方面，依靠"三来一补"、大规模制造实现经济起飞的发展模式，以及低廉的劳动力和资源、环境成本，吸引跨国公司将一些高能耗、高污染工业源源不断地转移到我国，成为国外污染密集型企业的最佳转移地，因而带来了严重的环境问题，从而造成工业的高速增长明显是以"高投入、高能耗、高排放"为代价的粗放式增长特征。

自 20 世纪 50 年代末到 70 年代中期，由于忽视城市整体规划和工业的合理布局，不少工业企业建立在居民稠密区、文教区、水源区、名胜游览区，加重了工业和城市污染的危害。在工业结构上，重污染行业占比重较大，不少企业装备落后，工业发展一直是高增长、低效益的粗放型经营。这种经营方式使单位产品能源、原材料、资金、劳动力要素的消耗很大，不仅造成了资源浪费，而且对生产环境造成了污染。近年来，乡镇企业虽然为农村经济繁荣做出了重要贡献，但不少企业技术工艺落后，装备简陋，一些地区的发展带有盲目性，进一步加剧了资源浪费和环境恶化。

能源和环境对中国经济增长的威胁日益增大，直接威胁经济发展的可持续。2006 年瑞士达沃斯世界经济论坛期间发布的世界环境质量"环境可持续指数"（ESI）显示，在全球 144 个国家和地区中，中国列第 133 位。虽然我们在日常生活中能体会到环境污染和生态恶化，实际程度可能远远超出我们的体会，因为环境污染和生态恶化积累对人类造成的灾难可能是无法估计的。

10.1.3 绿色工业的价值意义

在经济发展全球化的今天，中国的工业化和城市化进程继续深入，能源成本的大幅度提高和环境质量的急剧恶化必将给中国经济的可持续发展带来深远的影响。所以极有必要考察能源和环境变化的因素，以及反方向研究能源环境对产出的影响。

绿色工业文化彰显道德经济，倡导发展经济要受生态伦理约束，遵守敬畏地球家园的伦理原则，承担维持工业生态系统平衡的"生态责任"，这是保证绿色生产得以实施的基本道德推动力。工业生产如果放弃其道德责任，必然会为经济的增长付出高昂代价：以生存环境的日益恶化换取物质欲望的满足。传统工业资源配置中"公地的悲剧"和"搭便车"现象，以及内部的经济与外部的不经济现象的普遍存在都证实了承担生产的道德责任也是一个囚徒困境。由此，绿色工业文化昭示人们从整个生物圈的角度看待生产实践，以非常谨慎的态度看待生态阈值并警惕地球参数的变化，采取外部不经济内部化的措施，规避"边生产边治理，同时为医疗付出更大代价"的现代化怪圈。

如果说绿色工业文化主张维持工业生态系统平衡，彰显工业生产的道德责任，体现了人类发展生产的社会责任，那么绿色工业文化主张对个体的终极关怀源自对发展经济的最终目的的追问，它反映出人类发展工业的终极价值追求。毋庸置疑，人生于斯长于斯，最后归于斯的自然就是人类的终极依托。人正是因为对自然的探索，对知识和真理的追求，才获得了生命的尊严；也正是因为对责任的承担，对内心道德律令的践行，才获得了巨大的道义力量。承担对自然生态系统的责任与对人类个体的终极关怀一致决定了，维护地球生态系统的稳定、和谐与美丽，对于人类自身有利，是人类敬畏生命、尊重自然和保护生态环境应有之义。

绿色工业对人类社会发展进步的影响将是全方位、深层次的，对经济、社会、文化、人们日常生活、国际关系将产生重大影响。

10.1.3.1 世界发展理念和路径将发生重大改变

200 多年世界工业化进程实质是以获取财富为主的利益驱动发展。发展路径上，绿色工业必然改变过去单一、片面、粗放、急功近利、对自然资源掠夺和环境破坏式的增长模式，注重经济、社会、生态环境的协调可持续发展。发展理念上，必将突出以人为本的理念，兼顾企业利益和公共利益、近期利益和长远利益、局部利益与全球利益。在协调解决经济增长、资源节约高效利用与生态环境改善的矛盾中，将更注重发挥科技创新的优势。在运用促进发展的手段方面，将在继续发挥市场机制作用的同时，更有效地

发挥政府法规政策的导向、调控、约束作用，实现公共政策目标。发展的质量、人类生存的环境质量、生活的健康质量将作为发展的主要衡量指标。

10.1.3.2 以低碳为主的经济结构将加速传统产业转型和新产业崛起

除了能源产业的清洁绿色化外，必将使整个制造业特别是资源加工业的生产方式发生根本改变。冶金、有色金属、化工、建材等资源加工业，将全面推广循环经济的生产模式。生产工艺突出节能减排、资源的综合高效循环利用，使污水、废气、固体废料、粉尘基本实现零排放，成为无污染的绿色工厂。

在新兴产业方面，环保产业将得到快速发展，特别是分散式的单位、家庭用环保设备将逐步普及。信息、生物和现代医药、现代服务业、文化及创意产业、旅游产业等低能耗、低排放产业，作为低碳经济的重要组成部分，将以更快的速度发展，并作为经济的主体带动经济结构的轻型化、知识化。总之，绿色工业将与信息化浪潮波动能量叠加，以强大的动力推动世界范围内经济结构的优化升级。

10.1.3.3 人与自然和谐的生态文明建设成为城市化主旋律

城市化不再片面追求高楼林立、道路纵横、车辆穿梭、缤纷耀目、繁华热闹。多数人居住在城市，随着经济收入和生活水平的提高，更向往回归自然，追求人与自然的和谐。生态文明成为人们追求的比物质文明更高层次的文明。生态文明绝非原始文明复归，而是工业文明的进步升级，是人类物质和精神追求的更高层次。因此，包括规划、改造、建设在内的城市化，要把生态建设作为重要内容和标准，基础设施、工作、娱乐、生活环境都考虑并强调生态元素。城市环境质量不断提高，更加与自然生态融合，使城市的人们犹如生活在大自然中。

10.1.3.4 绿色、健康、节能将成为人们生活理念和方式的主调

绿色工业将深刻改变人们的生活理念和方式。人们在实现温饱、小康后，将更注重环境的舒适、身体的健康，环境保护和资源节约意识增强，使环保节约成为自觉的行动和社会规范。人们将把衣食住行用的绿色化作为更高追求。人居环境更加注重生态，住房选择、装修装饰更注重绿色环保，家具和家用电器、照明等以绿色节能为主。健康、安全的绿色、有机食品更为人们所青睐。健康服务产业将得到更快发展，人们更注重身心健康，对精神生活有更高的需求。

10.1.3.5 国际关系将呈现竞争合作的新格局

绿色工业必然加速技术和产业的全球化转移，导致新一轮国际经济竞争的白热化。

显然，主要先进技术和竞争主导权掌握在发达国家手里，发展中国家是它们拓展市场的主要目标。它们在产业向低碳经济、知识经济升级的同时，大量的耗能、污染、资源开发利用型产业将更大规模地向发展中国家转移，节能减排和环保技术装备将紧随其后，达到一箭双雕的目的。这些西方国家政府也会与其企业密切配合，在推动节能减排方面共同行动，迫使发展中国家降低或免征关税，使它们的装备产品更加畅通无阻地进入发展中国家市场，获取高额利润。

气候变化和生态环境问题正在并继续上升为外交的焦点、热点问题。80%的全球气候变化是由工业化国家上百年过度排放造成的，目前它们进入后工业化社会，基本度过了高消耗资源、高污染排放阶段。而包括中国、俄罗斯、印度、巴西在内的新兴工业化国家和有关发展中国家，正处在以重化工为主的工业化初中期阶段。西方国家往往以减排、生态保护为借口限制别国发展，通过技术壁垒推行贸易保护主义，限制本国进口发展中国家产品。这种外交热点将持续相当长时间。

同时，应对全球气候变化、节能减排，需要世界各国的参与。各国既有着共同利益，又有着各自利益，必须加强国际合作。因此，各种多边、双边合作机制将进一步得到加强。在这种国际竞争合作的新格局下，在实现共同利益的同时，在国际规则的框架下，最大限度地实现自身利益，需要高超的智慧和策略，更需要增强实力来提高话语权。

10.2　绿色生态工业

生态工业是符合生态系统环境承载能力的、物质和能量高效组合利用的工业组合和发展形态。理想的生态工业系统包括四类主要行为者：资源开采者、制造商、消费者和废料处理者。在系统中所有物质都得到了循环往复的利用，使得不同行为主体之间的物质流远远大于出入生态工业系统的物质流，从而提高资源的使用效率，实现资源和环境的可持续发展。

生态工业系统区别于传统工业系统的一个重要方面是它实现了物质的生命周期全循环，即工业系统内要综合考虑产品从"摇篮"、"坟墓"到"再生"的全过程，并通过这样的过程实现物质从源到汇的纵向闭合，实现资源的永续循环利用。传统工业一般将废弃的产品或材料看成是无用的、等待处置的东西，因此来源于自然环境的原材料经过一次生产过程后，就变成了废弃物被排放到环境中，这样的线性过程打破了自然界的物质平衡。工业生态学要求从产品的设计阶段起就考虑产品使用期结束后的再循环问题，产品的废弃物处置问题与产品的设计和加工制造过程具有同样的重要性。

10.2.1　绿色生态工业是循环经济的表现形式

循环经济（Circular Economy）是物质闭环流动型经济的简称，是一种"资源—产品—再生资源—再生产品"的反馈式或闭环流动的经济形式，是人类按照自然生态系统物质循环和能量流动规律建构的经济系统，并使经济系统和谐地纳入自然生态系统的物质循环过程中去，其宗旨就是保护日益稀缺的环境资源，提高环境资源的配置效率。循环经济的主要原则是它的"3R"原则，即减量化（Reduce）、再使用（Reuse）、再循环（Recycle）。循环经济是实现可持续发展的一个重要途径，同时也是保护环境和削减污染的一个根本手段，符合时代发展的要求。

循环经济不是一般的生态经济，从本质上讲循环经济就是生态经济，生态经济强调的是经济与生态的协调，侧重的是生态效率和经济效率；循环经济强调自然资源的循环利用，注重生产、流通、消费全过程的资源节约，侧重的是资源效率与经济效率。生态经济未必是循环的，符合生态原则的经济活动，未必有显性的资源循环；但循环经济一定是生态的，资源的循环利用总是符合生态原则的。

生态工业是循环经济的重要形态，清洁生产、生态工业和循环经济是当今环保战略的三个主要发展方向。三者之间有共同之处，又有各自明确的理论、实践和运行方式，其共同点是提高环境保护对经济发展的指导作用，同时突破传统工业模式和环境保护观念。生态工业园是一个计划好的原材料和能源交换的工业体系，它寻求能源、原材料以及废物的最小化，通过企业间的相互合作实现绿色技术创新，建立可持续的经济、技术、生态和社会的关系。通过发展生态工业，进行企业的"绿色设计"，是实现可持续发展的有效途径。循环经济的价值观是不以无节制的耗用资源和能源为代价，不以污染环境和自然生态破坏为代价，追求社会经济与人文协调发展"效益"和"效率"的最大化。生态工业循环经济发展模式如图10-1所示。

循环经济的生态工业，充分利用生产中的共生，重视技术演变进化，积极开发生产过程中的代谢过程，延长优化产业链或产业网，开发重要元素代谢链，利用元素循环、减量物流循环、灵巧化产品、柔性构筑产业系统、优先低物耗工艺、优先低能耗工艺、优先可再生能源开发、优先开发生物技术、优先"原子节约"工艺、优先从"摇篮"到"坟墓"全生命周期清洁产品、清洁原料、催化剂、溶剂产品、副产品、清洁使用、清洁代谢、优化区域物流、能流、信息流、资金流等集成（生态工业园区）。

生态工业为综合解决工业"能源浪费"、"资源短缺"、"环境污染"等问题提供新的发展模式。进行基础研究，引入化学、物理、生物等基础研究最新成果用于指导技术进步。进行实用清洁生产技术的研究，包括新工艺、新工程方法及新设备的研究。扩大化

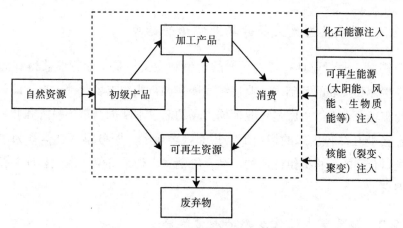

图 10-1　生态工业循环经济发展模式

学工程技术的应用领域，在过程工业范围内组织生态工业园区及软科学研究。通过"黏合"技术的优先开发，逐步形成产业链、产业网，达到循环工业经济的最终目的。

10.2.2　绿色生态与工业可持续发展

　　工业行业的可持续发展是指行业在追求自身生存和永续发展的过程中，不仅要考虑行业经营目标的实现和行业市场竞争地位的提高，又要保证行业始终保持行业竞争力和行业能力的持续提高，从而使整个行业持续发展。发展具体含义包括两个方面的内容：一方面，行业正确确定愿景使命和长期发展的战略目标，担负起行业的社会责任，以保证行业的长期生存和发展；另一方面，行业保持持续发展的竞争优势，降低经营风险，必须考虑在技术选择、产品研发、环境保护等方面为社会可持续发展做出贡献。因此，行业持续发展的核心不是追求规模的扩大，而是要不断进行创新和适应变化的环境，实现行业的持续性。

　　工业绿色生态是调整工业内企业与企业之间、企业与顾客之间、企业与内部雇员、企业与自然环境之间关系的一种行为态度。工业绿色生态对工业持续发展具有约束功能、导向功能、激励功能和凝聚功能，促进了整个行业的可持续发展。而绿色生态作用主要表现在对工业文化、工业营销、工业人力资源以及工业技术等的作用上。

10.2.2.1　绿色生态为工业可持续发展塑造优秀的工业文化

　　绿色生态是企业文化的组成部分和内容，具备了整个工业文化的基本特征，属于工业文化的高层次意识。工业行业只有培育良好的绿色生态理念，才能营造良好的工业文化。绿色生态有助于增强工业文化的影响力，是工业文化的动力源。

10.2.2.2 绿色生态大大提升工业市场营销力

市场营销对工业行业具有特别重要的价值和意义，是工业行业获得利润的基本来源，也是其生存和发展的基础。行业持续发展强调行业的市场营销表现，即行业赖以生存和发展的市场营销力。也就是行业根据市场的需求不断创新销售模式和开发新产品的能力。工业行业在绿色生态的指引下，树立顾客至上、服务第一、信誉为本的经营理念，向市场以合理的价格提供优质的产品，给消费者带来价值，最大程度并持续地满足消费者的需求。

10.2.2.3 绿色生态培养良好的人力资源

人力资源是任何一个行业持续发展的第一要素，是工业行业持续发展的最富有能动性和创造性的一种特殊资源，人力资源具有学习能力，能创造价值，是行业无限开发的资源。绿色生态理念强调以人为本，尊重人的情感，从而在工业行业中形成一种团结友爱、相互信任的和睦气氛，也使行业职工之间形成强大的凝聚力和向心力，从而提高员工的忠诚度。高忠诚度会鼓励员工自我发展、自我超越，为行业的发展发掘出最大的潜力。

10.2.2.4 绿色生态利于技术创新

技术创新是指人类通过新技术来改善经济福利的商业行为，技术创新不是纯技术概念，而是一个经济学范畴。技术创新可以给企业带来降低成本、提高产品质量和经济效益的好处，帮助企业在竞争中占据优势。绿色生态理念下的技术创新不仅可以带来产品的改变、成本的降低、效率的提高，而且可以改善生产工艺、优化作业过程，从而减少环境污染、资源消费、能源消耗、人工耗费或提高作业速度，降低劳动强度。

10.2.3 抓紧绿色工业浪潮

面对全球绿色浪潮，我国工业行业既面临严峻挑战，更拥有乘势而上的许多优势。我国工业行业延续几十年的高能耗、高排放的粗放型增长模式，未来发展受到越来越严重的能源资源短缺和进口依赖的"瓶颈"制约，承受日益沉重的生态环境恶化和国际社会减排的压力，困难很多，挑战十分严峻。然而，从总体上看，我国工业行业的机遇和优势大于困难和挑战。确立以科学发展观为总体指导思想，完全符合当今世界发展特别是绿色工业浪潮发展的时代趋势，形成较完整的国家战略和政策体系，奠定具有广泛发展共识的社会基础，经过多年努力，发展方式的转型进入关键时期，与绿色浪潮的兴起耦合。实施合适的政策，将借势加快转型，形成符合世界潮流的发展模式，在工业行业新能源技术与产业发展、节能减排、循环经济和低碳经济发展方面形成较好基础，积累大批先进科技成果，吸引国外先进技术、产业水平转移和投资，在更高平台上再创新，可在众多领域后来居上或迎头赶上，发展新能源、提高自给率、缓解短缺"瓶颈"，实现低碳经济跨越发展。

10.2.3.1　为了摆脱工业行业困境寻找新的出路，人们转向生态方法

环境综合整治，主要指区域环境综合整治。把某一区域作为完整的"社会—自然—经济"复合生态系统，从区域环境规划入手，通过合理布局使生产结构、能源结构、经济和社会结构合理化，把区域环境建设纳入区域建设的总体规划，使环境治理与基础设施建设结合起来。改革工艺要实行生态化生产，通过物质循环系统，利用自然净化，投入生产过程的物质不断循环、转化、再生，使生产过程保持动态平衡状态，不会产生资源枯竭和生态退化的问题。

10.2.3.2　世界环境与发展组织向所有国家的企业界提出以下建议

建立环境目标、规范的鼓励政策和标准，在处理工业污染和资源退化中，企业必须有明确的目标。在人力和财力允许的情况下，工业行业应该根据自身的情况尽快明确环境目标，实施保护环境的具体标准。更有效地使用经济手段来控制污染，强有力的措施之一是在企业内部规定统一的实施标准与规范，营造强有力的企业环境文化氛围，使每一个员工真正认识到保护环境的意义，以保证企业生产的全过程减少对环境的污染。

10.2.3.3　工业行业自觉履行其环境义务

扩大环境评价的范围。世界上越来越多的国家已经把对重点投资企业的环境评价提到议事的日程。鼓励企业界采取行动，对于污染和资源退化的反应，不局限于执行法规，而应树立社会责任感，并使其企业全体员工都具有环境文化意识。

工业行业应增强处理工业危害的能力。我国工业行业正处在一个越来越依靠化学产品和极其复杂的规模技术的世界，造成灾难性后果的事故极大地增加了。工业行业应当重视有危险性的工业操作的调查，制定并实施工业安全的规范和准则；对具有高污染或事故危险性的环节，提出安全操作规程和应急措施，以便事故一旦发生即提供迅速的警报、全部的资料和相互的支援。

10.3　绿色工业与绿色全要素生产率

资源耗竭和环境污染目前已成为世界性难题，走一条既能发展经济又能保护资源环境的可持续发展之路，是我国社会人士和学术人士关注的热点。在污染排放和资源消耗已逼近环境承载极限的背景下，中国工业发展必须朝绿色道路方向前进，而绿色全要素生产率始终是实现节能减排和工业双赢发展的关键所在。因此，研究环境规制如何通过提高绿色全要素生产率而促进中国工业发展方式转变是具有非常重要的理论和现实意义的。

10.3.1　绿色全要素生产率

工业是国民经济的主体，工业全要素生产率增长对于整个国民经济增长具有决定性的作用，因此工业全要素生产率及其增长特征一直是经济学家们研究的热点。在传统全要素生产率的测度下，投入产出面板数据的构造只包含了资本、劳动等传统的投入要素和工业总产值（工业增加值）产出变量，而没有考虑对工业发展有巨大影响的能源消耗和污染排放因素。另外，对于工业分行业和微观企业全要素生产率测算的文献较多，而从区域层面测算全要素生产率的文献较少。

绿色全要素生产率的增长是一个国家经济增长质量和技术进步、管理效率提高的重要标志，已经成为现代经济增长的核心。全要素生产率（广义技术进步）是经济增长的源泉和根本动因；由于资源环境对经济发展影响巨大，因此讨论经济增长问题时必须考虑资源环境的影响；同时，制度对于生产率和经济增长有巨大影响。工业绿色转型的关键在于不断提高由全要素生产率所代表的经济增长中的质量贡献。中国工业的发展是伴随能源巨大消耗和环境严重污染的粗放式发展，只有正确考虑了能源环境因素后的工业生产率度量才是可靠的，如果不考虑生产的外部成本，工业生产率将被高估。

中国工业迫切需要走出一条既能促进经济稳定增长，又能保护生态环境持续发展的道路，而这条道路归根结底就是以提高绿色全要素生产率为主导的绿色转型之路。实现工业绿色转型，其实质就是提高由绿色全要素生产率所代表的经济增长的质量贡献，因此，正确度量绿色全要素生产率就成为政策研究的前提。全要素生产率指标若要真实反映经济发展质量，不仅要考虑传统投入要素和正常产出，也要反映能源消耗和污染排放对经济发展的影响。

工业总产值与能源投入无效率是行业环境无效率的主要原因，非期望产出排放对环境无效率也有很大的影响；绿色全要素生产率较高的产业多集中于高新技术产业和清洁产业，较低的产业多集中于污染密集型产业。要提高绿色全要素生产率就必须进一步加快淘汰落后产能；重视科技创新，大力推行高新技术产业和清洁生产；加强管理和制度创新，加大节能减排力度；优化产业结构，加快产业重组，加大结构调整力度。

绿色全要素生产率可以分解为技术创新和技术效率两大部分，其中技术效率又可以根据研究目的的不同分解为不同的部分。提高绿色全要素生产率，就是要提高技术创新和效率水平。绿色工业要素如图 10-2 所示。

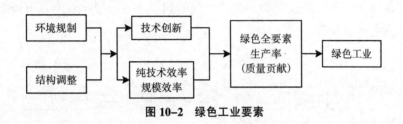

图 10-2 绿色工业要素

制度是影响全要素生产率和经济增长的重要因素。中共十七届五中全会在审议"十二五"规划建议时明确要求以科学发展为主题，坚持把建设资源节约型、环境友好型社会作为加快经济转型的重要着力点，坚持把结构战略性调整作为加快经济转型的主攻方向，在政策上强调了环境规制和结构调整对于提高经济增长质量、加快绿色转型的重要性；同时从可持续发展概念的源起来看，环境规制和结构调整是影响资源环境与经济增长的两大重要制度因素。环境规制和结构调整作为绿色全要素生产率的影响因素，都可能通过提高绿色技术创新水平和改进技术效率来减少能源等要素投入、降低非期望产出、提高期望产出水平进而来达到提高绿色全要素生产率的目的。

10.3.2 环境规制

现代经济增长理论认为，制度是经济增长的重要影响因素，尤其是资源环境制度更是对绿色全要素生产率的增长和可持续发展具有根本性的促进作用。绿色全要素生产率更加准确地度量了由技术创新和效率改进所带来的经济增长中的质量贡献，这种质量贡献是工业绿色转型的关键。能源、环境因素在经济发展中发挥着越来越重要的作用，环境规制是政府施加给企业的额外成本，会使企业的国际竞争力下降。

自然资源的枯竭和环境的恶化给我国经济社会带来巨大损失，同时也导致未来发展的不可持续，因此，如何实现经济和环境发展的双赢，就成为摆在政府和学术界面前的重要课题。从静态的角度来看，环境规制和企业竞争力之间存在着"两难"，但从动态

的角度来看，环境规制和企业竞争力之间具备实现"双赢"格局的现实可能性，其中，"双赢"的关键在于"创新补偿"效应的大小，它取决于资源配置效率的提高和技术水平的改进程度。

中国工业分行业的绿色全要素生产率不但没有增长，反而出现一定的倒退，而绿色全要素生产率的下降导致其对工业经济增长的贡献率降低甚至为负，中国工业增长方式越发显现粗放和外延性特征，环境规制可以通过作用于绿色全要素生产率而影响中国工业发展方式的转变，但却存在环境规制强度的制约效应（如图 10-3 所示）。全要素生产率的增长由三部分组成：一是技术变动，包括新产品、新技术的发明和应用；二是纯技术效率，包括管理创新、制度创新和生产经验的积累；三是规模效率，主要指企业规模的扩大而引发的效率提升。

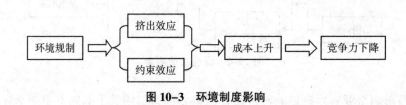

图 10-3 环境制度影响

环境规制与工业发展方式转变之间是非线性的关系，这正是环境规制与绿色全要素生产率之间非线性关系的最好体现。

环境规制最初会带来成本，但从动态来看，环境规制的最终结果既提高生产率，同时又减少污染。环境规制设计不合理就不能形成绿色全要素生产率增长的激励，因而成为重化工业化阶段中国工业发展方式呈现粗放和外延特征的重要原因。但是盲目加强环境规制并不能提高绿色全要素生产率，从而促进中国工业发展方式转变。政府应该根据不同行业的实际情况，设定合理而具有差异化的环境规制强度，对规制度较低的轻度污染行业而言，尽管知识和技术密集型的行业特性注定其资源能源消耗小、环境污染轻及碳排放少，但部分行业仍有可能对资源与环境产生重大威胁（见表 10-1）。政府长期对

表 10-1 2001~2010 年行业数据分布

区　间	工业行业
最低界限	石油和天然气开采业、农副食品加工业、食品制造业、饮料制造业、烟草制品业、纺织业、纺织服装业、皮革毛皮羽毛业、木材加工业、家具制造业、印刷业和记录媒介的复制业、文教体育用品制造业、石油加工业、医药制造业、橡胶制品业、塑料制品业、金属制品业、通用设备制造业、专用设备制造业、交通运输设备制造业、电气机械及器材制造业、通信设备计算机及其他电子设备制造业、仪器仪表及文化办公用机械制造业、燃气生产和供应业
中间段	化学原料及化学制品制造业、化学纤维制造业、非金属矿物制品业、黑色金属冶炼业、有色金属冶炼业
最高界限	煤炭开采和洗选业、黑色金属矿采选业、其他采矿业、有色金属矿采选业、造纸及纸制品业、电力热力的生产和供应业、水的生产和供应业

其忽视造成该行业环境规制强度较低，未能对绿色全要素生产率的提高产生足够的激励，因此要适度提高轻度污染行业的环境规制强度以激励企业进行管理制度创新及绿色技术创新，从而提高行业的绿色全要素生产率。

10.3.3　结构调整

结构调整作为实现可持续发展的根本途径，对工业绿色转型意义重大。若仅考虑环境规制强度门槛是不够的，行业的科技创新水平及所有制结构也会对环境规制与工业发展方式转变之间的非线性关系产生重要影响。结构调整对工业绿色全要素生产率的影响，调整方面为绿色转型制定正确的方针、政策，对工业可持续发展具有重大意义。

对科技创新水平较低的企业而言，绿色技术研发成功的概率较小，同时它们也难以满足绿色技术创新所要求的资金投入，而末端治理技术往往容易模仿且成本较低，因此，长期而言绿色全要素生产率会下降，不利于中国工业发展方式的转变。

政府部门可以适当加大对科技创新水平较低企业的政策扶持，通过税收及补贴等方式加大对其进行绿色技术研发的投资力度，积极培育绿色技术人才，努力让企业越过科技创新水平的门槛。而对于国有化比重过高的行业，一方面，努力完善相关的考核评价体系及环境规制监督体系，对该行业制定更为严格的规制执行标准，加强环保监测与违规处罚力度，以避免出现环境规制制度的软化；另一方面，当通过市场化改革进一步推动工业所有制结构调整，在提升国有企业绿色全要素生产率的同时，着力提升更有活力的非国有经济所占比重，通过融资支持、财政补贴等手段鼓励非国有经济企业进入行业，特别是应该让有绿色技术研发实力的民营企业进入行业，通过引入竞争的方式刺激企业进行绿色技术创新，从而跨越环境规制的所有制结构门槛。此外，政府部门还应该合理搭配其他激励政策来促使工业企业将“节能减排”等外部规制措施内化为企业自身发展模式转变的动力，只有这样才能真正实现通过环境规制，提高绿色全要素生产率而促进中国工业发展方式转变的目标。

10.4　绿色工业技术

绿色技术是指能减少污染、降低消耗和改善生态的技术体系。绿色技术是由相关知识、能力和物质手段构成的动态系统。这意味着有关保护环境、改造生态的知识、能力或物质手段只是绿色技术的要素，只有这三个要素结合在一起，相互作用，才构成现实

的绿色技术。环保和生态知识是绿色技术不可缺少的要素，绿色技术创新是环保和生态知识的应用。

能源动力革命我们并不陌生。工业革命主要源于蒸汽机的发明和应用，之后百年中相继发生了以内燃机、电力为代表的技术革命，以及相关联的火车、汽车、飞机等重大技术创新及其广泛应用。但历史绝不是简单的周期重复。这次的新能源革命与历次本质不同的是，通过永续利用、清洁能源技术上的突破，探索出开发利用可再生能源及其他新能源，摆脱化石能源的制约，为经济社会发展提供不竭动力，实现人与自然、经济社会与生态环境协调可持续发展。这场技术革命经过几十年的积累已面临全面突破和广泛应用，特别是以太阳能、风能和生物质能为代表的可再生能源的广泛应用。

10.4.1　绿色工业技术内涵

绿色技术的内涵可以概括为根据环境价值并利用现代科技的全部潜力的无污染技术。绿色技术不是单指一项技术，而是一个技术群。包括能源技术、材料技术、生物技术、污染治理技术、资源回收技术以及环境监测技术和从源头、过程加以控制的清洁生产技术。根据着眼点，绿色技术又可分为以减少污染为目的的"浅绿色技术"和以处置废物为目的的"深绿色技术"。

"绿色技术"，简单地说，就是指人们能充分节约地利用自然资源，而且在生产和使用时对环境无害的一种技术。绿色技术在环境保护上的重要贡献使得绿色技术随着全球环保事业的全面兴起而逐渐成长。绿色技术有四个基本特征：首先，绿色技术不是单指一项技术，而是一整套技术。其次，绿色技术具有高度的战略性，它与可持续发展战略密不可分。再次，随着时间的推移和科技的进步，绿色技术本身也在不断变化和发展。最后，绿色技术和高新技术关系密切。

绿色技术又被称作环境友好技术或生态技术。源于20世纪70年代西方工业化国家的社会生态运动，是指对减少环境污染，减少原材料、自然资源和能源使用的技术、工艺或产品的总称。这一概念源于人们对现代技术破坏生态环境、威胁人类生存状况的反思，可以认为是生态哲学、生态文化乃至生态文明产生的标志之一。从产业共同体的角度可以将绿色技术划分为两大类：辅助技术和核心技术。而绿色技术对产业共同体的作用主要体现在两个方面：一是辅助类的绿色技术对产业领域生产过程的改造和创新；二是核心类的绿色技术对产业领域最终产品的影响。其作用的最终结果就是绿色技术通过在产业领域的应用和推广不断地推动产业的演化。

绿色技术的经济价值包括三部分：

一是内部价值，指绿色技术开发者或绿色产品生产者获得的价值。如绿色技术转让费，清洁生产设备、环保设备和绿色消费品在市场获得的高占有率等。

二是直接外部价值，指绿色技术使用者和绿色产品消费者获得的效益。如用高炉余热回收装置降低能源消耗，用油污水分离装置清除水污染，使用绿色食品降低了人们的发病率等。

三是间接外部价值，指未使用绿色技术（产品）者获得的效益。这是所有社会成员均能获得的效益（如干净的水、清新的空气），也是绿色技术负载的最高经济价值。

10.4.2　可再生能源是最活跃的力量

10.4.2.1　太阳能

太阳能将得到广泛应用主要是因为光伏技术的突破和发电成本的大幅下降。光伏发电在世界范围内受到高度重视，继续保持高增长速度。在太阳电池及制造技术方面，晶体硅太阳电池组件的封装技术日臻完美。晶体硅太阳电池是目前国际光伏市场上的主流产品，占世界太阳电池产量的90%以上。从技术发展趋势看，晶体硅电池仍有提高效率和降低成本的潜力。此外，开发低成本、高效率、高稳定性的薄膜电池技术，也是世界各国主攻的方向之一。大尺寸硅基薄膜、非晶薄膜、碲化镉薄膜、铜铟硒薄膜技术取得显著进展，并逐步进入商业化。随着屋顶系统和沙漠电站技术的发展，控制和逆变技术特别是大容量逆变器技术，开始成为光伏发电系统应用的关键技术之一。在应用技术方面，除了边远和分散的独立系统技术继续发展之外，光伏发电系统与建筑结合等城市应用、大规模的沙漠电站系统技术，逐步成为世界各国关注的焦点。另外，太阳能热发电方面取得较大技术进步，意大利、德国已建立示范电站。

10.4.2.2　风能、电能

世界风电技术在2004~2006年实现了跳跃式发展。世界各大风机制造商纷纷推出4~6兆瓦的各式大容量机型，并已开始在陆上和海上安装应用，同时也提出了10兆瓦机型的概念。风电技术更注重于质量和长期运行可靠性的提高，推动了一些新的技术路线和工艺的出现。风电业界越来越多的人认同的观点是，1~3兆瓦的现有三桨叶风机的主流地位应继续保持至少5~10年，并且很有可能持续更长时间。智能变桨是随着风机单机容量增大而出现的技术热点之一。

10.4.2.3　生物质能源

生物质能方面，欧洲大力推动生物质能发电和供热计划，开发生物液体燃料新技

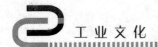

术，生物柴油产量每年超过 200 万吨。生物质气化联合发电示范电站已在一些国家运行。非粮生物质能成为重要发展方向。美国国家可再生能源实验室以玉米秸秆生产乙醇的原料技术进入商业化阶段。美国能源部正在支持新建 6 个商业化的纤维素燃料乙醇精炼厂，按计划在 2017 年前，美国纤维素乙醇的产量将不少于 20 亿加仑。德国在纤维素费托合成柴油方面处于全球领先地位，德国科林公司于 2008 年年初建成了年产 1.5 万吨的生物费托合成柴油的全球首个工业应用示范厂，并计划在 2015 年建设更大规模的工业化项目。另外，新型醇类和合成燃料成为生物液体燃料新热点。

10.4.2.4 先进核能进入新一轮发展热潮

第四代核能电站已开始商业化应用。俄罗斯 60 万千瓦的快中子实验堆自 1980 年并网发电，实际商业性运营初步验证了其安全性和可靠性。目前俄罗斯已开始建造 80 万千瓦的快中子堆商业示范电站，并设计 160 万千瓦的商业运营的快堆电站，其核燃料可大量利用压水堆的核废料。清华大学与华能集团合作，20 万千瓦的高温气冷堆商业示范电站正在建设中。

人类把未来最终解决能源问题的希望寄托在核聚变电站上。选址在法国，包括欧盟及中、美、日、俄等国参加的 ITER 项目，是一项重大多边科学国际合作计划，其目标是研究一种清洁的核聚变技术，如果成功，聚变核电站将在 21 世纪中期提供全世界所需的大部分能源，而且几乎不产生温室气体或长时间存在的放射性废物。2008 年 10 月，ITER 国际组织与国际原子能机构（IAEA）签署了一项旨在加强核聚变研究合作的协议，这标志着数十亿美元的核聚变实验项目得到进一步推进。

10.4.3 清洁动力促进能源技术大换代

按联合国环境规划署的定义，清洁生产是关于生产过程的一种新的、创造性的思维方式。清洁生产意味着对生产过程、产品和服务持续运用整体预防的环境战略，以期增加生态效率并降低人类和环境的风险。无疑地，清洁生产技术属于绿色技术，但绿色技术不等同于清洁生产技术。

由于地理系统内部的居民一直使用清洁生产技术，从不使用任何污染技术，因此，地理系统中人与自然关系处于和谐状态。这时，清洁生产技术等同于绿色技术。但在地球表面，不存在严格孤立、封闭的地理系统。不同地理系统之间相互影响、相互制约，任何地理系统的污染都会影响毗邻地理系统。而且，人类在工业化进程中，一开始使用的技术具有高排放、高消耗和污染性质，造成了环境问题。清洁生产技术只能防止未来的污染，而不能消除已存在的污染。从这个意义上讲，清洁生产技术只是绿色技术的一部分，而不是绿色技术的全部。

在目前的世界一次能源构成中，石油占 36%，煤炭占 28%，天然气占 24%，其总和占 88%。化石能源利用的清洁化仍是当前减排和低碳经济发展的重要任务。各种新技术的集成和应用将使传统能源产业向清洁化利用升级。

10.4.3.1　清洁煤炭技术

清洁煤炭技术发展较快。洁净煤技术发展是以煤的洁净高效利用、节能减排为主要目标。主要包括煤气联合循环发电（IGCC），台循环流化床锅炉，超临界、超超临界火电机组，煤的汽化、液化和多联产技术等。科技界对二氧化碳转化利用的技术创新力度不断加大。石油供应紧张和油价上涨，促进了深海石油和天然气勘探、开采技术的发展。石油天然气清洁利用技术不断取得进展。液化天然气的生产线和终端建设步伐加快。海底天然气水合物（可燃冰）的开采和利用已成为各大国技术攻关的热点之一。

10.4.3.2　电动车

目前，基于铅酸、镍氢、各类锂电池等蓄能电池的电动车，包括公交车、电动摩托和自行车、轿车、观光车等陆续进入市场，成本和销售价格逐步下降，趋近燃油车。

氢能和燃料电池技术已成为国际上的研究开发热点。然而氢经济的实现还有很长的路要走。氢能制备、储运、转换和应用不断取得进展，但各环节中尚存在诸多技术"瓶颈"。近年来，插电式混合动力汽车作为最新一代混合动力汽车类型，是介于混合动力汽车与纯电动汽车之间的一种产品，既节能又环保，受到各国政府、汽车企业和研究机构的普遍关注。各大汽车厂商在插电式汽车领域的开发竞争越来越激烈，不久将规模进入市场。

10.4.3.3　其他领域的重大创新和突破

除了上述领域外，新能源革命在其他众多领域也将带来大的升级换代：

电力传输和智能电网：特高压技术的广泛应用、超导材料逐步取代现有输电线、新一代智能控制的电网系统，将给电力工业带来革命性影响。

绿色建筑和建筑节能：从建筑材料、结构到太阳能与建筑一体化技术的应用、建筑内电器设备的智能控制等，将改变现有建筑的理念和模式。

半导体（LED）照明：该技术的商业化应用，取代现有的白炽灯、日光灯，将大幅度减少照明能耗，作为日用消费品市场巨大。节能环保家用电器不断升级换代。

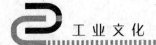

10.5 绿色工业管理

绿色管理（Green Management）就是将环境保护的观念融入企业的经营管理之中，它涉及企业管理的各个层次、各个领域、各个方面、各个过程，要求在企业管理中时时处处考虑环保，体现绿色。

10.5.1 工业绿色管理内涵及特征

工业绿色管理（Green Management）是将环境保护的观念融入工业企业的经营管理之中，其涉及工业企业管理的各个层次、各个领域、各个方面、各个过程，要求在工业企业管理中时时处处考虑环保，体现绿色。

绿色管理不仅需要全体职工有绿色意识，还需要有形的具体的职能部门来履行绿色管理的职能，需要设置相应的计划制定部门、执行部门以及监督部门。例如，在企划部门中设立绿色环保规划处、绿色认证研究部门，设立产品质量环保成效监督部门、绿色产品研发部门、绿色技术研发部门、绿色市场开拓部门等，使企业形成一个绿色管理的网络。

10.5.1.1 基本特征

与传统的其他管理理念相比，绿色管理具有以下基本特点：

一是综合性。绿色管理是对生态观念和社会观念进行综合的整体发展。

二是绿色管理的前提是消费者觉醒的"绿色"意识。

三是绿色管理的基础在于绿色产品和绿色产业。

四是绿色标准及标志呈现世界无差别性。

10.5.1.2 实施原则

5R 原则：

一是研究（Research）。将环保纳入企业的决策要素中，重视研究企业的环境对策。

二是削减（Reduce）。采用新技术、新工艺，减少或消除有害废弃物的排放。

三是再开发（Reuse）。变传统产品为环保产品，积极采用"绿色标志"。

四是循环（Recycle）。对废旧产品进行回收处理，循环利用。

五是保护（Rescue）。积极参与社区内的环境整治活动，对员工和公众进行绿色宣传，树立绿色企业形象。

全程控制原则：工业企业大多只注重产品生产过程中产生的环境问题，而对产品在发挥完使用功能后对环境造成的污染和破坏则缺乏相应的管理。因此，实施以产品为龙头、面向全过程的管理是绿色管理的原则之一。

双赢原则：在处理环境与经济的冲突时，必须追求既能保护环境，又能促进经济发展的方案。这就是经济与环境的双赢，也是可持续发展的要求。有时这一原则表现为彼此在遵守规则的前提下相互做出的一定程度的妥协，而不是双方都得到最大限度的利益。

保护性原则：实施绿色管理的企业，不但应该做到自身不破坏环境，而且应该向企业的员工和社会公众积极宣传环境保护的意义，积极参与社会和社区内各种环境整治的活动，在社会公众中树立起绿色企业的良好形象。

绿色管理体系是指以绿色管理为指导思想建立起来的绿色指导方针和实现绿色管理目标的系统，包括绿色设计与制造系统、绿色营销系统、绿色理财系统、绿色企业文化系统以及绿色管理战略等，这些子系统相互配合，组成了企业的绿色管理系统。该系统以"绿色"为导向，要求企业全方位地"绿色化"，强调经济、生态、社会的综合发展，更注重社会效益，强调长远利益，鼓励企业进行绿色创新。

10.5.2 工业绿色管理的构建

工业行业内部管理是企业作为管理的主体对企业自身内部实施绿色管理，它的内容相当丰富，研究的方法和角度也多种多样。如可以从管理过程上来研究，有绿色设计、绿色技术、绿色制造、绿色包装、绿色市场、绿色消费、绿色营销、绿色会计、绿色审计等。从企业生产经营管理的角度来了解工业内部的绿色生态管理，具体包括以下几个方面：

10.5.2.1　建立工业绿色管理模式

首先，打造工业绿色文化。工业文化是工业内企业及其员工在生产经营实践中逐渐形成的，是价值观模式和各种观念文化形态的综合，包括价值观、行为规范、道德风尚、制度法规、精神面貌等，其中处于核心地位的是价值观。要打造绿色工业文化，关键取决于员工特别是经营管理者是否具有绿色意识，同时企业还要开发绿色产品，进行绿色设计，研究开发人员的绿色意识、开发绿色市场、进行绿色营销等。

其次，制定绿色经营战略。绿色经营战略是企业长期稳定、持续实施绿色管理，避免一朝一夕短期行为，使绿色管理变成企业成长有力、持续、不可缺少的推动力量的保

证，是企业谋求通过实施绿色管理赢得竞争优势的前提。

最后，设立绿色组织机构。绿色管理是要把持续发展观念融入企业生产经营之中，这不仅需要全体职工有绿色意识，还需要有形的具体的职能部门来履行绿色管理的职能，需要设置相应的计划制定部门、执行部门及监督部门等，使企业形成一个绿色管理的网络。

10.5.2.2　建立工业绿色生产模式

绿色生产是指贯穿于整个产品生产各个环节中，以节约资源、降低消耗、减少污染为目标，以先进的科学技术和管理为手段的一系列生产活动。

绿色生产强调的是对生产过程中"三废"的控制和处理，以消除和减少工业生产对生态环境的影响。绿色生产涉及原材料的采购、产品的设计制造等一系列活动，因此其中包括绿色设计、绿色采购、绿色技术、清洁生产等。

10.5.2.3　建立工业绿色营销模式

企业绿色经营模式是以促进可持续发展为目标，为实现经济利益、消费者需求和环境利益的统一，企业根据科学性和规范性的原则进行的绿色营销、绿色市场分析和绿色理财等活动。

一是绿色营销。绿色营销是绿色管理的一种综合表现，它以维护生态平衡、重视环境保护为指导，使企业的整个经营过程与社会的利益相一致。绿色营销是一个系统工程，在营销过程中应注意搜集绿色信息，根据市场的绿色信息并结合企业自身的现状生产顾客所需要的绿色产品。有了信息，企业家可以发现市场或潜在市场，企业可以生产更好的产品，更主动地参与市场竞争，赢得市场，并提供绿色服务，鼓励绿色消费。

二是绿色市场分析。分析绿色产品的需求和供给状况，把握绿色产品市场的信息，是搞好绿色营销的前提和基础。绿色市场分析的主旨在于获得全面、准确和最新的绿色市场信息。对绿色市场进行分析研究其决定性的研究内容包括：有关日益变得复杂的绿色市场消费需求的信息；有关绿色生产供给方面的信息；有关绿色市场竞争趋势的分析；有关绿色生产消费的法令规章发展的最新信息等。企业可以根据这些信息及时调整绿色管理模式，以适应市场的变化，例如，及时推出绿色产品以适应绿色消费需求的变化，及时调整绿色供应链以适应政府的有关绿色法令等。

三是绿色理财。绿色理财是工业企业在理财过程中要考虑到各种成本、收益，需在原有财会模式基础上加以完善。绿色理财模式包括绿色会计、绿色审计、绿色投资等。

由于绿色管理对于我国企业来说是一种全新的管理思想，因此企业必然要对实施绿色管理前后的企业进行考核和对比，以便及时掌握绿色管理对企业的作用和效果以及是否达到预期目标，据此调整绿色管理的具体细节和方法。当然，绿色管理绩效评价系统也不是一成不变的，它也会随着企业整体管理战略的调整而进行相应的调整，因此是一个动态系统。

绿色营销和绿色理财构成了工业内部绿色管理模式的主要内容。其中，绿色营销是绿色管理的核心，体现了工业企业的环保意识和可持续发展的要求。绿色理财对工业企业实施绿色管理起到辅助作用，并监督其实施，两者之间是相互联系的。

10.5.3　工业绿色管理

工业绿色生态的构建有利于提升企业绿色竞争力，促进企业的持续发展。企业绿色竞争力是基于环境保护、绿色贸易体制和企业可持续发展的现实而提出的概念，是指企业重视企业行为对生态环境的影响，把节约资源、保护和改善生态环境的理念融入企业的经营和战略之中，贯穿应用于工业生产、管理的各个环节，对原有运营管理模式的不断创新所获得一种新的竞争力。在竞争日益激烈的市场中，工业行业为了环境保护和自身利益，通过配置和创造企业资源，向市场提供比竞争对手更具吸引力的绿色产品和服务，从而在占有市场、创造价值、保护环境和可持续发展等方面获得商业利润和竞争优势，实现人与自然的和谐发展。绿色竞争力成为企业竞争力的重要组成部分，这种竞争力将有利于工业行业提高生产效率，有效地把握市场先机，树立良好的工业形象。

10.5.3.1　绿色生态管理的绿色竞争力是工业创造效益的能力

通过绿色生态管理控制工业行业的污染、减少"三废"的排放量，降低排污费用和避免政府的处罚，从而使工业行业的经营活动控制或节约成本，为行业创造效益。降低了污染处理的成本，增加了效益。工业的绿色生态管理行为就是要改变工业运营模式，在工业行业内部形成一个循环的运作系统，投入的资源经过闭环系统后能够形成完全有用的产出，尽量降低废物和污染，以此来提高工业行业的运营效率。因此，工业的绿色生态管理能够减少浪费、有效提高利用效率，增加有效产出，同时降低污染，从而实现工业的可持续发展。

10.5.3.2　绿色生态管理的绿色竞争力是工业参与国际竞争的能力

工业企业要赢得国际市场的一席之地，更要加强对产品生态性的关注。当今，全世界关税水平普遍在逐步降低，环保被国际市场更多用于国际贸易保护中，环保作为企业占领国际市场的有力武器，正逐渐成为国际贸易谈判举足轻重的一条具体措施，已成为一种新的非关税壁垒——绿色贸易壁垒。只有注重绿色生态管理，提升绿色竞争力，整

个工业企业才会在国际竞争中立于不败之地。

10.5.3.3 绿色生态管理有利于提高工业企业的市场声誉，从而实现工业行业的长远利益

面对日益恶化的生态环境和日趋枯竭的自然资源，人们的环保意识正逐渐增强，越来越关注行业的绿色生态行为，工业企业是在破坏生态环境还是在保护生态环境也成为消费者选择的标准。进行绿色生态管理，改变原有经营和生产模式，大力生产绿色产品，就表明工业企业是对环境负责的企业，是善待环境的企业，从而会树立良好的企业形象，增强企业市场差异化的竞争优势，提高企业知名度。好的企业形象会帮助企业赢得顾客，有利于扩大企业市场份额，获取更多的利益；也可使企业获得政府和各种社会组织的支持，得到各种有形或无形的优惠政策，从而使企业获益。

● 本章案例：中国鲁北生态工业园

山东鲁北企业集团总公司濒临渤海，北邻黄骅港，南依碣石山，是国家首批环境友好企业、国家首批循环经济试点单位、国家第一家生态工业建设示范园区、国家海洋科技产业基地、中国化肥 5 强、中国化工 500 强，创建的中国鲁北生态工业模式成为国际上首推的循环经济最佳发展模式，列入了国家国民经济"十一五"发展规划纲要，获得 2005 年中华环境奖，成为联合国环境规划署确定的中国生态工业的典型。

1997 年 5 月，在第 72 次国家香山科学会议上，科学家们将其确认为中国独有的零排放技术、环境友好技术、可持续发展技术，是无机化工领域继侯德榜制碱法之后又一标有中国标记的发明，获得国家科技进步二等奖。鲁北企业集团资源综合利用得好，生态环境解决得好，无污染，属于零排放，实现了资源综合利用和控制环境负荷的有机统一，走出了一条工业生产与环境协调发展的可持续之路。

鲁北生态工业园为了解决环境污染问题，进行技术创新，发展循环经济。它们用生产磷铵排放的废渣磷石膏分解水泥熟料和二氧化硫窑气，用水泥熟料与锅炉排出的煤渣和盐场来的盐石膏等配置水泥，用二氧化硫窑气制硫酸，硫酸返回用于生产磷铵。上一道产品的废弃物成为下一道产品的原料，整个生产过程没有废物排出，资源在生产全过程中得到高效循环利用，形成一个生态产业链条。有效地解决了废渣磷石膏堆存占地、污染环境、制约磷复肥工业发展的难题，又开辟了硫酸和水泥新的原料路线，减少了温室气体二氧化碳的排放，改变了传统产业消耗资源、制造产品、排出废物的线性生产模式，达到经济效益、社会效益和环境效益的有机统一。

鲁北企业所处的位置，除了盐碱滩，海水是唯一的资源。为此，它们走出传统的化工领域，走向广阔的海洋，把产业链继续伸向了清洁发电与盐、碱联产。热电厂以

劣质煤和煤矸石为原料，采用海水冷却，排放的煤渣用作水泥混合材料，经预热蒸发后的海水排到盐场制盐，同时与氯碱厂联结；氯碱厂利用百万吨盐场丰富的卤水资源，不经传统的制盐、化盐工艺，直接通过管道把卤水输入到氯碱装置，既减少了生产环节，又节省了原盐运输费用，使得建设成本、运行成本大幅度降低，大大增强了企业核心竞争力，成为中国离子膜烧碱行业"盐、碱、电"联产的特色工程。

鲁北企业集团总公司把循环经济作为坚定的发展理念和企业文化最重要的组成部分，不断通过"三度"（发展度、协调度和持续度），构建起生态工业科学发展体系。以科学发展观为战略导向，以国家循环经济试点企业为契机，把生态工业示范项目建好开好管好，把鲁北生态工业示范园区建成知识密集、管理文明、技术先进、环境友好、结构和谐的世界知名生态工业园区，带动全社会循环经济健康向前发展。公司遵循生态规律，运用循环经济理论和系统工程的思想，通过实施技术集成创新，创建了磷铵硫酸水泥联合生产、海水"一水多用"、"盐、碱、电"联合生产的三条生态工业产业链，"通过关键技术创新、过程耦合、工艺联产、产品共生和减量化，再循环、再利用等系列措施，对各个下属企业之间和产业链之间物质、能量和公用工程进行系统集成，构建了一个生态工业系统，创造了一个结构紧密的、共享共生的中国鲁北生态工业模式，解决了工业发展与环境保护的矛盾，实现了生态效益、经济效益和社会效益的协调发展，是世界上为数不多的、具有多年成功运行经验的生态工业系统，比国际上推广的卡伦堡模式的企业间联系更加紧密，比杜邦模式的产业链关联度更大；对我国实施可持续发展战略，推广循环经济，走出一条科技含量高、经济效益好、资源消耗低、环境污染少、人力资源优势得到充分发挥的新型工业化路子，将产生重要的示范作用。"在鲁北企业集团的生态工业共生体系中，共生关系总数达17个，产生了占总产值14%的经济效益，主要产品的成本降低了30%~50%，对企业经济效益增长贡献率达40%。

鲁北生态工业园是国家生态工业示范园区，该系统通过磷铵硫酸水泥联产、海水"一水多用"和盐碱电联产三条产业链的有机沟通与整合，形成了以化学紧密共生关系为主的工业生态系统。鲁北生态工业园区通过技术集成创新，创建了磷铵—硫酸—水泥联产（简称 PSC 工程）、海水"一水多用"、盐碱热电联产三条绿色生态产业链，构建起了生态工业系统，解决了工业发展与环境保护的矛盾，实现了科技创新、产业发展、资源综合利用与环境保护的有机统一，已成为我国用生态科技产业技术发展循环经济的典范。三条产业链相互关联，其副产物和废物大都在系统内得到了循环利用。鲁北生态工业系统的成功实践，使有限的资源构成一个多次生成过程，资源、能源利用率和循环利用率特别高。它的创新之处并不在于产品本身，而在于集成思维和集成创新，将不同的产品依照其内在的联系，实施排列组合，涉及系统科学、生态学、环境科学与工程、化学工程与工艺等，各系统之间相互关联形成一个完整的工业系统。

● 点评

鲁北生态工业园是工业技术集成上的创新，是世界上紧凑型生态工业群落的典型。在鲁北生态工业系统的实践和发展中，需要注意以下几点：

更新观念：要建立具有自身特色的生态工业园区，建设者必须抓住世界前沿，把握当今世界上最新的理念，使工业理念从传统的产业、有害的生产工艺、生产技术向循环经济转变，不仅实现经济目标而且实现生态目标。

科学规划：建立生态工业的一个基础就是科学规划、因地制宜、综合利用当地资源优势。鲁北企业集团总公司应用系统工程的思想，对企业的发展进行了科学的规划，遵循生态规律，实施合理布局，将在资源及原材料使用上具有共性的企业集中布置，形成了最为合理的共生关系。

技术创新：鲁北生态工业集团在其发展过程中成功研发50余项科技成果并全部产业化，取得了12项专利。鲁北产品的显著特点是低成本、高技术含量。积极组织生态工业关键技术的攻关，不断创新、实践和完善是鲁北生态工业建设的关键。

政府的支持和有力引导：鲁北生态工业系统的形成和发展得到了相关优惠政策的扶持和各级领导的重视。如地方政府批复以鲁北企业集团总公司为依托，成立"山东鲁北高新技术开发区"带动鲁北地区区域经济的发展；国家级技术开发中心和绿色化学研究院直接用于科学研究、科学实验的进口仪器、设备、化学试剂和技术资料，免征关税和增值税。

生态工业系统的一个重要特征就是工业共生。卡伦堡生态工业共生系统是自主实体共生模式，其参与的企业都具有独立的法人资格，企业间不具有所有权上的隶属关系。卡伦堡所有的合作都是在双方协商的基础上达成的；每个合作项目对参与的企业在经济上都是具有吸引力的，如果没有公司的核心商业机会，不论其环保性多么诱人都不会付诸实施；每个公司都尽力确保风险最小，都独立评估其自身业务。卡伦堡这种共生系统的某个环节上的企业出现问题时，可能造成链条上多个企业无法运转，系统存在可靠性和安全性问题。而鲁北工业共生系统属于复合体共生的模式，就是在集团公司的统一决策下，将各企业用"副产品"为纽带连接起来，实现集团公司整合资源的战略。

在生态工业园的规划和建设过程中，应集中这两种共生体发展中的优势策略或管理经验，同时考虑生态工业系统自组织演化的特点，使资源得到最有效的利用，对环境造成最小的破坏。

● 思考题

1. 中国鲁北集团生态模式的优缺点是什么？哪些地方需要完善改进和发扬？

2. 中国鲁北集团的生态模式和章首案例丹麦卡伦堡生态模式的不同之处有哪些？

3. 发展循环经济是生态的表现方式，工业企业应该如何加强循环经济的发展？

● 参考文献

[1] 霍翠花. 生态工业系统结构演化的理论分析与模拟 [D]. 天津大学硕士学位论文, 2007.

[2] 陈明剑. 上海国家生态工业园区建设与生态文明实践 [M]. 北京：中国环境出版社, 2014.

[3] 杨沛儒. 生态城市主义：尺度、流动与设计 [M]. 北京：中国建筑工业出版社, 2010.

[4] 海热提. 循环经济与生态工业 [M]. 北京：中国环境科学出版社, 2009.

[5] 王虹. 生态工业园区运行机制与评价体系研究 [M]. 北京：中国环境科学出版社, 2008.

[6] 段宁. 循环经济理论与生态工业技术 [M]. 北京：中国环境科学出版社, 2009.

[7] 胡鞍钢. 绿色革命将进入爆发期 [J]. 人民论坛, 2013 (2)：19-20.

[8] 杜存纲, 车安宁, 周美瑛. 工业生态学和绿色工业 [J]. 科学·经济·社会, 2000 (1)：43-46.

[9] 王建敏. 绿色工业发展现状、问题与对策建议 [J]. 科学与管理, 2009 (2)：38-39.

[10] 尚进. 信息技术与中国"绿色工业体系"建设 [J]. 中国信息界, 2011 (1)：12-14.

● 推荐读物

[1] 刘光明. 新企业伦理学 [M]. 北京：经济管理出版社, 2012.

[2] 刘光明. 企业社会责任报告的编制、发布与实施 [M]. 北京：经济管理出版社, 2010.

[3] 刘光明. 企业文化与企业人文指标体系 [M]. 北京：经济管理出版社, 2011.

第11章　工业文化与质量管理

● **章首案例：优秀的企业家做企业、做产品、做艺术都在质量上追求精益求精**

中国嘉德国际拍卖有限公司成立于 1993 年 5 月，是国内首家以经营中国文物艺术品为主的综合性拍卖公司，每年定期举办春季、秋季大型拍卖会，以及四期"嘉德四季"拍卖会。公司总部位于北京，设有上海、广州、中国香港、中国台湾、日本及北美办事处。2012 年 10 月，中国嘉德（香港）国际拍卖有限公司在香港举行首拍，开启了中国艺术品拍卖史上至关重要的一步。

嘉德拍卖的核心在于在更高的层面上将文化与商业结合，这是一个有益的尝试，也是很大的成功。拍卖是一种游戏性的交易方式，但是这场游戏需要智慧，同时比智慧更重要的则是规则、操守和规程，特别是游戏的操作者，更需要有能力、智慧和操守，这是拍卖行业从业者应该铭记的东西。

"再造中国的文化贵族"是陈东升创办嘉德的原始冲动。他对这个行业有深厚的感情。他认为这个行业"和所有产业都不一样，非常奇妙，跨越空间、穿越时间，好像宋徽宗、文徵明、八大山人、齐白石等不同时代的人就在我们的身边，好像我们跟他们都很亲密，对他们都很了解，每天和他们对话，每天和他们交流，每天把他们伟大的精神、璀璨的艺术在发扬光大，弘扬开来"。

嘉德作为第一家全国性的股份制拍卖企业，就是一块文物及艺术品拍卖行业的改革试验田。现在文物拍卖有关的很多法律法规的建立都是当年嘉德成员跟文物局的官员们坐在一起，讨论协商的结果。嘉德最终成为拍卖行业的一个具有代表性、标志性的企业，对行业做出了开拓性的贡献。

高、大、尚的嘉德

"高"：国内首家，行业龙头。中国嘉德国际拍卖有限公司成立于 1993 年 5 月，是国内首家以经营中国文物艺术品为主的综合性拍卖公司。截至 2014 年秋拍，共有 30 余万件拍品通过嘉德的平台成功交易，总成交额逾 470 亿元人民币。2013 年度，中国嘉德位列全国文物拍卖企业总纳税第一、营业税纳税第一、所得税纳税第一、实收拍品款第一、实收佣金第一、佣金比例第一等六项"第一"。

"大"：业务范围广，视野国际化。嘉德的业务涵盖中国书画、陶瓷工艺品、油画雕塑、古籍善本碑帖法书、名表珠宝翡翠、邮品钱币六个大类，是中国文物艺术品拍卖门类最齐全的拍卖公司。公司每年定期举办春秋季两次大拍、春秋季邮品钱币拍卖会、四场嘉德四季拍卖会及香港春秋季两次大拍，共计十场常规拍卖会。成立伊始，嘉德就志在全球。1997 年，嘉德成立首个海外办事处——香港办事处，目前公司在中国香港、中国台湾、日本、美国、加拿大等地均已设立办事处或分公司，拍品征集的足迹更是遍布全球，多件重要文物通过嘉德回流境内，嘉德已成为全球藏家购买艺术品的重要交易平台。

"尚"：行业操守，社会责任。嘉德人一直坚守"嘉德模式"——只赚取佣金、不自买自卖、公平、公开、公正等企业价值观和职业准则，历经 20 余年的经营，铸就了业内的口碑和信誉，赢得了藏家和市场的信赖。同时，嘉德还是一个有强烈社会责任感的企业公民，对内，修身克己、独善其身；对外，热心公益，乐善好施，积极推动国内外艺术生态圈的健康发展。2010 年嘉德在北京大学、清华大学、中国人民大学等十所高校设立了"徐邦达奖学金"，用以资助文博、考古及艺术类专业的优秀学生，这是中国文博界第一笔大额专项奖学金，对推动中国文物考古及艺术类高等教育具有重要意义。

嘉德拍卖是一个有着 20 年历史和光辉业绩的成功企业，嘉德的成功，得益于两大核心优势：第一，坚定的经营理念。嘉德一直恪守行业准则，坚持只做中介，只赚佣金。这个理念看似简单，但坚守 20 年则是非常困难的。第二，嘉德团队的专业水准。这支经过 20 年磨练打造出来的团队，有一套行之有效的操作模式和专业规范，是中国拍卖行业中最强大的、最优秀的团队。恪守的信念：真、精、新。

信念：真、精、新

"真"，即名家真迹，是指作品确实为署名者的手迹，也就是说要收藏拍卖真的藏品。目前，市场上艺术品造假的非常多，这一点必须提高警惕。从业者闲暇之余要多去博物馆看真品，找大师看珍品，少买多看。另外，最好找真正的行家去学习请教，这样会少走许多弯路。严格遵守"真伪第一，优劣第二"的基本法则。

"精"，即名家于艺术成熟期或艺术巅峰期创作的，为其所擅长表现并具有独特风格的作品。"精"强调的是要寻找藏品中的精华作品，大师级的顶级作品。这些艺术品身上的巧夺天工的技艺是研究的对象，这些艺术品无论欣赏价值还是经济价值都要高于一些简单纹饰的或者没有纹饰的藏品。"精"的优劣，属艺术，存在主观上的差异，它会因鉴藏者的欣赏能力、视角、喜好等方面的不同而产生差异。

"新"，即指品相完好。不是指新近面世的作品，而是在保存方面极为尽心，即使年代久远，但仍然如新的一样。尤其是一些名家作品，如果很"新"，价值自然不菲。如现藏上海博物馆的清初大画家吴历作于康熙十五年的《湖天春色图》，虽历经 300 余年，至今仍纸本完好，墨色如新，堪为古画"新"的佳例。很多艺术藏品由于时间等问题难免会有细小破损，所以一定要寻找完好作品。除了要保证真品、精品之外，还要留意成扇的品相。

坚持诚信与专业

1994 年 3 月，嘉德首场拍卖打开了整个中国艺术品市场，文物鉴定大家徐邦达先生为嘉德敲响的第一槌，被后人称为"当时国内最具影响力的第一槌"。人们预言："嘉德这声槌响预示着纽约、伦敦、北京三足鼎立时代的到来。"如今，这已成为不争的事实。

陈东升先生总结嘉德经验的时候说，"拍卖行业是一个高度信誉垄断的行业"，"拍卖行不能跟买家卖家抢生意，只能做中间人"。直到今天，嘉德始终坚持不买不卖，公正地对待每一个客户，这是嘉德能发展到今天的重要原因。此外，他非常注重团队建设，"每一个新板块的开创都依赖于一位或几位专家的辛苦付出，嘉德自创之初就非常重视自身专家队伍的培养和建设，20 年来一批批自己的专家成长起来，对公司发展有很大贡献。嘉德能够独占鳌头，在中国做无数个第一，就是因为核心团队在每一块都有很强的优势。"

20 年来，嘉德发展的根本动因只有一个词：坚持——坚持应该坚守的，坚持诚信与专业，这是唯一能够生存的方法，也是生存的方向。中国嘉德首批并连续被评为中国拍卖企业 AAA 级最高资质，获得政府工商行政管理部门颁发的守信企业称号。

创新理念

创新永远是嘉德的主旋律。因为始终勇于探索，集中团队智慧，所以嘉德才能在 20 年中创造一个又一个的拍卖传奇，谱写中国现代艺术市场的新篇章。何为创新？陈东升的现身说法最为生动："在嘉德历史上，由于当年关于文物拍卖争议很大，为了寻找和增加出路，保证嘉德能够持续经营和发展，我们做了多种创新，除了做以家庭闲置物资拍卖为主的小拍，还成立了嘉德产权中心，做了好几件漂亮的拍卖。我们拍过列车冠名权、新世纪的广告发布权；还有当年长城一日游项目之一的秦始皇宫通过产权交易拍卖获得执照改成了怀思堂骨灰存放中心。在互联网时代，引进软银集团和香港电讯合资组建创立国内第一家艺术品电商——嘉德在线，为国内艺术品在线交易积累了很多宝贵的经验。"

陈东升考验着别人的耐心，对自己很有耐心。不管做艺术品拍卖，做金融生意，还是做慈善，他都不是一天两天了。他觉得自己有资格慢慢来。他站在宝塔尖上，一面享受自己的孤独，一面强调说："要讲中国当代艺术品，陈东升是绕不过去的。"他是阿拉善SEE生态协会的财务主任。在"I SEE YOU共同行动——SEE基金会公益之夜"拍卖会上，艺术家的艺术品委托嘉德在线拍卖。启功先生盛年创作《临董其昌山水》以172.5万元成交；沙孟海先生的《行书七言联》以54万元成交，其弟子刘光明的作品以18万元成交。从各专场的拍卖结果看，此次拍卖取得了较为理想的成绩，最终总成交额为12374.9万元，总成交率为73.55%，2010年5月中旬，高盛、嘉德国际和新政泰达购得泰康人寿15.6%的股份。嘉德近20年不仅公司业务做大了，而且还持有泰康人寿非常可观的股份，创办了嘉德艺术基金会，生意越做越活，实现了多元化经营。新闻出版行业，他们也在尝试进入艺术品拍卖，切入点也都选对，进入的时机也不迟，也做出了一些成绩。

嘉德已去香港开办公司，直接与佳士得、苏富比展开竞争，首场拍卖已获4.5亿元的收入，引起了香港业绩的震动。近20年，嘉德引领中国拍卖业，许多业绩也由其创造。经过中国嘉德的努力，诸多国宝级的珍品如"翁氏藏书"、"唐基怀素食鱼帖"、"宋高宗手书养生论"、"朱熹春雨帖"和"出师颂"等重要拍品，或从海外回归大陆，或从民间流向重要收藏机构；同时，各项目不断打破区域性以及世界性艺术品拍卖成交最高价的纪录。2007年秋拍中，明代仇英《赤壁图》以7952万元人民币的成交价使中国绘画类作品拍卖价格首次超过千万美元级。还包括20世纪90年代首次将傅抱石《丽人行》拍过1000万元人民币，后来屡屡将齐白石、张大千、李可染、王羲之的作品拍过几个亿，都让世界为之震惊。

11.1 工业文化、质量管理与软实力

目前中国许多行业内企业的产品质量状况与经济社会的发展要求、国际先进水平相比，仍有非常大的差距，诸多行业的产品仍然难以进入国际市场，进而阻碍了中国国际竞争力的提高。因此，提升企业质量管理能力，提升中国的国家质量竞争力，进而提升中国在国际社会的总体竞争力，是关乎中国在国际社会中的形象和地位的重大战略问题。本章将企业质量管理和国家宏观质量管理作为主要研究对象，将重心放在企业质量竞争力和国家质量竞争力的评价上，通过对质量竞争力评价方法的分析，向企业和国家质量的提升工作提出策略建议。

随着第三次科技革命的深化，生产力得到大解放，世界经济高速发展，全球范围内

的产品竞争在日益加剧，这一切都促使世界市场由卖方市场转向买方市场，市场竞争的焦点也由价格竞争逐渐转向了质量竞争。学术界对质量管理的研究逐渐向质量竞争力研究领域发展。在众多的对工业文化与质量竞争力评价方法中，比较成熟的是层次分析法、模糊综合评价法和数据包络分析法。

美国匹兹堡大学教授 T.L.Saaty 提出的层次法，是一种多目标决策分析方法，是系统工程中对非定量事件做定量分析的一种简便方法，也是人们对于某些需主观判断的问题用定量分析方法做出客观分析的一种有效方法。

层次分析法的应用步骤大体上分为三个：

首先，建立评价递阶层次结构。通过对目标问题进行深入分析，将复杂的问题条理化、层次化，包括最高层、中间层和最底层，高一层的元素对低一层的元素起支配作用，这样，目标问题被转化成一个递阶层次结构。在分析目标问题时，根据问题的复杂程度来确定递阶层次结构的层次数，越复杂的问题，其层次越多。

其次，构造判断矩阵。在确定层次结构后，需要确定各因素的权重，如果直接确定，可能会导致因素较多、顾此失彼的情况发生，层次分析法将同层次的各因素进行两两比较，以确定各元素对于此问题解决的重要程度，最终将两两比较结果综合成某元素下的各因素的两两判断矩阵。如对于元素 A_k，可将其下一层的各元素 B_{ij} 进行两两比较，构成一个判断矩阵 B （i，j∈（1，2，…，n））。

对于某元素支配下的各因素 X_1，X_2，X_3，…，X_n 而言，X_i 和 X_j （i，j∈（1，2，…，n））进行比较时，两因素哪一个更重要，其更重要的程度如何，需要用数字进行衡量，表 11-1 对两因素比较的重要性和重要程度做出了赋值，用 1~9 的数字及其倒数来确定其重要程度。

表 11-1 层次分析法标度

标 度	含 义
1	X_i 和 X_j 同样重要
3	X_i 比 X_j 略微重要
5	X_i 比 X_j 明显重要
7	X_i 与 X_j 相比十分重要
9	X_i 与 X_j 相比非常重要
2，4，6，8	介于上述判断的中间
倒 数	X_j 与 X_i 比较的结果

如对于元素 A_k，可将其下一层的各元素 B_i 进行两两比较，构成一个判断矩阵 b_{ij} （i，j∈（1，2，…，n））。如表 11-2 所示：

表 11-2　两两判断矩阵

A_k	B_1	B_2	B_3	...	B_{n-1}	B_n
B_1	1	b_{12}	b_{13}	...	$b_{1(n-1)}$	b_{1n}
B_2	$1/b_{12}$	1	b_{23}	...	$b_{2(n-1)}$	b_{2n}
B_3	$1/b_{13}$	$1/b_{23}$	1	...	$b_{3(n-1)}$	b_{3n}
⋮	⋮	⋮	⋮	⋮	⋮	⋮
B_{n-1}	$1/b_{1(n-1)}$	$1/b_{2(n-1)}$	$1/b_{3(n-1)}$	...	$b_{(n-1)(n-1)}$	$b_{n(n-1)}$
B_n	$1/b_{1n}$	$1/b_{2n}$	$1/b_{3n}$	...	$b_{(n-1)n}$	b_{nn}

最后,计算权重,并进行一致性检验。层次单排序,即计算某元素 A_k 所支配的相邻下一层次的各元素 B_i($i \in (1, 2, \cdots, n)$)对于元素 A_k 的相对重要性的排序权值,这需要计算判断矩阵 B 的最大特征根 λ_{max} 和特征向量 W,使得判断矩阵满足 $BW = \lambda_{max} W$,特征向量 W 即为元素 A_k 下的各因素 B_i 的单层权重。

由于两两判断的结果会带有一定的主观性和片面性,因此对于这一结果,需要检验判断的一致性,检验方法如下:

第一步,计算一致性指标 CI(Consistency Index),CI 计算公式如下:

$$CI = \frac{\lambda_{max} - n}{n - 1}$$

第二步,根据其递阶数查找相应的平均随机一致性指标 RI(Random Index),表 11-3 给出了 1~10 阶正反矩阵计算 1000 次得到的 RI 指标。

表 11-3　RI 指标值

矩阵阶数	1	2	3	4	5	6	7	8	9	10
RI	0	0	0.52	0.89	1.12	1.26	1.36	1.41	1.46	1.49

第三步,计算一致性比例 CR(Consistency Ratio),CR 计算公式如下:

$$CR = \frac{CI}{RI}$$

通过计算 CR 的值来确定其一致性效果,一般而言,对于 CR≤0.1,则认为判断矩阵具有一致性,对于 CR>0.1,则需要对判断矩阵进行一定的修正。

11.1.1　模糊综合评价法

模糊综合评价是运用模糊数学工具对某些难以定量解决的问题通过模糊评价的方式做出的综合评判。模糊综合评价的基本步骤如下:

第一步,分析评价对象,确定评价体系 C,并确定指标权重向量 W。

对于某一评价对象，有 n 个指标，C = (C$_1$, C$_2$, …, C$_n$)，W = (W$_1$, W$_2$, …, W$_n$)。

第二步，确定评价集 V。

V = (V$_1$, V$_2$, …, V$_k$)，如评价某一产品，对于其各种因素，可将其评价集定为 V = (很好，好，一般，差，很差)，每一种评语都将对应一个模糊子集。

第三步，评价各指标，确立各指标的隶属度。

对该评价对象，从每一个因素进行评价，从评价集中选择其在某一因素最贴近的评价标语，由评价小组进行投票，得出评价对象在某一因素上的评价矩阵 R。

$$R = \begin{bmatrix} R_{11}, & R_{12}, & \cdots, & R_{1m} \\ R_{21}, & R_{22}, & \cdots, & R_{2m} \\ \vdots & \vdots & & \vdots \\ R_{n1}, & R_{n2}, & \cdots, & R_{nm} \end{bmatrix}$$

第四步，计算最终的模糊综合评价结果矩阵。

用加权平均法，将权重向量和模糊评价矩阵 R 进行加权，得出结果矩阵 S。

$$S = W \times R = (W_1, W_2, \cdots, W_n) \times \begin{bmatrix} R_{11}, & R_{12}, & \cdots, & R_{1m} \\ R_{21}, & R_{22}, & \cdots, & R_{2m} \\ \vdots & \vdots & & \vdots \\ R_{n1}, & R_{n2}, & \cdots, & R_{nm} \end{bmatrix}$$

11.1.2　数据包络分析法

数据包络分析（Data Envelopment Analysis，DEA）是 1978 年由著名的运筹学家 A.Charnes 和 W.W.Cooper 首先创立的一种基于"相对效率评价"的评价各单元相对有效性的数学规划方法。它从某一决策单元（DMU）的输入和输出出发，通过线性规划方法分析各决策单元的相对有效性，适合评价多输入、多输出的复杂问题。

某一决策单元的输入指的是该决策单元对资源的耗费，因此，一般而言，对于决策单元，输入越少越好；输出指的是决策单元消耗了输入后产生的某些效果，因此，输出越多越好。

11.1.2.1　C2R 模型

假设某一目标问题有 n 个决策单元（DMU），每个决策单元有 m 种类型的输入，s 种类型的输出，x$_{ij}$ 是第 j 个决策单元中第 i 种输入量，y$_{rj}$ 是第 j 个决策单元中第 r 种输出量，v$_i$ 是第 i 种输入的权重，u$_r$ 是第 r 种输出的权重。

x$_j$ = (x$_{1j}$, x$_{2j}$, …, x$_{mj}$)，j = 1, 2, …, n

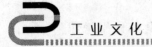

$y_j = (y_{1j},\ y_{2j},\ \cdots,\ y_{sj})$，$j = 1,\ 2,\ \cdots,\ n$

$\nu = (\nu_1,\ \nu_2,\ \cdots,\ \nu_m)$

$u = (u_1,\ u_2,\ \cdots,\ u_s)$

对于权系数 v 和 u，决策单元 j 的效率评价指数为：

$$h_j = \frac{\sum\limits_{r=1}^{s} u_r y_{rj}}{\sum\limits_{i=1}^{m} \nu_i x_{ij}}$$

对于 h_j，总是可以选择适当的权系数 v 和 u，使得 h_j 满足 $h_j \leqslant 1$，$j = 1,\ 2,\ \cdots,\ n$。以此为约束，构成 C2R 模型：

$$(\bar{P}_{C^2R}) \begin{cases} \max \dfrac{uy_o}{\nu x_o} = h_o \\ \text{s. t. } \dfrac{uy_j}{\nu x_j} \leqslant 1,\ j = 1,\ 2,\ \cdots,\ n \\ \nu \geqslant 0 \\ u \geqslant 0 \end{cases}$$

上式是分式规划，对其进行 Charnes-Cooper 转换，将分式规划转换成一个线性规划，令 $t = \dfrac{1}{\nu x_o}$，$\omega = t\nu$，$\mu = tu$，则线性规划为：

$$(P_{C^2R}) \begin{cases} \max \mu y_o = V_P \\ \text{s. t.} \\ \omega x_j - \mu y_j \geqslant 0,\ j = 1,\ 2,\ \cdots,\ n \\ \omega x_o = 1 \\ \omega \geqslant 0,\ \mu \geqslant 0 \end{cases}$$

线性规划 P_{C^2R} 的对偶规划为：

$$(D_{C^2R}) \begin{cases} \min \theta = V_D \\ \text{s. t. } \sum\limits_{j=1}^{n} x_j \lambda_j \leqslant \theta x_o \\ \sum\limits_{j=1}^{n} y_j \lambda_j \geqslant y_o \\ \lambda_j \geqslant 0,\ j = 1,\ 2,\ \cdots,\ n \end{cases}$$

对上述线性规划引入松弛变量 s^- 和剩余变量 s^+，并考虑非阿基米德无穷小量（Non-Archimedean）ε（$\varepsilon > 0$），ε 是一个小于任何正数且大于 0 的数，则得到的 C2R 模型为：

$$(D_\varepsilon) \begin{cases} \min\left[\theta - \varepsilon(\hat{e}s^- + es^+)\right] = V_{D_\varepsilon} \\ \text{s. t.} \\ \displaystyle\sum_{j=1}^{n} x_j\lambda_j + s^- = \theta x_o \\ \displaystyle\sum_{j=1}^{n} y_j\lambda_j - s^+ = y_o \\ \lambda_j \geqslant 0, \ j = 1, \ 2, \ \cdots, \ n \\ s^- \geqslant 0, \ s^+ \geqslant 0 \end{cases}$$

其中，$\hat{e} = (1, \ 1, \ \cdots, \ 1) \in E^m$，$e = (1, \ 1, \ \cdots, \ 1) \in E^m$。

11.1.2.2　C2R 模型中 DEA 有效性

DEA 有效性是指对决策单元的技术效率和规模效益的判断。若 DEA 有效，则称该决策单元的生产活动为技术效率最佳和规模收益不变；若为弱 DEA 有效，则认为该决策单元的某些输入量存在资源的闲置或某些输出量存在不足；若为非 DEA 有效，则认为该决策单元同时存在输入闲置和输出不足的情况。下面这一定理可用来判断 DEA 决策单元的有效性。

定理：设 ε 为非阿基米德无穷小量，D_ε 的最优解为 λ^o、s^{-o}、s^{+o}、θ^o，则有：

（1）若 $\theta^o < 1$，则 DMU_{jo} 不断弱 DEA 有效；

（2）若 $\theta^o = 1$，$\hat{e}s^{-o} + es^{+o} > 0$，则 DMU_{jo} 为弱 DEA 有效；

（3）若 $\theta^o = 1$，且 $\hat{e}s^{-o} + es^{+o} = 0$，则 DMU_{jo} 为 DEA 有效。

11.1.2.3　计算各决策单元的相对效率指数

引入理想决策单元 DMU，将所有决策单元中最小的输入作为理想 DMU 的输入，所有决策单元中的最大输出作为理想 DMU 的输出，那么理想决策单元肯定是有效的，对它的效率指数求最大所得权重即为一组相对比较合理的权重，将这一组权重作为其他决策单元的权重，可求出其他决策单元的相对效率指数，并依据各决策单元的相对效率指数进行排序。

设目标问题各决策单元的各输入的最小值构成一个最小输入向量，记为 $x_{min} = (x_{1min}$，$x_{2min}, \ \cdots, \ x_{mmin})$；各决策单元的各输出的最大值构成最大输出向量，记为 $y_{max} = (y_{1max}$，$y_{2max}, \ \cdots, \ y_{smax})$。将理想 DMU 加入到上面的 P_{C^2R} 模型中，得到以下规划：

$$\begin{cases} \max \mu y_{max} \\ s.\,t. \\ \omega x_j - \mu y_j \geqslant 0, \ j = 1,\ 2,\ \cdots,\ n \\ \omega x_{min} - \mu y_{max} \geqslant 0 \\ \omega x_{min} = 1 \\ \omega \geqslant 0,\ \mu \geqslant 0 \end{cases}$$

若其解为 u^*，w^*，则理想 DMU 的效率指数为 $\nu_{max} = u^* y_{max}$，各决策单元的相对效率指数为 $\nu = \dfrac{u^* y_i}{w^* x_i}$（i = 1，2，3，…，n）。

11.2 工业文化与质量竞争力提升思路

企业应以全面质量管理思想为指导，刘源张先生认为"包括领导在内的全员参加、考虑经济性和时间性在内的全面质量意义、加进售前售后服务的全部过程控制"的质量管理要求同"产品质量靠工序质量，工序质量靠工作质量"的质量保证体系是全面质量管理的基本结构。

在进行工业文化宣传时要强调质量管理不只是企业高层的事，也不只是一个口号性的事，而应该是企业里所有员工的责任。企业进行质量管理必须将全体员工纳入进来，在企业中培育一种全员参与质量管理的文化，让员工从心里认识到自己在企业质量管理中承担的责任和使命，只有每一位员工都有明确的质量责任和职权，大家各司其职，密切配合，才能将企业凝聚成一个高效、协调、严密的质量管理工作系统。

11.2.1 影响质量竞争力的因素

企业质量竞争力水平受多种因素的影响，一般来说，影响企业质量竞争力的因素包括以下几个方面：

质量文化是指企业在长期的质量管理过程中形成的企业独特的质量价值观和质量行为方式的总和。质量文化是企业质量竞争力产生的驱动因素，如果一个企业将产品质量作为其企业文化中的一部分，并在具体的生产或服务过程中让所有的员工都将其作为工作理念和原则，那么该企业能更好地去实现质量管理效果；反之，若企业中没有形成一种与质量有关的价值观念，则企业很难去保证员工对质量的重视。

质量文化的构成要素包括企业的质量价值观、质量制度及相关行为规范等。

质量价值观是指企业对于质量的理念，它支配着企业的质量管理方向和手段。对于企业来说，质量价值观主要有两个核心问题：一是"什么是质量"；二是"企业的产品质量应当怎样"。前者反映了企业对质量"是与非、好与坏、对与错"的基本判断，后者反映了企业对于自身质量管理的基本定位。企业质量价值观应该与其目标客户的质量价值观保持一致，只有企业提供了客户所需求的质量的产品，才能够令客户满意。

质量制度是企业为了保证产品或服务的质量而制定的为员工提供工作指导的行动准则。企业质量制度的完善是企业质量管理服务的前提和基础。对于员工而言，企业制定完善的作业指导规则及相关的奖惩措施可保证员工在工作中有章可循，如质量制度规定抽检合格率在百分之几之下的就必须全部检查产品质量情况，或者规定员工在工作中发现质量问题并及时反馈有何奖励，员工在工作中出现差错带来质量问题有何惩罚。

11.2.2　工业文化与质量战略

质量战略是企业在分析市场需求与自身实际的基础上为企业制定的以质量管理为核心的企业中长期规划，质量战略必须以质量为中心，以提供满意产品和服务为企业理念，以顾客满意和顾客忠诚为目标。质量战略是企业质量管理的指导性因素，它是企业质量管理效果持续改善的基础和前提。具体而言，质量战略包括质量目标、质量计划、战略实施、战略保障及效果检测等内容。

质量目标是指企业以顾客需求为基础，为企业产品或服务质量制定的中长期将达到的目标。一方面，质量目标不是理想性目标，必须是通过一步步的努力能够达到的目标，企业的质量规划都以达到企业质量目标为目的；另一方面，质量目标又必须有一定高度和难度，这个目标不应该是很容易就能够达到的，而需要企业制定一系列的计划去实现；质量计划是企业为了实现其质量目标而为自身制定的一系列质量管理的实施步骤；战略实施是指企业为了达到其质量目标按照质量计划去实施一系列的质量管理手段和方法以改进产品或服务质量的过程。

产品质量标准是指让内、外部客户满意并确保能达到内、外部客户要求的可衡量的产品特性要求。产品质量标准是产品生产、检验和评定质量的技术依据。要制造出一款高质量的产品，首先必须清楚产品的质量标准，该标准必须满足顾客需要（从外部调查、测评得到的数据而确定）和工程、法规的要求。

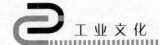

11.2.3 树立全员参与的质量管理文化

质量管理是企业所有员工的责任。企业进行质量管理必须将全体员工纳入进来，在企业中培育一种全员参与质量管理的文化，大家各司其职，密切配合，才能将企业凝聚成一个高效。

战略指导着企业全局工作、决定了企业命运，质量战略对于企业而言具有十分重要的意义，是企业质量工作的总指挥。制定适合企业的质量战略将能够指导企业赢取顾客、赢得市场竞争。

企业质量文化建设不是一蹴而就的，是在长期经营、生产过程中逐渐形成的一种价值观或理念。企业质量文化建设可从以下四个方面入手：

一是开展统一的质量文化教育培训，在教育培训中向员工灌输质量对于企业的重要意义以及员工在企业质量管理中所起的重要作用，并呼吁员工在工作中树立质量责任意识。

二是在企业内部做质量文化宣传工作。可以领导讲话、质量文化墙、先进个人、质量刊物等方式在企业内部进行质量文化宣传，通过宣传可以强化员工的质量责任感。

三是通过总结会、周会的形式对一阶段的质量管理工作做出总结。通过总结会、周会能够让质量工作成为一种工作习惯，员工每周或每月都会对产品或服务质量做出总结和思考，在这种总结和思考的活动中，质量文化就逐渐形成了。

四是以质量文化为导向制定管理制度。采用管理制度来规范员工日常的工作行为，将质量文化以制度形式落实到员工的工作中，保证了质量文化的深入执行。

质量建设的宏观政策是一种激励措施，国家通过一系列财政、税收、监管等调控政策，积极地激励和促进措施，鼓励各个企业追求卓越的质量，满足人们日益增长的物质文化需求。质量建设的宏观政策是推动整个社会质量进步的重要途径，质量建设政策是质量政策的重要组成部分。鉴于此，笔者认为，从国家层面，可以采用以下方式来提升企业的质量竞争力。

国家质量竞争力的提升靠全社会企业质量竞争力的提升，而企业的质量竞争力的提升也要靠国家。提升企业的质量竞争力水平，不仅要靠企业自身的努力，还要靠国家的各种政策支持。美国、日本等国家在质量管理方面的成功经验表明，国家对企业产品质量的重视以及在产品质量和质量管理方面的立法，对提升企业质量竞争力有显著推动作用。国家宏观层面的质量管理水平和能力会广泛地涉及消费者的权益，影响国家出口产品的竞争力以及与国外产品在国内市场上的竞争力。从美国、日本等国的经验中可以看出，国家和政府对企业质量进行宏观管理与控制，要求和鼓励企业提高产品质量，增加企业质量竞争力，是十分必要的。

11.2.4　工业文化与质量诚信体系

当前，中国社会整体诚信意识不强，这也是造成部分厂商对产品品质不够重视的原因之一。企业是社会主义市场经济的主体，一切在市场经济下从事生产经营活动者都应当遵守诚信，杜绝假冒、仿制和次品。因此，社会诚信体系建设的重点在企业，而企业诚信的基础是质量。对企业而言，首先需要确立"质量第一"的经营理念。而仅依靠企业的自知自觉去树立"质量第一"的经营理念是不行的，这就要求国家采取切实有效的措施，积极建设一套行之有效的质量诚信体系，如可以通过建立企业质量档案等手段，按照企业质量诚信体系建设的指导思想、原则、任务、评价标准和评价程序等要求，建立一整套适合中国国情的企业质量信誉等级制度，推进质量诚信体系建设，并且通过该体系来对企业的经营行为进行考察评价，并据此对企业进行管理和控制。例如，倘若我们根据质量诚信体系，得出某企业在质量诚信方面一向表现良好，我们可以据此对企业在信贷方面给予政策支持，给予其较低的贷款利率。

11.2.5　工业文化与倡导质量卓越

随着经济和社会的不断发展进步，人们对产品质量的认识和需求不断提高，质量内涵也随之不断变化、发展。总体来说，质量的概念主要有"符合性质量"、"适用性质量"和"广义质量"三种。早期学者从生产角度出发，强调产品的自然属性，把质量定义为产品符合规定要求的程度；之后学者从用户使用要求出发，强调产品的社会属性，把质量定义为产品的适用性，适用性是指产品使用时能成功地适合用户的目的或者反映产品满足用户需要的程度。后来不少学者和国际标准化组织对这两种概念进行综合，对质量做了更广泛的定义，即所谓的"广义质量"的概念。质量管理概念发展的过程如图 11-1 所示。

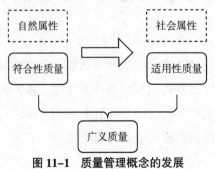

图 11-1　质量管理概念的发展

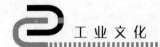

质量管理是企业生产与运营管理活动中必不可少的环节，但对于如何界定质量管理的内涵却没有统一的标准。其中在国际标准化组织 ISO9000 的标准中，质量管理的概念被界定为：在质量方面，指挥和控制组织的协调一致的活动。其中，在质量方面的指挥和控制活动主要包括制定企业的质量方针和质量目标，进行质量策划、质量控制、质量保证和质量持续改进。该标准还强调，质量管理是组织中各级管理者的职责，但必须由高层领导者来推动，它是涉及组织中全体成员的、保证全员参与的管理活动。

在当前形势下倡导质量卓越是推动企业发展的必然。通过设立国家质量奖提升企业管理水平已成为许多国家强化和提高产业竞争力的重要途径。各个国家的质量奖都是在对众多成功企业研究的基础上，经过多年的论证和研讨而成。从国家质量奖标准中可以看到成功企业的宝贵经验。通过对卓越绩效企业成功经验的分享和推广，可以有效地提升企业的核心竞争力。因此，积极推广国家卓越绩效标准，建立实施政府质量奖励制度是一项十分重要的质量建设政策。

质量治理是一种监督惩治措施，通过法律、法规、条款等的约束，打击假冒伪劣商品，限制低质量产品。打击假冒伪劣和鼓励追求高质量是质量政策的两个方面，其中，治理是手段，而建设是根本目标。质量治理强制企业不违法犯罪，扰乱市场，坑害消费者，保证一个健康运作的经济体系。

一个国家的综合实力，与该国的各个行业的竞争力，乃至行业内的企业的竞争力息息相关。国家的竞争力看行业，行业的竞争力看企业。近 30 年来，我国企业的质量管理工作普遍加强，企业生产的产品质量水平有了较大提高，一部分行业或企业的产品质量水平已达到或接近国际先进水平，为我国参与国际竞争做出了巨大的贡献。企业质量管理通过关注客户质量需求、领导者的重视、全员参与、强调过程控制、管理的系统方法、持续改进、基于事实数据的管理、与供方的互利等，可以提高企业生产的产品的质量。

11.3 工业文化与质量管理各阶段

现代意义上的管理活动是从 20 世纪初开始的，随着对质量管理领域的深入研究，质量管理有很大的发展进步，理论研究成果非常丰硕。根据关注质量问题的方式和提出相应解决方案的不同，一般可将现代质量管理分为四个阶段：产品检验阶段、统计质量控制阶段、全面质量管理阶段、现代质量管理阶段。

11.3.1　产品检验阶段

产品检验阶段主要在第二次世界大战以前，主体的质量管理思想是通过对每道工序生产出的半成品或产成品进行检验来控制下道工序及产出的产品质量。20 世纪初，美国著名学者泰勒提出了"科学管理理论"，创立了著名的"泰勒科学管理制度"，科学管理理论强调专业分工，从而实现企业的专业化大规模生产。专业化生产的出现，使得产品生产过程实现了生产和检验功能的分离。

为了实现在每道工序上通过检验来控制质量的目的，企业中出现了专门的质检岗位和大量的质检人员，他们专职负责对产品进行质量检验。这种质量管理方式采用事后控制的方法来控制产品质量，即从已经生产出的半成品或产成品中挑选出有质量问题的废品和次品，通过对所有的产品进行检验使最终产品质量得到提高。这种质量管理方式只能通过生产已完成后的检验过程来控制质量，对生产过程的质量问题毫无预防作用，并且对产品的一一检验也需要耗用大量的检验成本和人力成本，经济效益不高，同时某些产品的检验项目对产品的功能是具有破坏性的，一旦检查产品的性能就会被破坏，对这一类产品，这种方式是无法完全控制其质量的。因而可以说这一时期的质量管理是处于比较初级的阶段，其实用性和经济性都不是特别高。

11.3.2　统计质量控制阶段

第二次世界大战开始到 20 世纪 50 年代为统计质量控制阶段，这一时期，机械化生产模式的出现，使得 100% 的产品检验已经不可能，因而需要利用抽样统计方法检验产品。1924 年，美国贝尔实验室的统计学家休哈特开始研究将统计方法应用于生产制造过程中的质量控制，他发明了控制图法来控制产品质量。控制图成为有效的质量控制工具，它可以有效预防产品质量问题的出现，及时解决潜在的问题，目前仍有很多企业运用控制图来管理产品生产过程的质量。

同时，道奇和罗米格应用统计学的方法研究出了产品控制理论，他们提出了产品检验批质量等相关概念，制成了产品检验的抽样方案及其用表，从此，企业不需要再对所有产品进行质量检验，可通过对小批量的抽样产品进行检验，并通过分析检验结果来判定该批量生产的产品的整体质量水平。这种抽样检验方法不仅能够保证产品的检验效果，而且能够有效提升质量检验效率，大大降低质量检验成本，具有很强的经济效益。1931 年，休哈特将其多年研究的理论与实践经验进行总结，并出版了其代表性专著《产品制造质量的经济控制》，这本专著的出版也标志着质量管理由事后检验阶段进入统计

质量控制阶段。

统计质量控制的主体思想在于通过对生产进行控制及对最终产成品进行抽样检验来确定产品批次的质量。在企业生产过程中，一方面，通过对生产过程的每一道环节进行统计分析，来发现生产环节中可能存在的质量管理问题，从而实现问题的早期预防，并通过对问题进行全方位地调查和分析找出质量问题产生的原因，针对各种问题成因来制定一系列的改进策略，从而消除生产过程异常导致的质量问题，同时，还需要对产成品进行抽样检验，通过统计分析来确定该生产批量产品的质量合格率。统计质量控制通过对生产过程中影响产品质量的波动因素进行分析来确保产品质量，这种方法的控制重点在于管理生产过程，通过预防的形式来确保产品质量，是一种事中控制加事后检验的方法。

第二次世界大战的爆发推动了统计质量控制理论的大规模应用和开发。"二战"爆发后，美国政府需要在大规模生产武器的同时保证武器的质量，因而开始在军工业大力推广统计质量控制方法的应用。1942年，美国国防部组织了一批包括休哈特在内的质量统计控制的学者一起制定了三个运用数理统计方法的战时国防标准，即《质量控制指南》、《数据分析用的控制图法》、《生产中质量管理用的控制图法》。这一时期，出现了许多新的统计方法，如抽样检验法、实验计划法，统计质量控制进入了大规模应用阶段。

1951年，朱兰博士出版了著作《质量控制手册》，在其著作中，他提出了著名的"朱兰三部曲"，即质量计划、质量控制和质量改进。质量计划即企业根据顾客需要确定产品质量所要达到的目标，并将目标分解制定成达到目标的方法手段，质量计划是企业质量控制的基础环节。质量控制则重点关注处理突发问题，观测生产过程的异常波动，使企业的生产过程按照计划进行，质量控制是实现企业质量计划的保障。质量改进的重点在于解决企业一直存在的难以解决的问题，并减少正常范围的质量波动，质量改进是企业质量管理中最重要的一部分，只有有效解决企业一直存在的质量问题，并增强企业质量管理的稳定性，才能使得企业的质量水平得到大的提高。"朱兰三部曲"为企业的质量管理提供了一个持续改进的管理模式，能够保证企业在不断地追求新的质量目标，发现新的问题并将其解决的过程中逐渐增强自身的质量竞争力。

美国著名学者戴明提出了著名的"戴明环"，对于企业而言有非常重大的指导意义。"戴明环"即PDCA循环，计划（Plan）—实施（Do）—检查（Check）—处置（Action），20世纪40年代，戴明博士将其介绍到日本，进行大力推广，被广泛地应用于企业的质量管理过程。企业中的所有问题都可以采用PDCA循环的方式来进行分析和解决，其分析和解决问题的过程如下：首先对企业存在的问题和改进的目标制订一个计划（Plan），然后根据所制订的计划去实施改进问题的步骤（Do），在实施过程中不断地去检查实施的效果（Check），对检查出的一些问题进行不断的改进从而增强实施的效果（Action）。

PDCA 循环是一个闭环的改进体系，企业可以不断地去实施 PDCA 循环，持续地去发现和解决问题，对于企业而言是非常有效的管理工具，因而成为企业最常用的管理手段。日本有名的"戴明奖"就是日本政府为了感谢"戴明环"为日本企业的管理带来的改善而设置的以其名字命名的奖项。

日本质量管理专家石川馨提出在企业内部成立专门的质量管理小组，质量管理小组专门负责管理解决企业的质量问题。他发明了著名的石川图，即因果图，因果图方法可通过对问题所有可能的原因进行分析并找出最关键的问题，这种方法应用起来比较简单直观，具有很强的适用性，现在也在企业中应用很多。

丰田生产体系的创建人新江滋生提出了质量防差错系统，为质量管理做出了突出贡献。新江滋生经研究后发现如果仅依靠统计质量控制方法和抽样检验来管理企业的产品质量是不可能保证将产品的不合格率降为零的，因为统计质量控制的整个管理过程只是通过控制来降低质量不合格产品，但这种控制不能消除不合格品的存在。他提出了质量防差错系统，即在生产过程中的任何环节出现了质量异常，就应该把整个生产系统停下来找出质量异常的原因并解决这个问题，丰田生产系统就是应用了这种防差错系统才使其产品质量在业内得到公认。

11.3.3　全面质量管理阶段

20 世纪 60 年代开始至 80 年代末为全面质量管理阶段。全面质量管理即通过强调对企业的全面管理及全员的参与来解决企业的质量问题。

20 世纪 60 年代，美国费根堡姆与朱兰等提出了新的观点：产品质量不应只注重产品的一些基本功能，还应该关注产品的其他特性如产品的安全性、经济性、可靠性、环保性等。1956 年，费根堡姆发表了 *Total Quality Control* 一文，首次提出了"全面质量管理"的概念，1961 年，他出版了名为 *Total Quality Control* 的著作，这一著作的诞生标志着质量管理由统计质量控制阶段进入全面质量管理阶段。费根堡姆提出质量管理不应只局限于企业的生产过程，而应更广泛地从企业所有的范围去管理，如营销环节、设计环节、供应环节等，分析和解决问题的方法有很多种，而不局限于采购统计分析的方法。

20 世纪 60 年代以后，全面质量管理思想在全球范围内得到广泛应用，很多国家的企业引进此思想后，结合企业的具体情况进行了创新。全面质量管理思想逐渐成为企业质量管理的主流思想，企业在管理过程中更多地强调全员的参与，从高层管理者到普通的员工都参与到质量管理中去，并通过对采购过程、生产过程、销售过程进行全面的质量控制来保证产品的质量。

11.3.4　现代质量管理阶段

从 20 世纪 80 年代末开始，质量管理进入了现代质量管理阶段。国际标准化组织（ISO）制定了 ISO9000 系列质量标准，以现代质量管理的理论和方法作为基础，全面提出了现代企业质量管理的思想和方法，使企业经营走向卓越绩效管理模式。

随着国际贸易的持续增长，全球经济一体化逐渐明显，随之而产生的国际贸易产品质量问题日益突出，从 1982 年起国际标准化组织陆续提出 ISO9000 系列标准，目前全球通过 ISO9000 认证的企业多达数百万家。ISO9000 质量管理体系实现了管理的标准化，为企业的质量管理提供了标准，规定了企业应该达到的最基本要求。

20 世纪 70 年代，美国的克劳斯比提出"零缺陷"（Zero Defect）管理思想，即"第一次就把事情做对"。克劳斯比的零缺陷质量改进过程可概括如下：①质量就是符合要求，而不是好或者优秀；②质量保证的目标在于预防，而不是评估合格率；③对工作的标准要求是零缺陷；④以不合格付出的代价来衡量质量，而不是用不合格的百分比来衡量质量。零缺陷思想对企业的质量管理提出了一个非常高且严格的要求，同时也提供了一种新的管理思想，在零缺陷思想的指导下，企业的质量管理更加精细。

六西格玛管理（6σ）是质量改善的一个重要工具，是一种用于测量百万次操作中出现的错误的一种统计。通常，1σ 表示 68% 的产品合格，2σ 表示 95.4% 的产品合格，3σ 表示 99.7% 的产品合格，6σ 表示 99.999997% 的产品合格，也就是说在百万次企业的生产过程中仅允许出现 3.4 次不合格，这种要求就相当于零缺陷的要求。摩托罗拉公司首先倡导采用六西格玛方法来管理产品质量，并推出了《六步实现六西格玛实践指南》指导六西格玛管理方法的推行，这是推行六西格玛管理的实践总结。摩托罗拉公司也通过推行六西格玛管理，将其产品的不合格率由 4.5σ 提高至 5.5σ 的高水平，并因此节约了 2.2 亿美元的成本，产品质量水平得到大幅的提升而且经济效益明显。通过六西格玛管理，企业可转变质量改善的观念，深挖质量管理中存在的问题，从源头去解决异常，做到产品质量的零缺陷。

11.4　工业文化与质量竞争力

2006 年 9 月，国家质检总局和国家统计局联合发布了 2005 年质量竞争力指数。这是我国第一次用系统化的数据来评测我国宏观质量水平和质量发展能力。国家质量竞争力指数是一项全新的宏观经济质量指标，与当今的质量的内涵、外延以及质量工作环境发生的重大变化相适应。质量竞争力指数是按照特定的数学方法生成的、用于反映质量竞争力整体水平的动态性及经济技术指标。质量竞争力指数由质量水平和发展能力两个二级指标、六个三级指标以及相应的 12 个观测变量构成。国内外研究学者对质量与质量管理都做出了大量研究，提出了许多有效的质量管理思想和方法，如因果图、零缺陷管理思想、六西格玛管理工具等，这些管理思想和方法都在全世界的企业中得到了应用和推广，国际标准组织（ISO）也推出了 ISO9000 系列的质量标准，并在全球范围内推行，ISO9000 提出了企业质量管理的一整套管理思想，对于企业质量管理有一定的指导意义。

同时，国内外学者对质量竞争力有一定研究，很多学者也提出了质量竞争力的评价指标体系，并将层次分析法和模糊综合评价法结合使用评价了企业的质量竞争力情况，这种评价过程能够比较全面地评价企业的质量竞争力（评价因素包含各个方面），但这种方法也过于主观，评价结果主要来自于打分者的主观感受，因而结论稍显片面。如何既全面地反映企业的质量竞争力，又能够主客观相结合，这是本书的研究目标之一。同时，以质量竞争力的评价为基础，对企业的质量管理进行提升，是目前的理论研究中较为缺失的一部分。

对于宏观质量竞争力，学者提出了质量竞争力指数，从质量水平和发展能力两个大的方面去评价一个地区或国家的质量竞争力；一些地区如上海、江苏等地也采用了不同的评价指标体系评价其质量竞争力。由于问题较为宏观及数据难以获取，国家层面的宏观质量竞争力的研究目前来说不是很多，需要加以丰富和完善。同时，对于如何提升我国的国家质量竞争力，目前学术界的研究较为零散，未能形成较完善的体系。对此，笔者将国家质量竞争力的评价和提升策略作为本书研究的重要目标之一。

美国著名质量管理专家朱兰有句名言，"生活处于质量堤坝后面"（Life Behind the Quality Dikes）。质量正像黄河大堤一样，可以给人们带来利益和幸福，而一旦质量的大堤出现问题，同样也会给社会带来危害甚至灾难。所以，企业有责任把好质量关，共同维护质量大堤的安全。

11.4.1　质量管理的方法

11.4.1.1　PDCA 循环

戴明循环（Deming Cycle）又称 PDCA 循环（PDCA Cycle），PDCA 循环是一个持续改进模型，它包括持续改进与不断学习的四个循环反复的步骤，即计划（Plan）、执行

（Do）、检查（Check/Study）、处理（Action）。

PDCA循环的三大特点包括：①大环带小环。如果把整个企业的工作作为一个大的戴明循环，那么各个部门、小组还有各自小的戴明循环，就像一个行星轮系一样，大环带动小环，一级带一级，有机地构成一个运转的体系。②不断前进，不断提高。PDCA循环就像爬楼梯一样，一个循环结束，生产的质量就会提高一步，然后再制定下一个循环，再运转、再提高。③门路式上升。戴明循环不是在同一水平上循环，每循环一次，就解决一部分问题，取得一部分成果，工作就前进一步，水平就提高一步。到了下一次循环，又有了新的目标和内容，更上一层楼。戴明循环应用以QC七种工具为主的统计处理方法以及工业工程（IE）中工作研究的方法，作为进行工作和发现、解决问题的工具。

PDCA循环的实施步骤包括：P（Plan）——计划，通过集体讨论或个人思考确定某一行动或某一系列行动的方案，包括5W1H；D（Do）——执行人执行，按照计划去做，落实计划；C（Check）——检查或学习执行人的执行情况，找出问题比如到计划执行过程中的"控制点"、"管理点"去收集信息，"计划执行得怎么样，有没有达到预期的效果或要求"；A（Action）——效果检测，对检查的结果进行处理，认可或否定。成功的经验要加以肯定，或者模式化或者标准化以适当推广；失败的教训要加以总结，以免重现；这一轮未解决的问题放到下一个PDCA循环。

11.4.1.2 六西格玛

6σ管理法是一种统计评估法，核心是追求零缺陷生产，防范产品责任风险，降低成本，提高生产率和市场占有率，提高顾客满意度和忠诚度。6σ管理既着眼于产品、服务质量，又关注过程的改进。"σ"是希腊文的一个字母，在统计学上用来表示标准偏差值，用以描述总体中的个体离均值的偏离程度，测量出的σ表征着诸如单位缺陷、百万缺陷或错误的概率性，σ值越大，缺陷或错误就越少。6σ是一个目标，这个质量水平意味着所有的过程和结果中，99.99966%是无缺陷的，也就是说，做100万件事情，其中只有3.4件是有缺陷的，这几乎趋近人类能够达到的最为完美的境界。6σ管理关注过程，特别是企业为市场和顾客提供价值的核心过程。因为过程能力用σ来度量后，σ越大，过程的波动越小，过程以最低的成本损失、最短的时间周期、满足顾客要求的能力就越强。6σ理论认为，大多数企业在$3\sigma\sim\sigma$间运转，也就是说每百万次操作失误为6210~66800，这些缺陷要求经营者以销售额在15%~30%的资金进行事后的弥补或修正，而如果做到6σ，事后弥补的资金将降低到约为销售额的5%。

六西格玛的中心思想是，如果你能"测量"一个过程有多少个缺陷，你便能有系统地分析出，怎样消除它们和尽可能地接近"零缺陷"。为了达到6σ，首先要制定标准，在管理中随时跟踪考核操作与标准的偏差，不断改进，最终达到 6σ。现已形成一套使每个环节不断改进的简单的流程模式：界定、测量、分析、改进、控制。界定，即确定需要改进的目标及其进度，企业高层领导就要确定企业的策略目标，中层营运目标可能是提高制造部门的生产量，项目层的目标可能是减少次品和提高效率；测量，即以灵活有效的衡量标准测量和权衡现存的系统，根据数据，了解现有质量水平；分析，即利用统计学工具对整个系统进行分析，找到影响质量的少数几个关键因素；改进，即运用项目管理和其他管理工具，针对关键因素确立最佳改进方案；控制，即监控新的系统流程，采取措施以维持改进的结果，以期整个流程充分发挥功效。

11.4.1.3　QC 小组活动

QC 小组，即质量管理小组，是指将在生产或工作岗位上从事各种劳动的职工，围绕企业的方针目标和现场存在的问题，以改进质量、降低消耗、提高经济效益和人的素质为目的组织起来，运用质量管理的理论和方法开展活动的群众组织。在质量管理中，人的作用表现在知识技能和积极性两个方面，是产品质量的决定因素。工人群众处于生产第一线，他们对影响制造质量的因素最清楚。因此，要用一定形式将从事某一生产的操作工人和有关人员组织在一起，共同管理产品质量，研究影响质量的问题，采取措施加以解决。

11.4.2　质量管理的思路

通过对影响企业质量竞争力的因素的分析，可以得出三条有针对性的提升企业质量竞争力的思路。根据戴明 PDCA 循环，企业的质量管理思路可分为以下三个环节：

11.4.2.1　质量检验

这一阶段需对企业的质量管理活动有一个全面的了解和检查，评价企业在市场上的质量竞争力情况，并通过对自身的质量竞争力的分析找出自身质量管理中存在的问题，分析问题产生的原因，制订出相应的质量改善的计划。

11.4.2.2　实施质量改进措施

对质量评价中反映的质量管理问题，企业会相应提出解决方案，即质量竞争力提升思路，并制订出解决方法的实施计划，企业需要按步骤推行企业的质量改进方案。

11.4.2.3 实施效果检验

对于企业的质量改进措施,企业需要不断地去监测其实施的效果。同时,在实施过程中可能会出现新的质量问题,企业应将此次循环中出现的质量问题进行记录,以期在下次的质量改进循环中得以解决。

11.4.3 工业文化与质量竞争力分层

质量竞争力层次模型将质量竞争力要素分为三个层次:基础层、过程层和结果层。基础层是企业的资源和能力,它是形成企业质量竞争力的基础性因素,如人力资源、企业质量战略等;过程层是将基础转化为结果的渠道,也是提升质量竞争力的主要途径;结果层是质量竞争力的现实表现,并反映到产品和顾客层面。基于该层次模型,企业质量竞争力的影响因素有以下八个:

第一,质量文化是企业质量竞争力产生的驱动因素,质量文化是指企业在长期的质量管理过程中形成的企业独特的质量价值观和质量行为方式的总和。质量文化的构成要素包括企业的质量价值观、质量制度及相关行为规范等内容。质量价值观是指企业对于质量的理念,它支配着企业的质量管理方向和手段。

第二,制度一般指要求在该制度管理下的人员共同遵守的办事规程或行动准则。质量制度是企业为了保证产品或服务的质量而制定的为员工提供工作指导的行动准则。企业质量制度的完善是企业质量管理服务的前提和基础。

第三,质量战略指企业在分析市场需求与自身实际的基础上为企业制订的以质量管理为核心的企业中长期规划,质量战略必须以质量为中心,以提供满意产品和服务为企业理念,以顾客满意和顾客忠诚为目标。评价企业质量战略对企业质量竞争力的影响,可从企业所制定质量战略的恰当性及质量战略的执行度上做评价。质量战略是企业质量管理的指导性因素,它是企业质量管理效果持续改善的基础和前提。具体而言,质量战略包括质量目标、质量计划、战略实施、战略保障及效果检测等。

第四,质量目标指企业以顾客需求为基础,为企业产品或服务质量制定的中长期将达到的状态。一方面,质量目标不是理想性目标,必须是通过一步步的努力能够达到的目标,企业的质量规划都以达到企业质量目标为目的;另一方面,质量目标又必须是有一定高度和难度的,这个目标不应该是很容易就能够达到的,需要企业制订一系列的计划去实现。

第五,效果检测是对战略实施效果的一种检验过程。效果检测应该是伴随着战略实施的过程不断发生的行为,只有对战略实施效果进行适时的检测才能够及时发现战略实施过程中的问题并加以修正，才能够及时地对市场环境的变化做出反应，才能够保证企业的质量战略顺利实施。

第六，人力资源是企业进行生产所必需的各类人才的总和，其中包括决策型人才、支持型人力和操作型人才。决策型人才主要指企业的高管等对企业的战略等重大问题做出决策的人；支持型人才指各职能部门如产品设计部、财务部、营销部等在企业中起支持作用的人才；操作型人才主要指具体参与到企业的生产或服务中去的人。企业对各类人才的要求是不同的，决策型人才要求其综合能力强，能够全面了解企业的情况特点；支持型人才要求其专业能力比较强，在专业领域能够发挥其作用；操作型人才要求其具备比较熟练的操作技术和较强的操作技能。企业各层次人力资源的能力对产品质量的影响较大。

第七，设备资源指支持企业生产或服务的各类设备的总和。科学技术是第一生产力，一条自动化的生产线与一条全人工的生产线相比，显然会较少产生差错导致不合格品的产生。设备的生产效率、自动化程度、稳定性等都是企业生产设备评估的基本因素。

原材料资源是企业从外部购入的在生产或服务过程中转化为产品的零部件、原材料、辅助材料的总和。原材料是企业生产或服务的重要资源，原材料的质量直接影响到企业产品的质量。在评价原材料资源的质量时可采用原材料质检合格率、供应商能力等来进行综合评价。

第八，过程管理主要指针对质量管理的具体过程进行评价。企业职能应分为价值创造职能及辅助支持职能，这也是与人力资源中的人才类别相一致的。价值创造职能是企业产品或服务的生产过程，是企业获取产品价值、盈利的过程；辅助支持职能是企业所必需的其他辅助生产或服务的职能，如教育培训、财务、营销、采购等，这些职能的发挥是企业正常生产或服务的重要保证。因而从过程管理上讲，企业质量管理过程可从价值创造过程和辅助支持过程来进行评价。

11.4.4　工业文化与质量管理能力

战略指导着企业全局工作，决定了企业命运，质量战略对于企业而言具有十分重要的意义，是企业质量工作的总指挥。制定适合企业的质量战略将能够指导企业赢取顾客、赢得市场竞争。企业进行质量管理，对员工的教育培训是必不可少的。通过教育培训可以强化员工的企业质量理念，使其在工作中去关注质量；通过教育培训可以让员工掌握工作过程中的标准和规范；通过教育培训可以增强员工的综合素质，为企业培养一批业务骨干。企业可通过课堂讲授、现场指导、小组讨论等方式进行教育培训。课堂讲授主要侧重于由一些有经验的员工或从企业外引进的专家学者为企业员工传授经验和知

识；现场指导是通过现场的实践指导，以最直观化的方式向员工传授工作技能；小组讨论是将员工组成小组去探讨某些企业内出现的问题，这样既能引发员工的思考，又能就此讨论出问题的解决方案。

企业能力指企业在生产、销售等方面所具备的能力，延伸到质量管理上，对于企业而言，几个比较关键的能力在于掌握客户需求的能力、技术能力和创新能力。

11.4.5 工业文化与质量成本

价值创造过程的评价可根据其平均生产能力、准时交货能力、生产异常情况发生率等因素进行评价。辅助支持过程的评价可根据其人均教育培训时间、员工平均工作时间、企业资金状况、营销渠道覆盖情况等因素进行评价。

衡量企业质量还应该考虑其成本因素，毕竟用过高的成本换来的产品优质是不经济的，这种优质也是很难长久维持的优质。对于消费者而言，他们不仅要考虑产品质量问题，也需要同时考虑为产品付出的价格问题，当然某些奢侈品行业除外。从价值理论上说，一项产品或服务对于消费者的价值为该产品或服务带来的顾客满足与该产品或服务的价格，如果价格过高，该产品对于消费者的价值也就不高。

采购是企业生产过程的第一个环节，根据全面质量管理思想，企业应对每一环节进行质量管理，而原材料或零部件作为企业产品的基本组成部分，原材料的质量势必对产品质量有非常重要的影响，因而采购环节的质量控制显得异常重要。从供应链管理角度分析企业质量成本，可包括原材料成本、生产成本、质量检验成本、销售成本等方面。

11.4.6 工业文化与质量竞争力评价体系

企业进行质量管理必然带来一定的效果，这也是企业质量管理的最终目的，质量绩效可从财务、市场、消费者三个角度来评价。

在财务上，通过企业的质量管理活动，能否为企业的财务状况带来好的效果，如销售收入是否增长、成本费用利润是否提高、流动资金是否增加等。

在市场上，企业的品牌知名度是否提高、市场占有率是否提高、产品的销售额是否增长、消费者群体是否增加等。

从消费者角度看，顾客满意度是否提高、是否有更多的忠诚顾客、顾客流失率是否降低等。

在评价工业文化与质量竞争力的过程中，其所需要涉及的评价因素非常多，既包括定性指标，如企业质量战略、企业质量文化等，也包含成本、绩效等定量指标，同时通过对输入和输出的数据包络分析，可得出质量竞争力的效率水平。因而采取层次分析法、模糊综合评价法及数据包络分析法来综合评价企业的质量竞争力是可行的。

在建立层次递阶结构后，采用层次分析法对各指标进行赋权，将同层次的因素进行两两比较判断其重要性，能够有力降低主观因素的影响。在赋权后，需要对各因素进行评价，由于上述因素判断的模糊性，采用模糊综合评价法进行评价又能很有效地解决评价指标难以量化的难题。最后，对于能够定量的指标，可采用数据包络分析法进行分析。但在数据包络分析中，不能只考虑质量成本和质量绩效，还需要将模糊综合评价的结果整合进去。由于模糊综合评价结果得分越高越有利，而数据包络分析法中，输出越高其效率就越高，因此，在数据包络分析环节，将模糊综合评价结果作为数据包络分析中的一个输出因素，其他的质量绩效因素作为其余的输出因素，将质量成本指标作为其数据包络分析中的输入因素。

同时需要注意的是，如果只评价企业自身的质量竞争力是没有意义的，只有与竞争对手进行对比才能够了解自己的竞争力，以及在竞争中自己优于或劣于对手的地方，这样才能够有针对性地进行改进。基于 A–F–D 方法的质量竞争力评价过程如图 11–2 所示。

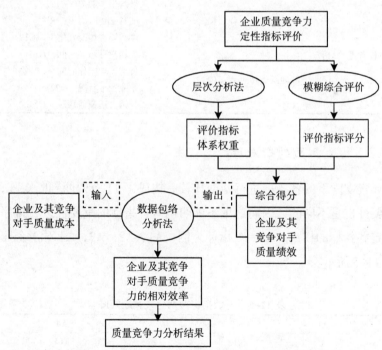

图 11–2　基于 A–F–D 方法的质量竞争力评价过程

11.4.6.1　建立递阶层次结构

分析影响企业质量竞争力的各个因素，并将其构成评价层次评价指标体系，如表

11-4 所示。

表 11-4 工业文化与质量竞争力评价指标体系

目 标	一级指标	二级指标	三级指标
企业质量竞争力评价	质量文化（A1）	企业的质量价值观（B1）	企业的质量价值观与市场匹配度（C1）
		质量制度及相关行为规范（B2）	质量制度及规范的成熟度（C2）
			质量制度与规范的执行力（C3）
	质量战略（A2）	质量战略的恰当性（B3）	质量战略的恰当性（C4）
		质量战略的执行度（B4）	质量战略的执行度（C5）
	企业质量能力（A3）	掌握客户需求的能力（B5）	掌握客户需求的能力（C6）
		技术能力（B6）	技术能力（C7）
		创新能力（B7）	创新能力（C8）
	企业资源（A4）	人力资源（B8）	决策型人才能力（C9）
			支持型人才专业能力（C10）
			操作型人才技能熟练度（C11）
		设备资源（B9）	设备的生产效率（C12）
			稳定性（C13）
			自动化程度（C14）
		原材料资源（B10）	原材料质检合格率（C15）
			供应商能力及信用（C16）
	过程管理（A5）	价值创造过程（B11）	平均生产能力（C17）
			准时交货能力（C18）
			生产异常情况发生率（C19）
		辅助支持过程（B12）	人均教育培训时间（C20）
			员工平均工作时间（C21）
			企业资金状况（C22）
			营销渠道覆盖情况（C23）

11.4.6.2 构造两两判断矩阵

对同一元素支配下的各指标进行两两比较，构成了 11 个两两判断矩阵，行业不同，各指标的重要性也是不同的，因而这里不能明确对各指标的重要性进行排序。通过其两两比较可确定各指标的权重，以一级指标为例，A1、A2、A3、A4 对于企业质量的重要性比较如表 11-5 所示。

表 11-5 一级指标两两比较判断矩阵

	A1	A2	A3	A4	A5
A1	1	a12	a13	a14	a15
A2	1/a12	1	a23	a24	a25
A3	1/a13	1/a23	1	a34	a35
A4	1/a14	1/a24	1/a34	1	a45
A5	1/a15	1/a23	1/a35	1/a45	1

11.4.6.3　计算权重及一致性检验

计算出每一判断矩阵 i（$i = 1$，2，3，…，10，11）的特征向量 W_i 和最大特征根 λ_{max}^i（$i = 1$，2，3，…，10，11），并采用层次分析法的一致性检验方法检验判断矩阵的一致性。

在计算一致性时，首先，根据公式 $CI = (\lambda_{max}^i - n)/(n - 1)$ 计算出一致性指标 CI（Consistency Index），并通过查表 11-6 得出随机一致性指标 RI（Random Index），最后根据公式 $CR = CI/RI$ 计算出一致性比例 CR（Consistency Ratio）。其中，$CR \leqslant 0.1$ 的判断矩阵通过了一致性检验。对于未通过一致性检验的判断矩阵需要分析原因，找出导致判断矩阵结果不一致的原因，并做出相应的修改，使其结果一致。

表 11-6　RI 指标值

矩阵阶数	1	2	3	4	5	6	7	8	9	10
RI	0	0	0.52	0.89	1.12	1.26	1.36	1.41	1.46	1.49

最终得到的各矩阵的特征向量即为各矩阵的权重。权重的结果如表 11-7 所示。

表 11-7　各评价指标权重

目标	一级指标	权重	二级指标	权重	三级指标	权重	最终权重
企业质量竞争力评价	质量文化（A1）	Wa1	企业的质量价值观（B1）	Wb1	企业的质量价值观与市场匹配度（C1）	Wc1	Wa1Wb1Wc1
			质量制度及相关行为规范（B2）	Wb2	质量制度及规范的成熟度（C2）	Wc2	Wa1Wb2Wc2
					质量制度与规范的执行力（C3）	Wc3	Wa1Wb2Wc3
	质量战略（A2）	Wa2	质量战略的恰当性（B3）	Wb3	质量战略的恰当性（C4）	Wc4	Wa2Wb3Wc4
			质量战略的执行度（B4）	Wb4	质量战略的恰当性（C5）	Wc5	Wa2Wb4Wc5
	企业质量能力（A3）	Wa3	掌握客户需求的能力（B5）	Wb5	掌握客户需求的能力（C6）	Wc6	Wa3Wb5Wc6
			技术能力（B6）	Wb6	技术能力（C7）	Wc7	Wa3Wb6Wc7
			创新能力（B7）	Wb7	创新能力（C8）	Wc8	Wa3Wb7Wc8
	企业资源（A4）	Wa4	人力资源（B8）	Wb8	决策型人才能力（C9）	Wc9	Wa4Wb8Wc9
					支持型人才专业能力（C10）	Wc10	Wa4Wb8Wc10
					操作型人才技能熟练度（C11）	Wc11	Wa4Wb8Wc11
			设备资源（B9）	Wb9	生产效率（C12）	Wc12	Wa4Wb9Wc12
					稳定性（C13）	Wc13	Wa4Wb9Wc13
					自动化程度（C14）	Wc14	Wa4Wb9Wc14

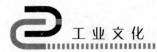

续表

目标	一级指标	权重	二级指标	权重	三级指标	权重	最终权重
企业质量竞争力评价	企业资源（A4）	Wa4	原材料资源（B10）	Wb10	原材料质检合格率（C15）	Wc15	Wa4Wb10Wc15
					供应商能力及信用（C16）	Wc16	Wa4Wb10Wc16
	过程管理（A5）	Wa5	价值创造过程（B11）	Wb11	平均生产能力（C17）	Wc17	Wa5Wb11Wc17
					准时交货能力（C18）	Wc18	Wa5Wb11Wc18
					生产异常情况发生率（C19）	Wc19	Wa5Wb11Wc19
			辅助支持过程（B12）	Wb12	人均教育培训时间（C20）	Wc20	Wa5Wb12Wc20
					员工平均工作时间（C21）	Wc21	Wa5Wb12Wc21
					企业资金状况（C22）	Wc22	Wa5Wb12Wc22
					营销渠道覆盖情况（C23）	Wc23	Wa5Wb12Wc23

模糊综合评价法评价工业文化与企业质量竞争力。

（1）评价指标。

上述表 11-4 中已采用层次分析法确定了评价指标体系，质量竞争力评价指标体系的各指标及其权重见表 11-7。

（2）确定评分标准。

在模糊综合评价前必须确定模糊评价的标准，质量竞争力的分析评价必须与其他企业进行比较得出，因而在进行综合评定时需考虑自身与竞争对手情况，本书为质量竞争力模糊综合评价确定的评价集如表 11-8 所示。

表 11-8　模糊评价集

模糊评价	评分标准
与对手相比，企业表现很好	85~100 分
与对手相比，企业表现较好	70~85 分
与对手相比，企业表现一般	60~70 分
企业表现不如对手	50~60 分
企业与对手有很大差距	<50 分

（3）专家评分。

邀请企业所在行业内或本企业内经验丰富的专家来对企业竞争力各评价指标进行打分，打分标准可参照表 11-8 给出的评价范围，如专家认为企业在某方面与竞争对手相比表现非常好，可打 95 分，最高分为 100 分，如专家认为企业在某方面与竞争对手相比表现非常差，可打 10 分，最低分为 0 分。通过将各专家的评分进行平均计算可得出企业及竞争对手的质量竞争力评分矩阵 R1、R2。

（4）对每一评价矩阵进行加权。

将模糊评价矩阵加入权重因素 W（$W_{ai} \times W_{bj} \times W_{ck}$）（i = 1，2，3，4；j = 1，2，…，8，9；k = 1，2，…，19，20）。加权后的评价值为 $\overline{R}_i = W \times R_i$。将 $\overline{R}_i$ 的结果归一化，得到归一化后的模糊综合评价值。

在上述评价中，评价了四个一级指标，但实际上影响企业质量竞争力的指标还包括质量成本和质量绩效，因而需要将这两项指标纳入进来进行评价，这里采用数据包络分析法评价成本和绩效之间的效率问题。需要指出的是，数据包络分析是通过将各决策单元（DMU）的输出及输入之间的比值来确定效率值，因而输入是一种成本因素，输入越低效率越高；输出是一种效果因素，输出越高效率越高。上述得出的模糊综合评分值对于企业而言是越高越有优势的，因而将其作为输出的一个因素纳入数据包络分析中来。

假设企业与其竞争对手 A 企业作为质量竞争力评价的两个决策单元（DMU1，DMU2），引进一个理想决策单元 DMU，将上述各输入的最小值作为理想决策单元 DMU 的输入，将各输出的最大值作为理想决策单元 DMU 的输出，各决策单元的输入和输出因素见表 11-9。

表 11-9　DEA 各决策单元的输入输出因素

决策单元		本企业（DMU1）	竞争对手（DMU2）	理想决策单元
输入	原材料质量成本	X11	X21	X1min
	生产质量成本	X12	X22	X2min
	质量检验成本	X13	X23	X3min
	销售质量成本	X14	X24	X4min
输出	模糊综合评分	Y11	Y21	Y1max
	销售收入	Y12	Y22	Y2max
	成本费用利润率	Y13	Y23	Y3max
	市场占有率	Y14	Y24	Y4max
	顾客满意率	Y15	Y25	Y5max

运用公式进行线性规划，规划方程如下：

$$\max(\mu_1 Y_{1max} + \mu_2 Y_{2max} + \mu_3 Y_{3max} + \mu_4 Y_{4max} + \mu_5 Y_{5max})$$

s.t.

$$\mu_1 Y_{11} + \mu_2 Y_{12} + \mu_3 Y_{13} + \mu_4 Y_{14} + \mu_5 Y_{15} \leq \omega_1 X_{11} + \omega_2 X_{12} + \omega_3 X_{13} + \omega_4 X_{14}$$

$$\mu_1 Y_{21} + \mu_2 Y_{22} + \mu_3 Y_{23} + \mu_4 Y_{24} + \mu_5 Y_{25} \leq \omega_1 X_{21} + \omega_2 X_{22} + \omega_3 X_{23} + \omega_4 X_{24}$$

$$\mu_1 Y_{1max} + \mu_2 Y_{2max} + \mu_3 Y_{3max} + \mu_4 Y_{4max} + \mu_5 Y_{5max} \leq \omega_1 X_{1min} + \omega_2 X_{2min} + \omega_3 X_{3min} + \omega_4 X_{4min}$$

$$\omega_1 X_{1min} + \omega_2 X_{2min} + \omega_3 X_{3min} + \omega_4 X_{4min} = 1$$

$$\mu_k \geq 0, \ k = 1, 2, …, 5$$

$$\omega_j \geq 0, \ j = 1, 2, 3, 4, 5$$

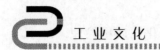

求解线性规划方程，得出的解 μ^* 和 ω^* 为理想决策单元 DMU 的权系数。理想决策单元的效率指数为 $V_{max} = \mu^* Y_{max}$。

各决策单元的相对效率指数为 $V_i = \dfrac{\mu^* Y_{ki}}{\omega^* Y_{ji}}$。

最后，比较各决策单元的相对效率指数 V_i，得出企业及其竞争对手的质量竞争力效率指数。

● 本章案例：松下集团的"品质文化"

松下电器集团在产品质量方面提出的理念是"不允许出售哪怕是一件不合格的产品"。北京松下彩色显像管有限公司（以下简称 BMCC）第二任总经理久濑善弥先生在生产活动中总结出三条基本理念："质量是企业生命"，"质量是制造过程做出来的，不是检查出来的"，"质量管理是人员素质的管理"。

BMCC 人深知，企业在进行物质生产和服务时，必须遵循的原则是"品质文化"。"质量是公司的生命，为取信于顾客，各项工作品质优先"是 BMCC 的品质方针，也是维系企业商誉和品牌的根本保证。考虑到生产、制品、人员、设备等影响品质的因素，BMCC 通过品质记录分析不良原因，降低不良率，在公司范围内树立"品质至上"的企业理念。"下一道工序就是上帝"的工作作风，使 BMCC 的产品无愧于松下彩管的品牌。BMCC1994 年通过 ISO9000 系列质量体系认证。1996 年，通过 ISO14000 环境管理体系认证，成为全国首批通过该认证的四家企业之一。

久濑善弥总经理在任时经常说"我的一半是北京人，一半是松下人"。在这样的经营理念指导下，中日双方高级管理人员不是以投资比例来确定各自权限，他们更多的是从文化的角度来认识和处理双方的关系，在"诚意、信赖"的原则下，建立起"心心相印"的合作关系。一次，由于海关降低了进口关税，BMCC 当年降低了 1000 多万元的成本，而按原价格计算的彩管都已被电视机厂家买走。BMCC 的中日双方领导们果断决定，原来多收部分向各厂家退款。这一举动在电视机厂家中引起了不小的震动，在 BMCC 的员工中也引起了反响。从表面看 BMCC 好像失去了上千万元的利润，但实事求是、正当竞争、公平竞争的经营准绳牢牢地在客户心中树立起来了。

在 15 年的经营中，BMCC 经营者们不仅努力开发满足社会需要的产品，而且千方百计提供优质的服务。他们认为，全世界 CRT 技术已近成熟阶段，差异已不是很明显，关键是服务质量上的差异，因此，企业文化必须渗透为成功的客户管理理念，也就是要求全员树立"一切从客户利益出发"的经营理念，降低生产成本，提高产品质量，保证交货期，优化服务质量，由此在企业内部成功地实施了客户关系的管理，下一道工序就是上一道工序的客户；上一道工序要服务于下一道工序，间接部门要服务于直接部门，全公司要服务于市场客户。逐步营造起以市场需求为中心，以客户满意为目的的企业文化氛围，使企业面临新经济时代而立于不败之地。公司曾先后获得"全国电视配套件用户评价产品服务质量用户双满意奖"及"全国外商投资双优企业"、"优秀外商投资企业"等荣誉称号。

在中国的松下电器工厂是如何提高产品质量的呢？松下电器与中国的合作始于1978年，是邓小平同志访问松下电器与松下幸之助社长会谈以后开始的。其后，松下幸之助于1979年和1980年先后两次访问中国。在邓小平同志会见松下幸之助先生的时候，松下幸之助当时讲了一句话，他说："我坚信未来的21世纪将是亚洲的时代，而亚洲时代又将以中国为中心。"的确，现在中国确实已成为世界性的大市场和巨大的生产基地。松下幸之助还说："我要从电子工业方面联合日本的几家企业为中国的'四个现代化'做出贡献。"但是由于种种原因，这个愿望后来并没有实现。于是松下电器就率先开始向中国出口一些家用电器产品，然后再进行技术引进，技术支援。1987年，大家期待的合资企业，也就是北京松下彩色显像管有限公司成立了。这是松下在华第一家合资企业。

松下在中国从第一个合资企业成立，到上海等离子公司成立，大概经过了13年。等离子彩电的生产需要最尖端的技术，这种产品目前在松下的日本事业部制作还有很多的问题，特别是在初期阶段，成品率还是一大课题。将这样最先进的、最尖端的技术引到中国，便形成了日本与中国竞争的局面。世界同一是松下电器的基本思想，在中国也是这样的，就是以世界同一的质量、同一的环境保护，开发生产国民所喜爱的商品，这永远是松下努力的方向。企业经营的目的就是生产出让市民满意的商品，而且也让市民满意地接受企业。在进行生产和销售的同时，必须要完善服务体系。松下在全国开发据点的同时，也对认定的维修点进行了教育培训和整顿。现在，松下共有2154家比较完备的认定店，组成了一个服务网。同时，必须要积极应对消费者的咨询。从松下统计的数据来看，对商品的咨询、了解、调查占的比例最多，修理占据第二位。松下咨询的信息都集中在各地的STC认定维修店，通过它对信息迅速地进行处理。对于一些中国特有的问题，如果不是亲身在那个环境里工作，不进行翔实的咨询和调查，就不了解第一手资料，就无法开展工作。

关于信息收集，松下有一个质量联络员制度，这个制度也已经完整，并开始运营。同时，为强化产品的市场品质，松下每月召开一次质量研讨会。有些问题是中国特有的，比如电源的问题，因为电压不稳，松下的电器经常出现问题；另外还有包装、物流的设备可能还不是很好，所以给包装造成一些影响。为便于及时解决这些问题，松下分别成立了三个工作小组，不断地研讨新的解决方法。总之，对于松下电器这样一家制造企业来说，商品的品牌形象就是它的生命，这个品牌是通过商品来体现、提高的。因此，品牌的价值是由质量来决定的。松下电器对品牌的五点认识可以归纳如下：①品牌是对顾客负有责任的表现；②企业和商品的脸面就是形象；③品牌是来自顾客的信赖和满足的证明；④品牌是企业的宝贵资产；⑤品牌是企业员工的骄傲和自豪。

松下幸之助先生认为，企业要永葆青春，重要的是企业活动要永远充满青春活力。BMCC在15年的经营中，始终在努力保持着这种青春活力，由一条生产线到现在的六条生产线，由21寸平面直角彩管单一产品到现在的各种型号的纯平彩管多种产品。在生产4000多万只松下彩管的同时，也探索了日本松下与中国BMCC的文化融合之路。松下电器的品牌是百年传承，智美未来，传承百年的技术与品质，为人们创造智能而美好的未来。

● 点评

质量认证的造假危害更大：它好比为了局部利益，大量伐木取材，破坏自然生态环境，其所获之利乘以百倍、千倍，十年乃至二十年也不能弥补其损失。

企业进行质量体系认证和产品认证本身并没有错，错的是我们企业急功近利的思想。因此质量文化的培育不可或缺。

品质是企业的生命，技术是力量的源泉。"追求用户的满意度"是 Panasonic 的服务宗旨。Panasonic 拥有完善的质量认证体系和高素质的技术服务队伍。产品的高质量不仅在中国而且在世界都获得了高度评价。决定这一切的是 Panasonic 长年积累的高精技术、稳定供货的最尖端生产体系，生产线每一个环节所进行的严格质量管理，依靠高精度的设计在各道工序进行严格的质量检验，以及众多受过专业训练的优秀人才和尖端的生产设备。

松下"五设一体"思想提供优质商品的理念，为了抓住庞大的中国市场，满足13亿人口的个性化需求，创造舒适的商品，建立"五设一体"思想。从市场需求调查、功能开发、灯具设计，到商品生产、工序管理，再到给设计者的提案，强大的综合能力确保了中国 Panasonic 产品的高品质和高信誉度。用科学的高精度分析技术保证商品品质，在商品技术开发中广泛应用计算机进行配光、节能、使用寿命、环境适应及安全系统等方面的设计，对每一道工序进行严格的品质控制，对完成品进行100%的检查，世界最先进的光强分布测量仪，对光源和灯具的光学参数进行快速、准确的测量，提供科学精确的数据，对升降机进行严格的机械性能测试，以满足各种场合的苛刻需求。

质量是基础，是企业生存的根本，是企业竞争的第一要素。当今世界上最成功的企业与同行相比，几乎都具有明显的质量优势，而许多企业也正是由于质量水平低下导致失败。欲使经济持续、稳定、高速增长，在生产和服务领域，一方面，要不断采用高技术，开发新产品，满足社会新的需求；另一方面，必须提高产品和服务的质量档次，以扩大产品国内外市场份额。不断提升产品和服务品质，强调产品质量的重要性，只有产品质量好，才能增加经营者自身的营销信心，才能赢得顾客。

提高经济效益是企业经营的主要目标，而提高企业的产品质量和质量管理水平是其关键因素之一。只有减少与质量有关的损失，对效益才有贡献。质量损失包括产品在整个生命周期过程中，由于质量不满足规定要求，对生产者、消费者和社会所造成的全部损失之和。它存在于产品的设计、制造、销售、使用直至报废的全过程，涉及生产者、消费者和整个社会的利益。市场经济为企业创造了良好的机遇，也给企业管理带来了严峻的挑战。然而，只要不断提高自身的质量意识，并将其渗入我们的企业文化，炼好"内功"，企业就能坚强，就能壮大，就能长久。

● 思考题

1. 松下集团的核心经营之道是什么？凭借什么来营造百年企业？

2. 销售手段很吸引人，但是质量不乐观，你会如何做选择？为什么？

3. 工业企业应该如何进行全面质量管理？

● 参考文献

［1］杨慧丹. 企业质量管理与质量战略研究 ［D］. 武汉理工大学硕士学位论文，2002.

［2］S.Thomas Foster. 质量管理：整合供应链 ［M］. 何桢译. 北京：中国人民大学出版社，2013.

［3］James R.Evans，William M.Lindsay. 质量管理与质量控制 ［M］. 焦叔斌译. 北京：中国人民大学出版社，2010.

［4］郭彬. 创造价值的质量管理 ［M］. 北京：机械工业出版社，2014.

［5］康先德. 新编全面质量管理学 ［M］. 北京：中国水利电出版社，2012.

［6］韩之俊，许前，钟晓芳. 质量管理 ［M］. 北京：中国环境科学出版社，2009.

［7］张波，陈标鹏. 关于我国企业加强质量文化建设的几点思考 ［J］. 特区经济，2012（11）：299-300.

［8］杨辉. 企业质量文化刍议 ［J］. 航天标准化，2005（5）：21-26.

［9］焦燕，李铁治. 论企业质量文化的建设途径 ［J］. 技术与创新管理，2010（1）：93-95.

[10] 张芹, 徐珊. 日本"以人为本"质量文化对我国企业质量文化建设的启示 [J]. 标准科学, 2012 (12): 23-27.

● 推荐读物

[1] 刘光明. 新商业伦理学 [M]. 北京: 经济管理出版社, 2012.

[2] 刘光明. 新编企业文化案例 [M]. 北京: 经济管理出版社, 2011.

[3] 刘光明. 企业文化与企业人文指标体系 [M]. 北京: 经济管理出版社, 2011.

第12章　工业文化与社会责任

● 章首案例：金誉和西子企业社会责任的实施与发布

西子董事长王水福强调："一个没有社会责任的企业，是没有未来的。"在此理念的指导下，2007 年，西子联合发布国内首份民营企业社会责任报告，明确提出可持续发展、诚信与治理、公益慈善、健康与安全、环境保护五大社会责任，并号召全体员工"为国家富强、为社会和谐、为企业健康"贡献力量。

西子一直坚持可持续发展和诚信经营，坚持走环境、资源、公司经营三者平衡发展、和谐促进的道路，将健康安全问题作为发展的起点，承诺提供高品质的产品和服务，以确保客户的使用安全和人身健康，以诚信经营为前提，恪守商业道德规范，生产高品质产品，承担为社会大众服务的责任。

同时，西子致力于社会公益和环境保护事业，王水福认为，公益事业是全社会的共同事业，关注公益事业的发展是每家企业不可推卸的社会责任。西子人满怀感恩之心，始终坚持把公益事业的发展看作自己企业发展的一部分。保护地球环境是西子一直以来承担的重要责任之一，西子尊重自然、生产绿色环保产品、减少浪费和污染物排放，通过实施积极的环境保护和恢复活动，实现人与自然的和谐共生。

西子董事长王水福是一位具有开拓精神和强力创新意识、与时俱进、奋发有为的民营企业家。自 1981 年以来，其在担任杭州西子电梯厂厂长，西子电梯集团有限公司董事长、总裁，西子联合控股股份有限公司董事长的 30 余年中，通过体制创新、科技创新和管理创新、加速人力资源的开发和培养，积极参与国际分工，走合资合作道路，增强了企业的核心竞争力。他认为领导才能是关键的，确保企业发展方向。从而将一家村办农机小厂发展成为以电（扶）梯及配件、锅炉、立体车库为产业，涉足房地产、金融证券、生物技术、风险投资等领域的大型企业集团。

作为一名有着强烈责任感和事业心的企业家，王水福 20 多年来一直把自己和西子的事业紧密联系在一起，兢兢业业，劳心劳力，他把全部身心都放在企业发展上。而在西子走向辉煌的每一个脚印里，也都凝聚了王水福身上所独具的企业家精神和人格魅力。

以人为本是西子成功的根本,人才培养是根本,奠定企业百年根基。西子积极寻找"志同道合"的伙伴,致力于引进与企业文化相契合的优秀人才。西子将团队合作、恪尽职守、主动学习、持续精益作为对人才基本的胜任力要求。

人才选拔方面,西子强调以绩效发展为导向,坚持以人为本,量才使用,提升员工绩效,发掘其潜力,对员工实行人性化管理,加强团队建设。西子制定了以结果为导向的绩效管理制度,并根据这一标准对员工进行奖励。在每一个级别设立相应合理的目标和标准,对员工表现给予公平一致的奖励。

在员工培养方面,西子为全体员工量身定制学习发展项目,将员工的技能评估、学习方案设计、晋升与调薪有机地结合在一起。同时,公司为员工设计了清晰的职业发展通道和接班人计划,在管理人员的培养方面坚持70%内部提拔、30%外部引进的原则,为员工的学习与发展奠定了一个扎实的基础。

为了巩固员工队伍,配合杰出的运营绩效表现,西子为员工提供多元化并具有竞争力的薪酬福利,秉持与员工利润共享的理念,提供相应的福利用以保障员工的权益。主要包括:提供全面薪酬解决方案;健全的劳保、健保制度,养老保险、医疗保险、失业保险、工伤保险、生育保险、补充商业保险、住房公积金等;完全符合国家标准的休息休假和带薪年假制度、为驻外人员投保门诊险,让员工工作更加安心。

合作学习是基础,推动企业飞速发展,西子的经营理念是"合作重于竞争",这既是王水福一直以来带领西子不断发展、立足于中国民营企业500强的理念,也是西子30年来蓬勃发展的经验总结。

"合作重于竞争"是西子集团企业文化的精髓。合作是一种策略,不是目的。合作的目的是引进外资,引进先进技术和科学管理理念,提高企业员工的整体素质,增强企业实力和核心竞争能力,提升产品市场占有率,这样有利于创立国际品牌,把西子集团打造成为世界一流的制造业基地。

面向21世纪,西子联合将坚持走合资合作的道路。对内,联合所有西子人的智慧和力量,充分利用西子的制造基础、合作理念、管理水平、人力资源、经营机制、融资能力和发展平台等自身优势,建立国家高技能教育培训基地,建立一流的西子人才高地,打造一流的西子品牌;对外,联合世界优秀企业,走跨国合作的国际化道路——西子的电梯与美国OTIS合作已经取得了丰硕的成果,西子还将与德国合资成立一家超声波公司,在车库方面与日本合作,锅炉业打算与法国合作,盾构方面则准备与日本三菱合作等,通过资源整合,引进国际运作资本、技术、管理等。在合作中求生存,在合作中求发展,在合作中学习,在学习中创新,不断提高自身素质,增强自身的国际竞争力。

总之，以王水福为核心的西子领导集体，将质量管理与企业转型升级、低碳节能减排、企业社会责任等理念有机地融合在一起，走出了一条中国企业成功转型的创新道路，这对于中国其他探索转型道路，谋求进一步发展的企业来说有很好的借鉴价值，学习和推广西子经验，有助于在全国企业界树立质量为先的经营管理理念，提升中国产品整体质量水平，进一步推动中国制造由"量"的优势向"质"的优势转变，推动中国经济健康发展。

12.1　工业文化与企业社会责任

　　大力宣传、弘扬工业文化本身就是企业社会责任的重要内容。随着中国社会处在转型升级的大环境下，中国企业进入了广泛参与国际市场、直面强大的跨国公司竞争的局面。支撑中国经济 30 多年快速增长的因素发生了重大变化，传统经营理念遭遇更严峻的挑战。对于中国民营企业而言，加快企业结构调整，促进产品升级换代，提升企业产品质量，是突破危机难关迈向国际化的重要标志。西子联合控股有限公司董事长王水福认为，转型升级可以促进企业品质的提升，提升品质有利于增强企业的核心竞争力、国际竞争力，从而创造出显著的经济效益和社会效益。我国企业必须加快提升产品质量和品质，通过产业结构调整、加强自主创新能力、提高服务水平等实现大的战略转移，走上产业集群化、规模化的发展之路。

12.1.1　用工业文化与企业社会责任统领企业发展

　　西子联合控股有限公司是一家以装备制造为主，跨行业经营的综合性企业集团，它的经营范围横跨三大产业，旗下产业涵盖电梯、繁体部件、立体停车库、起重机、钢结构、锅炉、航空、商业、房产、金融投资等多个领域，在传统和新兴产业领域都有着出色的表现。同时，西子是全国第一家全面地、科学地、系统地实施企业社会责任的民营企业。2007 年，西子联合发布国内首份民营企业社会责任报告，明确提出可持续发展、诚信与治理、公益慈善、健康与安全、环境保护五大社会责任，并号召全体员工"为国家富强、为社会和谐、为企业健康"贡献力量。凭借着自强不息的创业精神，坚持走合作发展的成长道路，西子人创造了跨越式发展的西子速度。经过 30 年的风雨洗礼，西子联合从最初的村办小厂，成长为中国电梯行业的龙头企业，业务领域扩展至整个装备

制造业，并涉足现代服务业和现代农业，它的成功既得益于西子人锐意进取、积极向上的工作作风，也得益于董事长王水福一直倡导的用转型升级理念统领企业发展的经营理念。

西子联合控股有限公司的发展是业务重点逐渐转移和经营理念不断完善的过程，随着中国市场经济的不断发展和西子人的不懈追求，西子走出了一条通过转型升级提升企业竞争力，从而持续适应不断变化的企业发展环境，最终在市场竞争中把握主动的发展道路。

12.1.1.1 转型升级中转变人力资源管理方式

"以人为本"是西子联合成功的关键因素。王水福在西子转型升级中坚持"企业转型升级必然促使人才结构调整，而人才结构调整又推动着企业转型升级，企业人才结构与转型升级的相互作用推进企业战略目标的有效实现"的理念，高度重视人力资源管理方式的转变，注重对人才的培养，为每位员工量身定制学习发展项目，将员工的技能评估、学习方案设计、晋升与调薪有机地结合在一起。同时，公司为员工设计了清晰的职业发展通道和接班人计划，在管理人员和培养方面坚持70%内部提拔，30%外部引进的原则，为员工的学习与发展奠定了一个扎实的基础。

西子每年用于员工的教育培训费以50%的速度递增，通过定期请国内外专家为一线员工授课，送员工到海外的大学学习，选派优秀员工到英国、德国接受短期教育培训等方式促进员工学习，提高员工的工作能力和职业素养。一年下来，仅下属的杭州西子奥的斯电梯有限公司就花费600多万元员工教育培训费用。2006年，西子孚信进一步加强团队系统管理能力和专业知识教育培训，邀请行业内外专家授课，同时组建公司内培训师队伍，推行鼓励政策促进知识经验的分享。全年共举办各类教育培训230余次，累计教育培训学时达14000余课时，教育培训总投入在2005年的基础上增长100%以上。

12.1.1.2 以企业社会责任为中心实施企业文化

企业文化是推动企业发展不可或缺的软实力，它是以企业价值理念为核心，通过激发员工自觉行为而起作用的文化力量。在企业发展的不同阶段，创新、创造首先来自企业文化转型，企业文化建设是实现转型升级战略目标的有力保障，而企业文化转型的目的是促进企业转型升级，塑造核心竞争力。西子正是走了这样一条路，"西子创造"的动力来自西子的创新文化，来自将创新理念，包括体制、制度、管理、个人创新，渗透到企业的各个环节和领域。

首先，企业的发展离不开合作与诚信。

合作的前提就是诚信，一定要在诚信的基础上展开合作，这样才会双赢，才会成功。诚信是立足社会的根本和未来生存的源泉。西子人始终秉持建立个人和企业良好信誉是资产负债表中见不到但价值无限的资产的信念，通过建立个人和企业的信用，体现西子的知识、诚信和人格魅力，西子打造的企业商标就是长期信用积累的无形资产，这些资产是过去的、现在的，更是未来的，是西子信用和品质的象征，更是西子保持长远发展、立于不败之地的有力保障。

其次，鼓励员工学习与创新。

给企业打上"学习型"的烙印，王水福既是追求者也是实践者。他非常重视读书学习，西子联合控股公司始终把学习放在重要位置。王水福不仅身体力行、率先示范，还经常向管理层推荐学习书目，如《没有任何借口》、《把信送给加西亚》等管理书籍，并要求写出学习心得，然后在读书会上讨论交流。在他的循循善诱之下，公司始终保持着全员学习的氛围，这对提高企业执行力产生了极大的推动作用。西子每年选送一批优秀员工到美国 OTIS 大学教育培训。

最后，企业文化服务制度完善与人才培养。

打造百年西子是王水福的梦想，梦想要实现就要有实际的内容。王水福认为，关键在于制度和人才。西子通过一系列严谨、规范的制度，保证企业按照规定的路线，朝着既定的目标前进。同时，西子从多方面进行人才培养，基于这样的思想，王水福热衷于企业文化建设，热衷于办学、办研究院。经过两年的酝酿、半年的策划、四个月的准备，西子联合大学正式开学。王水福介绍他创办西子联合大学的目的：一是培养人才，希望这所学校成为西子的"黄埔军校"，成为西子 CEO 的摇篮，而培养人才的目的是使企业能够长寿，成为百年企业；二是统一思想、文化和价值观，形成团队。

王水福最大的愿望是"西子"能成为一家百年企业，而打造百年企业的关键不是资金，而是文化。多学、多走、多看，集思广益，这样才能更清楚地看到并把握企业发展的方向。

12.1.1.3　转变能源利用方式

在能源利用方式转型方面，西子一贯以节能为己任，致力于在创建节约型社会中发挥先锋作用，坚持通过自主创新，走节能减排、绿色发展之路，关注资源、环境和增长方式的可持续性。为此，西子不仅自觉控制对环境的污染、降低能源消耗，而且重视对绿色技术的投入，不断开发、制造和推广节能环保产品，通过技术创新引领全行业绿色技术进步方向，推动全社会节能环保意识提升。

2006 年 11 月，Regen 能源再生电梯正式通过了国家标准的测试，被业内权威专家鉴定为"在中低速电梯减少能耗方面达到了国际领先水平"。根据实地测试，首批投入使用的 Regen 能源再生电梯综合节能可达 55%，为当时市场上最节能的电梯。西子最节能电梯的成功交付使用，突破了能源再生型电梯节能技术只能应用于高速电梯领域的局限，第一次将能源回馈技术应用于中低速电梯领域，其产生的行业影响自然不可小视；与此同时，在企业层面，以西子奥的斯为代表的行业巨头西子联合已于同行之先，预见并抢占了"节能减排"市场，着手布局以节能型产品为核心竞争力的战略转型。事实上，从2002年率先推出第一代无齿轮节能电梯——OH5000开始，西子奥的斯以节能型产品为核心竞争力构成的战略布局已经初见端倪。

西子联合在节能减排方面的努力也受到了国家和其他企业的关注，并获得了一系列荣誉。150T/D垃圾焚烧与高温余热锅炉获得国家科技进步二等奖、国家"八五"科技攻关重大成果奖。二段往复式生活垃圾焚烧炉与高温余热锅炉获得中国机械工业联合会中国机械工程学会二等奖等。

12.1.1.4 提升产品质量

在产品质量提升方面，西子奥的斯引进了ACE质量管理模式，实行全面的质量管理，不断挖掘问题的根源，不断解决问题。西子奥的斯电梯的品质来源于专业的设计、工艺、人员、物料、流程、验证和环境等各方面要素。仅以一体化控制柜为例，就须通过19种可靠性测试。同时西子认为，成为卓越服务领导者的理想必须体现在每位员工的行动当中。在西子奥的斯，所有员工必须遵循"把安全放在首位"、"迅速对客户的要求做出反应"、"及时准确地兑现承诺"等12条卓越服务准则。

产品质量是西子占领市场的最有力武器。品质卓越是西子品牌运作的基石，是企业开拓国内外市场的物质基础，更是加快企业转型升级的必经之路。只有保证产品品质的稳定优良，才能赢得消费者和客户的充分信赖，从而在竞争残酷的商海中立于不败之地。

多年来，西子始终坚持"品质是和平占领市场的最有力武器"的理念，狠抓质量管理，严格过程控制，使产品品质达到世界和国家一流水平。1998年，西子被评为浙江省名牌产品、浙江省著名商标；2003年，中国质量协会授予西子"全国质量效益型先进企业"荣誉称号；2008年，"XIZI"商标被认定为中国驰名商标。西子提升产品质量的经验有三条。

首先，卓越品质奠定品牌基石。

西子公司拥有健全的质量管理体系，公司从高管到每道工序的员工均有相应的质量目标责任制，形成了全员参与质量管理的局面，公司积极鼓励部门开展全面质量管理活动，采用科学的统计方法，对在生产经营管理中遇到的问题进行探索攻关，创造了良好的经济效益。为了进一步提高管理水平，创名牌，出精品，增强企业的核心竞争力，西子制定了"名牌带动战略"，把提高产品质量、提升顾客满意度作为企业工作的重中之重。

其次，自主创新打造坚实内核。

品牌是创新的结晶，自主创新是提升品牌吸引力和竞争力的必由之路。近年来，西子联合大力推进科技创新战略，为公司品牌建设和产业升级提供了内在动力。目前，西子联合拥有已经授权专利 75 项，其中有自主知识产权的专利占到 57%；正在受理的 120 项发明和实用新型专利中，西子联合拥有自主知识产权的专利占到 47.5%。

最后，产学研结合助力产业升级。

以产业技术升级为重点，以产学研结合为手段，公司加速科技成果向现实生产力转化，在行业技术进步中起到示范和带头作用。

西子联合常年与国内高等院校、科研院所开展交流合作，充分发挥高校、科研院所的资源优势，加快公司人才引进、人才培养、科技转让和技术难题攻关步伐。2007 年，为了培养和储备人力资源，西子联合注册成立西子研究院，计划充分依托杭锅集团省级技术中心、西子电梯省级技术中心、院士工作站、科研机构协助下属企业解决制造过程的技术、质量问题并逐步向前瞻性产品研发、前沿性技术应用方向迈进。在西子研究院院士工作站成立之际，公司同时聘请了两位中外院士。受聘的两位院士分别是西安交通大学热能工程系教授中国工程院林宗虎院士和俄罗斯工程科学院副院长费达托福院士。此外，西子将"人"看作一切创造力的原点，鼓励创新，在公司内部努力营造拥抱创新、鼓励尝试、积极进取的工作氛围，让西子联合成为孕育创新的土壤。

12.1.2 富而思进的经营之道

西子总裁王水福是一位具有开拓精神和强烈创新意识、与时俱进、奋发有为的民营企业家。作为一名有着强烈责任心和事业心的企业家，王水福 30 多年来始终将西子看作自己的第二生命，将自己和西子紧密地联系在一起，将全部身心都放在企业的发展上，为西子的发展做出了卓越贡献。

王水福曾经说过："30 年前浙商穷则思变，30 年后的今天，浙商要想的是富而思进。"30 多年的发展中西子获得了一系列成就，如为全世界造电梯和电梯部件；为中国 C919 大型客机和美国赛斯纳运动型飞机造零部件；和绿城合作房地产；控股百大，涉足百货业；为杭州的地铁造盾构机；等等。富而思进是转型理念的集中体现，这也在很大程度上说明了为什么西子能在激烈的市场竞争中走出一条转型发展的道路。

12.1.2.1 企业角色的变革

中国企业正从配角变为主角，从舞台边缘走向舞台中心，这是必然的趋势，金融危机加快了这个趋势发展的速度。这是新的机遇也是挑战，这里包括两方面的意思：一是要拓宽视野，用全球化的视角重新思考企业的发展战略，在全球范围内合理配置和利用资源，在全球范围找比西子更优秀、更专业的企业，与它们合作。西子与奥的斯、石川岛等国外企业的合作就是这样的例子。二是原来作为边缘的配角，关注度不高，要求不高，比如品质不是很好也过得去，甚至有的企业干脆"打一枪换一个地方"。现在作为核心的主角，在世界舞台的聚光灯下，一举一动都在众人的注视中，要求高很多。必须用世界标准要求自己，用最负责的态度接受最苛刻的客户考验。西子提出要把产品卖到日本去，就是要用最苛刻的客户要求检验西子的能力，寻找差距，全面地提升产品的品质。

12.1.2.2　企业家角色的变革

传统企业家几乎都是白手起家，习惯什么事情都自己管理，什么事情都自己做，也就是事必躬亲。但是，进入知识经济时代以后，传统企业家的知识结构很难完全赶上时代的发展速度，依靠曾经积累的经验或者直觉已经无法应对企业发展和运营中出现的各种复杂问题，同时，作为企业家个人，既要关注企业的发展战略，又要负责企业实际运营的具体事务，势必会影响企业的长远发展。因此，作为现代企业的掌舵者，企业家们必须转变观念，改变已有的角色和行为习惯，一是退出企业的具体运营事务管理，给予拥有更多知识储备、具备更强思维能力和活力的年轻人机会；二是选择专业的人做专业的事情，吸收引进各类专业人才，从整体上提高企业人才储备，为企业的长远发展打下坚实的基础。

12.1.2.3　企业竞争方式的变革

中国传统制造业有着太大规模的产能，但在产品质量方面却差强人意，这就导致了严重的产能过剩，导致企业不得不陷入价格竞争、同质化竞争的"红海"。因此，应对产能过剩危机，转变企业的产业结构，促进企业转型升级，开辟企业发展的"蓝海"，是制造业企业获得新的发展机遇和前景的必然选择。

王水福认为品牌化和品质化一定是未来市场竞争的主导，他对企业变革和转型有着自己独到的见解，他提出企业之所以被市场淘汰，就是因为只知道习惯性地满足市场需求，而不是引领市场发展。人的惯性思维很重要，惯性思维不变，行为就没有办法变。而变革本身，对于企业来说往往是个痛苦的过程。

12.2　工业文化与制度建设

对企业来说，好的制度能够使员工积极工作，促进企业快速发展，不好的制度能够使人们的工作积极性降低，阻碍企业的发展。所以，企业的发展需要建立和不断修改、完善企业的规章制度，形成适应员工、适应企业、适应社会的制度体系。要做成世界一流的企业，除了有激情，还得有一套先进的企业制度，具体而言，就是"安全、道德、内控"。建立符合现代企业发展规律的制度体系是当前中国企业变革的重点之一。

多年来，西子的电梯业务一直在努力经营日本市场，并聘请了多位日本专家常年为他们的电梯部件产品的质量把关，这并非因为日本有着广阔的市场前景，更重要的是西子认为日本市场小且挑剔，非常难以进入，只有进入日本市场，才能证明产品的质量过硬，这是完善企业制度、提升产品品质的一块良好试验田。

企业制度建设一是可以保障企业的运作有序化、规范化，将纠纷降低到最低限度，降低企业的经营运作成本，增强企业的竞争实力；二是可以防止管理的任意性，保护职工的合法权益，制定和实施合理的规章制度，满足职工公平感需要；三是能使员工行为规矩，不偏离企业的发展方向。通过合理的设置权利、义务和责任，使职工能预测到自己的行为和努力的后果，激励员工为企业的目标和使命努力奋斗。

建立和完善企业规章制度是一家企业发展、强大的重要保证。企业制度的建立和完善，不仅对一些具体的和工作中的薄弱环节起到了制度化形式管理和推动，同时进一步挖掘了员工的潜能，调动了员工工作的主动性。西子总裁王水福在谈到企业制度建设时说："公司要建立一套健全的规章制度，正如一个人要有健全的四肢及协调性，各司其职，按章办事。一家企业更是如此，管理制度是否健全尤为重要，制度是企业发展之根本，一家企业如果没有健全的制度其发展空间是非常狭隘的，更重要的是企业形象要通过一系列看似繁杂的制度中体现出来的，因此，建立一套健全并行之有效的企业管理制度是企业发展的法宝。"

创新是灵魂、动力、源泉。西子的成功源于它实施了一套规范与创新性的企业管理制度，西子秉承"以人为本"的理念，鼓励一切创新的因素充分涌流。企业要想在日益激烈的市场竞争中立足，就要遵从原则，遵从市场行为准则，遵从政策法规要求，符合现代企业经营管理的需要，致力于促进企业的可持续发展，涵盖企业组织和运行、企业文化，提供产品以及营销管理的全过程，努力实现企业内部资源合理配置，最大限度挖掘潜力，发挥效能。

12.2.1 人才培养的制度建设

企业培养人才，人才"反哺"企业。这是西子联合围绕"寻找人才、培养人才"开展人才培养工作后，取得的实实在在的成效。不仅如此，在西子联合党组织的指导下，集团专门开设健康办公室关爱员工健康，建立创新机制加速企业成长，西子联合的发展之路因此越走越宽，员工们的职业舞台也越来越精彩。西子涉足航空的目的之一，就在于用航空产品的严格生产管理，提升西子现有产品的品质。在人才培养方面，王水福提出了总经理、总工程师、总质量师三方面平衡发展的观点，指出了总工程师和总质量师在控制和提升产品质量方面应起到的不可替代的作用。为了严格把控质量，王水福特别强调了车间主任的重要性。在他带领的集团中就有专门教育培训车间主任的学校——西子联合大学，到目前为止已培养 300 多人。

企业是由人组成的集合体。破解"企"字，有一个精当的说法，"有人则企，无人则止"。可见人才是企业发展非常重要的战略资源。成功的企业，必然是能不断凝聚和持续造就高素质人才的企业。培养人才的结果，就企业而言，是生产力和竞争力的增强；就员工而言，是工作生活质量和人生满意程度的提高。企业不单单生产产品，更造就人才。企业的竞争力说到底是人才的竞争，如何开发人才、培养人才和使用人才，充分发挥人才的积极作用，是王水福始终考虑的重要课题。

近年来，由于人才供应结构和培养模式的原因，职业技术人才的供应量短缺问题越来越成为制造业企业面临的难题，西子联合将职业技术人才的培养提升到企业发展战略层面，推出人才培养计划，有的放矢地解决了技术人才短缺的问题。2012 年 9 月，西子奥的斯电梯学院淮安信息职业技术学院电梯班正式开班，该班设置在"电气工程系"下，计划挑选 100 余名大一新生及师资力量，这一次的校企合作是对奥的斯注重人才这一核心战略的传承与发展。其实早在六年前，西子奥的斯就与淮安信息职业技术学院进行校企合作，期间共入职 100 余名学员。六年中，西子奥的斯为了教育培训学有所用的专业人才，为学生们量身定制了职业发展计划，将企业文化、产品理念带入基础教学中，并将服务技能与实践操作相结合。这样做的目的是让学生在正式入职前就具备与岗位相匹配的专业技能，最大程度地缩短从学校迈向社会的过渡期，为他们的职业生涯奠定坚实的基础。西子联合与淮安信息职业技术学院的合作不仅为学院最具基础和优势的机电类专业组群的建设与发展提供机遇和空间，更有利于促进学院和企业共同发挥各自优势，在高素质技能型人才培养上创造成果。

此外，西子联合还创办了西子联合大学和西子研究院，以此来培养西子的高端人才。一方面王水福希望将两所院校建成西子 CEO 的摇篮，为西子的长远发展做好人才储备，成就百年西子的梦想；另一方面，在培养人才的同时，统一思想、文化和价值观，形成团结、合作的团队，为西子联合成为常青树提供保障。

12.2.2　质量控制的制度建设

中国的家电业在数量上早已成为世界第一，但是一提及产品质量，中国制造一直是廉价低品质的代名词。"中国质量管理之父"刘源张院士说过："缺乏认真和诚信是中国质量问题的癌症。"质量是一家企业和平占领市场的最有力武器，在产品质量管理上，西子强调培养好的人品、做高品质的产品，还有高品质的服务。王水福认为对待客户要像处理家庭关系一样，夫妻俩不能讲道理，讲的是情理，对客户就要像对妻子一样，客户永远都是对的！西子联合控股公司精通于资本运作，除了主业，还控股百大涉足百货业，联手绿城涉足房地产，但是其核心目标却只有一个，走向高端装备制造业，做细分市场的"隐形冠军"。王水福领导下的西子一直潜心实业，通过各种转型升级提升技术水平和产品品质。

西子形成全方位的清洁生产理念，已经刻不容缓。西子见证了中国电梯从传统有齿轮电梯到无齿轮绿色电梯的整个转变历程，提出了众多电梯能耗问题的解决方案，并已成为推动行业革命的先锋和主力军。

西子奥的斯 2003 年成功推出以绿色健康为主题的新产品——OH5000 系列无齿轮电梯产品。经实验测试，在相同工况下，无齿轮电梯较有齿轮电梯平均节能可达 30%，而且消除了脏物污染和噪声污染，使运行环境更为清洁和幽静。

西子奥的斯的另一环保节能产品 XO-8000 高速无齿轮乘客电梯采用奥的斯原装高速无齿轮曳引机，除继承了通用无齿轮曳引机的节能、绿色环保等特点外，还通过采用高品质滤波装置，消除了电磁干扰，使电梯对建筑环境的影响降到最小。

截至目前，西子联合已经为美国赛斯纳公司交付了 150 架小型飞机的零部件，这些飞机 80%的机械加工零件和 100%的复合材料部件，来自西子联合控股旗下的西子航空板块。众所周知，航空产品的不合格率是汽车、电梯、医疗机械产品的千分之一。如果一个人每天坐一次飞机，那么需要 13698 年才会遇上一次飞机事故。而欧洲空客公司的质量监管人员是法国政府直接派驻的。因为空客公司的产品质量已经提高到了国家层面，如果空客公司有质量问题了，那么国家的声誉也会受到影响。空客部件供应商集中代表了制造业的质量水平。

2009 年 5 月，西子已经成功跻身中国 C919 大型客机机体结构的一级供应商。能与这样的国际顶尖航空制造企业成功合作，意味着西子有更多的机会学习世界领先的质量管理体系，加快培育西子的航空制造板块，同时促进西子现有产业的转型升级。

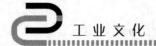

工业文化

12.2.3 转型升级与制度配套

从制造电梯到制造飞机航天设备，王水福所走的企业升级道路，就是紧抓科研、设计，并提高质量，走高附加值路线，尽快与世界先进接轨。西子的升级大体分为两次：第一次是由乡镇小企业向现代大企业升级，所采取的方式是通过"合资合作"引入世界500强企业（特别是奥的斯公司）的先进管理方式和生产技术，再将引入的管理理念和生产技术在西子旗下的公司中推广，提升西子联合的整体管理水平和产品质量水平。即在"微笑曲线"上向左移动。第二次是由传统制造业向高端制造业升级，所采取的方式是利用企业在技术和资金上的积累进入全新的飞机装备制造领域，通过提升企业生产加工能力（产品品质）、学习外国经验，在国内生产领域开始全新的尝试。即使"微笑曲线"整体向上平移。

2003年3月12日，杭州锅炉集团正式加盟西子，是西子的技术和管理转型升级的一次成功尝试。西子的业务拓展遵循两个原则：首先是收购企业具备厚重的技术研发基础；其次是产品具备差异化的卖点并且拥有一定的市场垄断特性。杭州锅炉正是基础产业中具备这两点的典型。

"西子未来的发展方向是从生产型公司转到管理型公司"。在这种思想的指引下，每一次新领域的开拓都可以看作西子革命性转型的重要步骤，而面对这些尚陌生的新行业，借助业内领军人物的力量无疑是一条"短平快"的速成之道。

"'天上飞，地下钻'一直是西子的产业梦想，也是我的梦想"。这是西子联合控股集团递交标书后，董事长王水福向"大飞机项目组"去信说的话。经过西子人的不懈努力，梦想照进现实，中国商用飞机有限公司在上海举行大型客机C919机体供应商理解备忘录签约仪式，作为9家供应商中唯一的民营企业，西子联合总裁陈夏鑫落笔签字。制造业发展的最终归宿在于技术和工艺的不断提升，最终完成向高端制造的转变。在投机泛滥、机会主义盛行的时代，西子提出要回到根本——制造业。经历了长达30余年的发展之后，西子联合提出走高端制造路线，事实上，这不仅是一个企业的追求，更代表了一个制造大国在反思之后做出的重要战略抉择。中国制造业进入世界市场已有近30年，但习惯于急功近利的发展模式使中国的制造业在高端领域一直建树匮乏。作为中国第一家拿到大飞机项目许可证的民营企业，西子联合提出了"十年不赚钱"的口号，专心提升技术水平和管理水平。

目前，西子航空板块已拥有浙江西子航空、沈阳西子航空、浙江西子航空紧固件三家公司，主要承担C919大飞机舱门工作包与航空紧固件的研制、生产任务及美国赛斯纳L162运动型飞机等商用飞机的数控机加、复材制件和部件装配。而对西子联合的长

304

期发展来说，大飞机制造只是其发展装备制造业的一部分。西子还希望能结合杭锅集团在地铁盾构机上的研发和制造能力，实现西子"天上飞、地下钻"的产业梦想。

12.2.4　转型中的自主创新理念

中国已经成为全球最大的消费品生产及出口国，在进入世界贸易组织后，日益激烈的国际贸易竞争激励中国制造业企业全面关注和提高自身的综合竞争力，当今世界科学技术发展日新月异，市场竞争日益激烈。归根结底，竞争的核心是科学技术和质量。毋庸置疑，科学技术是第一生产力，而质量则是社会物质财富的重要内容。

创新是魂，质量为本。西子联合以自己的实际行动彰显着对自主创新和卓越品质的一贯追求和坚守。胡锦涛同志在视察西子联合时指出，要坚持把节能减排作为调整经济结构、转变发展方式的重要抓手，大力发展循环经济，积极开发和推广应用资源节约、替代、循环利用的先进适用技术，确保实现节能减排目标，真正做到可持续发展。这是对西子联合一直以来转型发展之路的肯定与支持。

经过企业的业务调整和升级改造，西子联合目前已经形成横跨电（扶）梯及配件、锅炉、立体车库、起重机、房地产、金融等领域，年销售收入已达 80 亿元。为了大力营造勇于创新、尊重创新和激励创新的文化氛围，提升企业的核心竞争力，公司已连续六年表彰和奖励对企业技术及管理创新做出贡献的科技人员和管理人员。

在尊重创新、鼓励创新的文化氛围下，西子联合技术创新实力不断增强，尤其是在节能减排方面的成绩突出，如在开发城市生活垃圾和锅炉烟气处理方面成绩显著。150T/D 垃圾焚烧锅炉获国家科技进步二等奖、国家"八五"科技攻关重大成果奖；二段往复式生活垃圾焚烧炉与高温余热锅炉获中国机械工业联合会中国机械工程学会二等奖。同时还承担了建设部科技司组织的"十一五"国家科技支撑计划"生活垃圾综合处理与资源化利用技术研究示范项目——大型垃圾焚烧发电技术和二次污染控制集成与关键装备研究"的课题，正在开发危险废弃物成套处理设备和垃圾污泥处理设备研发工作。

据了解，目前西子联合拥有已授权专利 75 项，其中自主知识产权的专利占 57%；目前正在受理的 120 项发明和实用新型专利中，西子联合拥有自主知识产权的专利占到47.5%。

人是创新的主体。为了培养和储备人力资源，早在 2007 年初，西子联合就注册成立西子研究院，计划充分依托杭锅集团省级技术中心、西子电梯省级技术中心、院士工作站、科研机构，协助下属企业解决制造过程中的技术、质量问题，并逐步向前瞻性产品研发、前沿性技术应用方向迈进。新型节能锅炉、隧道盾构、高速电梯部件、智能化停车设备等行业领先的技术与产品都成为研究院的研发方向。

在王水福的管理理念中，对于管理层，要容忍创新上的失败；对于科技人员，要永葆创新精神，防止惯性思维；对于年轻人，要保持激情，充分吸收新理念、新技术。企业的整个文化氛围就是要激发人才的创新热情。同时，西子联合还广泛联系国内外专家学者，加强科技创新体系建设，实现科技和产业对接，积极引进人才、引进智力、引进项目，为提升西子联合的创新能力和产品质量提供技术支持和技术服务。

12.2.5　工业文化与倡导社会责任

一家企业怎样才能经营百年而不衰？发展之余，企业应该树立盈利之外的经营目标，应该有其所应尽到的企业责任，以此统一思想，明确方向，才能实现基业长青的愿景。当很多企业家还只是从他们的讲话稿中念出"社会责任"一词时，旗下拥有西子奥的斯、杭锅集团等众多企业的西子联合就已经在 2007 年初发布了一份系统的企业社会责任报告，将"企业社会责任"作为其文化的核心内涵向全社会宣示。王水福坦言，这份社会责任报告对于总资产 80 亿元、员工近 6000 人、2006 年销售收入超过 80 亿元、上交国家税收 6.49 亿元的西子联合本身来说是一种约束，是借由将西子联合的战略目标和社会责任公诸于众，使西子联合的企业行为处于全社会的监督之下。

要打造百年企业，就必须有这么一个总纲来统领，健康的企业必须是承担社会责任的企业，有道德、有良心的企业。道德和良心的品牌树立起来，企业的基业长青就不是梦想。

做慈善事业确实是社会责任的体现，但企业最大的社会责任就是企业能够健康发展。当绝大多数人认为企业的社会责任就是做慈善事业时，西子联合结合企业实际发展给出了自己的解释。西子联合的社会责任就是，为了国家更富强、为了社会更和谐、为了企业更健康。

西子联合旗下的杭州锅炉集团有限公司一直致力于开发余热锅炉等一系列环保节能产品。目前其拥有的环保节能产品已有 20 余个系列 100 多个品种，广泛应用于冶金、化工、建材、轻工、城建、电力等行业，技术水平在国内保持领先水平。

12.2.6　倡导合作文化，推动企业融合

企业要发展，一定要走合资合作的道路，因为合资合作不仅可以带来先进的技术，更重要的是带来管理的变革和理念的提升，在合作中学习，在合作中提升。西子收购杭州锅炉集团，以 83% 的股份实现了绝对控股，就是西子与奥的斯合作理念的一次大规模实践，西子人学习并创新了奥的斯先进的管理模式，并嫁接到新的企业，使企业发展跃

上新的台阶。杭锅取得了订单金额突破 8 亿元的好成绩，无论是在管理理念创新，还是工地营运等各个方面，都比以前有长足进步。

西子联合多元的文化和背景能使企业形成更为开放兼容的氛围，为未来进一步加强合作，改善企业管理，提高企业整体素质，提高国际化经营水平创造了条件，促使西子逐渐摆脱传统制造业的经营方式，转变为以全球化战略指导、以世界级理念管理、按国际型惯例运作的全球型企业。

12.3 工业文化与节能减排的低碳伦理

12.3.1 西子的"绿色"风暴

在"绿色"、"健康"日益成为人们关注的产品要素时，西子所倡导的绿色企业发展方式逐渐绽放出独特的色彩，一片绿色农业、一栋节能大楼、一座美丽之城……西子在通过其自身的行为不断为社会展示一个绿色、低碳的生产、生活方式，引领企业和消费者共同为构建更加美丽的中国而努力奋斗。

12.3.1.1 西子绿色管理的缘起

进军农业，西子不是一时兴起。西子控股涉足现代农业的想法由来已久，一是缘于集团董事长王水福对农业的深厚情结。王水福的第一份工作是农村植保员，专门负责植被保护，对种菜的情结颇深。二是王水福对西子长远发展的重要考虑。王水福有一次在美国参观一家有机食品超市，给他留下了深刻的印象。只要能给消费者提供优质、健康、安全的农产品，就一定会有市场，也能探索到盈利模式。坚信做好质量管理是企业占领市场有力武器的王水福，在这一次的访美经历中对质量管理又有了新的认识。在国家倡导节能减排的大环境之下，秉持"能源短缺是机遇、节能减排是方向"理念的西子人，找到了质量管理的终极目标——绿色质量管理。

12.3.1.2 绿色质量管理

12.3.1.2.1 绿色质量管理的内涵

绿色质量管理是将环境保护的观念融于企业的经营管理之中，它涉及企业管理的各个层次、各个领域、各个方面、各个过程，要求在企业管理中时时处处考虑环保、体现

绿色。

12.3.1.2.2 绿色质量管理的原则

在进行绿色管理过程中，要遵循以下原则：

一是全程控制原则。

二是双赢原则。

三是保护性原则。

12.3.1.2.3 西子的绿色改造

西子绿色质量管理理念的提出，与王水福自身的踏实作风和战略眼光是完全分不开的。在中国的经济形势正如火如荼，企业家们的投资热情空前高涨的 2004 年，王水福提出了企业健康的观点。为了将绿色质量管理真正在企业内部推行，王水福及西子的员工们做出了积极的努力。西子企业建立了绿色管理模式，从绿色管理和经济发展的结合去规范企业的绿色行为，最大限度地合理配置和节约资源，从而减少企业活动对环境的影响。同时有效地规范西子的产品和服务，从原材料的选择、设计、加工、销售、运输、使用到最终废弃物的处理进行全过程控制，从粗放型的经济增长方式转变为集约型的经济增长方式，提高经济增长的质量和效益，充分调动和合理利用资源，减少浪费和对环境的污染，满足环境保护和经济可持续发展的需要。探索优质农产品盈利模式，用 30 年前的方法种菜养殖，做农产品的"微笑曲线"。

12.3.2　西子的低碳之路

12.3.2.1　能源短缺是机遇

低碳经济领域的产业竞争，显然不同于以往那些传统加工制造业，难以市场来换技术，以空间来换时间。在西子的企业转型发展过程中，王水福提出要通过"集成创新"的方式掌握低碳经济的核心技术，依靠以自主创新为主、借鉴学习为辅的发展模式。在总结西子发展经验的基础上，在当今经济形势下，企业首先要树立新的观念和意识。

一是切实认识到低碳经济是经济新的增长点。低碳经济作为一次产业革命，对经济发展的推动作用必然是开创性的，是经济新的增长点。无论是国家、地区还是企业，抓住了这个增长点，就给经济找到了腾飞的动力。所以我们一定要牢固树立这个意识。特别是在金融危机没有结束的今天，传统的制造加工业受到了重创，而低碳经济却显示了勃勃生机和美好的发展前景。有专家称，未来经济的竞争，有可能是低碳经济的竞争。

二是真正意识到发展低碳经济的紧迫性。据预测，按照目前的资源消耗速度，到 2020 年，中国的传统能源将会消耗殆尽，中国的生态环境将会更加恶化。西方发达国家的教训也告诉我们，以高碳经济换来的 GDP 增长已经遭到"报应"，我们不可以重蹈覆辙。低碳经济是对高碳经济的纠正，不是经济发展形势上的锦上添花。

三是抛弃"等、靠、要"的思想。低碳经济没有现成的经验可以借鉴，没有笔直的大路可走，于是一些企业就抱着"等、靠、要"的思想，左顾右盼，徘徊不定，想先看别的企业是如何做的，想等等国家有什么优惠政策。这种"等、靠、要"的思想只能使企业丧失产业转型、结构调整的机遇，丧失市场话语权。

四是勇于承担企业的社会责任。企业要把发展低碳经济作为企业社会责任的一项重要内容，把企业的兴衰与国家和人类的前途命运紧紧地联系在一起。

12.3.2.2　节能减排是方向

王水福在西子发展的战略定位上，始终高瞻远瞩，将企业的可持续发展与走低碳道路紧密地联系在一起。针对近年能源短缺问题的凸显，西子敏锐地洞察到低碳经济所蕴藏的巨大机会。在这样的节能减排思想的指导之下，西子始终坚持"没有社会责任的企业是没有未来"的理念，强调保护地球环境是西子一直以来承担的重要责任之一，坚持尊重自然，生产绿色环保产品，减少浪费和污染物排放；通过实施积极的环境保护和恢复活动，实现人与自然的和谐共生。在将绿色节能环保作为产业发展的主导方向之后，西子联合控股有限公司相继开发了节能电梯、节能锅炉、节能建筑等众多节能减排产品。

西子公司的使命是"百年西子、世界西子"，为了实现这一使命，在战略方向上西子始终坚持"节能减排，西子先行"，即把绿色节能环保作为产业发展的主导方向，相继开发了一系列节能产品。除了产品创新，西子还积极探索业务模式创新，实现旗下公司由单一制造型企业向综合服务型企业转变，以西子联合大厦为样板，向西子的客户提供节能建筑设计和改造的整体解决方案等。西子在节能减排的低碳经营之路上开辟了有自己特色的新天地。

12.3.3　西子的企业环境责任

12.3.3.1　环境责任，企业先行

王水福认为，西子作为一家装备制造公司，始终坚持通过自主创新，走节能减排、绿色发展的道路，在追求公司业绩增长的同时关注资源、环境和增长方式的可持续性。在首次发布的《西子联合企业社会责任报告》中，"关注环境"被列为首项内容。王水福表示，控制环境污染和能源消耗，维护自然和谐，这些都是企业重要的社会责任，是企业发展要遵守的基本底线。他认为，只有这样做，才能打造西子联合的百年事业。

12.3.3.2 自觉承担环境责任

西子的企业环境责任包括企业环境道德责任和企业环境法律责任两个方面。王水福提出，企业在经营中对环境责任的承担范围，可归纳为三个方面：①控制各种有毒物质及致病因子进入环境，以免对人类及其他生物造成损害；②充分利用已开采资源，加强物质的循环使用能力，提高产品的耐用性，减少对资源的采竭，保护生态平衡；③保护和改善企业所在地区的环境质量，防止由于环境质量下降而使该地区生存条件恶化。

目前以法律形式规定企业对社会承担最低限度的道德义务，使之上升为具有强制力的企业行为规范，同时为企业履行其对社会的道德责任提供法律上的支持，是国外企业社会责任立法运动的共同取向。目前中国对企业环境责任的界定还只是道义上的软约束，没有政策与法律上明确的硬规范。因此，以西子联合为代表的企业才自觉自发地倡导以环境伦理和低碳经济为发展方向的企业转型发展方式。西子董事长王水福也提出，为促进经济环境的协调发展，必须以可持续发展为导向，通过近期采取外部治理，长远发展新型工业两方面，从政策法律制度上硬化企业环境责任。这些措施是企业适应低碳经济发展要求的必然选择。

12.3.4 王水福的节能减排思想及运用

12.3.4.1 王水福的节能减排思想

节能减排是企业重要的战略思想。对于企业而言，节能减排要上升为企业战略，从规划制定开始就纳入约束性管理目标，对产业结构的调整、清洁能源等的使用量化、步骤化、长效化。

把履行减排责任纳入改善公司治理。利用公司治理的结构和机制，明确不同公司利益相关者的权力、责任和影响，建立委托代理人之间激励兼容的制度安排，是提高企业战略决策能力，为投资者创造价值的管理大前提。

加强节能减排的技术创新。在低碳经济时代，企业应优先考虑节能减排方面的自主创新，并以此为契机整合多方资源，推进企业全面创新，把创新的成果及时有效地转化为"三低一高"（低耗能、低排放、低成本和高性价比）的产品或服务。

将经营团队塑造成追踪和运用低碳知识的"学习型组织"。在新的经济格局下，企业应增强追踪和运用低碳知识的能力，以便及时采取适当的对策应对气候变暖，在与自然、社会和谐共处中拓展新的市场。

12.3.4.2　西子践行低碳之路

西子联合控股公司从 2007 年第一次发布社会责任报告以来，连续七年向社会公众发布自己的企业社会责任报告，使企业自觉地遵守法律法规，遵守道德约束，并接受社会公众的监督，帮助企业树立科学发展观，并落实到企业的生产经营活动中。

第一，坚持绿色低碳发展。坚持把节能减排作为落实科学发展观、加快企业产业结构优化升级、增强可持续发展能力的重要着力点。在制定和实施企业有关发展战略、自主创新、产品升级以及提高产品质量等政策的过程中，体现节能减排的要求，实现发展目标与节能减排约束性指标衔接，坚持企业的绿色低碳发展。

第二，强化目标责任评价考核。根据国家节能减排政策的要求，综合考虑西子的经济发展力度、产业结构情况、节能减排潜力和企业社会责任等因素，合理确定西子各个分公司和各个产业的节能减排目标，完善节能减排统计、监测、考核体系，健全节能减排预警机制，建立健全行业节能减排工作评价制度。

第三，充分利用国家节能减排的经济政策。为了促进节能减排政策的实施，西子充分利用国家大力促进节能减排政策的有利时机，以国家的节能减排政策为指导，加快企业的节能减排步伐，完善节能减排目标和实施机制，坚持核心技术研发与节能减排的创新实践，得到了国家和社会各界的一致好评。

第四，推动节能减排技术创新和推广应用。完善节能环保技术创新体系，加强基础性、前沿性和共性技术研发，在节能环保关键技术领域取得突破。西子强调自主研发创新，成立了很多国家级实验室和检测中心，研发工作覆盖了电梯、电子部件、电子系统、立体车库、余热锅炉、航空部件等领域。

第五，节能减排成果显著。西子公司在王水福总裁节能减排思想的指导下，坚持走节能减排、绿色发展的道路，关注资源、环境和增长方式的可持续性，开发出了多种创新性节能产品。

12.3.5　绿色西子，美丽中国

王水福的"绿色西子"对于企业来说，或许只是在经营过程中融进了企业家的一份社会责任，但当西子引领着一个个企业都来践行绿色低碳的生产方式时，就能一步步转变中国企业生产发展方式，促进绿色中国的形成。它为西子所带来的除了口碑外还有以下四点好处。

12.3.5.1　有助于企业节能、降耗、减污、增效

绿色质量管理模式要求企业对生产全过程进行有效控制，体现了清洁生产的思想，实施此管理模式会推动清洁生产技术的应用、对污染进行预防。企业通过设定目标、指标、管理方案以及运行控制，可以有效地利用原材料和回收利用废旧物质，减少排污费、罚款等环境费用，从而明显降低成本，提高经济效益。西子在产品制造和生产中强调，作为一家装备制造公司，要坚持走节能减排、绿色发展的道路，在追求公司业绩增长的同时，关注资源、环境和增长方式的可持续性。

12.3.5.2　有助于企业形象的提升

提高企业的形象和声誉，增强市场竞争能力，能够不断扩大企业的生产经营活动。随着人们生活水平的不断提高，公众注意的重点已逐渐从产品的质量转向生存环境质量的好坏，即对企业的绿色行为越来越关注。建立绿色质量管理模式，可以满足顾客和利益相关方对组织的绿色行为的期望和要求。王水福总裁认为，一个以清洁、绿色为宗旨的组织，在公众中形象必然很高。同时，对自己的环境事务进行管理的企业通常被看作有责任感的企业，这也能增强顾客和利益相关方对其的信心，有利于提高其市场形象，从而扩大其产品和服务在市场上的占有率，为企业的进一步扩大再生产打下坚实的基础，形成一个良性循环。

12.3.5.3　是企业承担社会责任的体现

食品安全是关系人民群众身体健康和生命安全、经济健康发展、国家安定和社会发展与稳定的重大问题，是党和政府民生政策的重中之重。2008年"三鹿事件"发生后，整个社会对食品安全问题日趋关注，中国食品安全面临的挑战和存在的问题也日益增多：食品制造过程中使用劣质原料、添加有毒物质的情况仍然难以杜绝；超量使用食品添加剂，滥用非食品加工用化学添加剂；农产品、禽类产品的安全状况也不容乐观；抗生素、激素和其他有害物质残留于禽、畜、水产品体内；面临转基因食品的潜在威胁，尽管目前还没有足够证据证明转基因食品对人类有害，但转基因食品安全性问题已引起人们的密切关注。

西子进军农业，倡导绿色质量管理，有助于生产出更多保障消费者身体健康的食品，从而保障消费者的合法权益，而这正是企业社会责任感的具体体现。王水福在西子的经营管理中，强调"一个没有社会责任的企业是没有未来的"，西子也始终坚持将健康安全问题作为西子发展的起点，承诺提供高品质的产品和服务，以确保客户的使用安全和人身健康。

12.3.5.4　有利于中国企业变被动管理为主动管理

中国环保工作以往主要由政府推动，实施绿色管理模式后，企业环保意识得到提高，由被动管理变为主动管理，既规范了企业的绿色行为，提高了企业的绿色管理水平，同时也促进了企业整体形象和外在的提高。因此，王水福相信，面对急剧扩大的绿色市场和绿色需求，企业只有迅速调整经营方向，实施绿色管理，才能赢得市场份额，获得更大的发展空间。

> ● **本章案例：俄罗斯企业履行社会责任**
>
> 在世界范围内企业积极履行社会责任已经成为普遍趋势的大背景下，俄罗斯受经济体制转型和加入世界贸易组织的影响，在推动企业社会责任实施方面开辟了一条与西方国家不尽相同的道路。在政府推动下，在企业社会责任承担的重要领域采取"公私协作"的推进模式，这一模式很好地体现了政府与企业的互动与合作关系，在俄罗斯广泛而深入的企业社会责任实践中取得了良好的社会效益与经济效益。
>
> 首先，俄罗斯企业社会责任的履行受经济体制转型和加入世界贸易组织的影响明显。经济体制转型的特殊背景决定了俄罗斯企业社会责任的履行状况。从 1991 年开始，俄罗斯政府通过一系列改革迅速向市场经济转轨。经济体制转型使长期受传统计划经济压抑的俄罗斯企业获得了一定程度的发展，但这一改革的效果并不理想。受俄罗斯经济滑坡和金融危机的影响，俄罗斯的企业在转型期开始呈现出两极化发展的趋势。掌握金融、能源等主要国家资源的传统国营企业通过私有化改革，迅速转变为实力雄厚的大型企业集团乃至企业寡头；俄罗斯中小企业在私有化和市场化的浪潮下迎来了短暂的"春天"后，却因为俄罗斯经济的滑坡和金融危机的爆发而陷入了"严冬"。俄罗斯大企业的前身一般是国有企业，其借助于经济体制转型和私有化的过程形成了较强的经济实力，有能力承担较多的社会责任。
>
> 加入世界贸易组织（WTO）对俄罗斯企业社会责任的履行提出了新的挑战和要求。随着 2012 年 8 月 22 日俄罗斯正式成为 WTO 的成员国，俄罗斯企业进一步融入世界经济一体化的浪潮。作为一个处理各成员国在多边贸易领域的权利和义务的政府间国际组织，WTO 对于成员国的经济、法律包括国内企业社会责任的履行状况都产生了深远的影响。加入 WTO 对俄罗斯企业履行社会责任提出了与国际标准接轨的更高要求。对于大企业来说，加入 WTO 意味着其在向跨国企业转变和国际市场竞争中，要实现企业社会责任履行与国际标准的接轨。
>
> 其次，俄罗斯政府在推动企业社会责任履行中具有不可替代的作用。俄罗斯企业社会责任承担很大程度上是在政府推动与激励下进行的。进入 21 世纪，俄罗斯的政

治经济秩序逐渐表现出越来越明显的"国家资本主义"倾向，即"国家在经济领域全方位的干预、行政中央强化对资源分配的控制、企业主拥有有限的自由空间及对投资的控制（这样的情况发生在国家及地方各个层面）、国家有限的经济开放及在特定领域投资的高速增长"。这种"国家资本主义"在企业社会责任履行领域的表现是，俄罗斯企业社会责任从履行模式的采用到履行领域的选择都受政府影响明显。因此，俄罗斯企业社会责任的履行不可能采取西方发达社会的"市场主导型"的推进模式，而只能采取"政府主导型"的推进模式。

2004 年以来，俄罗斯政府制定了一系列措施以推动和激励企业社会责任的履行。2004 年"俄罗斯工商企业家联盟通过了'俄罗斯企业社会宪章'"，标志着俄罗斯政府正式启动推动企业社会责任履行的实践计划。同年，由俄罗斯社会信息部等相关部门共同成立了"非财务报告发展商业俱乐部"，这一部门的成立意义重大并且影响深远，至今其仍然是俄罗斯推动企业社会责任报告发展和引导企业社会责任承担的权威机构。从实际效果上看，在政府部门关注较多的领域，企业社会责任的履行确实取得了良好的收效。根据调查显示：以慈善为例，俄罗斯企业社会责任的履行多集中于体育、文化、医疗卫生等社会基础设施的传统领域。这些领域之所以能成为俄罗斯企业履行社会责任的重点，是因为政府在企业选择过程中进行了积极的引导与激励。对于政府政策引导和投资的领域，"俄罗斯近一半的企业表示，它们开展工作的重点是支持体育、文化、医疗卫生等政府投资的'社会基础设施'领域。"这在某种程度上也说明了政府引导的成效较为显著。

为了更好地在国内以及国际竞争中获得发展，俄罗斯企业注重国内关于企业社会责任评价机制和目标的影响以维护自身良好的企业形象。与此同时，为了打开对外商业发展的市场，俄罗斯政府也在慈善以及企业社会责任评定和履行等方面重视以国家标准引导企业承担社会责任。近些年，俄罗斯企业社会责任通过政府的推广获得很大的发展。2005 年，《俄罗斯联邦特许协议法》的颁布促进了从医疗保健到教育，再到公用事业的各类公共领域实施公私协作。"在国家社会监测中心、俄罗斯社会议事院和俄罗斯联邦审计院的支持下，国家企业社会责任论坛于 2007 年正式成立"。该论坛创立的目的在于加强政府、商界和社会大众之间有关企业社会责任问题的对话，在政府的推动下，促进俄罗斯企业社会责任战略的实施和发展。

再次，企业社会责任的道德义务主要由大企业承担。基于经济体制转型的背景，俄罗斯的中小企业发展还处于初级阶段，生存和发展状况不容乐观。所以，其社会责任的承担还停留在遵纪守法、按时纳税、善待员工以及破产时对劳动者和债权人负责等基本方面。对于俄罗斯中小企业而言，企业社会责任的履行主要在于基本法律义务的实现，政府的期待也主要在于此。小企业生存艰难，企业社会责任的全面履行很大程度上依靠这些大型企业乃至本土跨国公司来承担。

最后，企业社会责任诸多领域通过"公私协作"方式履行。在企业社会责任的引导和推行方式上，俄罗斯政府在 20 世纪 90 年代末开始以"社会合作伙伴关系"的方式加强与企业的联系，推动企业关注和维护社会公共利益。至此，"社会合作伙伴关系"作为"公私协作"模式的雏形开始受到俄罗斯政府的关注和采用。在企业社会责任的具体承担上，俄罗斯地方政府当局和企业之间建立合作关系，以签订"社会经济合作协议"的方式推动企业社会责任的承担。2006 年，在俄罗斯总统普京的要求和推动下，联邦经济发展部制定了俄罗斯联邦长期社会经济发展目标和规划，并提出以"公私协作"的方式将企业社会责任纳入实现这一目标的重大国家战略之中，足以见得俄罗斯政府对于"公私协作"模式引导企业承担社会责任的重视。

● 点评

俄罗斯经历了一个由计划经济向市场经济体制转型的过程，法治基础不够完善，政府在社会中依然发挥着不可替代的作用。在这种"政府推进型"市场经济发展模式下，企业社会责任的实施路径必然不同于西方"市场主导型"发展模式的实施路径。在企业无法完全自主自愿履行社会责任的前提下，如何推动企业社会责任更好地实施就成为政府和社会公众必须共同面对的问题。基于类似的社会转型背景，俄罗斯在企业社会责任实施方面政府与企业关系互动的成功经验，以及俄罗斯政府推动企业社会责任承担的方式，都很好地体现和印证了关系契约理论的引领和指导作用，值得我国吸收和借鉴。

我国不能刻意模仿和照搬西方自由放任的企业社会责任承担模式，需要采取特定主体推动、循序渐进的引导方式，让企业和利益相关主体基于外部推动和内部接受的双重动力来积极履行社会责任。与西方传统市场经济国家相比，我国政府巨大的政治影响力正日渐成为中国式市场经济的主要特色。同时，由于我国很多大企业转型于原国有企业，政府对企业的决策和运营也同样存在干预的传统，再加之法治基础不够牢固，政府在社会生活中发挥着不可替代的作用。因此，我国企业社会责任的推进模式的选择就不可能忽略政府的影响力。此外，我国企业发展处于不均衡的状况，也决定了企业社会责任推进模式不可能采取统一的标准要求和规范，要充分考虑我国企业承担社会责任的实际能力及具体状况，从而引导企业社会责任的分层次承担。综上所述，我国企业社会责任承担应当采取政府为主导的推进模式，俄罗斯在政府与企业关系处理上，尤其是俄罗斯企业社会责任履行注重政府的激励与引导作用，其所建立起来的政府与企业合作的制度框架值得我国学习和效仿。

分层次承担企业社会责任，针对不同类型企业的发展态度，注重引导和区分不同类型的企业分层次承担社会责任，政府通过此方式调动企业参与的积极性，促进企业自身的经济发展，能够很好地实现企业社会责任确定的目标。针对大企业和中小企业社会责任的承担采取了不同的措施和引导策略，企业社会责任承担问题上，其履行的内容不是一成不变的，企业社会责任履行的要求会随着经济发展的特点不断产生变化，是一个动态的发展过程。因而，政府应当根据不同类型和规模的企业承担社会责任的能力差异，采取不同的约束和引导策略，注重对不同类型企业承担社会责任内容的要求要有所差异。对于跨国公司等大企业而言，应当引导其全方位地履行企业社会责任，无论是法律义务还是道德义务的实现。大多数俄罗斯企业在社会责任承担方面，注重它们自身如何遵守法律法规和政府要求。强调守法、遵从的政府关系在这些企业的社会责任报告中是一项重要而常见的工作。在其发表的企业社会责任报告中，俄罗斯企业在描述取得政府授予荣誉方面的比例和篇幅较多，在企业自我评价和定位中，"它们在谈论获得正式认可（例如官方奖项、排名或称号）和得到政府官员积极评价方面的篇幅也占了很大的比例"。

● 思考题

1. 俄罗斯企业是如何履行社会责任的？履行社会责任给俄罗斯带来什么优势？

2. 俄罗斯与我国情况类似，其承担企业社会责任的方式对我国有哪些借鉴之处？哪些地方不适合我国工业企业？

3. 社会契约的含义及在履行社会责任过程中的重要性是什么？应该如何发挥它的作用？

● 参考文献

[1] 清川佑二. 企业社会责任实践论 [M]. 北京：中国经济出版社，2010.

[2] 楼建波，甘培忠，郭秀华. 企业社会责任专论 [M]. 北京：北京大学出版社，2009.

[3] 陈雷. 理解企业伦理 [M]. 杭州：浙江大学出版社，2008.

[4] 徐大建. 企业伦理学 [M]. 北京：北京大学出版社，2009.

[5] 袁玉梅. 德育教育、行业文化与跨文化研究 [M]. 吉林：吉林大学出版社，2012.

[6] 辛悦. 企业社会责任与企业价值的相关性探究 [J]. 经济视角，2011 (5).

[7] 黄政，任荣明. 日本企业社会责任及其给我国的启示 [J]. 公共管理，2010 (12).

[8] 黄亚妮. 高职教育校企合作模式初探 [J]. 教育发展研究，2006 (5B)：68-73.

[9] 管荣华. 浅论社会责任建设对塑造企业品牌的作用 [J]. 经营管理，2011.

［10］刘婷，张丹.论社会责任担当提升企业竞争力的伦理作用 ［J］.伦理学研究，2011（7）.

● **推荐读物**

［1］刘光明.新企业伦理学 ［M］.北京：经济管理出版社，2012.

［2］刘光明.企业文化与企业人文指标体系 ［M］.北京：经济管理出版社，2011.

第13章 工业文化与伦理管理

● 章首案例：玫德铸造公司

　　玫德铸造公司的企业文化建设中始终坚持对伦理道德的坚守。将产品质量的好坏比作人格品行质量的好坏。在人才和利润的辩证关系上，公司信奉"金钱像肥料，撒出去才有用"、"财散人聚，财聚人散"的朴素道理。而且，企业坚持利润也必须"取之有道"、"企业不断创造利润的着眼点，首先应该是诚信经营"，不断"检讨"、"改善"，建立"企业宪法"，即建立符合社会道德规范的、责权利统一的、能够决定员工生存质量好坏的企业管理制度。严格执行符合社会道德规范的企业制度是玫德铸造公司企业文化建设中对每一位员工的要求。创建多种制度形式，保证经营管理的"平等、公平、公正、公开"。

　　玫德铸造在对待各利益相关者的态度上，充满了"利他主义色彩"，始终坚持为"客户、员工、雇主实现利益最大化，实现双赢或共赢"，努力践行"儒商"、"仁商"的原则和要求。公司专门制定了管理人员激励启用原则和干部职工岗位竞争实施细则，以建立一个能够帮助每位员工实现个人价值的良性平台。与竞争者开展多种形式的合作，共同发展，"变对手为伙伴"。企业始终恪守"经营企业是为社会创造价值"的经营理念，积极回报社会，将"公益慈善作为财富最神圣的归宿"。

　　玫德铸造公司对经营企业目的和使命有其清晰的认识："企业的目的，一是通过经营活动向社会提供产品和服务，满足社会需求；二是安排社会上的富余劳动力就业，帮助他们解决衣食住行问题，保持社会稳定；三是按时足额向国家缴纳税金，支援国家建设；四是始终不渝、锲而不舍地追求企业实现利润最大化，让企业基业长青，永远立于不败之地。企业的天分就是不断的生产、不断的服务、不断的满足需求，不断的创造利润，最后实现与社会的共赢。"

　　玫德铸造公司对于执行国家政策和法律的基本态度是：绝对不会干那些"冒天下之大不韪"的蠢事。他们将规则和伦理看成企业生存的根本，从他们对待产品质量和对生态环境保护的态度上就能得知，他们"将产品好坏看作人格品行的好坏"，将环保达到标准看作企业的"准生证"。"把正确的事情做正确，把良好的愿望做真实，把复杂的事情做简单，把简单的事情做彻底"，这是他们的工作方针，他们将"把正确的事情做正确"作为首要标准。玫德铸造公司是一家坚持伦理、有底线的公司，企业之所以会形成这种正确的价值观，企业领导人的经营哲学和价值观功不可没。

济南玫德铸造有限公司董事长孔祥存在《企业厂长（经理）十五个重要问题的决策底线》一文中说，"改革开放以来，企业家在社会上已经获得了相当高的地位。在这种情况下，企业家应该比过去更努力，更多地承担社会责任，要自爱，要规范，要为社会树立榜样"；他时刻不忘"检讨"与"改善"，在 2010 年 5 月董事会任期届满前夕，孔祥存这样总结一直以来的创业经历："对得起客户，对得起员工，对得起股东，对得起国家，对得起社会，问心无愧。"他的这种坦荡和自信基于经营实践过程中对伦理和道德的长期坚守。

孔祥存的经营思想中充满了辩证法，他从不惧怕危机，他常说"危中有机别放弃"。企业能够历经多次危机而不倒，反而总是逆势成长，不断壮大，这与企业领导人经营哲学中对危机和竞争的辩证思考有密切关系。国际化营销的进程中，玫德铸造公司曾遭遇数次西方公司针对玫德公司掀起反倾销的危机，孔祥存以宽广的胸怀和非凡的智慧引领玫德铸造公司于 2004 年和 2005 年分别与提出反倾销的美国厂家安威尔公司和与欧盟提出反倾销的主要厂家安图萨公司签署了合作协议。2009 年下半年，世界经济在金融危机的弥漫中开始逐渐复苏，但是，各国保护主义抬头，美国、欧盟、南美等国均对来自中国的钢铁制品、钢管、无缝钢管、标准件、轮胎、鞋帽、皮革等，掀起了又一轮的反倾销。但是，玫德铸造公司经过若干年的努力，已经与这些国家的生产商形成了利益共同体，成功地"化危机为机遇，变机遇为财富"。孔祥存辩证的思维方式，将竞争者变成合作者，化干戈为玉帛，帮助玫德铸造公司成功度过新一轮的反倾销危机和金融危机。

孔祥存从博大精深的中国传统文化中不断汲取精神资源、道德资源和人文资源，进而和时代精神相融合，形成了与时俱进的价值观、财富观、经济伦理观、商业道德观及其经营思想、管理艺术，更增加了企业奉献社会、造福社会的使命感和责任感。19 年的管理实践中，他坚持着作为企业家的使命，也将企业伦理和道德融入其价值观，一以贯之地坚守。

玫德铸造公司用 19 年的时间把一个总资产不足 2000 万元、实际亏损 500 万元、濒临倒闭的县属集体企业发展成为企业品牌资产为 564.84 亿元，销售网络遍布全球的行业领先的企业。究竟是什么原因让玫德铸造公司创造了企业发展的奇迹，亲历者和经营者应该更能道出其中的奥秘。

公司成功是文化选择的结果，是企业经济伦理的胜利。短短 19 年，公司从一个

"名不见经传"的小厂，一举发展成了让世界瞩目、让同行景仰的"日不落帝国"，这是"艰苦奋斗，开拓进取，自讨苦吃，创新夺魁"这种永不言败、永不满足的创业精神引领员工共同奋斗的结果。企业先后遭遇了原材料涨价危机、商标危机、东南亚金融危机、反倾销制裁危机、城镇新建住宅禁止和限时使用冷镀锌钢管危机、国家通货膨胀危机、市场不规范恶性竞争危机、全球金融危机。但是玫德铸造公司坚持"靠企业文化理念，凝聚职工力量；靠企业管理理念，争创一流业绩；靠企业伦理规范，打造持久生产"的经营理念，战胜了一次又一次的危机，实现了企业持续的成长和壮大。玫德铸造公司的企业文化之所以能够释放出如此巨大的能量，企业商业伦理发挥了无可置疑的推动作用。

13.1　经济活动中的伦理管理

经济活动，是指在一定的社会组织与秩序之下，人类为了求生存而通过劳动过程或支付适当代价以取得及利用各种生活资料的一切活动。它是以满足人的需求为目的，以劳动力等生产资料换取商品和服务。商业活动，是以买卖方式使商品流通的经济活动。从狭义上来说，家庭成员之间的交易活动不属于商业活动。从广义上来说，一切经济活动只要是不同个体之间的交易活动都是商业活动。文章中的经济活动，采用的是广义的概念。

商业活动，在人类的活动中扮演着互通有无的行为角色，通常是被认为对交易双方都有利的事情，但是这种"有利"的活动在实际过程中却有可能对不参与交易的其他人或自然界造成危害，甚至因为其他因素让这个"有利双方"的活动变成"有利一方"或者"有损一方"或者"无利双方"的活动。只要有其中任何一种情况发生，必须影响企业的发展。因此，商业伦理理念的引入成为企业长远发展至关重要的环节。

13.1.1　商业伦理的内涵

中国古代没有专门使用"伦理"这个名词，只有在 19 世纪以后，西方哲学思想的传入才使其广泛使用，使用更多的是"道德"一词。什么是道德呢？"道者，路也"，"道"本来的含义是指道路，引申为原则、规范和法律。"德"本来的含义是顺应自然、社会和人类根据客观需要去做事，引申为人们内心的信念、标准、品质或境界。中国古

代不少著作都对道德进行了解释，如"道者，人之所共由；德者，人之所自得"。宋朝哲学家朱熹说："德者，得其道于心而不失之谓也。"东汉文学家许慎说："德，外得于人，内得于己也。"

"伦理"在西方最早出现在公元前 4 世纪古希腊哲学家亚里士多德的著作《尼各马可伦理学》中，他在雅典学院讲授道德品行时，提出了 Ethikas（伦理学）这个词。伦理也就成为与道德相关的概念，其含义是风俗、习惯、性格等。后来不断地演变，最后定义为社会的道德风俗和人们的道德个性。

由此可见，伦理和道德这两个概念，在当今社会大多数时候都是可以相互通用的。当然，两者有时候还是有一些细微区别，"道德"更多的用于人，凸显主观、个体，"伦理"更多的用于社会，表达客观、团体的意思。

英文 Business Ethics（Corporate Ethics）可翻译为企业伦理、商业伦理、管理伦理、经济伦理或者商业道德等词语，称呼不同，但实际都是一个意思。伦理道德在经济活动中的表现就是商业伦理。具体来说就是人们采用一套什么样的行为规范和行为准则来处理商业活动的各种关系和要求。如商业竞争中的伦理要求、契约与合同中的伦理要求、市场营销中的伦理要求等。

在商业伦理越来越被人们所重视，并付诸实现的过程中，伴随而生了伦理缄默现象。这种现象在经济活动中并不少见。

产生伦理缄默的原因是什么呢？弗雷德里克·B.伯德和詹姆斯·A.沃特斯认为，产生伦理缄默的原因主要有三个方面：①威胁组织的和谐。伦理交谈有可能产生人际冲突，或者涉及对上司、同事、下属的意见、观点和决策质疑，从而影响在组织中的工作。②威胁效率。伦理交谈对于管理的弹性会产生制约，使得非正式的、容易修改的工作关系在清晰、正式的规定中得不到很好的发挥。③威胁精明强干的形象。伦理交谈往往会被雄心勃勃的管理者视为过于理想化，无法实现对企业高效、强有力的管理。

伦理缄默导致的后果是什么呢？弗雷德里克·B.伯德和詹姆斯·A.沃特斯认为，其导致的后果有六个方面：①伦理健忘。当回避伦理交谈时，管理者会下意识地忽略企业经营的最深层次是受到伦理期望影响，而不仅仅是关注到利润、个人和组织自身的利益。②对道德的狭隘理解。管理者通常不把那些不违法又不背离行为规则的活动认为是违反伦理的，因此也就产生了只有严重违反道德准则的经营活动才算是违反伦理道德的行为，同时也影响人们整体性的思考更好地平衡冲突性的要求和更接近最高理想的行为。③道德压力。对组织负责是管理者最重要的职责所在，当伦理期望模糊时管理者会产生道德压力。虽然这种压力不可避免，但是伦理缄默会加剧压力的产生。④忽视不正当的行为。管理者回避伦理交谈，在某种程度上意味着很多伦理问题不被组织认可，结果很多不正当行为被忽视，存在的道德问题迟迟没有解决。⑤伦理准则的权威性降低。伦理本身就是激发人们的责任感和欲望，使他们愿意遵循伦理准则。这种理想化的误解反而让伦理失去了社会基础的权威性。⑥合作困难。由于管理者回避交谈伦理话题，因此通过合作解决组织问题变得越发困难。

对于如何克服伦理缄默，弗雷德里克·B.伯德和詹姆斯·A.沃特斯提出了三个建议：①管理者能够公开发表自己的不同观点，如果组织做出与自己的观点不一致的决定时，要么尊重它要么公开抵制它。②管理者要学会用伦理推理来处理他们实际碰到的问题并能使其他人认真考虑管理者的立场。既不要公开评价一个人的道德水准，也不要把伦理作为表达个人的工具。③克服伦理缄默需要耐心。公开的谈论伦理问题短时间内会出现耗费时间，降低效率的现象。管理者应该学会必要的技能来耐心地倾听，以获得最终有效的结果。

13.1.2　商业伦理的本质、特征和功能

13.1.2.1　商业伦理的本质

任何事物都有其本质，商业伦理也是一样。商业伦理的本质是指商业伦理所有基本要素的内在联系及其包含的一系列必然性和规律性的总和。商业伦理既是一种职业道德，具有职业道德的本质属性，同时又是一种社会道德，具有社会道德的本质属性。

首先，从职业道德层面分析商业伦理的本质。

在经济活动中，组织和个人分别扮演了不同的角色。无论是哪种角色，都是经济活动中的一个细胞单元，个人是最小的、最简单的细胞单元，组织是较大的、复杂的细胞单元。每一个单元都具有自己的功能，担负起相应的责任。功能和责任虽然不同，但是实现的最终目标都是一致的，都是为了让自己更好，让大环境更好，实现长远的发展。从这个角度来思考，组织也是一个"经济人"，只不过是一个比较复杂的"经济人"，它依然应该履行单一经济人所履行的职责和义务。分析职业道德层面的内容就不能把组织抛开，仅仅探讨组织中的个人。当然，组织并不完全具备组织中个人的每一项职责。同样，个人也不具备组织全部的职责内容。这需要辩证的思考和细分。

职业，不仅是指在社会关系中所从事的专门业务，还包括所承担的社会责任。职业道德，就是同职业活动紧密联系的符合职业特点所要求的道德准则、道德情操与道德品质的总和。职业道德是一种社会规范，受社会的普遍认可。对于职业道德，可以从以下三方面去理解。

从内容上看，职业道德会鲜明地表达职业的义务、职业责任以及职业行为上的道德准则。它不是在一般地反映社会道德和阶级道德要求，而是要反映职业、行业以及产业

特殊利益的要求；它不是在一般意义上的社会实践基础上形成的，而是在特定的职业实践的基础上形成的，因而它往往表现为某一职业特有的道德传统和道德习惯，表现为某一职业所特有的道德心理和道德品质。例如，人们常说的××具有"军人作风"、"工人性格"、"农民意识"、"干部派头"、"书生气息"、"商人习气"等。对于这些针对个人所表现出来的道德心理和道德品质，组织也有其所表现出来的道德品质。这些品质一般通过组织理念（Mind Identity，MI）、组织行为（Behavior Identity，BI）和组织视觉（Visual Identity，VI）来表现。

从表现形式上看，职业道德往往比较具体、灵活、多样。它总是从本职业的交流活动的实际出发，采用制度、守则、公约、承诺、誓言、条例，甚至是标语口号之类的形式，这些灵活的形式既易于被从业人员所接受和实行，又易于形成一种职业的道德习惯。

从调节范围来看，职业道德一方面是用来调节组织内部员工关系，加强职业、行业人员的凝聚力；另一方面是用来调节组织和组织员工之间的关系，用来塑造符合组织形象的员工。

总而言之，从职业道德的层面来分析商业伦理的本质，可以理解为职业道德能使一定的社会或阶级的道德原则和规范"职业化"。在一定程度上，商业伦理的本质可以理解为：职责、权力和利益。

其次，从社会道德层面分析商业伦理的本质。

社会道德，是人们共同生活及其行为的准则与规范，由不同的道德准则、道德情操与道德品质组成。不同的经济活动中，组织和个人在短时间内可以对与之有关联的组织和个人产生影响，在长时间内还会对组织所处的行业、所在的社会环境产生影响。因此不能脱离社会道德这个因素来谈论商业伦理的本质内容。

社会道德是以特有的善恶评价标准来把握世界的特殊方式，与以真假标准判断的科学方式、以美丑标准判断的艺术明显不同，这种善恶评价标准通过长期的积累、沉淀升华而成，成为一种普世的、处理各种活动的规范和准则。

职业道德是在特定的职业生活中形成的，受到组织氛围、所在社会环境的影响。它无法离开所在的社会道德氛围而独立存在，会受到特定的环境所制约和影响。职业道德不仅受到社会道德的制约和影响，而且还会强化和发展。这两者的关系就是一般性与特殊性，共性与个性之间的关系。任何一种形式的职业道德都在不同程度上体现着社会道德的要求，而社会道德在很大范围内是通过具体的职业道德形式表现出来的。

13.1.2.2 商业伦理的特征

商业伦理的特征按照由纪良纲主编的《商业伦理学》描述，有如下几点：

主观性和客观性的辩证统一。伦理作为人们认识事物的产物是由人们提出来的，而且只有化作人们的内心信念，深入人们的意识中，才能指导人们的行为，产生实际的作用，这是伦理的主观性。另外，人们之所以需要用伦理来调整相互的关系，是因为人们调整相互的关系必须以一定的关系存在为前提，而这些关系的存在，归根结底是社会物质生活条件所决定。

现实性和理想性的辩证统一。伦理的理想性是指伦理不是对现实的消极反映，而是在人们的社会实践基础上，对现实的自觉地、能动地反映。伦理的现实性是指从客观的现实中概括出来，反过来又指导现实生活，成为人们实际遵循的行为准则。

在阶级社会中，伦理有鲜明的阶级性，同时又存在某些全民性的因素。伦理的阶级性表现在：不同的阶级都是在自己实际所处的经济地位中形成本阶级特有的道德原则和规范，并以此作为评价人们行为善恶的标准。不同阶级的伦理道德各自反映了本阶级的利益、愿望和要求。不同的阶级都是以自己的道德作为工具来维护本阶级的利益。伦理的全民性因素，是由社会的经济状况决定的，同时，全民性因素要受到阶级性因素的制约和支配。

13.1.2.3　商业伦理的功能

商业伦理作为一种内在约束力，凭借自己的本质力量及自身的功能发挥着在政治、社会、市场、管理等调节和促进的作用。

能调节社会利益关系。在商业活动中，无论是组织还是个人，都是为了追求经济效益。商业伦理通过道德教育及个人道德修养，以内心信念、道德规范、传统习惯和社会舆论等方式，使企业家和经营者加强道德自律，提高自身的道德素质，合理调整个人利益、组织利益和社会整体利益三者之间的关系。

具有认识功能。这是指伦理所固有的反映自己的伦理关系和伦理现象的能力。其表现为道德标准、道德意识、道德原则、道德规范、道德范畴和道德理论体系等。商业伦理的认识功能引导人们树立正确的个人利益观、金钱观，培育人们追求卓越、创造业绩的成就感、荣誉感和社会使命感，从而使人们树立强烈的积极进取精神和创造精神，也使人们的经济行为具有更积极、更高尚的动机。

13.1.3　商业效益与伦理管理

13.1.3.1　经济效益与道德选择

经济效益是经济活动所取得的经济成果与活动过程中的劳动效率之间的比例关系。企业在经济活动中追求经济效益最大化，获取合理利润是毋庸置疑的。但是如何谋求提

高商业经济效益，存在着道德选择和道德评价的问题。辨明谋求经济效益的行为方案正确与否的前提，是明确衡量经济效益的道德标准。具体来说就是，需要平衡各个方面的利益，符合社会的道德标准评价。

作为全球代工厂的领军企业富士康集团，因为没有正确处理好经济效益和道德选择两者之间的关系，在发展道路上走得极其艰难。2010 年在深圳龙华工业园区的 14 连跳，让世人震惊的同时发现了富士康没有关注道德管理，只是侧重于经济效益。根据卧底记者的调查、相关媒体的深挖，发现富士康的管理模式仍然停留在 200 年前的古典管理阶段：强制式的加班、野蛮的保安管理、军事化经营、以追求经济效益作为企业生产和发展的唯一标准，人的因素和伦理的因素没有融合到管理思维里。富士康的掌门人郭台铭因为没有平衡好经济效益和道德管理之间的关系，不得不在一个月内两次飞到深圳，处理善后这些棘手的问题。短短十几天的时间，他鬓角的白发就多了不少。

在平衡经济效益和道德选择这两者的关系上，万向集团的经营之道就是一个正面的很好的例子。万向集团的董事长鲁冠球认为："企业管理，总是随着环境的变化与实践的变化，不断地得到丰富与升华。过去很长一段时间，我们把将成本降至最低作为企业管理的追求。随着经济的发展，追求成本降至最低，逐步转化为追求价值增至最高。降低成本毕竟空间有限，而价值的提升，则不可限量。如何提升？首要是以诚信树立商德。"在亚洲金融危机的时候，一位东南亚客户请求万向集团的帮助，在旧货款没有结清的情况下，要求发新货，时间还特别紧急。万向公司不仅加班加点，按时为他们发去了产品，还让利给他们，让客户很感动。形势好转以后，该客户不仅还清了货款，还把原来在其他国家采购的产品也转到万向公司来，两家的合作非常愉快。从长远来看，经济效益和道德两者之间可以实现很好的平衡，并且相互促进。

13.1.3.2 反商业伦理的风险

在现实的经济活动中，各种违约、欺诈、假冒伪劣、偷税漏税、走私骗汇的案件层出不穷。1987 年的火烧温州鞋事件；2000 年的江门毒大米事件；2001 年的南京冠生园月饼事件；2005 年的苏丹红事件；2008 年的三鹿奶粉事件；2011 年的河南瘦肉精事件；四川泸州老窖、郎酒集团每年花费几百万元来打假。2011 年，浙江 9 个月 228 名老板逃逸，总共拖欠员工薪酬 7593 万元，浙江应急周转金已垫薪 4256.5 万元。2015 年云南大理农民工因为讨薪无果徒步回家，相比之下福州罗源县的农民工在警方和劳动监察部门的协助下，讨回了一年的辛苦钱。

这些例子说明不论是个体的行为、组织的经营还是国家的管理活动，不论是在中国还是在欧美国家，都存在着伦理道德缺失的现象。在中国，这种现象相对比较普遍而且程度上更加严重。目前来看，当前社会并没有形成健全的制度，违约、欺诈、造假等

"反经济信用行为"受到的监督和处罚力度非常小，甚至有些行为没有相应的法律制度和处罚条例制约。从事"反经济信用行为"和道德风险活动所带来的收益远远大于需要支付的成本，这使得很多人敢于冒着违反商业伦理的风险，甚至是铤而走险，去获取巨额的利益。从经济效益来看，这种违反商业伦理的行为虽然在短期内获得了一定的利润，但是长远来看，却给自己埋下了苦果。正如经济学家阿马蒂亚·森重新解读亚当·斯密《国富论》和《道德情操论》所说的那样，经济活动不仅具有自利性，还必须加入主观能动（包括道德意识、社会成就满足、同情心等）的伦理内容，这样人类才能得到更好的自由和发展。

13.2　工业文化与伦理管理

13.2.1　商业伦理的普及

13.2.1.1　商业伦理的划分层次

从商业伦理涉及的层次来看，有国际层次、国家层次、行业/职业层次、企业层次和个人层次。

国际层次的商业伦理主要是对国际上跨国公司的经营活动、道德状况、伦理问题、跨文化的道德决策等进行伦理讨论、评价，制定伦理规范和国际认证。该指数包含了人类生活的三个基本要素：①长寿指标，由出生时的期望寿命表示。②知识指标，即教育指标，由成人识字率表示。③体面生活水平指标，采用人均 GDP 表示。

国家层次的商业伦理是指国内不同地区、不同行业的道德状况、道德观点、典型的不道德经营行为、诚信体系、信用档案、消费指南、奖惩机制等。

行业/职业层次的商业伦理是指本行业或职业内的伦理问题、道德观点、管理者和员工的质素、奖惩制度等。

企业层面的商业伦理是每家企业根据自身的实际情况，结合行业要求、地方环境因素等制定符合本企业发展的伦理道德标准。

个人层面的商业伦理道德是指个人的道德观念、道德素质和境界。

上述五个层次的商业伦理是相互联系的，不是各自独立的。可以构成一个金字塔模式，最顶层为国际层次，第二层为国家层次，第三层为行业/职业层次，第四层为企业层

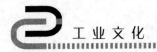

次，第五层为个人层次。层级越高，伦理标准越高，范围和内容越广。层级越低，则相反（如图 13-1 所示）。

图 13-1　商业伦理的五个层次

国际层次的商业伦理反映了整个人类社会在更好的生活和发展方面对商业伦理追求的最高境界，对各个国家地区的道德伦理起着指引和监督的作用。国家层次的商业伦理不仅仅是本国发展过程需要坚守的道德标准规范，而且还受到国际伦理舆论的监督。行业/职业层次的商业伦理对该行业/职业的道德规范起到道德监督和约束的作用，也受到国家政策、国家法律法规、国际公约、国际认证的影响。企业层次的商业伦理既要对企业行为、企业员工起到规范作用，也要受到行业/职业道德标准的制约，还受到国家政策、法律法规、国际公约、国际认证的影响。个人层面的商业伦理不仅受到企业的道德规范影响，还受到行业/职业的伦理标准监督，也受到国家政策、法律法规、国际公约、国际认证的影响。

要落实商业伦理的实施和普及，必须了解各个层面的道德状况，通过个人、企业、行业/职业、国家和国际各个层次的多种措施加以引导、沟通、激励和监督，才能发挥最大的效果。让人庆幸的是，世界各国人士纷纷意识到商业伦理在经济活动中的重要性。

13.2.1.2　社会责任的规范要素

商业伦理中的企业社会责任是通过三个要素来规范的：

一是市场行为要素。企业社会责任的市场行为，是企业通过竞争的市场所体现的社会责任，这个行为始终处于企业社会责任的支配地位。企业的生产和发展要在竞争的市场中去实现，扩大生产规模需要购置的原材料、设备、土地，兴建厂房，招聘员工，缴纳税收，都是实现企业社会责任的途径。例如，2000 年，美国通用汽车公司在全球 51 个国家雇用了 38.6 万人，支付了 216 亿美元的工资，生产了 85 万辆汽车，创造了 24 亿美元的税收。提高社会就业机会、创造社会福利、维持社会安定，就是通用汽车公司通过市场行为所履行的最大社会责任。

二是监督行为要素。企业的经营行为必须符合政府和国际组织的规则、社会契约的规定。20 世纪后期，监督行为在西方等发达国家受到重视。为适应社会对企业的要求，不少跨国公司纷纷制定了许多适合多国要求的多项规则。这些规则可以促使公司减少对环境的污染。例如，汽车发动机由于燃烧不充分而产生的一氧化碳、碳氢化合物、氧化氮等有害气体，一直被认为是"污染大气和城市的罪魁祸首"。1970 年美国《马斯基法》获得通过以后，日本环境厅效法美国也制定了类似的规范汽车尾气排放的制度。本田把防止污染、实施环境战略作为公司发展的新契机，投入巨额资金和众多的技术力量改进发动机结构和废气采取后处理措施，同时还在废物与资源转化方面下大功夫，保证机器开动中的废物减少，充分合理地利用资源。

三是自愿行为要素。企业自愿地去承担不完全社会契约的要求，这些不完全社会契约由于受到社会条件的限制，不能在社会契约中确定下来。这时企业的社会责任行为就是一种完全自主的奉献。例如，爱国企业家王宽诚，青年时期怀着"实业救国"的理想，在上海开设金城铁工厂，投资五洲银行、新汇银行，开办永兴地产公司、祥泰轮船公司，后又创办维大华行等数十家有限公司，经营地产、建筑、金融、船务、国际贸易、百货、食品、木材加工等业务。事业发达后心系祖国，为支援家乡建设，出资 1 亿美元设立"王宽诚教育基金"为祖国的学生出国留学深造提供资助。世界船王包玉刚经常说："我在中国土地长大，应该为中国做点事。"20 世纪 50 年代，他在财力还不宽裕的情况下就花数十万元认购我国首次发行的建设公债。到 80 年代，他分别捐助了 1000万元建造北京兆龙饭店、5000 万元建设宁波大学。此外，还有邵逸夫在 1985 年给浙江大学捐资 1000 万元修建的邵逸夫科学馆，此后捐资 1 亿港元用于 10 所高校修建图书馆，1987 年给国内 15 所高校捐资 1.16 亿元用以发展高等教育事业，1989 年捐资 1.05亿元用以 22 所高校等。当然，还有李嘉诚、霍英东等一大批功成名就的商人反哺社会的事例。这是"义以天下，回报社会"的最好写照。

13.2.2 工业文化与营销伦理

13.2.2.1 注重企业声誉

声誉包含道德因素，是一个价值规范。企业声誉是企业作为行为主体的各方面行为能力的综合反映，它依附于主体又相对独立于主体，是行为主体的一项总体性的无形资产。其对主体的作用具有一定的时滞性，即行为主体过去的行为所形成的声誉将影响行为主体随后的行动环境，当前的行为所形成的声誉对当前的行为环境影响较少。声誉不仅包括企业对诺言的履行情况，还包括企业对重大社会问题的关注、对生态环境保护与建设的行动、对社会公益事业的参与、对企业员工的关心等良好的行为关系，以及企业声誉中最基本的一环——产品的质量和售后服务等。企业声誉资本是决定企业成功与否的重要因素之一，作为无形资产，特别是品牌、渠道、文化、结构和程序等方面，企业良好的声誉资本会给企业带来无限的财富。打造完美的企业形象并不必然给公司声誉带来正面效应。如今太多的公司忙于通过大规模的广告和宣传攻势打造完美无缺的公司形象，但是如果它们传达的信息是想象的，而非事实，那么这种做法对良好的公司声誉的打造就不能形成有力支持，反而会因为缺乏可信度，被视为炒作而遭人厌恶。只有尊重营销伦理，才能在过程中增强企业的声誉，获得预想的期望。

13.2.2.2　注重过程细节

工业企业营销活动不仅是一种营利性活动，而且是一种社会性活动，是一种致力于通过交换过程满足需要的人类活动。企业营销的这种属性，决定了企业从事营销活动既要遵循市场规律，也要遵循一定的道德及有关法律，承担一定的社会责任。对工业的市场营销行为，社会也有一定的评价标准，这个评价标准也是社会对企业营销的一种伦理要求。以营销伦理观念来指导企业营销活动，维护消费者和社会的利益，巩固已有信誉，以此创造名牌，在竞争中立于不败之地，并最终实现企业自身利益。市场营销蕴含着丰富的伦理思想，比如市场营销"顾客至上"的经营原则，既是营销原则，也是营销伦理原则。贯彻市场营销伦理的要求，在市场营销活动中就会做到诚信经营，对顾客真诚无欺、信守诺言。企业伦理道德文化是指企业在多年经营中逐渐积淀的整体精神面貌和凝聚力量，作为一种企业传统、企业精神、企业风格存在并反映在企业的具体营销决策行为中，甚至反映在每个成员的一系列行动中，培育企业营销伦理道德文化，倡导社会伦理公德。

13.2.2.3　营销伦理体系

在企业营销伦理体系中企业自律处于核心位置；国家通过法律的制定和实施对企业的营销行为进行约束；行业协会的自律、信用管理体系的运作体现的是社会对企业营销行为的监督、评价和激励；而通畅的信息机制是良好的企业营销道德体系构建的平台（如图13-2所示）。

伦理是社会对主体所提出的要求，是外部规范，而道德本质上是他律与自律的统一，是主体将他律转化为自律的过程。因此，要想使企业真正能够将营销伦理摆在一个重要位置，最根本的还是要让企业自觉地进行自我约束、自我管理、自我提升，通过企业的自律来实现有道德的营销。

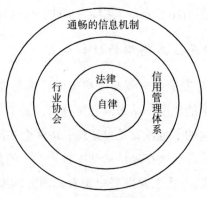

图 13-2　企业营销伦理体系

13.2.3　工业文化与生态伦理

13.2.3.1　百年企业的伦理精髓

从世界著名运动品牌耐克（Nike）的《社会责任守则》，可以清晰看到它的商业伦理规范：

无强迫劳动：合约方应保证不使用任何强迫劳动，包括监狱劳动、契约劳动、抵债劳动或其他形式。

童工：合约方应保证不雇佣任何年龄低于当地法律规定的最低年龄的人，如果完成义务教育的年龄较高，则采用较高年龄，但无论如何不得低于 14 岁。

工资报酬：合约方应保证至少支付当地法律规定的最低工资，包括法定工资、津贴和福利。

福利：合约方应保证遵守所有法定福利要求，包括但不限于房屋、伙食、交通和其他福利，如保健、保育、病假、紧急假期、产假和例假、年假、宗教、丧假、公告假期和社会保障、人寿保险、健康保险、工伤保险及其他保险。

工作时间和加班加点：合约方应保证遵守法定工资时间的要求，加班工作应根据法规要求支付工资。如果加班工作是雇佣条件之一，则应在招工时通知雇员。每 7 天应定期安排一天休息。每周工作时间不得超过 60 小时，或者遵守当地更低的标准。

安全卫生：合约方应该保证制定书面的安全卫生指南，若有宿舍，还应包括雇员宿舍在内，并书面同意遵守 Nike 公司的工厂/供应商安全卫生标准。

环境保护：合约方应保证遵守使用的国家环境法规，并书面同意遵守 Nike 公司的工厂/供应商环境政策和程序，在过程和计划中持续改善，减少环境冲击。

文件和检查：合约方应同意保存可能需要证明遵守本守则的文件，还要同意在需要

的时候，将这些文件提供给 Nike 公司或其指定的审核员，以便检查。

13.2.3.2 环境保护是生态伦理的核心内容

危机意识从来都不是在安逸的时候自发出现的，都是在威胁临近的时候才觉得紧迫，这是生物进化过程的本能反应。从来没有见过哪只羚羊、斑马或者角马会在狮子还有几公里的时候就逃得远远的，也没有见过蜜蜂、蝴蝶会在附近还有花粉的时候飞离栖息地到上百公里的地方去采花。人在经济活动中首先关注的是经济发展，其次是社会问题，最后才是环境生态问题。从工业发展史来看，西方国家都经历了发展、破坏、修复、再发展的道路。在农耕文化向工业文化发展的过程中，由于自然的可调节性大，破坏的环境容易得到修复。随着工业文明的进展越来越快，自然环境修复的能力越来越弱。正所谓：经济形势一日一变，社会形态一年一变，环境生态十年一变，它们所产生的作用刚好相反。经济危机可以通过宏观调控加以化解；社会危机经过付出巨大政治成本得以平息，而环境危机一旦发生，将变成难以逆转的自然灾难。

企业社会责任起源于 20 世纪初的欧洲，但是直到 20 世纪 90 年代企业独立环境报告的出现，企业的社会责任才算是真正兴起。它涉及企业资本与公众的矛盾、企业与消费者的矛盾。要进行清洁生产、减少污染问题，就会减少利润。生产优质产品，一方面要降低生产成本，另一方面企业的环境保护又要增加费用，这就会产生新的矛盾。如何处理好企业与环境之间的关系，保证人类对自然的索取与人类对自然的回报相平衡，当代人发展不以牺牲后代人的发展为代价，本区域发展不以牺牲其他区域发展为代价，成为卓越企业的思考课题："环境保护是建立可持续发展的基本条件，社会元素必须纳入企业的整体战略中去，企业的成功标准已经不仅仅是以财务报表的利润为第一要素，与社会分享成果反而是最高的标准。"

工业发展带来的污染灾难在历史上并不罕见，然而，中国当前的环境污染问题可谓史上最严重。比如，臭名昭著的伦敦大雾与今日的北京雾霾当属同一级别。据记载，1952 年 12 月伦敦，在浓雾弥漫的四天时间里，死亡的人数就达 4000 多人，两个月后又有 8000 多人陆续丧生。医生的回忆录表明，当时医院人满为患根本无法收治。有研究称，2012 年，北京、上海、广州、西安这四座城市，因为 PM2.5 引发多种疾病造成的过早死的人数达到 8500 多人。

中国作为世界工厂的代名词，采用的是粗放型的经济增长模式，创造的国内生产总值只有世界的 4%，耗用的钢铁、煤炭、水泥却分别占世界总消费量的 30%、31% 和 40%，在人均 GDP 400~1000 美元的条件下，出现了发达国家在人均 GDP 3000~10000 美元期间出现的严重污染问题。中国的发展成本远高于世界平均发展成本。中国科学院算了一笔账，做同一件事，在世界平均状况下每花 1 美元，在中国就要花 1.25 美元。在这多出的 0.25 美元成本中，生态环境占 0.17 美元，结构不合理与管理不善占 0.08 美元。

13.3　工业文化：科学与信仰

人与动物的根本区别就是，人是有意识的自知自觉的生命活动感性存在，而且能够制造工具并使用生产工具以从事生产劳动。然而这种脱离动物界所具有的意识存在，只不过是"无知的大众在将他们的设想延伸到那个把秩序赋予自然的整个构造的完善存在着之前，怀有对一些高级力量的某种谦卑和亲密的概念"。这种对某些高级力量的某种谦卑和亲密，可以理解为还处在史前的蒙昧阶段。蒙昧阶段对事物的崇拜，就是信仰的存在，信仰的形成历史和我们已知人类的历史一样古老。

同样，工业文化也离不开自然界，其包含的所有成员都是大自然的一员，工业行业的能动性发展也是依靠人来操作，遵循商业伦理，坚守科学与信仰的统一，唯心与唯物的结合，阴阳相配，才能平衡地发展，大自然是一个万物能量守恒，强调的就是协调和平衡，科学的发展观，信仰的推动力，促使工业文化在行业人心中的根深蒂固。

13.3.1　工业文化：科学与信仰内容

13.3.1.1　信仰文化

信仰是人们对其认定体现着最高生活价值的某种现象的坚定不移的信赖和始终不渝的追求，其实信仰在形式上的定义就是"终极关怀"。人一生都有许多关怀，这些关怀或大或小，但总有些事情会成为我们生命中的核心，是我们最看重的，我们可以说这种关怀便是终极的关怀。信仰在工业文化体现了一种精神，不屈不挠、顽强意志、拒绝懒惰、坚定不移的一种品质精神，相信自己一定能行的一种念力。在工业商业活动中，信仰不仅是一种毅力精神，还是对伦理道德的自我约束，不违背商业伦理的信念，灌输一种行为理念。将这种信仰作为自己的精神寄托和行动指南，在精神上它表现为对某种境界的推崇和向往，在行动上则表现为一定的态度和准则。

信仰文化在人类发展的历史经历了感性和理性两个阶段。

感性的阶段在古代各个民族的情感表现形式都不同，最有代表性的是图腾崇拜。"运用图腾解释神话、古典记载及民俗民风，是人类历史上最早的一种文化现象。图腾可以分为三大类：氏族图腾，为整个氏族共有，最重要；性图腾，为某一性别所共有；

个人图腾，个人所独有，不为下一代所传承"。图腾崇拜是将某种动物或植物等特定物体视作与本氏族有亲属或其他特殊关系的崇拜行为，原始人相信每个氏族都与某种动物植物或其他自然物有亲属或其他特殊关系，一般以动物居多，作为氏族的神圣标志，为该全族之忌物，除特殊需要外禁杀禁食；且举行崇拜仪式，以促其繁衍。这种以图腾崇拜为表达信仰的方式，是感性的信仰文化，是宗教信仰的原始阶段。

理性的信仰文化是在人类的发展过程中，随着对自然的感知，对生活的感悟，在简单的自然作品崇拜中慢慢演变，发展为复杂的、人格化的崇拜。这种偶像式崇拜赋予了人们当时条件的精神最高要求。无论在哪个地区都是如此。

当信仰文化发展到后期的时候，信仰文化的仪式、典礼、规范也就相继而生。此时图腾信仰转化成宗教的文化信仰。在宗教文化里，有一部分近乎科学知识的内容。尽管有些关于认知的知识是正确的，有些甚至成了科学的基石，但它也是从宗教文化里面发展起来的，只为宗教的利益服务而丝毫不能触犯宗教的教义。所以宗教文化的根本点仍是以伦理、道德、价值为内容，从幻想的高度建起来的文化，还没有把情感和认识分开，是混沌一体的。

13.3.1.2　科学文化

整个宇宙是自然的，自然界的一切变化都有内在的原因，自然现象可以通过理性探讨给予解释，如圆周率、勾股定理、乘法表、六十进位制、三角形及圆的面积、正方角锥体、锥台体积的度量法、十进制、几何学、数学定理、日食现象、微积分等。现代互联网、火箭、宇宙飞船、长江一号等各类先进的航空设施、汽车设施等都是在科学文化的发展下研发和制造的，依靠科学技术的发展，工业文化才能循序渐进，满足人们的生活需求，探索新的能源，研发高新技术产品，提高生活水平。

工业科学文化的主要表现形式有：①科学技术知识。科学技术知识是工业科学发展的基础内容，是扩大工业行业每个人的知识层面，提高公众科学素养的首要基础。②科技文化。科技文化体现的理性、规范、公平、宽容、批判、创新等科学精神，正是推动我国工业现代化进程中价值观念形成和行为规范变革的基本因素。科技文化的显著特征是具有内在的、能动的创造性，是科学发展的重要推动力。③科学思想。科学思想是科学知识的提升与系统化，零散的知识必须用思想来穿针引线。将人文思想引入科学，促使科学产生对自身的反思。科学思想来自科学实践，又反过来指导科学实践，科学思想是工业科学文化的灵魂。④科学方法。科学方法是人们为获得科学认识所采用的规则和手段系统。它是科学认识的成果和必要条件，是工业科学文化运用中不可缺少的一部分。⑤科学精神。科学精神不仅代表了科学文化的核心内容，也是科学文化的本质特征。只有使人们逐渐领会和具备科学精神，才算达到了工业科学文化的真正目的。

13.3.1.3　宗教文化与科学文化

科学文化的光芒在中世纪宗教统治下变得昏暗无光，这种现象一直持续到 16 世纪文艺复兴时期，科学才终于冲破了宗教的牢笼和宗教信仰的桎梏，而建立起了近代的科学文化。从宗教文化到科学文化是人类文化的一大进步。但是，新文化的来临永远都不会是从旧文化的手中接过来，两者之间的差异性、主导地位问题，必然导致两者发生激烈的冲突和抗争。

宗教文化的建立，依靠的是宗教信仰。科学文化则建立在对真理的信仰的基础上。宗教信仰不允许讨论、反思、怀疑和分辨，它是神圣的教条，不允许越雷池一步。但宗教中却有不同，信仰型宗教以假（上帝）充真；思辨型宗教以假求真，与科学相妥协；艺术型宗教不讲真，只求善和美。科学信念则主张讨论、分辨，提倡反思、质疑，允许研究、发展。科学真理越辩越明。建立在科学文化基础上的价值观、人生观当然也就不一样了。宗教的价值观是以情感为主，以信仰为标准，真善美的集中体现就是上帝。科学的价值观是现实的、理性的，以人为本的，它的真善美就在人间。

13.3.2　工业文化：科学与信仰价值

13.3.2.1　知识力量：基于科学的工业文化

科学使人类在大自然中获得了更多的自由，使自然成了一个更加丰富、美好、多样的自然，然而它也使自然成了人化的自然。人自从脱离动物界之后就开始进行劳动，使用简单的工具。从人类使用工具开始，自然就不再是纯粹的自然，而处处打上了人的意志的烙印。但是只有到了科学的时代，或者说只有到了资本主义大生产时代，生产工具更加先进，威力更加巨大，对自然施加了更大的影响，这时的自然才真正成了人化的自然。

由于科学发展总是把目标指向变革外界事物，因此在科学文化中，人是服从于科学知识、服从于客观事物的。科学文化发展了认识性认知，而压抑了情感性认知，壮大了客体性，削弱了主体性。这表明科学文化的最大局限是主观服从客观。即使是创造客观，也是以客观性为目标的，价值和原则、主观和客观都统一在客体上，而不是统一在主体上。客体存在成了内容，意识却成了形式；客观决定主体、物质决定意识、低级层次决定高级层次，物质的变化与发展束缚了意识发展对自由与美的追求，使人不能获得自由与美。这样一来，人这个主体在科学发展面前就慢慢地似乎要消失了。

科学文化是社会发展到人们能够使用工具来分辨自然、认识自然、为人类自身服务

的一种文化现象。它是以认识为主要目的，借助逻辑思维，用理性的思维方法去认识世界的。欧洲文艺复兴孕育了自由、理性的探索精神，人们开始摆脱宗教的枷锁，以新的方式追寻宇宙的奥秘。科学的进步，使人们能够依据新发现的科学原理创造前所未有的新技术。

科学的进步增加了人们了解世界的能力，新的测量技术使人们能够超越感觉器官的生理极限，获取不曾知道的大自然信息。人类基于科学的力量，在前进的道路上越走越快，利用技术的不断创新为人类创造更好的生活质量。在这个过程中形成了科学文化体系。

科学文化是指以自然界为指向，基于严谨的科学知识、规范的科学方法、理性的科学思想而形成的文化体系。科学文化以物为尺度，推崇工具理性至上，追求真实。

科学文化的成果是客观的真理性知识，它能教人知、行。蕴含于其中的客观、求实、理性的精神则能开阔人的心胸，启迪人的心智，拓宽人的视野，摒弃人的愚昧无知、教条迷信。客观、求实、理性的科学精神是科学文化的精髓。科技知识是一元的，是生产力发展的源泉，而生产力是社会进步的动力，是逻辑思维，是正确思维的基础。科学方法主要是实证方法，是事业成功的前提。科学精神则是科学文化的精髓，是求真务实的人文精神。

科学文化是关于客观世界的，科学的求真精神贯穿科学文化始终。求真，力求反映客观世界的知识才可能是一元的；求真，思维要求合乎逻辑，以保证结果正确；求真，方法才能依赖实证，以保证思维逻辑与知识一元。同样，人文文化是关于精神世界的，人文的求善精神贯穿人文文化始终。求善，一旦涉及价值判断，在不同条件下知识往往是多元的；求善，思维往往不拘一格，往往依赖直觉、灵感、顿悟与形象思维方式，以达到其价值判断的结果，求善方法往往是体验的，以自身精神世界的体验来判断思维与工作结果的价值。

13.3.2.2 工业文化与企业文化信仰化体系

企业文化信仰化体系是指能够保证企业完成企业文化信仰化建设的平台和工具。企业文化信仰化体系由企业文化体系、企业教育培训考核体系和企业员工关系体系三部分组成。

企业信仰是企业这个组织的信仰，是得到企业员工和整体认同，企业整体和员工作为行动的榜样和指南，并为之奋斗的东西。它可以是一个观念、一种思想、一种主义等。

工业行业的不同人员，对信仰认同程度的不同，可以分为三个层次。

第一个层次是松散层：处于这一层次的员工，他们或许是因为企业的氛围、待遇、地位而来到企业，但是，在企业中，他们并不坚定地认同企业的信仰，当然一般情况下他们也不会违反信仰。但是，当出现困境的时候，他们是最可能离开企业的，他们也是最可能不按照企业信仰进行判断的。在企业发展的过程中，他们中间会出现不断的淘汰和补充现象。

第二个层次是紧密层：处于这一层次的员工，他们认同企业的信仰，愿意被企业信仰激励，能够为企业的发展而努力。他们是企业的中坚阶层，通过他们，企业管理者可以将自己在信仰方面的认识贯彻到整个企业，并且主要是依靠他们，企业才能在松散层员工进进出出的过程中依旧保证企业信仰的持续性。

第三个层次是核心层：处于这一层次的员工，与紧密层相比，他们除了对信仰同样坚持和信服外，他们一般还具有比较高的职位，能够动用企业的资源为企业信仰的塑造服务。他们是企业信仰的源泉，通过他们，企业信仰被提出并被塑造，同时随着时代的发展而被不断地丰富。

工业文化并不能自动让员工产生企业想要的行为，工业文化只有上升到信仰才有价值，因为工业文化只有被信仰才有力量。如果工业文化只是形成理念体系，提炼出工业文化宣言，这样的工业文化注定与工业企业管理脱节，无法和谐并存，更不要说促进企业绩效的改进。只有当工业文化被信仰之后，当企业信仰塑造完成之后，对于制度才会有统一的理解，对于行为才会有统一的判断标准，也只有这时，工业行业中才会形成管理者所需要和期望的"正气"氛围，并且这种氛围能够得到维持和自我培育。

在每一个有信仰的人看来，信仰都具有神圣性，这种神圣性使信者严以自律，使信者的思想具有很高的稳定性。信仰的神圣性，使信者的目标具有崇高性，从而使信者的行动更具积极性。一个企业有相同信仰的人，他具有心理的认同性，从而感情上具备亲近性，关系融洽、和谐，同一信仰的人，会形成一个团体，团体会具有很强的纽带性，使信者的内心有了归属性。信仰者信仰的一种信念、思想等，如果一个现实中的人成为信仰者的领袖时，信者会接受领袖的感召，并因共同的信仰而服从。信仰活动渲染力很强，从而可以激发信者内心的力量。工业信仰文化对行业内相关人的生涯规划上带来一定的影响，帮助他们确立人生奋斗目标，把握奋斗历程，陶冶精神境界，养成驭挫勇气，塑造道德魅力，调整身心关系，处理人我关系，培养乐观情趣，疏解紧张情绪等。

可以说，工业信仰文化确立了企业员工个体的人生意义和价值标准，也成为个体毅然前行的巨大动力。反之，信仰的缺失将使工作生活变得迷惘彷徨，了无生趣。

工业文化信仰化，是工业企业及其员工甚至客户，对工业企业文化的神圣不可侵犯的相信和敬仰，从而自然而然把工业文化内化为企业及员工、客户自身不可分割的组成部分的思想和行动。工业文化信仰化是工业文化给予企业和员工其生命以外的另一条命：使命，使命无时无刻不在佑护着生命，从而使企业和员工的生命更加顽强、智慧、伟大、高效、精彩。

工业文化只有被信仰才能使工业文化升华为工业行业最高效的管理手段；工业文化只有被信仰才能使工业文化起到改变行业内企业和员工命运的作用；工业文化只有被信仰才能使工业文化给员工带来无尽的快乐和幸福的生活；工业文化只有被信仰才能使企业和员工的生命变得更加顽强、高效、精彩、自信、成功；工业文化只有被信仰才能使企业为社会和客户提供最优质、最高尚、精益求精、无微不至的产品和服务。

13.3.3 工业文化：科学与信仰和谐互补

13.3.3.1 信仰与科学的矛盾与统一

当今这个时代无疑是科学昌明的时代，科学牢固占据着文化价值的主导地位。在科学与信仰方面，人们常以骄傲的心态看待历史，以乐观的心情展望未来，认为信仰存在的社会根源和认识根源将随着科学的发展，随着人类理性能力的发展和社会的进步而变得脆弱，并将最终消失。科学的发展，使人和物的关系更加对立。人在发展科学、追求自身完满的过程中，科学却把人的自我挤没了。在这样的情况下，人要恢复自我，于是注重人的意识自由，艺术文化遂应运而生。因为要进行艺术创造，就必须把人的内在精神世界展现出来，这样，艺术创作就成了完成自身主观意志的文化过程，也就是说，艺术成了展现自身意志自由的一种文化。从人的生命解放这个意义上说，人总是在不断追求自身的完美，尤其是要实现自身的意志自由。因此，艺术文化的展现，是人在整个文化发展史上的一大进步。

从世界和认识论的角度说，信仰和科学具有明显的对立性。信仰的基本立场和出发点是相信超自然、超物质的东西的存在；而科学的基本立场和出发点是相信物质世界及其发展规律的客观性和自主性，否认有超自然、超物质的东西存在。信仰的核心力量是信仰，而科学核心力量是理性精神。科学不是万能的、绝对的真理。科学的不完美，导致科学信仰体系中出现了一个无奈的空洞。这个空洞，至少目前，只能通过其他宗教或信仰来填补，而这正是其他信仰体系的存在价值。

科学既是关于自然、社会和逻辑思维的知识系统，也是实践活动的主要形式之一，作为人类重要的文化形式，是程序过程和价值取向的统一。信仰作为一种文化也是包含程序过程和价值取向的统一。并不是每一道程序过程都跟自己的价值观取向吻合，也会有发生冲突的时候。人不可能达到无限和永恒，人的理性既无法证实也无法证伪神的存在，于是，一部分人就将这种深刻的宗教情怀转向了经验的世界，由对宗教的信仰转向了对经验世界的某些人、某些思想的信仰，以此作为人生的价值和意义追求。

所以，科学与信仰的冲突，主要是科学的规范程序、价值取向与信仰的规范程序和价值取向之间某些方面的冲突，而非科学的最终价值取向与价值的最终价值取向之间的冲突。因为科学与信仰作为人类文化的两种形式并不是截然对立的，它们在终极的价值取向上都指向真善义的境界。冲突的原因在于科学的程序体现及工具理性，它需要实证性和直接的功利性来判定，而信仰的取同是一种价值理性，往往难以证实，也不能带来可以量化的现实功利。

信仰和科学是可以相互利用的，一方面因为科学的强大，使得人们对于利用信仰没有紧迫感；另一方面是因为大多数人对于信仰与科学协调的一面以及信仰的科学价值认识不足。这使得人们认识到可以从反方面加强对信仰的利用，利用信仰培养科学精神，吸取信仰中蕴含的有益的人文精神，发展信仰典籍中的科学材料，利用信仰传播科学。

科学和信仰作为人类认识和把握世界的两个基本维度，内在地具有统一性。科学是对已知世界的把握，探求事物的内在联系和本质规律；信仰是对未知世界的把握，寻觅精神的栖息地，追寻人生的终极意义。科学和信仰之间是相互补充、相互促进的统一关系。科学赋予信仰以理性，信仰给科学以强大的精神动力。始终保持两种文化历史的现实的张力，拆除人为的藩篱，使科学和信仰在相互借鉴、彼此补充中和谐健康发展。

总之，只要人类还活着，无论以后人类如何发展，就会有信仰与科学的矛盾与统一，正如爱因斯坦说的：科学没有信仰就像瘸子，信仰没有科学就像瞎子。

13.3.3.2 工业发展需要科学，也需要信仰

科学的信仰与信仰的科学。科学，作为推进人类工业现代化发展的手段，极大地丰富了工业的物质条件，改变了人类的生活方式。工业产业在科学为其提供的条件下越来越全球化、网络化、信息化。这一定程度上意味着人类按自己的意愿塑造生活方式的能力的增强。但是，科学最终感到了自身无法解决的局限。科学善于改造，但却时常遇到其抽象规律无法把握的东西；科学忙于行动，却常常使人类得不偿失。正如尼采所说："科学受它强烈妄想的鼓舞，毫不停留地奔赴它的界限，它的隐藏在逻辑本质中的乐观主义在这界限上触礁崩溃了。"这里的界限指的就是永恒生成的生命本身，科学的极限体现了人的极限。

工业行业发展需要科学，也需要信仰。在人类工业发展中科学的作用是相当明显的，工业的每一个进步都渗透着科学的功劳，正是科学把人类从苦难的生产力落后的处境中解放出来，从这个意义上讲，科学是人类的"救世主"。但是我们还可以看到科学研究的成果是中性的，绿色工业，减少能源使用和二氧化碳的排放，这些都是良性的，有些给自然带来危害、损害人际关系的举措就是危害性的，其给人类带来的是福还是祸是由这些制造者来决定的，科学成果既可造福于人类，又可给人类带来灾难。另外，科学发展是否能解决人心和道德问题，随着科学的迅速发展人的道德水准并没有相应地提

高，还有不管科学发达到什么程度，科学不可能说整个世界已经清楚认识了，没有认识清楚的部分总要靠近似的推理和模糊的猜测，更重要的是人活着就会对未来充满憧憬与向往，而这种憧憬与向往，每一个民族、地区、家庭、个人都是不同的，我们不能要求人们像科学那样规范人们的信仰与追求，显而易见，科学是无法代替信仰的，信仰除了赋予我们光明和力量外，还赋予我们爱和希望。与此同时，信仰也无法代替科学，而使我们认识大自然，或使我们发现各种规律或使我们认识自我。

信仰能够驱使人们共同应对不幸和灾难，促成整个社会的相互作用和支持信仰支柱体现着人生价值的可靠落实，其最根本的意义就是赋予短暂人生以永恒的意义。这种精神可以说是人生价值的追求，人生价值的实现绝不能离开社会的进步与文明发展的要求，也就是说，人生价值的实现是建立在信仰支柱的基础之上的。信仰有科学信仰和非科学信仰之分。非科学信仰是盲从和迷信。科学信仰来自人们对实质和理想的正确认识。

科学和信仰是影响工业发展的两股最强大的普遍力量，这两股强大的普遍力量不是相互替代、相互争斗、此消彼长的关系，而是相互补充、相互促进的统一关系。首先，科学与信仰统一于人的工业经济活动中，企业的一切文化都源自于社会实践，科学、信仰、道德、艺术等所有文化都是社会实践的产物。其次，科学与信仰统一于人的本性。员工有着物质和精神的双重需求，这决定了人生存方式的双重性从而也就决定了科学和信仰是人存在的两个维度。最后，科学和信仰相互促进和发展。一方面，信仰为工业科学链提供了前提预设、价值目标和认识方法上的补充，并规范和引导着科学的发展和应用；另一方面，科学赋予信仰以理性。只有排除了工业信仰中的盲目和迷信成分，才能使信仰真正指向人生的意义。科学与信仰对于工业发展来说如车之双轮、鸟之两翼，不可偏颇。应该像对待科学那样以更加宽容和理想的态度看待信仰，纠正那种认为科学和信仰是此消彼长、相互冲突的片面观念，使科学和信仰在相互补充、相互统一和相互促进中和谐发展。

● 本章案例：康慧芳刺绣工作室的伦理管理

经济伦理是人类劳动所具有的社会性质发展到一定历史阶段的必然产物。经济伦理指的是直接调节和规范人们从事经济活动的一系列伦理原则和道德规范，是和人们的经济活动紧密地结合在一起并内在于人们经济活动中的伦理道德规范。

"康慧芳刺绣工作室"是潮州颇具代表性的个人工作室，它成立于20世纪90年代初，工作室共有绣工18余人，她们基本上都是拜康慧芳为师傅。康慧芳原先是潮州刺绣厂的绣工，从事潮绣技艺已40余年，对潮绣的手工技艺基本都已掌握。康慧芳通过成立工作室，带领徒弟并传授潮州刺绣的技艺，这在当地的刺绣女工中并不多见。

康慧芳在经营自己工作室的过程中，不仅遵守相关法律和政策以及市场准则，还不断强化经济伦理。首先，康慧芳加强其工作室的文化建设，这是企业遵守经济伦理的根本要求，一家企业没有工业文化、企业精神是很难受伦理的束缚。其次，康慧芳作为工作室的主导人，有着自身特有的"人格"，成为整个工作室的榜样。并且康慧芳的个人精神是在长期过程中得到大家一致认可，康慧芳女士是非物质文化遗产项目潮绣首批代表性传承人。在强有力的工业文化和领导人格下，才形成了康慧芳工作室具体层面的经济伦理要求，例如持之以恒的精神信仰、强化企业的社会责任与利益相统一、公平公正与效率相协调、坚守勤俭节约的中华民族的优良传统、严格恪守诚实守信的重要原则。

一、"儒佛交辉"的精神信仰——约束经济伦理的形成

"儒佛交辉"是饶宗颐先生对潮州文化源头的基本定性，"儒佛交辉"是对潮汕文化主要特质的把握，它揭示了儒佛两种文化在潮汕文化建构中为主要的异质互补。康慧芳女士是佛教信徒，她经营自己工作室，也不忘承担整个工作室相关利益者的责任，同时也传教这种信仰给自己的徒弟，让她们在生活和工作上，都踏踏实实、勤奋刻苦、不骄不躁地奋斗着。尤其随着改革开放的逐步深入，人民物质生活水平得到极大的提高，处于大改革、大变动的国家战略转型时期的今天，民众生活中诸如官场、商场、职场、考试、医疗健康等的不稳定因素也进一步增加，各种心理压力持续增大，宗教需求自然也日趋强烈，以心灵抚慰为基本社会功能的宗教也就有了广阔的心理及经济市场。随着宗教政策的落实，"信仰消费"市场的逐步放开，各种琳琅满目的橱窗诱惑和快节奏生活的压力，人们都变得浮躁不安，康慧芳工作室通过佛教的信仰，培养不急不躁的修养、笃定坚定不移的信念、在工作中静下心来享受生活的乐趣情操。康慧芳的这一文化经济伦理原则，不仅影响着整个团队的人和事，还给其他潮绣坊树立了一个标杆，用文化素养来约束其经济伦理的标准，也给那些潮绣传承者一个好的榜样，同时给后世潮汕文化留下了一笔宝贵的精神财富。

二、"义"和"利"的统一——构建经济伦理价值取向

康慧芳工作室义利观的价值取向一直都遵循着中国传统社会文化，"义"和"利"相统一是对经济伦理思想最有影响力的价值导向，这种影响力从过去一直延续到今天。传统社会价值取向的影响力完全渗透到传统的自给自足的经济生活中，使得康慧芳工作室也带着浓厚的伦理色彩。正是在这个影响力意义上，伦理型经济体现了传统社会中经济生活和经济运行中的特殊的道德文化原理，其与社会结构、注重道德修养的社会生活背景是紧密相连的。

康慧芳在大环境不理想的情况下，一直带领团队坚持义利观，从道德和功利出

发，对道德和功利关系做出理论的概括。康慧芳工作室坚守的义利关系问题，是中国传统经济伦理的重要组成部分，也是物质生活与精神文明、感性欲望与道德理性、个人利益与社会整体利益等相互关系问题的道德观念和价值取向。康慧芳所提倡的"重义轻利"、"以义制利"的义利观强调"以义为上"。"见利思义"就成了"以义为上"的基本要求。康慧芳工作室将"尚义"作为团队经济伦理义利观的一条重要规范，倡导精神生活高于物质生活，道德原则高于物质利益；倡导公利，公利即义，是为天下百姓谋利。这些思想都是康慧芳工作室在经营发展过程中，提炼出来合理的义利观，也是如今社会构建市场经济伦理时应当坚持和发扬的精华，对构建现代市场经济伦理具有借鉴意义。

三、公平公正、追求效率——构建经济伦理衡量维度

发展市场经济最注重的要素之一就是效率，通过效率来追求利益的最大化，这是市场经济的根本目标。在追求利益最大化的过程中，必然会涉及公平以及由此衍生的公正和诚信等问题。这就如同在传统的经济伦理思想中，对"义"的探究必然会联系到"利"；在发展市场经济的过程中，对效率的追求不可避免地会涉及公平。

康慧芳工作室在走市场经济这条道路的过程中，会遇到一些绕不开、躲不掉的困难和问题，从经济伦理构建的角度看，虽然需要解决的问题很多，但效率与公平的问题当推首要。为了效率谋取私利，违背了公平原则，康慧芳工作室坚决不做；但是为了维持一个公平的原则，却未必能带来利润，但这也是作为一个企业团队应该操心的地方。这种效率与公平的问题，从某种意义上讲，是传统经济伦理思想关于"义"与"利"关系的衍生和发展。效率和公平的关系是现代市场经济伦理研究的重要课题之一。效率属于经济学范畴，主要指对有限资源的有效配置及利用。效率问题，作为一个创造收益团队的伦理道德考虑，比如投资者决定投入，而产出却取决于生产的产品是否得到市场的需要、社会的认可，如果该产品不为社会所接受，怎么会有效率可言？这些都是与效率相关的经济伦理问题，而就公平而言，它不是纯经济学范畴，其自始至终包含伦理价值。由于对公平存在着不同的价值评价标准，如机会的均等，即获得收入和积累财富的机会均等。由此假设，社会成员处在同一起跑线上，通过自身的能力和努力程度进行竞争，虽然会出现差异性的结果，但由于起点相同，一般视为公平。事实上，在市场竞争条件下，由于存在不同的背景、天赋、受教育程度以及信息掌握的差异等，绝对意义上公平是不存在的。

康慧芳工作室坚持"效率优先、兼顾公平"的原则，必须承认和实现个人利益，对勤劳致富、合法致富、公平竞争等手段取得的正当利益和按劳分配取得的劳动所得要予以尊重和保护，要承认允许部分人、部分地区先富起来的合理性和合法性，利益

分配平等不是搞平均主义，让各种合理合法的分配方式取得相应的收益。康慧芳工作室积极倡导与社会主义市场经济相适应的公平观和效率观，不但是推动社会主义市场经济发展的内在要求，也是继承传统经济伦理道德发展的具体体现。

四、尚俭节用——构建经营行为伦理基点

"崇俭黜奢"是中华民族的传统美德。普遍来看，潮汕人创业节俭，生活也量入为出，许多事业有成的有钱人也不胡乱挥霍，大肆铺张、奢侈浪费等畸形消费现象在潮汕并不被人欣赏。据许多媒体披露，潮籍人士李嘉诚就秉承了潮汕遗风，作为香港首富，却生性节俭，凡事亲力亲为，从不爱夸耀自己的财富，言行低调。他虽捐赠超过数亿，平日却不穿名牌衣服，不戴名贵手表等。

康慧芳工作室所倡导的"俭不违礼，用不伤义"、"知足"及"节用"消费思想，符合中国传统消费思想的主流。人们根据自己所处的社会地位等级和名分来规范各自不同的消费水平，具有明显的局限和不一致性。但是人的欲望是无止境的，因此在物质消费上，不管是领导者还是员工都应该自觉恪守"节用"道德准则，节制自己的物质欲望；根据自身团队的经济承受能力，恪守节约从俭、量入为出的伦理道德规范；也应该主张用理智、道德规范去约束和控制人的欲望，反对过分追求物质享受，反对违反道德行为，反对有损团队自身和消费者利益的行为，提倡节制欲望的思想，时至今日，仍然焕发着生机和光芒。

康慧芳工作室构建以人为本的团队和谐的目标，积极倡导在整个团队和经营消费行为上树立科学理性的节约观念。康慧芳领导团队，在满足团队员工物质需要的同时，提倡中国传统的节俭思想以及和谐共生的消费理念，通过教育学习等方式不断充实团队成员的内心世界，提高人的精神追求，从人的内心世界和精神层面去提升公民的消费追求和层次。一方面促成消费者节约消费开支，把更多的资本投入到再生产中去，从而促进生产规模的扩大；另一方面可以培养整个团队的节俭风气，增加工作室的储蓄，为扩大再生产提供资金支持。康慧芳工作室不但实现经济增长方式的转变，也注重与节约型社会相适应的现代消费伦理观念的培育，使得节约型团队的发展建设获得强有力的道德支持。工作室把消费伦理作为社会意识形态的一个重要组成部分，通过其正确的价值导向，对人们的消费行为进行约束和规范，从而促进人与自然的和谐协调和可持续发展。即使在"刺激消费"成为当前世界或中国经济发展重要决策的时代背景下，节俭依然没有失去它作为消费美德或基本生活美德的现实意义。康慧芳工作室能认清社会大环境形式，为了实现社会的可持续发展，谨慎地对待生态资源，理性地、可持续地消费，把节约资源放在首位，不断提高科技水平，选择有利于节约资源的产业结构和消费方式。

五、诚实守信——构建康慧芳工作室经济伦理纽带

在我国市场经济发展过程中，我们面临的一个亟待解决的问题就是"诚信缺失"或"诚信危机"。背信毁约、逃债赖账、贪污盗窃、制假售劣等现象屡禁不止，不断侵蚀着人们的思想和灵魂，恶化了我国的市场秩序与道德环境。

诚信，是人类赖以生存的必要前提，也是人类合作和发展进步的道德基础。儒家思想在中国主流社会中一直占据主导地位，"信"是儒家"五常"中的道德范畴之一，也是儒家思想最重要的载体之一，对中国传统文化有着广泛而深远的影响。作为康慧芳工作室经济伦理思想的重要组成部分，儒家诚信观念对中国古代社会经济结构和文化发展产生了重要的影响。从古至今，重信守信一直被人们作为立身处世的一项基本准则而加以推崇，"诚信"思想也是儒家经济伦理思想重要的组成部分，对其进行深入、细致的研究对于形成良好的市场经济环境和培养人们良好的诚信行为更是意义不菲。

"诚信"是中国传统伦理道德中的重要规范，讲信用是市场经济的内在要求。康慧芳工作室以"诚信"为进德、修业之本和立人、立政之基，要求工作室每一位成员诚善于心、言行一致、表里如一、真实好善、博济于民。现代市场经济的基本环节包括商品的生产、交换和流通，其中每一个环节都需要诚实守信的道德自律，也需要法制对诚实守信的道德行为的保障。从一定意义上讲，市场经济是"诚信"经济，也是法制经济。市场经济越发展，社会分工越精细，交换越发达，经济活动与人之间的关系越需要诚信来维护，也越需要法制来保障。在西方社会，诚信不仅是道德要求，也是一种法律制度，讲诚信可以取得收益、不讲诚信要受到法律的严惩，从而营造出不讲诚信者寸步难行的社会氛围。

康慧芳工作室在管理整个团队的时候，认识到公司行为对社会的影响，承认诚信是企业的最大社会责任，企业要做到最优秀、最具有竞争力，获得最远的发展，就必须在企业的核心价值观上下功夫，一定要坚守诚实守信这个价值观。虽然，有棱角的企业在上坡的过程中会比较吃力缓慢，但是比圆滑没有棱角的企业下滑的速度缓慢，并且随时可以稳住自身的企业。做人需要诚信，做企业更需要诚信，如果一个企业没能把自己诚信的品牌树立好，就不会有好的合作伙伴，也不会有好的目标群体，更不会有来自于无形的支持力量。

● 点评

工业文化的最终裁判是社会利益相关者，康慧芳工作室从道德标准视角，强调了经济伦理不是空洞的说教，它必然给企业本身和消费者带来长久和稳定的互利状态。康慧芳工作室在强调佛教信仰的大环境下，承担了对社会的道德责任，形成了康慧芳式的经济伦理规范，强化企业的社会责任与利益相统一的原则、公平公正与效率相协调原则、坚守勤俭节约的中华民族的优良传统原则、严格恪守诚实守信的重要原则，提倡和积极实践经济与伦理相结合的发展路线，正面呼吁全社会共同关注经济伦理和企业的社会责任。

企业伦理是企业赖以生存的基石，产品伦理道德内涵是企业立足社会的保证。产品质量、企业信誉和服务是一个企业立足社会的三大要素，产品伦理道德内涵意味着企业在生产经营过程中坚持一流的产品意识，坚持信益高于一切和坚持一流的服务意识和行动。康慧芳作为国家级非物质文化继承人，在产品质量方面，更加严格把关，体现了国家级大师的水平和人文素质。

企业伦理是企业在处理企业内部员工之间，企业与社会、企业与顾客之间关系的行为规范的总和。在竞争激烈、瞬息万变的市场经济社会，利润关系到每一个企业的命运，因此有的经营者为了追求利润，不把经营事业的目光放在"永续经营"上，而着眼于"短线操作"，为了实现利润的最大化，不惜采取各种非法途径去达到目的：假冒仿制、欺诈行骗、商业贿赂、行业垄断等不正当竞争行为，犹如商海里的一股逆流，扰乱了市场秩序，也使企业掉入火坑，万劫不复。无视伦理准则，违反法律法规，不讲公众意识的不正当竞争不仅损害了诚实经营者和广大消费者的权益，企业本身也失去了公众的信任。从这个意义上讲，不正当的市场竞争永远没有赢家。

伦理道德以其特有的社会功能对企业发展施以影响。在康慧芳工作室内部，伦理道德规范作为一种校正人们行为及人际关系的软约束，它能使企业人员明确善良与邪恶、正义与非正义等一系列相互对立的道德范畴和道德界限，从而具有明确的是非观、善恶观，提高工作效率道德水准。伦理道德的规范力量，有助于企业确立整体价值观和发扬企业精神，有助于群体行为合理化，提高群体绩效。没有伦理道德素质的普遍加强，最终将妨碍企业发展的力度和速度，甚至将企业的发展引上歧路。

企业伦理的主要作用在于协调市场秩序，督促经济行为个体自觉选择道德的市场行为，这种作用有利于企业利润最大化的实现。对企业而言，在市场中是不具有完全独立性的，任何企业都要通过各种渠道与市场环境、与其他企业进行密切联系。在生产经营上每个企业都只能拥有部分经济资源且无法单独从事经济活动，因而企业只有通过运用自身的资源，在市场上按一定的规则、协议与他人的经济资源进行连续不断的交换，并在生产过程中展开充分的分工合作，才能实现自身经济目的。如果在交换中，交易的一方通过不道德的手段，攫取不正当的厚利，那么就必然损害交易另一方的利益，而遭致对方的反对。

● 思考题

1. 康慧芳工作室的企业伦理是什么？

2. 康慧芳工作室是怎样通过行动来践行自身的经济伦理观的？

3. 深入了解康慧芳工作室的企业伦理，对我国非物质文化遗产的经济发展有何意义？是否对工业物质文化有相似的参考价值？

● 参考文献

[1] 徐大建. 企业伦理学 [M]. 北京：北京大学出版社，2009.

[2] 陈雷. 理解企业伦理 [M]. 杭州：浙江大学出版社，2008.

[3] 陈少峰. 企业文化与企业伦理 [M]. 上海：复旦大学出版社，2009.

[4] 章铮，杨冬梅. 工业企业文化建设和职工素质提升实务 [M]. 北京：红旗出版社，2013.

[5] 周祖城. 企业伦理学 [M]. 北京：清华大学出版社，2009.

[6] 曾萍. 企业伦理与社会责任 [M]. 北京：机械出版社，2011.

[7] 薛传光. 基于企业伦理与使命的企业文化建设与企业成长研究 [D]. 山东大学硕士学位论文，2010.

[8] 孔南钢. 儒家商务伦理思想与现代企业伦理文化建设 [J]. 伦理学研究，2011 (4)：131-135.

[9] 徐志伟. 论我国现代企业伦理建设的重要性 [J]. 企业技术开发，2010，29 (12)：108-109.

[10] 刘永达，吴海红. 基于商业伦理的企业文化建设初探 [J]. 商业文化（学术版），2011 (4)：172.

● 推荐读物

[1] 刘光明. 新企业伦理学 [M]. 北京：经济管理出版社，2012.

[2] 刘光明. 企业文化与企业人文指标体系 [M]. 北京：经济管理出版社，2011.

后　记

　　本书是集体研究的成果，参加编写的有高静、黄克凌、楼明星、鲁生、张帆、李源、黄华、黄日敏、宋晓东、江帆、李明巍、江圣明、丁亿、刘光明等，最后由刘光明、高静、楼明星统稿。

　　工业文化、企业文化的精神本质是引导企业、企业家和社会所有的人通过确立思想法则、行为法则、审美法则走向真理、道德、审美的更高境界，一个组织如果希望长寿与崇高——提升到更高境界，就不能停留在"企业利润最大化"层面上，百年企业往往是志存高远的"道德集团"。记得一位佛学大师说过，要提升自我价值（包括物质和精神），必须通过提升他人价值来实现（这就是所谓的"间接定律"）。例如：你要提升自己的自尊，必须通过提升别人的自尊来实现。你要有所成就，必先通过成就别人间接达成。又例如：有些公司创立的目的只是赤裸裸地追求最大利润，这些公司往往昙花一现，一两年内就消失；而那些致力于为客户、为社会提供优质服务和优质产品的公司往往长盛不衰，越做越大。这就是"间接定律"在起作用，这就是企业伦理、工业文化、企业文化成为生生不息、成为企业生命的原因，尽管你可以不相信企业伦理、工业文化、企业文化的作用，不重视它的存在价值，但它就是这样不知不觉地发生在现实中。值得一提的是，"间接定律"中提高自我价值和提高他人价值往往是同时发生的，即当你在提高别人价值的时候，你的自我价值马上就得以提高。布施就是"给出去"的意思。这个定律是说，你布施出去的任何东西，终将成倍地回报到你身上。例如，你布施金钱或物质，你将会成倍地获得金钱或物质回报；你布施欢喜心，让他人衷心愉悦，你将会成倍地得到他人回报给你的欢喜；你布施安定，让他人心安，你将会成倍地得到安乐。相反，如果你施加于别人的是不安、憎恨、怒气、忧愁，你将成倍地得到这些报应。这是"布施定律"的补充。这个原则是说：你布施的时候永远不要企望获得回报，你越不望回报，你的回报越大。"善有善报，恶有恶报，不是不报，时候未到"。类似的情况不知你有没有碰到过：一天你开车赶着去会见重要客户，路上看到一对年老夫妇的汽车爆胎了。你因为赶时间不想管，但又觉得必须管，于是你停下车帮他们换轮胎。你把轮胎换好了，老人家想付你一笔钱表示感谢，你婉拒了老人家并且祝他们好运然后继续上路。当你赶到约会地点，却发现客户比你来得还晚，而且客户很爽快地就和你签了协议。你会不会觉得很走运呢？但这不是运气，而是定律。所以请记住：施比受更有福，施本身就是很大的福，而无须从受者处获得回报。向真、向善、向美一旦成为信仰，它的力量会无坚不摧、无往而不胜。

本书的完成似乎冥冥之中有一种神秘的力量在引导，人只有在心态放松的情况下，才能取得最佳成果。任何心态上的懈怠或急躁，都将带来不良结果。什么心态是最佳心态呢？答案是越清明无念越好！把目标瞄准在你想要的理想人格、理想境界、理想人际关系和理想生活等方面，然后放松心态、精进努力，做你该做的，不要老惦记着这些东西什么时候到来，则这些东西的到来有时候能快到令你吃惊；相反，如果你对结果越焦躁，你就越不能得到理想的结果，甚至会得到相反的结果。例如，大热天晚上停电，你躺在床上大汗淋漓，睡不着觉备受煎熬，老在想着这该死的电什么时候才来，电总是在你着急的时候偏偏不来。但当你最后受够了，人清静安定自然凉快了，快沉沉睡去的时候，电就来了，倏忽间你的房里灯火通明，电风扇转起来了。这不是巧合不是迷信，这是定律，这是"放松定律"。《了凡四训》中云谷禅师要求了凡先生念准提咒达到无念无想的地步，就是这个道理。值得注意的还有：所谓的无念并不是心里一个念头也没有，而是有念头但不驻留，"无所住而生其心"。

人不能控制过去，也不能控制将来，人能控制的只是此时此刻的心念、语言和行为。过去和未来都不存在，只有当下此刻是真实的。所以修造命运的专注点、着手处只能是"当下"，舍此别无他途。根据"吸引定律"，如果人总是悼念过去，就会被内疚和后悔牢牢套在想改变的旧现实中无法解脱；如果人总是担心将来，人的担心就会把自己不想发生的情况吸引进现实中来。正确的心态应该是不管命运好也罢坏也罢，只管积极专注于调整好做好当下的思想、语言和行为，则命运会在不知不觉中向好处发展。

人在达成目标前80%的时间和努力，只能获得20%的成果，80%的成果在后20%的时间和努力获得。这是个非常重要的定律，很多人在追求目标的时候，由于久久不能见到明显的成果于是失去信心而放弃。须知命运修造是长久的事，要有足够的耐心。不要预期前80%的努力会有很大收获，只要不放弃，最后20%的努力就会有长足及本质的进步，量变才能达到质变，为什么成功的人总是少数的，因为能坚持的总是少数人。

人得到应得到的一切，而不是想得到的一切。云谷禅师对了凡先生所说的"拥千金者值千金，应饿死者必饿死"，就是这个道理。所以命运修造者，必须要提高自我价值，自我价值提高则人应得的不管质和量都会提高。

一切利他的思想、语言和行为的开端，就是接受自己的一切并真心喜爱自己。只有这样，你才能爱别人，才能爱世界，才可能有真正的欢喜、安定和无畏，才可能有广阔的胸襟。你如果不喜欢、不满意自己，那么你是无法真正喜欢别人的。这点非常重要。

有些人把爱自己等同于自私自利，这是误解。如果仔细体会，就会发现你如果对自己不喜欢、不满意，就会很容易生出嫉妒心和怨恨心。自己也是众生中的一员，爱众生的同时为何把自己排除在外？所以请先好好认识自己，先跟自己做好朋友，再谈爱其他众生。

如果把消极思想比作一棵树，那么其树根就是"嗔心"，把这个树根砍掉，则这棵树就活不长。要砍掉这个树根，必须懂得如何宽恕。第一个需要宽恕和原谅的对象是父母，不管你的父母对你做过或正在做什么不好的事，都必须完全、彻底地原谅他们；第二个需要宽恕的对象，是所有以任何方式伤害过或正在伤害你的人，记住你无须与他们勾肩搭背、嘻皮笑脸，你无须与他们成为好朋友，你只要简单地、完全地宽恕他们，就可以砍掉消极之树的树根；第三个需要宽恕的对象，是你自己！不管你过去做过什么不好的事，请先真诚地忏悔并保证不再犯，然后——请宽恕自己。内疚这一沉重的精神枷锁不会让你有所作为，相反会阻碍你成为面貌焕然一新的人。从前种种，譬如昨日死，以后种种，譬如今日生。

人必须对自己的一切负责，当人对自己采取负责任的态度时，就会向前看，看自己能做什么；人如果依赖心重，就会往后看，盯着过去发生的、已经无法改变的事实长吁短叹。事实上，对你负责的也只能是你自己。请时刻提醒自己："我对自己的一切言行、境遇和生活负完全的责任。"这个"人"，既指个体的人，也指群体的人——企业、任何组织，乃至国家。工业文化、企业文化、企业伦理的所有精神价值，实际上都是渗透在上述伦理和价值排序的判断之中，这也说明了工业文化、企业文化、企业伦理的发展遵循着不断向真、向善、向美的发展过程。

在本书付梓之际要感谢龙泉市政府、市府办、宣传部、文广出版局、青瓷宝剑产业局等各位领导对本书的大力持。本书在写作过程中参考了大量龙泉政府提供的青瓷、宝剑产业资料，参照龙泉的新资料进行了多次修改，并得到了龙泉市政府领导蔡晓春书记、季伯林市长、王正飞副市长、杨良泽市府办主任及龙泉青瓷宝剑产业局负责人的密切配合；经济管理出版社的勇生副社长以及张艳、丁慧敏、赵喜勤编辑对本书的出版付出了辛勤劳动，在此一并表示衷心的感谢！

编　者
2015 年 2 月 25 日

图书在版编目（CIP）数据

工业文化/刘光明主编. —北京：经济管理出版社，2015.3

ISBN 978-7-5096-3682-4

Ⅰ. ①工… Ⅱ. ①刘… Ⅲ. ①工业—文化研究 Ⅳ. ①T

中国版本图书馆 CIP 数据核字（2015）第 058809 号

组稿编辑：张　艳

责任编辑：张　艳　丁慧敏　赵喜勤

责任印制：黄章平

责任校对：超　凡　王纪慧

出版发行：经济管理出版社

　　　　　（北京市海淀区北蜂窝 8 号中雅大厦 A 座 11 层　100038）

网　　址：www. E-mp. com. cn

电　　话：(010) 51915602

印　　刷：三河市延风印装厂

经　　销：新华书店

开　　本：787mm×1092mm/16

印　　张：22.75

字　　数：452 千字

版　　次：2015 年 3 月第 1 版　2015 年 3 月第 1 次印刷

书　　号：ISBN 978-7-5096-3682-4

定　　价：69.00 元